高等教育艺术设计专业“十四五”校企合作融媒体系列教材

3ds Max 建模与渲染项目化教程

主　编　潘洋宇　管金虹

副主编　张　莹　陈勇峰

華中科技大學出版社

http://press.hust.edu.cn

中国·武汉

内 容 简 介

本书依托3ds Max软件，结合编者多年的教学经验，遵循职业教育教学规律，按照由简到难、循序渐进的教学原则，采用项目引领、任务驱动的形式，详细介绍了建模与渲染过程。全书共分为七个项目，即标准基本体与扩展基本体建模、样条线建模、修改器建模、多边形建模、材质表现、布光与出图和包装盒的绘制。通过阅读本书，读者可以初步掌握建模和渲染相关知识，具备典型家具建模和渲染出图的能力。

本书注重基础，内容翔实，突出案例讲解，既可以作为3D建模、效果图绘制的自学用书，也可以作为高等职业院校相关专业的教学用书。

图书在版编目(CIP)数据

3ds Max建模与渲染项目化教程/潘洋宇，管金虹主编. —武汉：华中科技大学出版社，2023.12

ISBN 978-7-5772-0303-4

Ⅰ.①3… Ⅱ.①潘… ②管… Ⅲ.①三维动画软件-教材 Ⅳ.①TP391.414

中国国家版本馆CIP数据核字(2024)第011709号

3ds Max建模与渲染项目化教程　　潘洋宇　管金虹　主编

3ds Max Jianmo yu Xuanran Xiangmuhua Jiaocheng

策划编辑：江　畅

责任编辑：刘姝甜

封面设计：孢　子

责任监印：朱　玢

出版发行：华中科技大学出版社(中国·武汉)　　电话：(027)81321913

武汉市东湖新技术开发区华工科技园　　邮编：430223

录　　排：武汉创易图文工作室

印　　刷：武汉科源印刷设计有限公司

开　　本：889 mm×1194 mm　1/16

印　　张：17.25

字　　数：543千字

版　　次：2023年12月第1版第1次印刷

定　　价：59.00元

前言
Preface

为贯彻落实党的二十大有关职业教育的精神，本书坚持以人为本，注重体现职业教育特色，突出对实践能力的培养。

本书基于 3ds Max 软件，结合具体案例，以项目为引领，针对任务从知识点和绘制操作内容两方面展开讲解。全书共分为七个项目，各项目安排如下：

项目一为“标准基本体与扩展基本体建模”。通过本项目的学习，读者能够了解熊猫、板凳、柜子、闹钟和收音机的绘制方法。

项目二为“样条线建模”。通过本项目的学习，读者能够了解装饰图案、躺椅、窗户、窗帘、踢脚线等的绘制方法。

项目三为“修改器建模”。通过本项目的学习，读者能够了解台灯、花瓶等的绘制方法。

项目四为“多边形建模”。通过本项目的学习，读者能够了解利用多边形建模工具完成水杯、室内房型等的绘制的方法。

项目五为“材质表现”。通过本项目的学习，读者能够了解各类材质参数设置方法及效果。

项目六为“布光与出图”。通过本项目的学习，读者能够了解灯光布置和效果图输出的方法。

项目七为“包装盒的绘制”。通过本项目的学习，读者能够了解包装盒建模和效果图出图的方法。

本书由潘洋宇负责编写结构设计以及项目一至项目四的编写工作，管金虹主要负责项目五、项目六的编写工作，张莹负责项目七的编写工作，淮安业之峰装饰有限公司设计总监陈勇峰指导并参与了项目一到项目七的编写工作。

三维建模与渲染知识覆盖面广，本书所讲难窥其全貌，虽然编者在编写过程中力求叙述准确、完善，但由于水平有限，疏漏之处在所难免，希望读者能够及时指出，共同促进本书质量的提高。

编　者

2023 年 12 月

扫码获取配套资料

目录
Contents

3ds Max Jianmo yu Xuanran Xiangmuhua Jiaocheng

项目一

标准基本体与扩展基本体建模

任务 1
熊猫的绘制

任务目的

学习软件界面、单位设置、场景选择、基本几何球体的创建、选择并均匀缩放命令、选择并移动命令、镜像命令、颜色设置、修改尺寸设置。

一、知识点讲解

1. 启动软件

双击电脑桌面上的 3ds Max 图标，如图 1-1 所示，本书教学以 3ds Max 2020 为例。

图 1-1　3ds Max 图标

2. 认识界面

软件界面如图 1-2 所示。

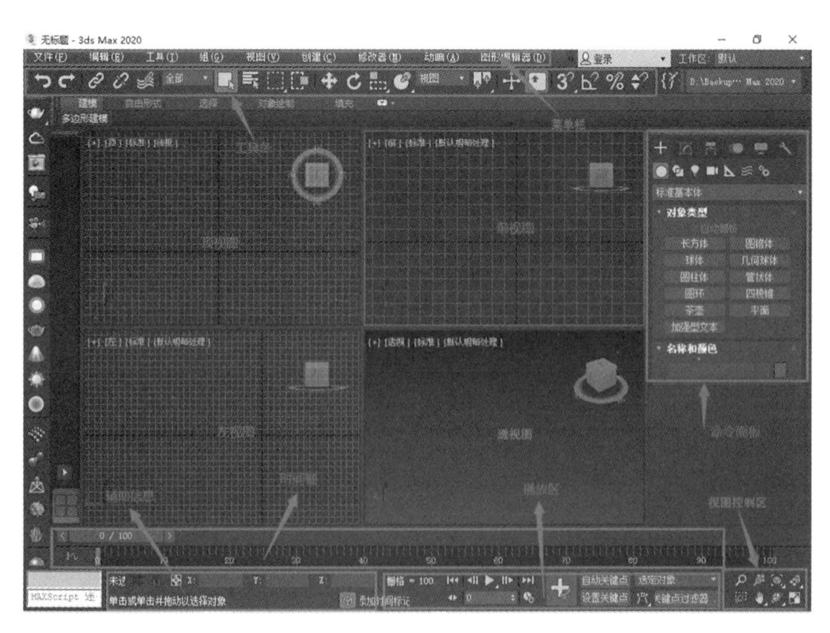

图 1-2　软件界面

从窗口上来看，主要分为菜单栏、工作视图、工具条、命令面板和时间轴等几个大的部分。

技巧：按“Ctrl+X”键会隐藏一些窗口面板，再按“Ctrl+X”键又会恢复显示原来的窗口界面。

3. 主要菜单

文件：用于对文件的打开、存储、打印、输入和输出等，可输出不同格式的三维存档格式，以及动画的摘要信息、参数变量等。

编辑：用于对对象的拷贝、删除、选定、临时保存等。

工具：包括常用的各种制作工具。

组：将多个物体合为一个组，或分解一个组为多个物体。

视图：对视图进行操作，但对对象不起作用。

创建：创建物体、灯光、摄影机等。

修改器：可为对象添加修改器，以便对对象进行修改。

动画：主要用来制作动画，包括各种控制器和反应管理器等命令。

图形编辑器：3ds Max 中图形可视化功能的集合，包括“轨迹视图-曲线编辑器”“轨迹视图-摄影表”“新建图解视图”等。

渲染：用来将制作对象的贴图与材质进行渲染，得到最终效果。

自定义：用于对自定义用户界面进行控制。

脚本：提供用于编辑内置脚本语言的命令。

帮助：提供 3ds Max 软件说明和常见问题的解决办法。

不同版本的主要菜单可能存在差异。

4. 工作视图的切换

工作视图如图 1-3 所示。

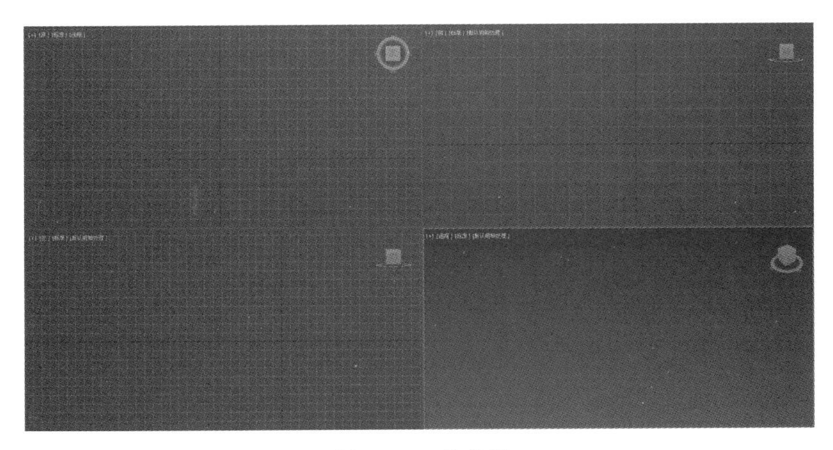

图 1-3 工作视图

工作视图分为顶视图、前视图、左视图和透视图，在每个视图的左上角都有对应文字标记。

5. 工具条

工具条如图 1-4 所示。

图 1-4　工具条

:撤销上次操作。

:恢复上次操作。

:建立父子关系链接。

:撤销父子关系链接。

:绑定到空间扭曲,使物体产生空间扭曲的效果。

:选择工具,快捷键为 Q。

:按名称选择。

:选择并移动,快捷键为 W。

:选择并旋转,快捷键为 E。

:选择并缩放,快捷键为 R。

:选择并放置。

视图 :选择参考坐标系。

:选择轴点中心。

:捕捉,选项包括 2 维、2.5 维、3 维,快捷键为 S。

:角度捕捉,快捷键为 A。

:百分比捕捉。

:镜像。

:对齐,快捷键为“Alt+A”。

:渲染帧窗口,快捷键为 F9。

6. 命令面板

命令面板如图 1-5 所示。

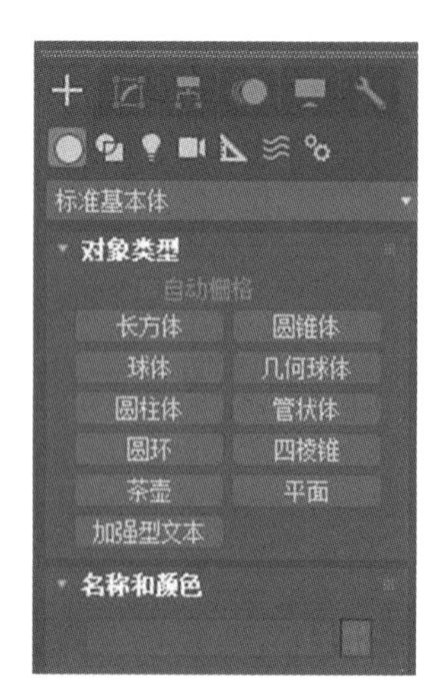

图 1-5　命令面板

命令面板作为 3ds Max 的核心部分,包括了几乎全部的工具和命令,可分为六个大的部分。

(1)创建模块+:创建 3ds Max 自带的基础物体,包括几何体、图形、灯光、摄影机、辅助物体、空间扭曲物体、骨骼模型等。

(2)修改模块:用于修改和编辑物体的属性。

(3)层次模块:用于控制物体的层次连接。

(4)运动模块:控制动画的变换,比如位移、缩放、旋转、轨迹等的一些状态。

(5)显示模块:控制物体在视图中的显示状态。

(6)实用程序:包含常用程序和添加程序,以及动力学等方面的一些程序。

7. 3ds Max 的常用操作

(1)基本操作如下:

①选择物体:选择工具的快捷键为 Q,可在视图中单击或者拖曳一个选择框来选择。

②移动物体:移动工具的快捷键为 W,可在视图中按照自己需要的方向来移动。

③旋转物体:旋转工具的快捷键为 E,可在视图中按照自己需要的角度来旋转物体。

④缩放物体:缩放工具的快捷键为 R,可在视图中按照自己需要的大小来对物体进行缩放。

⑤镜像物体:选中要镜像的对象,单击工具条中的,可以使一个或多个对象沿着指定的坐标轴镜像到另一个方向。

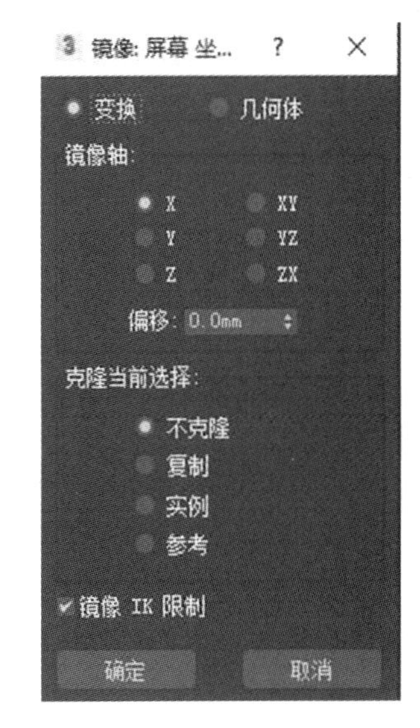

图 1-6　镜像设置对话框

对物体进行镜像操作时可在图 1-6 所示对话框中进行设置。

· 镜像轴:选择某个轴向进行镜像。

· 偏移:镜像后物体与原物体之间的距离。

· 克隆当前选择:可以选择不克隆、复制、实例或参考。

(2)视图操作如下:

移动视图:按住鼠标中键不放,移动。

旋转视图:按住 Alt 键不放,然后按鼠标中键移动,这样视图就能够旋转。

缩放视图:按鼠标中键,滚动。

要一个物体在视图中最大化显示:按 Z 键。

最大化视图:按"Alt+W"键。

(3)3ds Max 单位的设置。

在创建物体之前,最好先把 3ds Max 的单位设定好。

首先找到菜单栏,找到"自定义",单击打开其菜单,找到"单位设置"项,如图 1-7 所示。

打开"单位设置"对话框,点选"公制",选择"毫米",如图 1-8 所示。

然后单击"系统单位设置"按钮,打开"系统单位设置"对话框,在系统单位比例设置下拉菜单中选择"毫米",如图 1-9 所示。

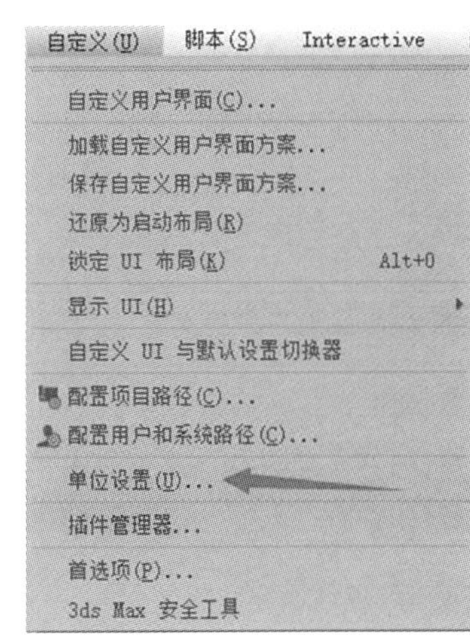

图 1-7　"单位设置"项

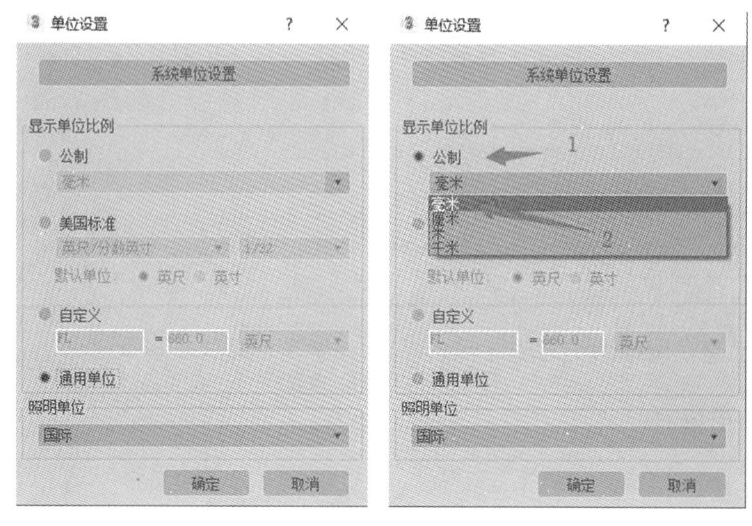

图 1-8　设置显示单位

单击“确定”按钮结束单位设置，这样 3ds Max 单位就设置成了毫米。

8. 创建基本几何体

1）创建类型

在命令面板上单击创建按钮＋，如图 1-10 所示，就会出现每种基础物体的命令按钮，点按相应的按钮，可进入相应的基础物体设置面板。

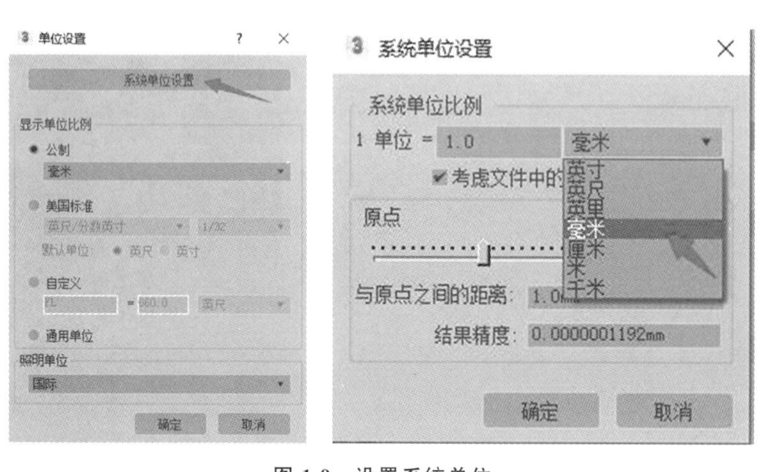

图 1-9　设置系统单位

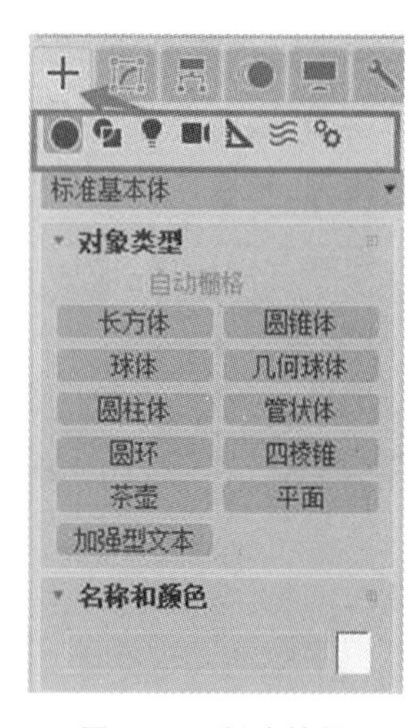

图 1-10　创建按钮

基础物体的命令按钮包括以下几个：

：几何体。

：图形。

：灯光。

：摄影机。

：辅助对象。

：空间扭曲。

:系统。

2)创建标准基本体

步骤:单击创建按钮+→单击几何体按钮→在下拉列表中选择“标准基本体”,如图 1-11 所示。

选择之后出现对象类型选项,如图 1-12 所示。

9. 实例

下面以创建一个长方体为例介绍相关用法。

(1)单击“长方体”按钮,如图 1-13 所示。

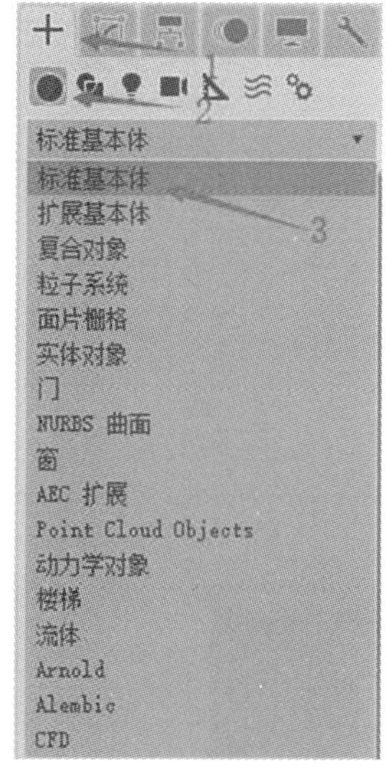

图 1-11　选择“标准基本体”

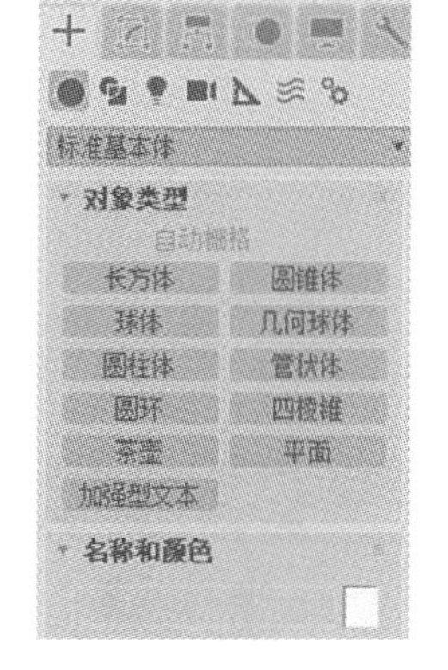

图 1-12　对象类型选项

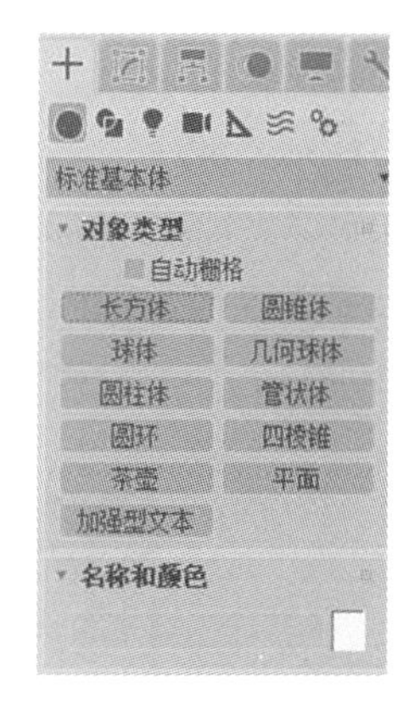

图 1-13　单击“长方体”按钮

(2)在顶视图内拖曳出一个平面,绘制长方体的底面,然后松开鼠标左键,将鼠标向上移动,确定长方体的高,如图 1-14 所示。

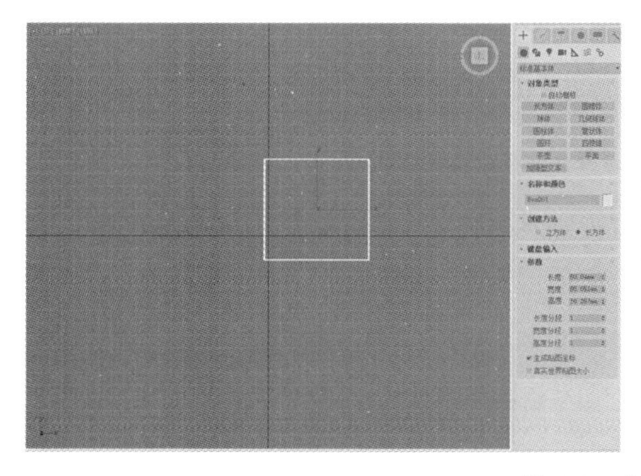

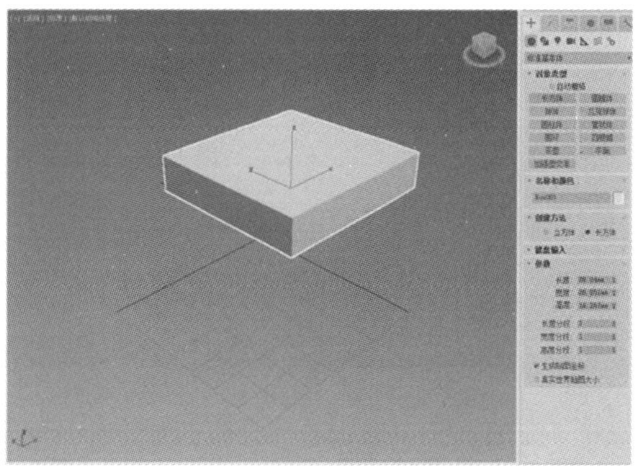

图 1-14　创建长方体

(3)长方体的高确定后,在视图中单击鼠标左键,长方体创建完毕。

(4)按鼠标右键,退出长方体的选择状态(不然在视图里面单击的时候又会创建新的长方体)。

(5)修改长方体尺寸。选择长方体,单击修改按钮,修改相关的参数,如图 1-15 所示。

注:要创建长、宽、高相同的立方体,需要选择“立方体”,如图 1-16 所示。

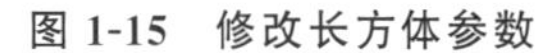

图 1-15　修改长方体参数

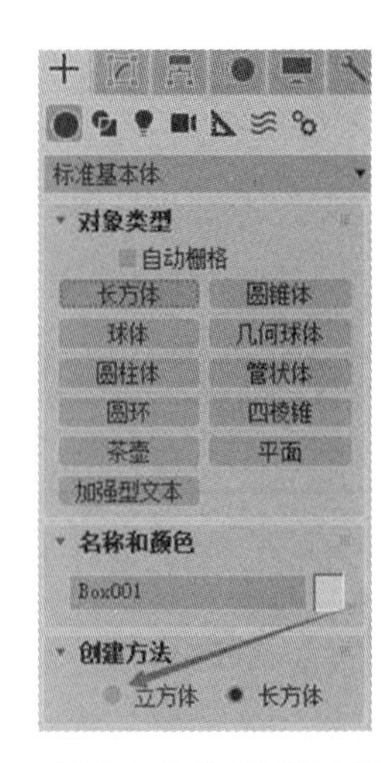

图 1-16　创建立方体需要选择“立方体”

二、熊猫的绘制

绘制熊猫的主要操作步骤如下：

(1)打开 3ds Max 2020 软件，新建文件“熊猫”，选择合适的文件存放路径，如图 1-17 所示。

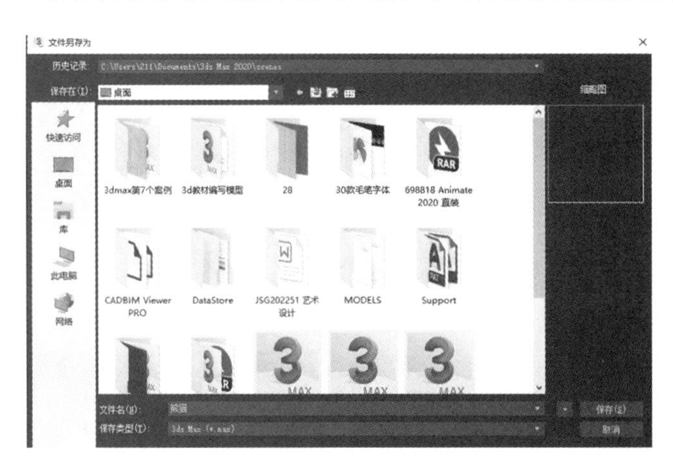

图 1-17　新建文件并选择文件存放路径

(2)设置单位。选择“自定义”菜单→“单位设置”→“公制”→“毫米”，并将系统单位设置成“毫米”，如图 1-18 所示。

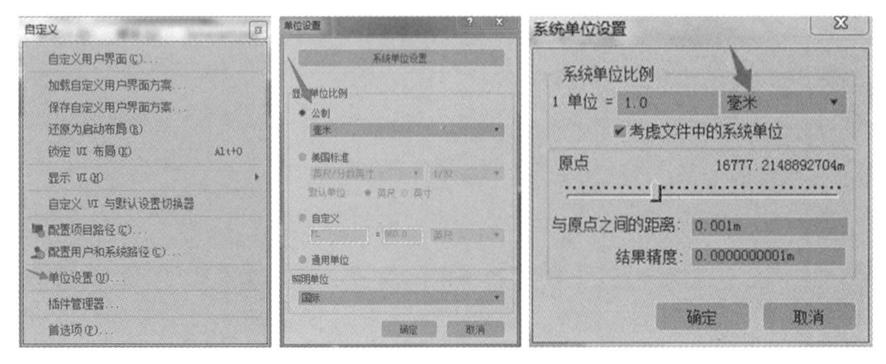

图 1-18　设置单位

(3)选择“自定义”菜单→“首选项”,按图 1-19 所示点选“右－>左＝>交叉”。

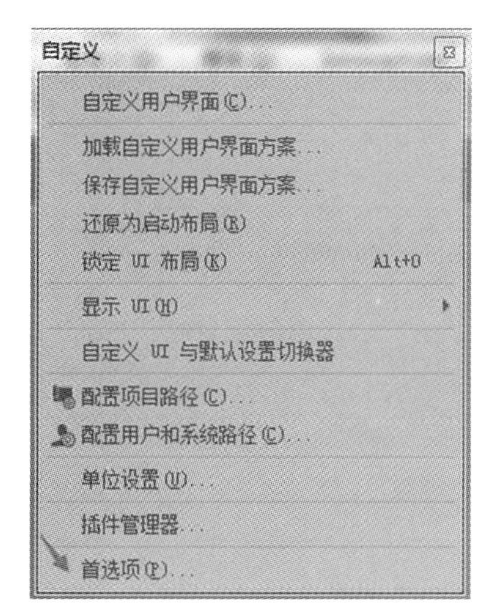

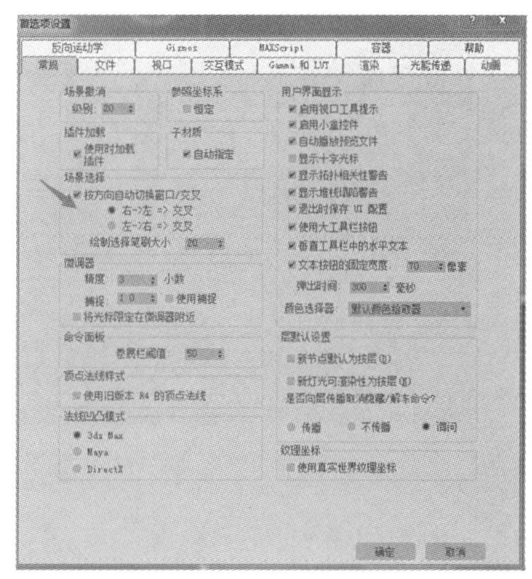

图 1-19　自定义首选项

(4)单击命令面板中的创建按钮,选择几何体,选择“球体”,在前视图中创建一个球体,如图 1-20 所示。

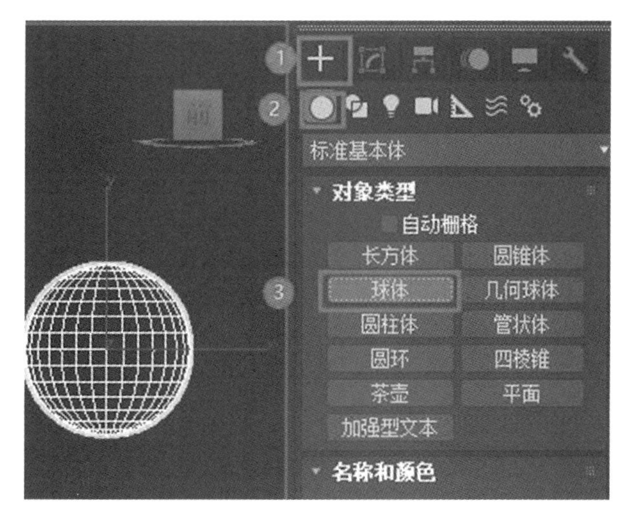

图 1-20　创建球体

(5)单击命令面板中的修改按钮,修改球体半径尺寸为 200 mm,如图 1-21 所示。

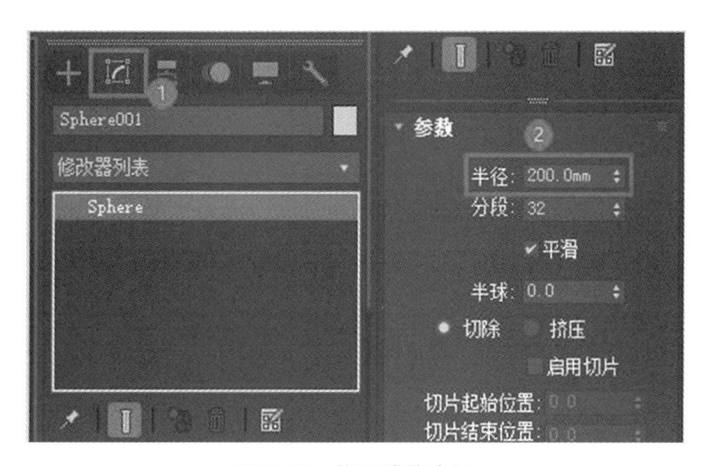

图 1-21　修改球体半径

(6)单击颜色区,设置球体的颜色为白色,如图 1-22 所示。

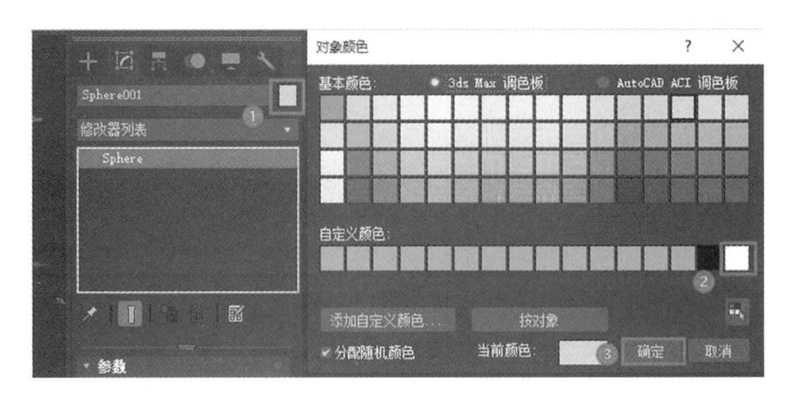

图 1-22　设置球体颜色

(7)按 R 键,执行比例缩放命令,在前视图中单击 y 轴,轴线由红色变成黄色,表示只沿 y 方向调整比例,向 y 轴的正方向拖曳,调整球体的形状为椭球体,如图 1-23 所示。

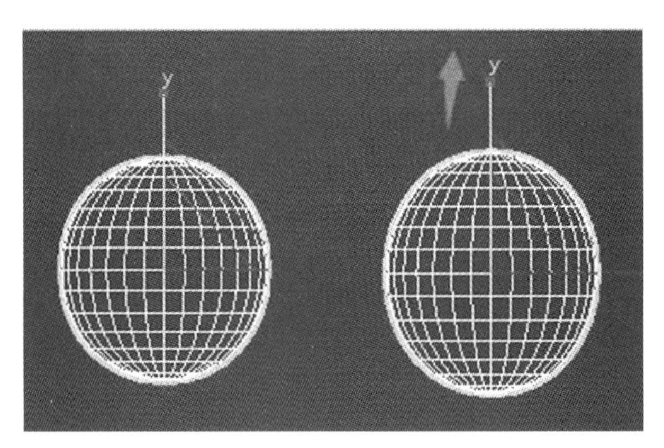

图 1-23　调整球体的形状

(8)重复步骤(4)~(7)中的操作,绘制一个“半径”为 130 mm 的椭球体,如图 1-24 所示。

(9)使用选择并移动工具,在顶视图、前视图和左视图中调整椭球体的位置,效果如图 1-25 所示。

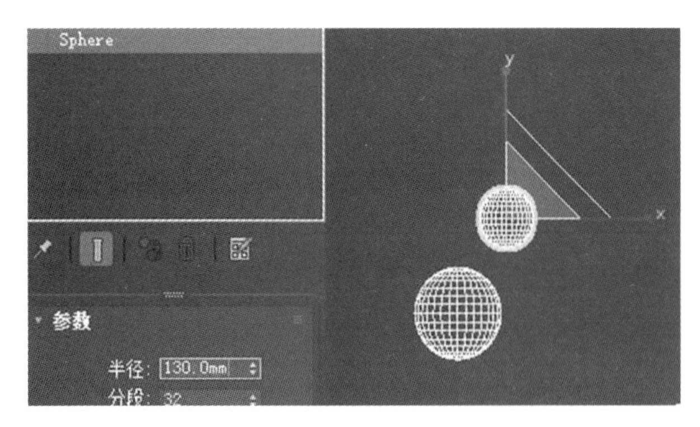

图 1-24　创建另一椭球体

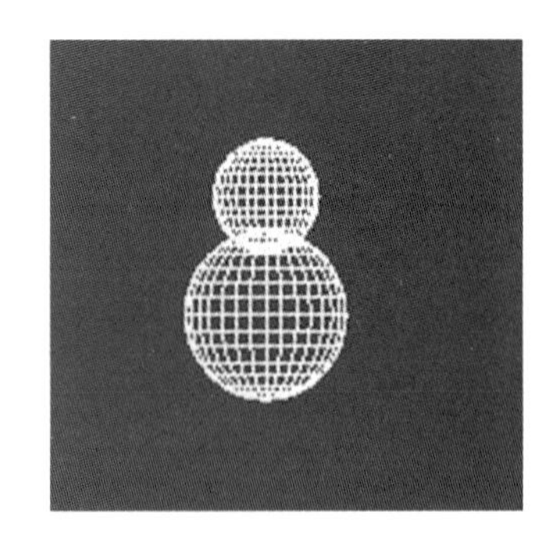

图 1-25　调整位置

(10)制作熊猫的耳朵。创建半径为 40 mm 的球体,修改颜色为黑色,如图 1-26 所示。

(11)使用移动命令,选中刚制作的耳朵,调整其位置,然后按 W 键并按住 Shift 键复制出一个相同的耳朵,调整位置,如图 1-27 所示。

(12)制作熊猫的嘴巴。创建一个半径为 45 mm 的球体,修改颜色为白色,如图 1-28 所示。

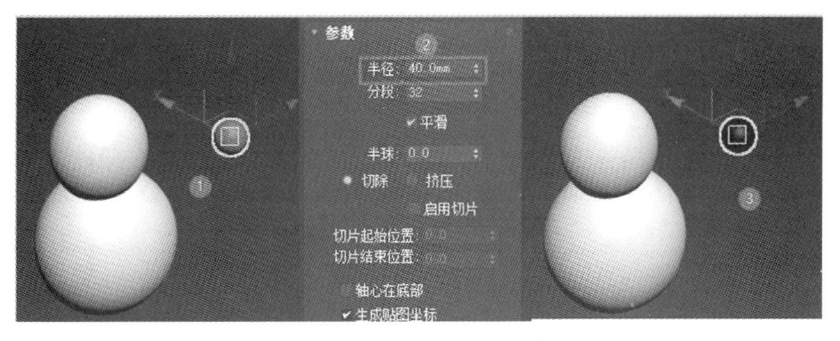

图 1-26　制作熊猫的耳朵

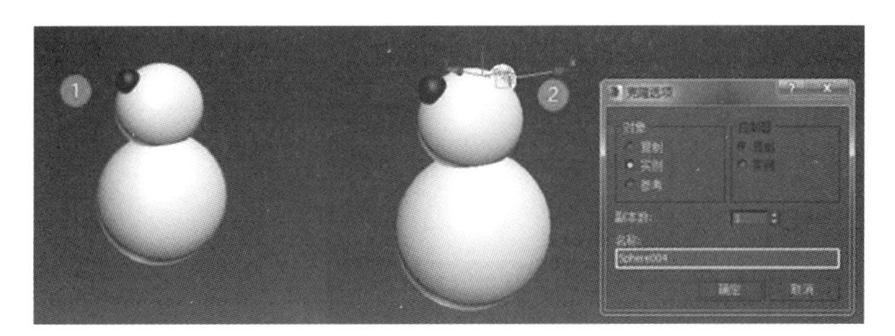

图 1-27　复制耳朵并调整位置

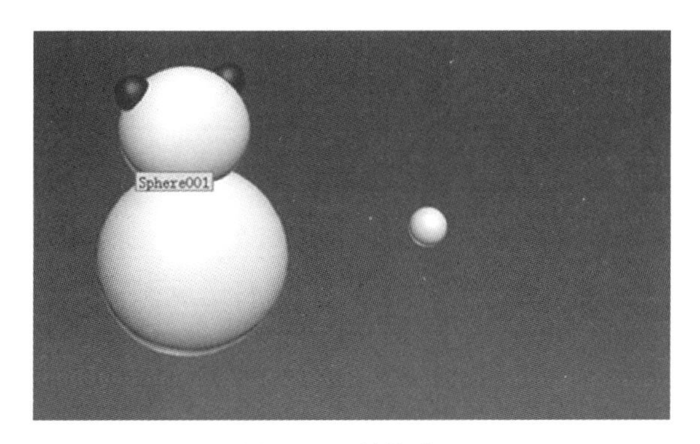

图 1-28　制作嘴巴

(13)使用移动命令,调整嘴巴的位置,如图 1-29 所示。

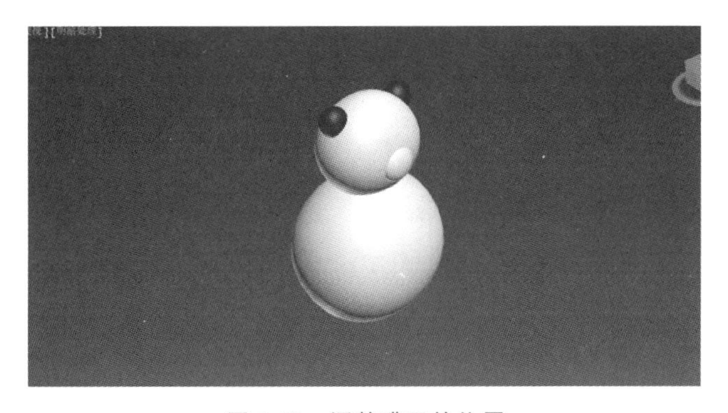

图 1-29　调整嘴巴的位置

(14)制作熊猫的鼻子。创建一个半径为 30 mm 的球体,修改颜色为黑色,如图 1-30 所示。

(15)使用移动命令调整鼻子的位置,如图 1-31 所示。

图 1-30 制作鼻子

图 1-31 调整鼻子的位置

(16)制作熊猫的眼睛。在前视图中创建一个半径为 55 mm 的球体,修改颜色为黑色;按 R 键,执行比例缩放操作,沿着 y 方向进行比例缩放;按 E 键并旋转一个角度;按 W 键执行移动操作,调整眼睛到合适的位置,如图 1-32 所示。

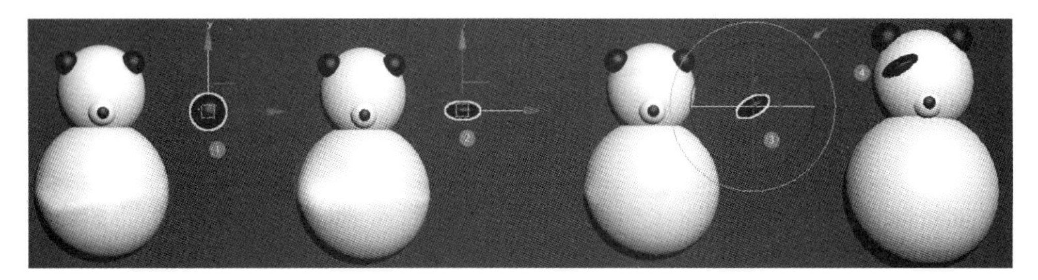

图 1-32 制作眼睛

(17)创建一个半径为 20 mm 的球体,移动到眼睛合适的位置作为眼珠,在前视图中选中眼睛和眼珠(按住 Ctrl 键加选),再按 W 键,使用移动命令,按住 Shift 键,选择 x 方向,复制出一组相同的眼睛和眼珠,单击镜像按钮执行镜像操作,调整位置,如图 1-33 所示。

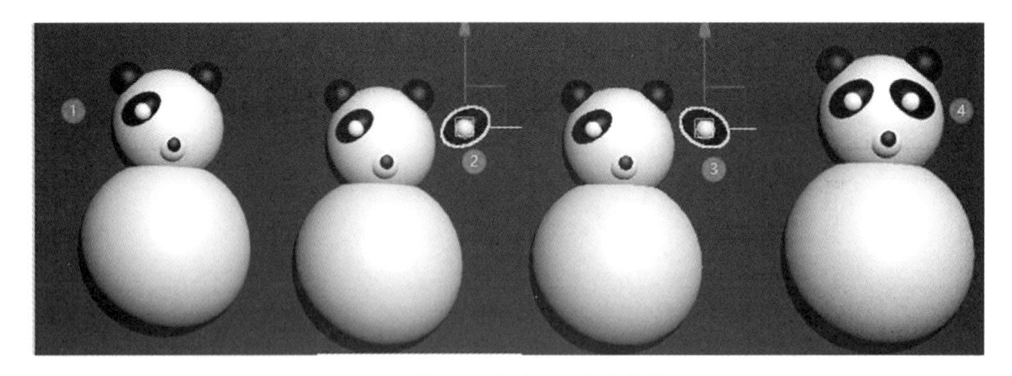

图 1-33 执行移动、复制、镜像等操作

(18)制作熊猫的手臂。在前视图中创建一个球,修改颜色为黑色,按 R 键执行缩放操作,沿 y 方向缩放,在顶视图中沿 y 方向继续缩放成椭球体;在顶视图中执行移动命令到合适位置,按 E 键执行旋转命令并将其放在合适位置,如图 1-34 所示。

(19)创建一个小球作为熊猫手,颜色设置为黑色,将其与步骤(18)中所制作的手臂放在一起,如图 1-35 所示。

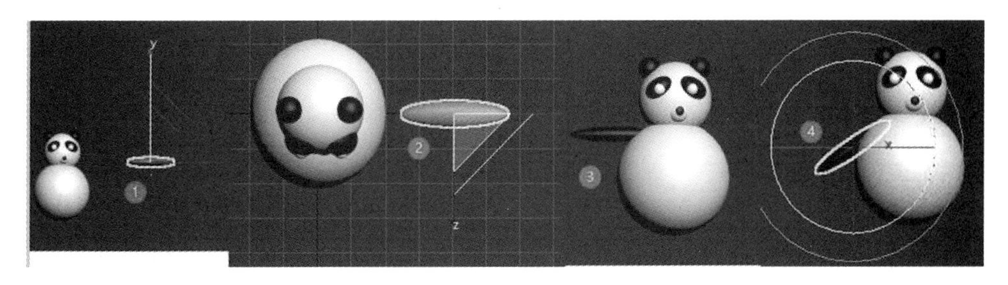

图 1-34　创建熊猫手臂

图 1-35　创建熊猫手

(20)在前视图中,选中所制作的手臂和手沿着 x 方向进行移动复制,在这里点选“复制”,如图 1-36 所示。

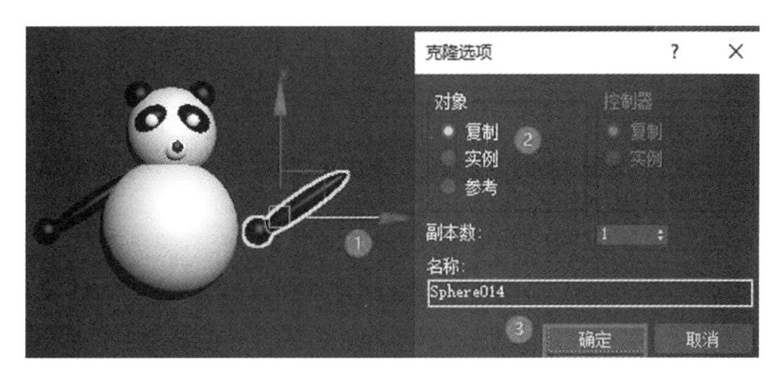

图 1-36　移动复制效果

(21)在前视图中,选择手臂和手,单击镜像工具按钮做镜像操作,沿 x 方向镜像,并调整位置,如图 1-37 所示。

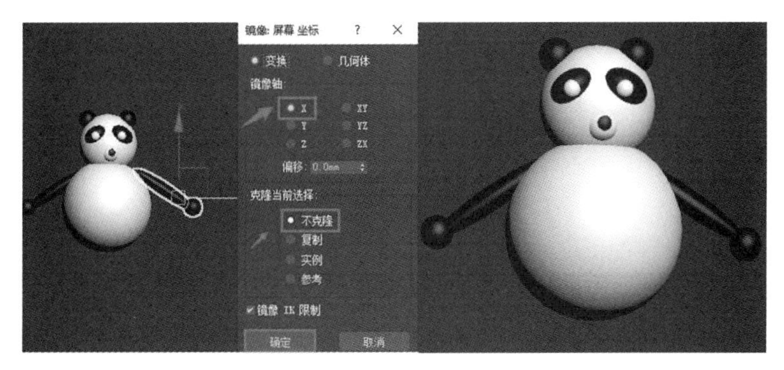

图 1-37　镜像操作并调整位置

(22)制作熊猫的脚部。在顶视图中画一个球体,设置颜色为黑色,按 R 键沿 y 方向缩放,如图 1-38 所示。

(23)按 W 键执行移动操作,在前视图、顶视图和左视图中调整位置到合适,如图 1-39 所示。

图 1-38　制作脚部

图 1-39　调整脚部位置

(24)选中刚才所制作的脚部,执行移动及复制操作,再执行镜像命令,调整其位置,如图 1-40 所示。

(25)最终效果图如图 1-41 所示,保存文件。

图 1-40　移动、复制并调整脚部位置

图 1-41　最终效果图

任务 2
板凳的绘制

任务目的

学习基本几何体的创建;学习选择并旋转命令、选择并移动命令、移动复制命令、对齐命令的操作。

一、知识点讲解

1. 对齐命令

对齐命令包括位置对齐、方向对齐和比例对齐三种,如图 1-42 所示。

当前对象是指准备通过对齐方式移动到另外一个位置的对象,是要动的对象。目标对象是指对齐的基准，是此次操作中不动的对象。

在“对齐位置”中，“X 位置”“Y 位置”“Z 位置”表示对齐的轴向，勾选其中一个就表示沿着对应的那个轴向对齐。

最小、中心、轴点、最大是对齐位置的依据，以长方体为例，如图 1-43 所示。

注：轴点和中心一般不重合。

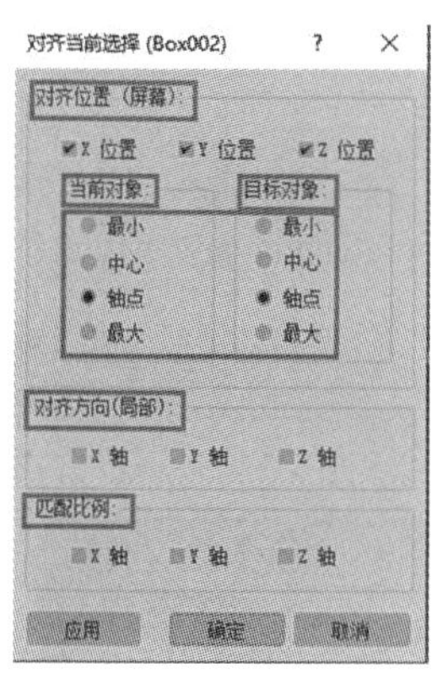

图 1-42　对齐

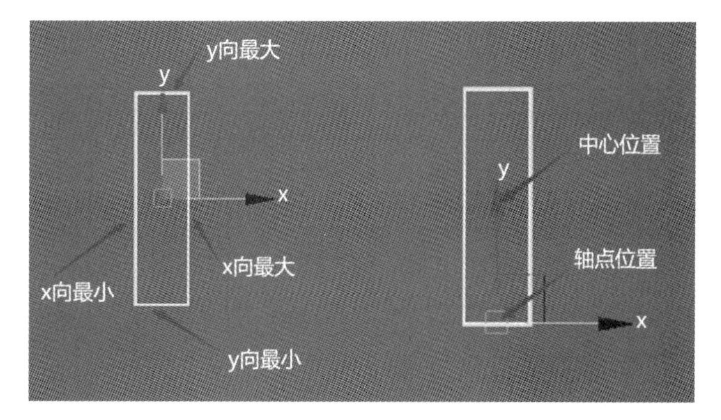

图 1-43　对齐位置

对齐操作主要步骤：

(1)选择当前对象。

(2)单击对齐命令按钮(或按快捷键“Alt＋A”)。

(3)鼠标靠近目标对象，等到出现目标对象名称和＋号时单击鼠标确定，弹出对齐对话框。

(4)根据需要进行对齐设置。

(5)单击“应用”按钮可以继续对齐操作，单击“确定”按钮结束对齐操作。

对齐演示如图 1-44 所示，要在前视图中将右侧的立方体对齐到左侧的长方体上表面的中间位置，需要两步对齐操作：第一步，在 x 方向将当前对象中心对齐目标对象中心，单击“应用”按钮；第二步，在 y 方向将当前对象的最小值对齐目标对象的最大值，单击“确定”按钮结束对齐，如图 1-45 所示。

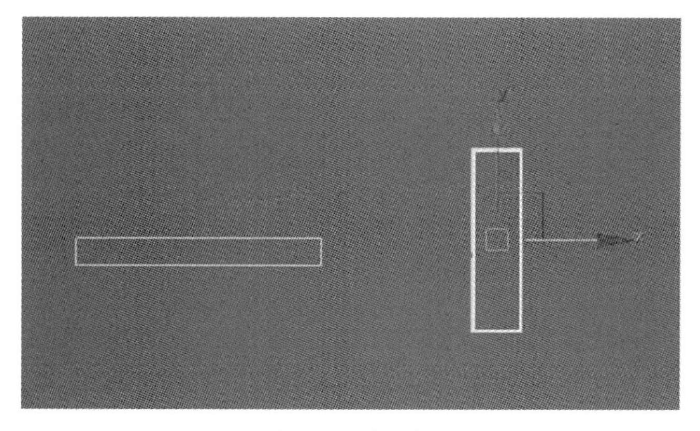

图 1-44　对齐演示

2. 旋转命令

旋转命令快捷键为 E，可以使物体绕 x、y、z 轴三个方向进行旋转，如果要精确地旋转一定度数，需要打开角度捕捉，并在“栅格和捕捉设置”对话框中设置角度数值，如图 1-46 所示。

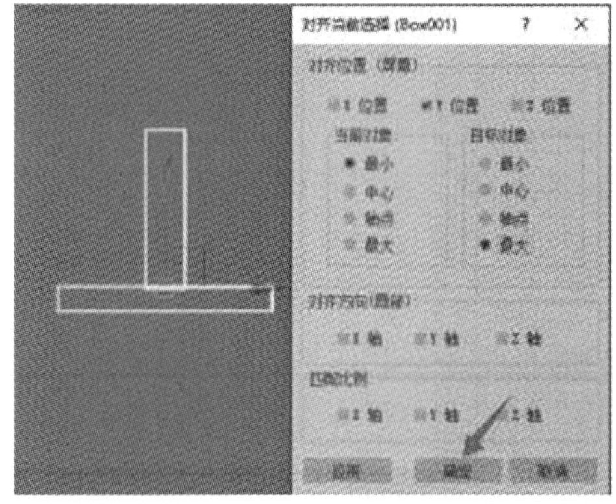

图 1-45　对齐操作步骤

设置好后旋转时会自动跳出转动的度数，从而实现对物体的一定角度的旋转，如图 1-47 所示。

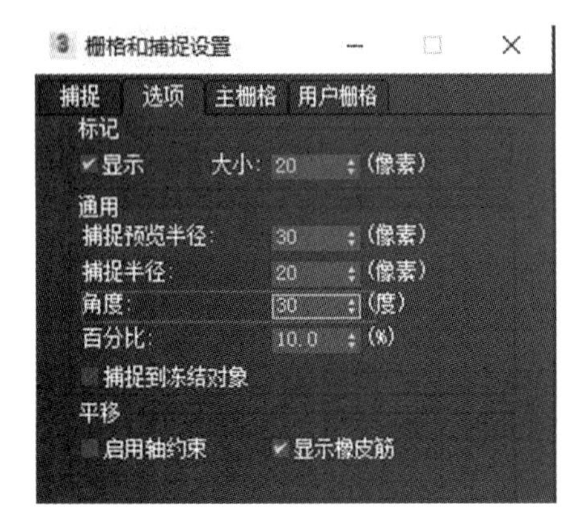

图 1-46　设置角度数值

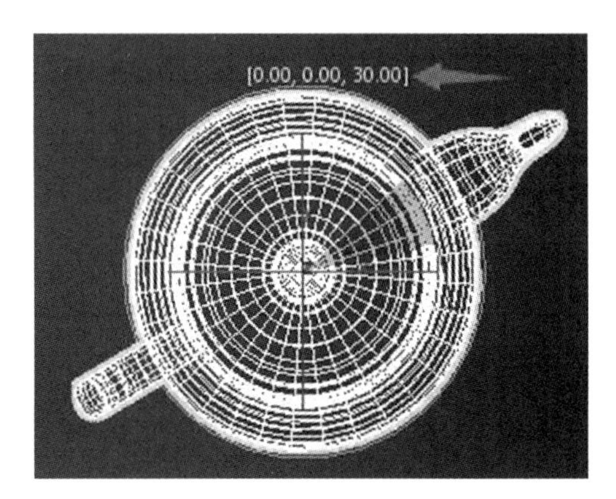

图 1-47　旋转时的自动捕捉

二、板凳的绘制

绘制板凳的主要操作步骤如下：

(1)打开 3ds Max 2020 软件，新建文件“板凳”，选择合适的文件存放路径，如图 1-48 所示。

图 1-48　新建文件并选择文件存放路径

(2)选择“自定义”菜单→“单位设置”，将显示单位和系统单位设置成毫米，如图 1-49 所示。

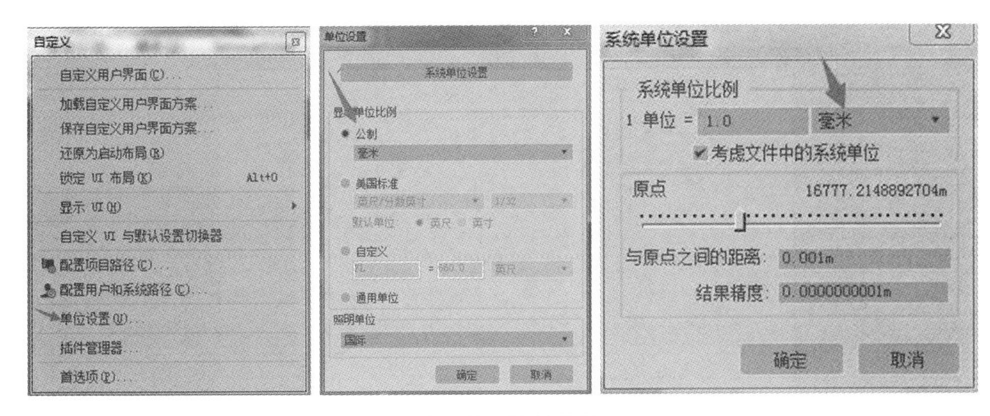

图 1-49 设置单位

(3)选择“自定义”菜单→“首选项”,点选“右－＞左＝＞交叉”,如图 1-50 所示。

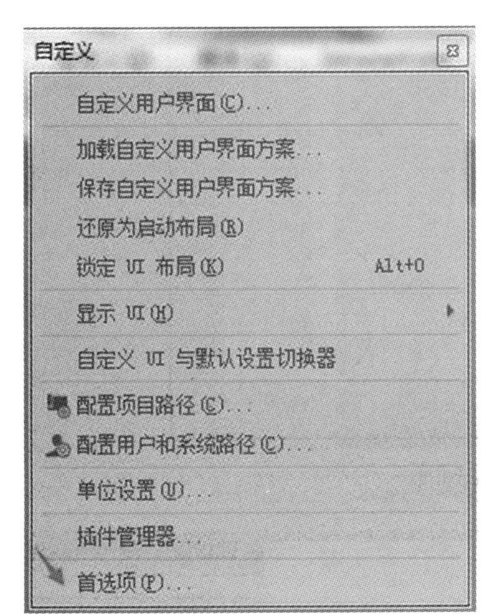

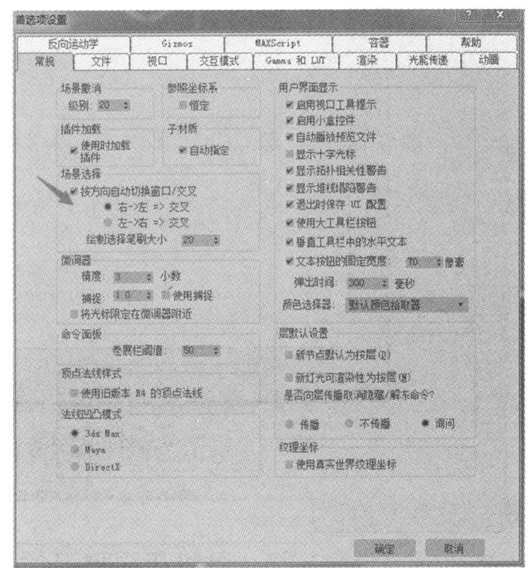

图 1-50 设置首选项

(4)在顶视图中创建一个长方体作为板凳面,在修改器面板中修改长、宽、高分别为 400 mm、350 mm、30 mm,设置及效果如图 1-51 所示。

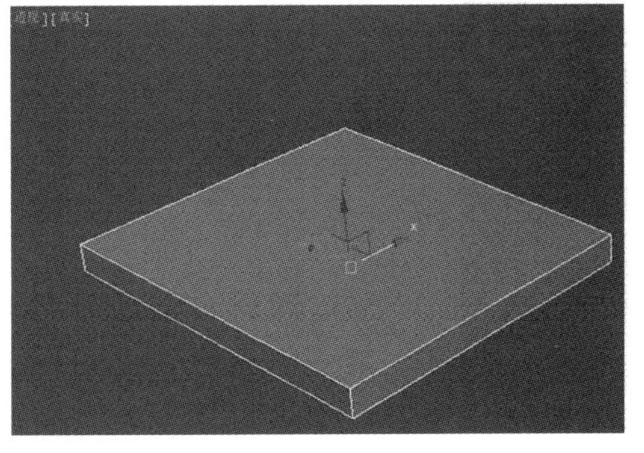

图 1-51 创建长方体

(5)按“Ctrl＋V”键原地复制出一个,在前视图中向下移动位置,用快捷键“Alt＋A”对齐,修改尺寸,如图 1-52 所示。

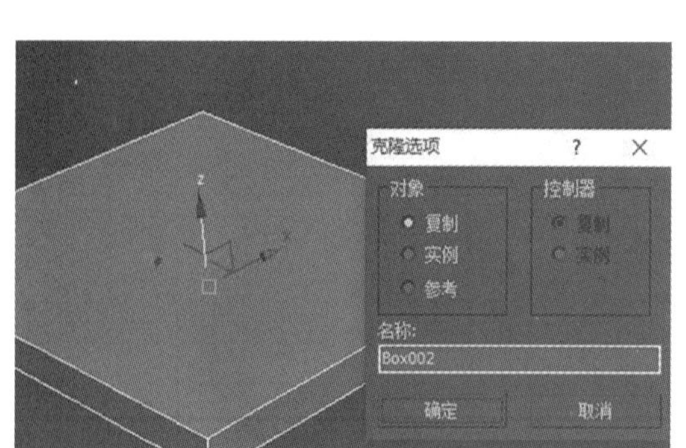

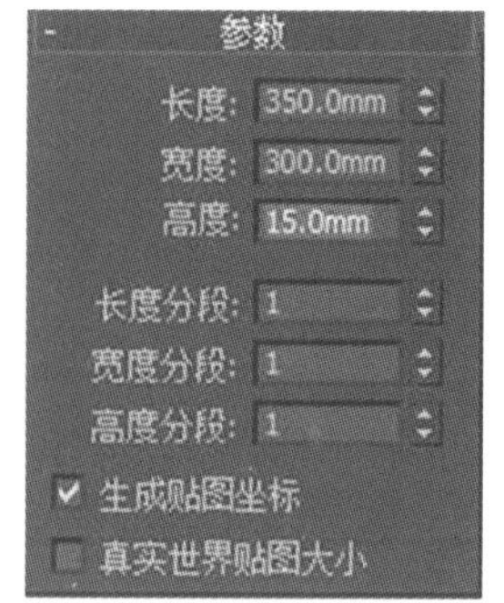

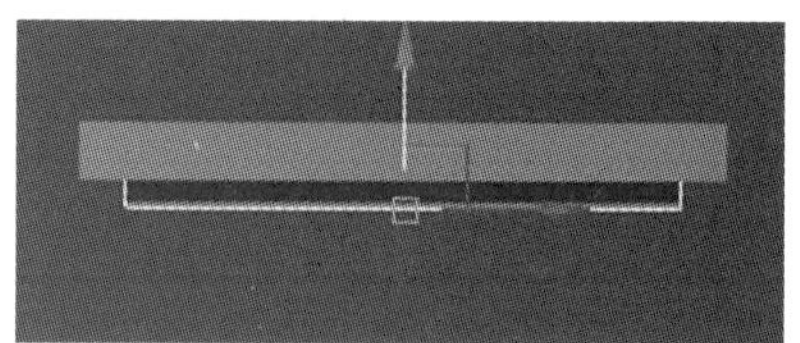

图 1-52　复制长方体

(6)在顶视图中创建一个长方体作为凳子腿,设置尺寸,执行 x 方向和 y 方向对齐命令,对齐顶点,如图 1-53 所示。

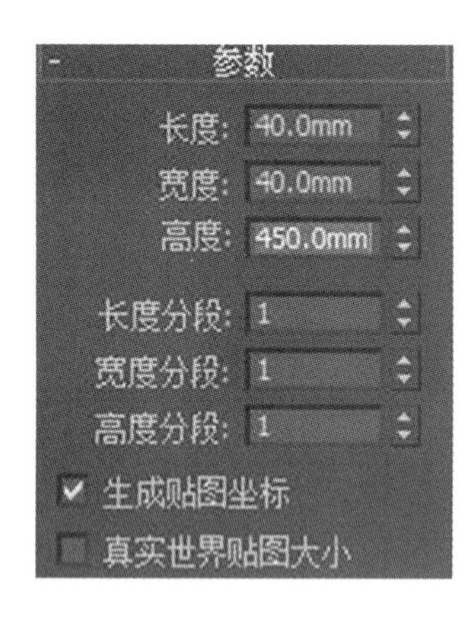

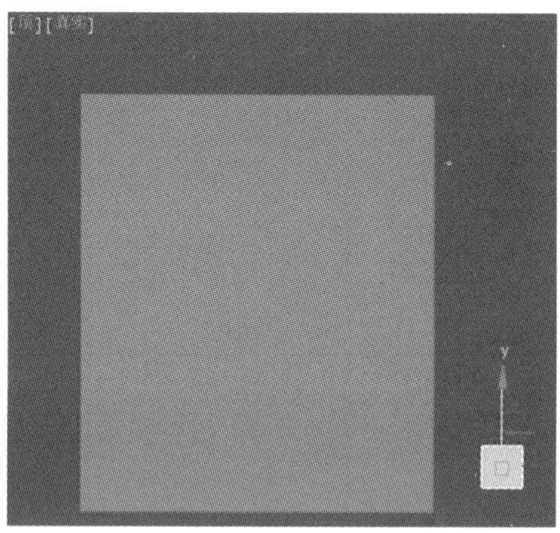

图 1-53　对齐顶点

(7)在前视图中调整高度位置,执行对齐命令,在 y 方向对齐最大值与最小值,如图 1-54 所示。

(8)在顶视图中利用移动复制命令,绘制另外三条腿,如图 1-55 所示。

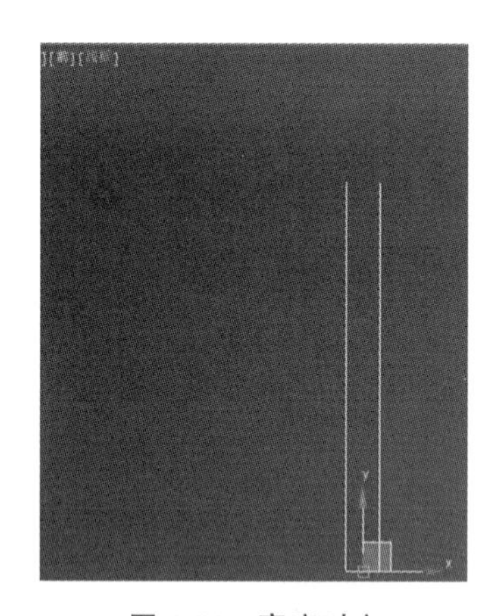

图 1-54　高度对齐

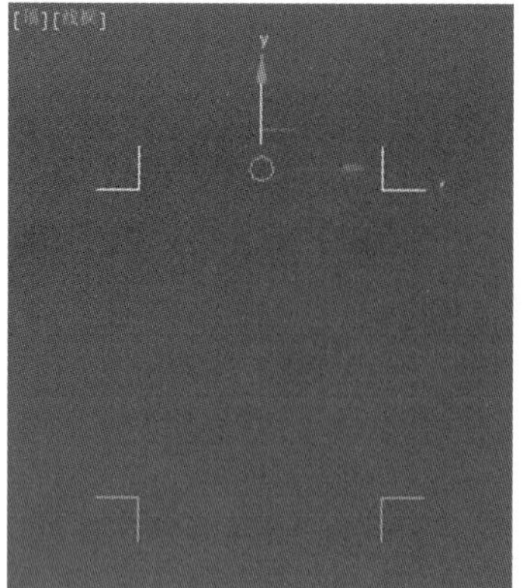

图 1-55　复制出凳子腿

(9)在前视图中移动复制出一条腿,旋转 90°,按 R 键执行比例缩放操作,移动到图 1-56 所示位置,作为横撑。

(10)在顶视图中,执行移动复制操作,复制出另一根横撑,如图 1-57 所示。

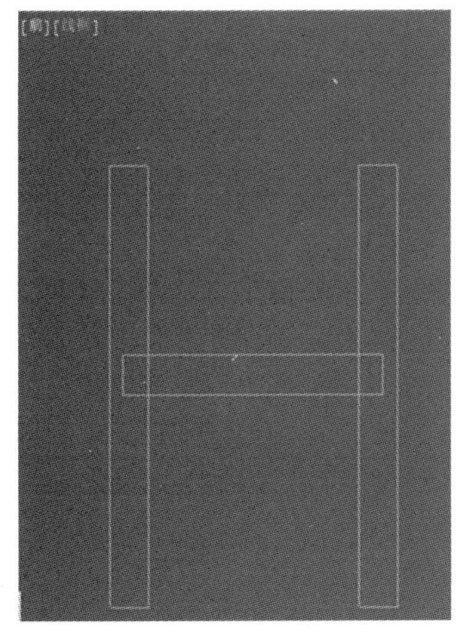

图 1-56　制作横撑

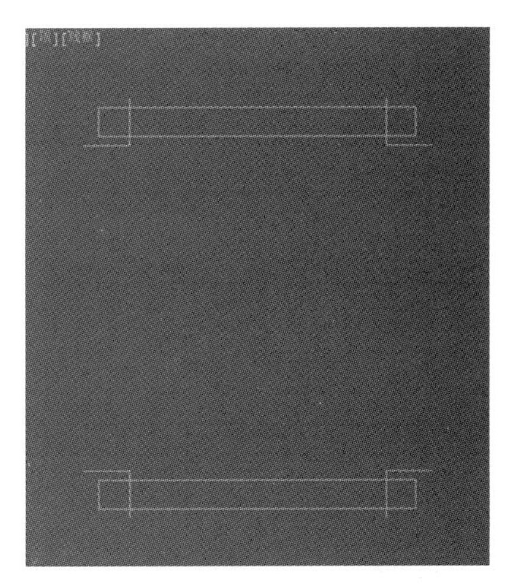

图 1-57　复制出另一根横撑

(11)在顶视图中移动复制出一个横撑,如图 1-58 所示。

图 1-58　继续复制横撑

(12)使用旋转命令,旋转 90°,如图 1-59 所示。

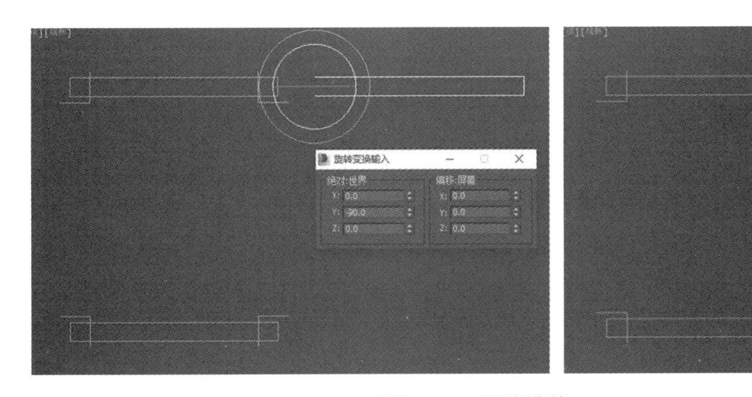

图 1-59　旋转横撑

(13)利用移动命令调整位置,复制出另一根横撑,移动到合适位置,如图 1-60 所示。

(14)调整颜色,渲染,保存图片,保存文件,最终效果如图 1-61 所示。

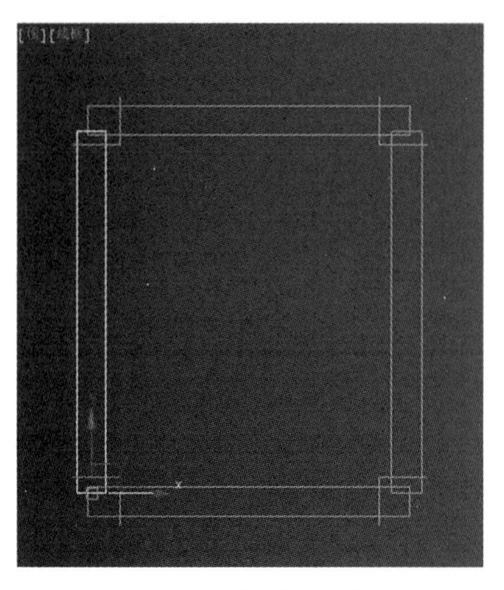
图 1-60 复制横撑并调整位置

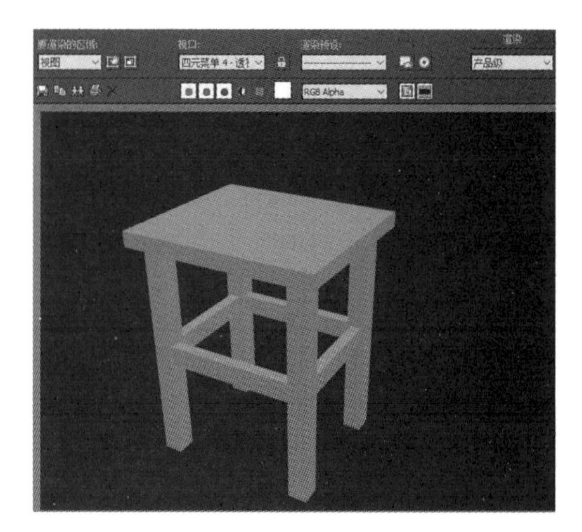
图 1-61 最终效果

任务 3
柜子的绘制

任务目的

通过柜子的绘制，巩固镜像命令和对齐操作知识，掌握捕捉操作，掌握移动捕捉复制、创建组、设置颜色操作。

一、知识点讲解

1. 捕捉

捕捉命令（按钮是3）是常用命令，可以快速实现点、线、面的对齐与捕捉。在捕捉命令按钮上按住鼠标左键，会弹出图 1-62 所示菜单。

图 1-62 捕捉命令按钮延展菜单

2 维捕捉:可以捕捉二维平面。

2.5 维捕捉:可以捕捉三维物体上的二维平面。

3 维捕捉:可以捕捉三维空间物体。

在捕捉命令按钮上单击鼠标右键会跳出图 1-63 所示对话框,在该对话框中,可以进行捕捉选项的设置,也可以清除全部捕捉设置。

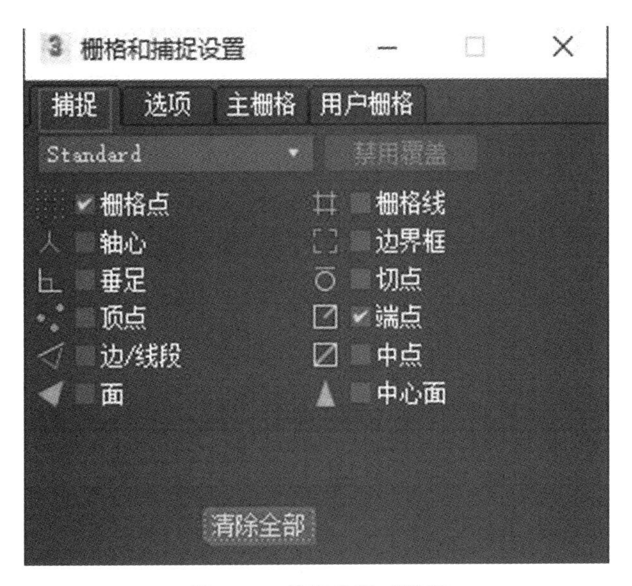

图 1-63 捕捉设置对话框

在“选项”选项卡中可以设置捕捉半径、捕捉角度、捕捉百分比等,也可以进行捕捉到冻结对象、启用轴约束、显示橡皮筋等的选择,如图 1-64 所示。

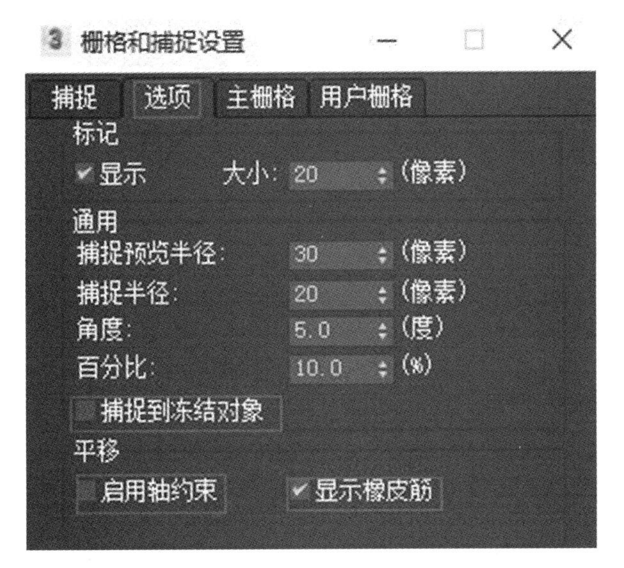

图 1-64 “选项”选项卡

在“主栅格”选项卡(见图 1-65)中可以对栅格进行设置,可以捕捉栅格交点,也可以对栅格数值进行调整。

图 1-65 “主栅格”选项卡

2. 组

组是由多个对象组成的集合,成组不会改变原对象,但对组的编辑会影响组中的每一个对象。成组后,只要单击组内的任意一个对象,整个组都会被选择。使用组管理对象可以同时对多个对象进行同样的操作。

(1)创建组:在场景中选择两个或两个以上的对象,执行“组”→“组”命令,在弹出的对话框(见图 1-66)中输入组的名称(默认组名为“组 001”并自动按序递加),单击“确定”按钮即可将所选的对象成组。

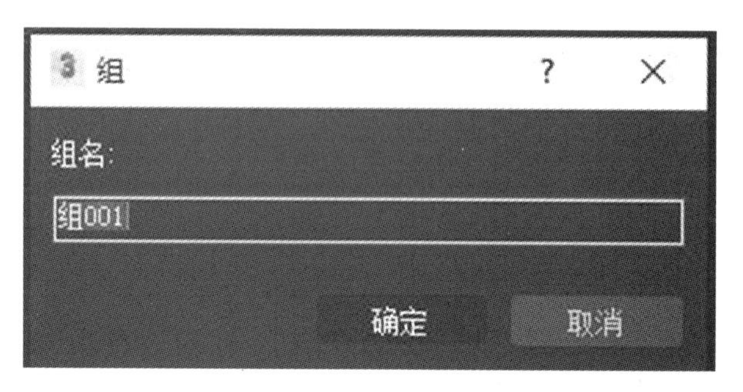

图 1-66 “组”对话框

(2)打开组:如果要对组内的单个对象进行编辑则需要将组打开,每执行一次“组”→“打开”命令只能打开一级群组。执行“组”→“打开”命令,群组的外框会变成紫红色,可以对其中的对象进行单独修改,移动其中的对象,则紫红色边框会随着变动。(见图 1-67)

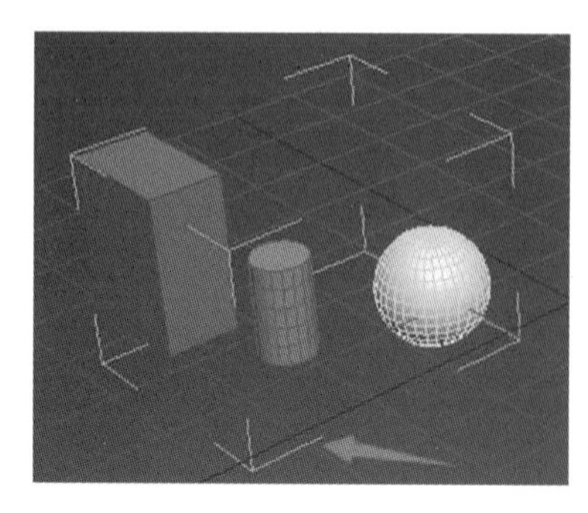
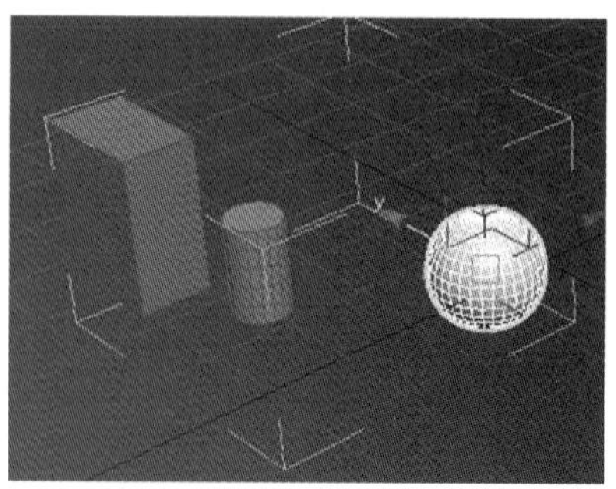

图 1-67 打开组

(3)关闭组:执行“组”→“关闭”,将暂时打开的组关闭,可以返回到初始状态。(见图 1-68)

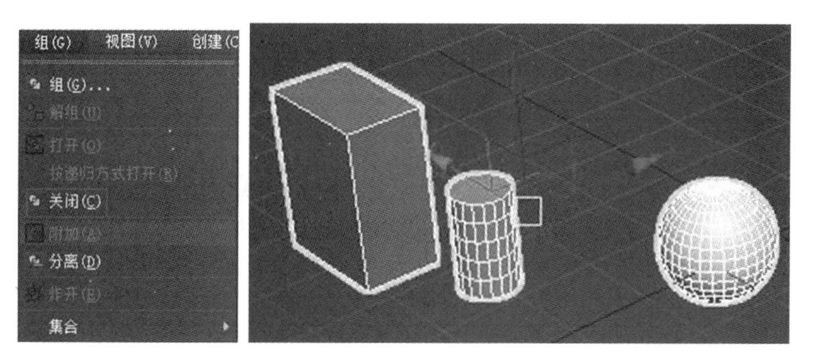

图 1-68　关闭组

(4)集合组:先选中一个将要加入的对象(或一个组),再选择“组”→“集合”命令,单击要加入的任何对象都可以把该对象加入群组中去。(见图 1-69)

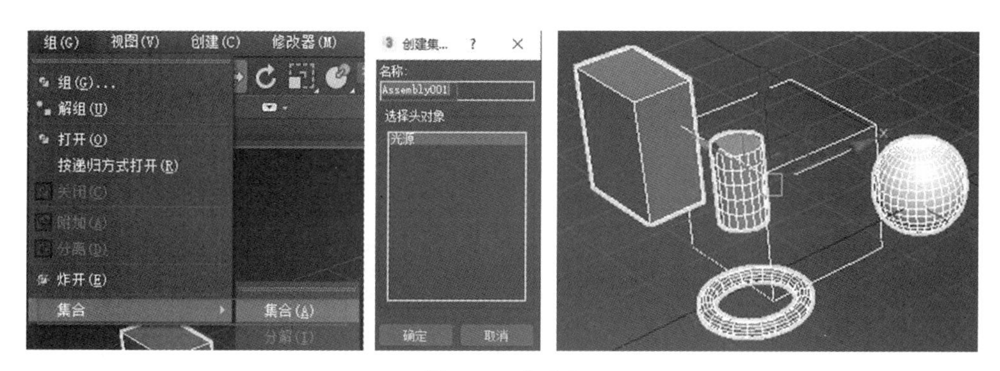

图 1-69　集合组

(5)解组:将当前选择的组的上一级打散。“解组”命令见图 1-70。

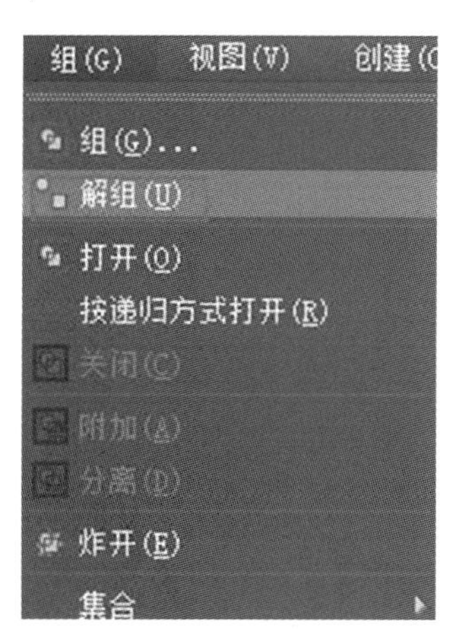

图 1-70　“解组”命令

(6)炸开组:将所选择的组的所有层级一同打散,不再包含任何的组。

(7)分离组:将组中个别对象分离出组。

3. 名称和颜色设置

设置名称和颜色时,修改器面板上会显示待修改物体的名称和线框颜色。在名称框里可以更改物体名

称;单击颜色按钮,可以弹出“对象颜色”对话框,用于颜色的选择。(见图1-71)

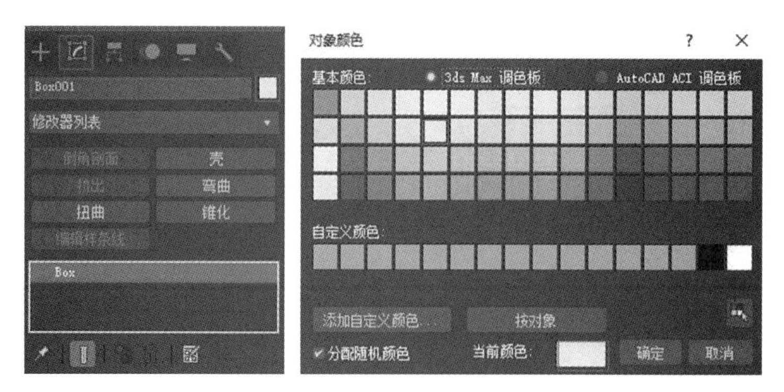

图1-71 设置名称和颜色

二、柜子的绘制

绘制柜子的主要操作步骤如下:

(1)启动3ds Max 2020,设置单位,选择场景,在顶视图中创建尺寸为350 mm×600 mm×20 mm的长方体,如图1-72所示。

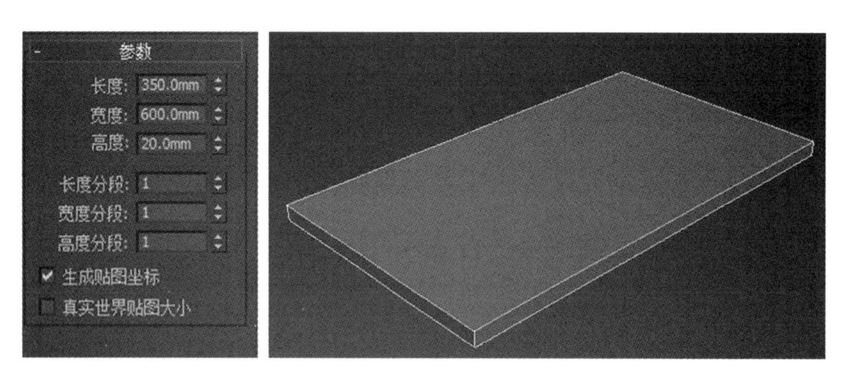

图1-72 创建长方体

(2)在前视图中,使用镜像命令,选择“Y”轴复制,偏移距离为“-800”,如图1-73所示。

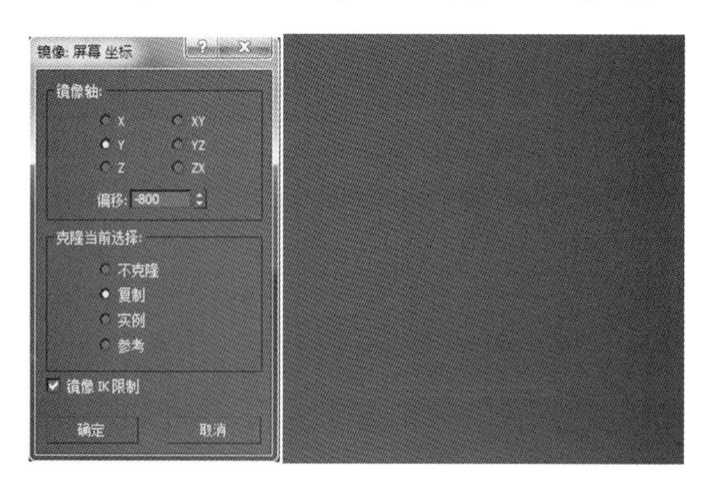

图1-73 镜像

(3)创建长方体,打开“顶点”捕捉,把捕捉设置改成 2.5 维捕捉,如图 1-74 所示。

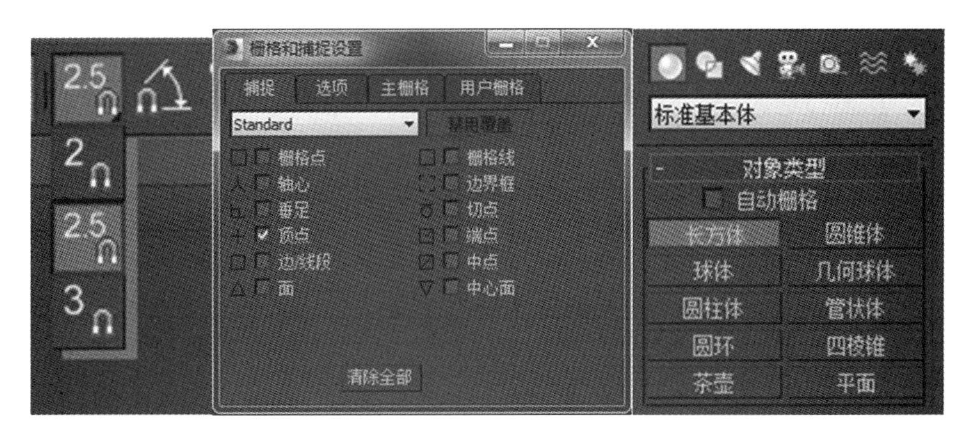

图 1-74　打开捕捉

(4)在左视图中捕捉已经画好的两个长方体的顶点,创建长方体,尺寸为 800 mm×350 mm×20 mm,如图 1-75 所示。

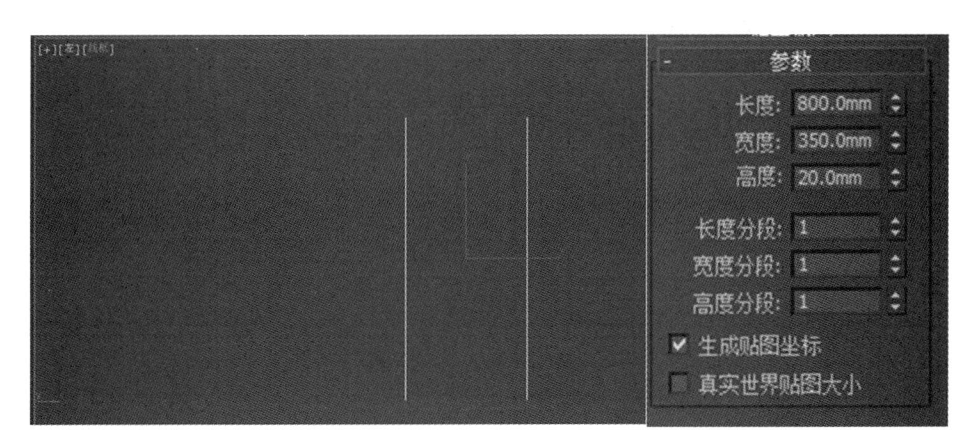

图 1-75　创建长方体

(5)选择顶视图,打开捕捉,按 F5 键锁定 x 轴,按住 Shift 键进行移动复制,作为柜子侧面,如图 1-76 所示。

图 1-76　移动复制柜子侧面

(6)修改柜子的底板高度为 40 mm,如图 1-77 所示。

(7)制作背板。在前视图中创建长方体,通过捕捉做出一个 800 mm×560 mm×5 mm 的长方体,然后切换到顶视图,打开捕捉,将长方体移动到另一侧,作为柜子背板,如图 1-78 所示。

(8)执行移动命令,沿着 y 轴的负方向将背板移动 10 mm,如图 1-79 所示。

图 1-77　修改底板高度

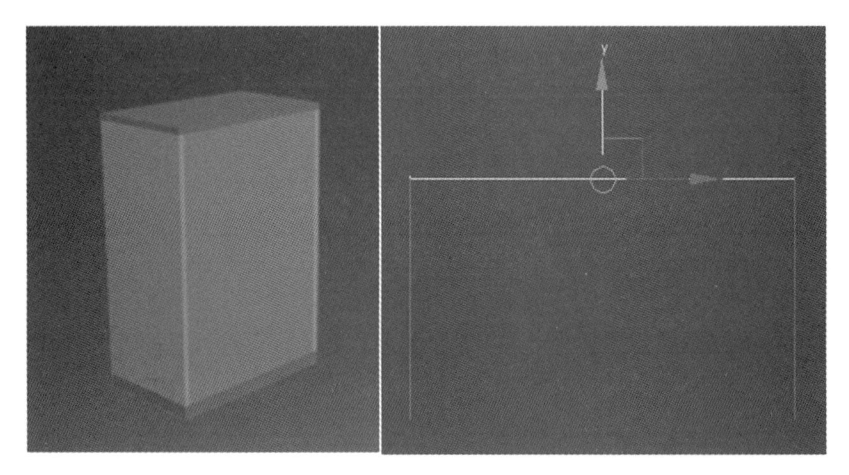

图 1-78　制作背板

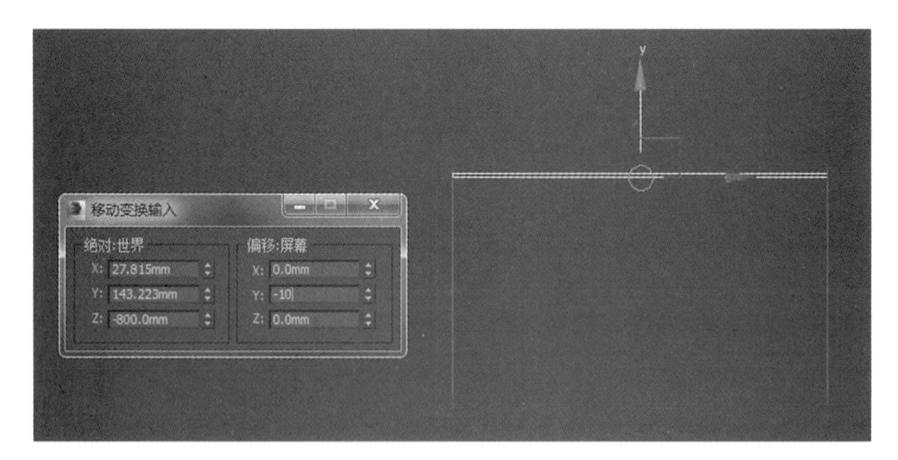

图 1-79　移动背板

(9)把柜子顶部的长方体的高度调整为 370 mm,并在左视图中捕捉对齐,如图 1-80 所示。

(10)在前视图中捕捉任意两个顶点绘制长方体,并修改长方体的参数为 160 mm×600 mm×20 mm,作为抽屉板,如图 1-81 所示。

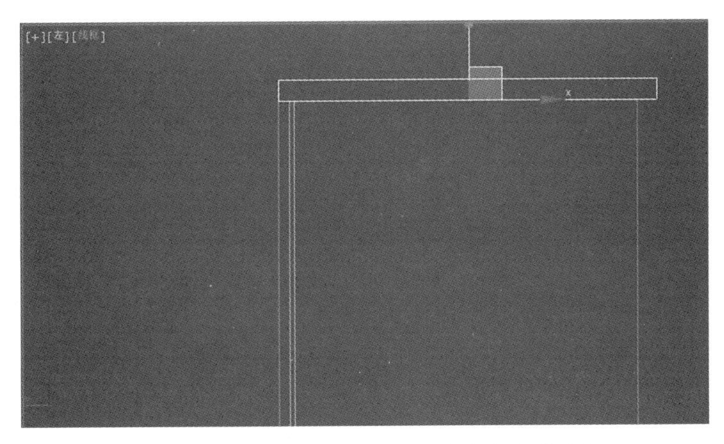

图 1-80　调整柜子顶部的长方体的高度并对齐

图 1-81　创建抽屉板

(11)分别在前视图与顶视图中捕捉移动抽屉板到图 1-82 所示位置,在前视图中沿 y 方向移动－2 mm。

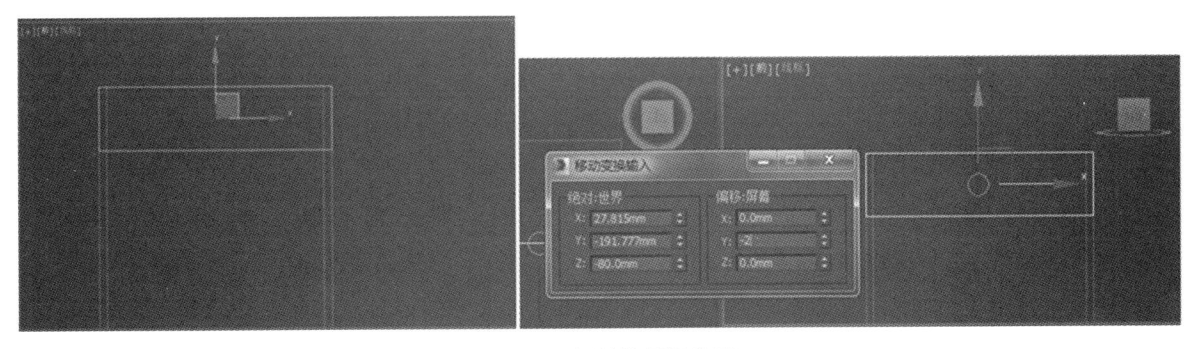

图 1-82　调整抽屉板位置

(12)在顶视图中创建圆环,半径 1 参数为 80 mm,半径 2 参数为 5 mm,并设置圆环的切片起始和结束位置,分别为“－90.0”和“90.0”,创建出抽屉把手,如图 1-83 所示。

(13)选择缩放工具,对圆环进行缩放,如图 1-84 所示。

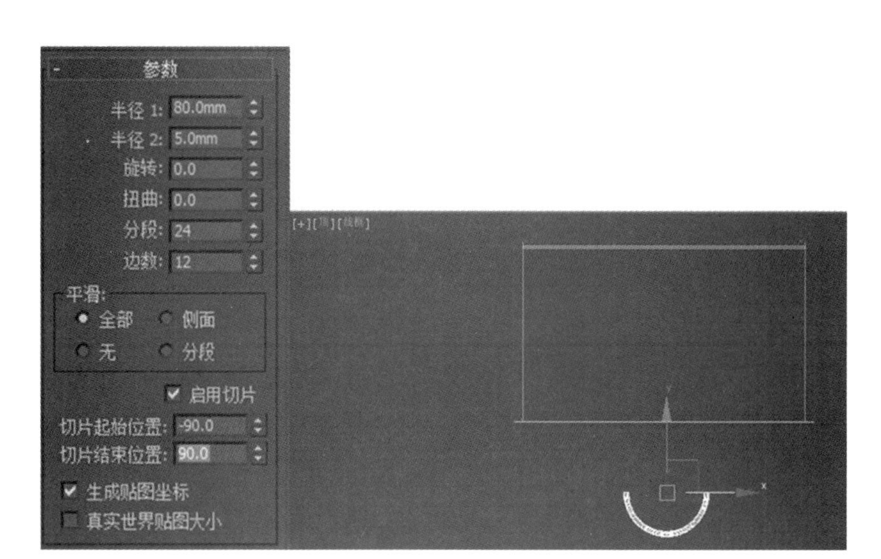

图 1-83　创建抽屉把手

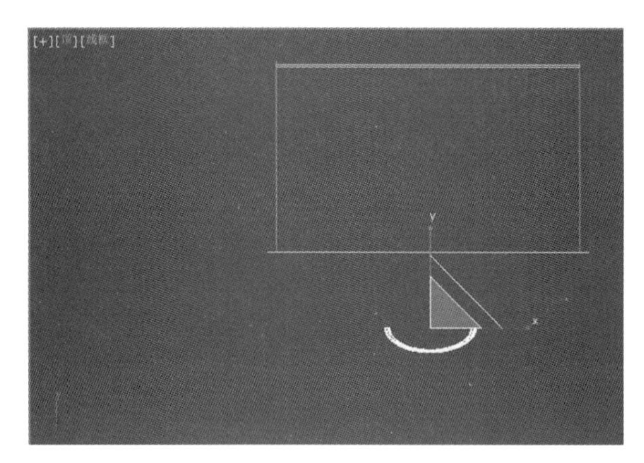

图 1-84　执行缩放操作

(14)选择顶视图,然后按 F6 键锁定 y 轴,打开捕捉,捕捉设置成"中点",将抽屉把手移动到中点位置,如图 1-85 所示。

图 1-85　调整抽屉把手顶视图位置

(15)选择前视图,向下移动抽屉把手到中点位置,如图 1-86 所示。

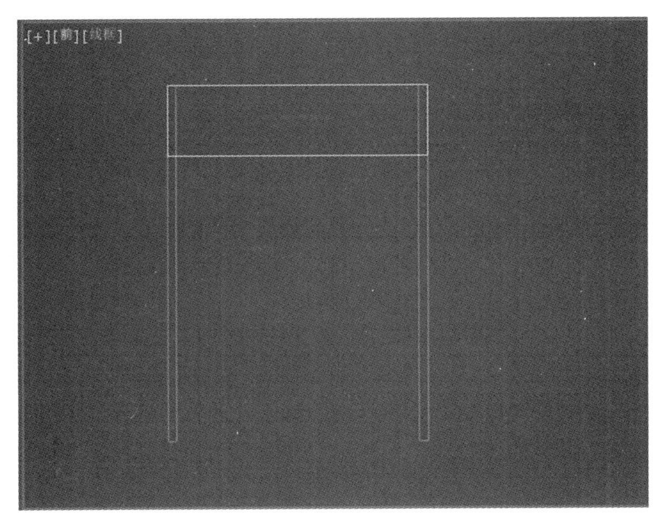

图 1-86　调整抽屉把手前视图位置

(16)选择前视图,将圆环与抽屉合并成一个组,使用移动复制命令,如图 1-87 所示。

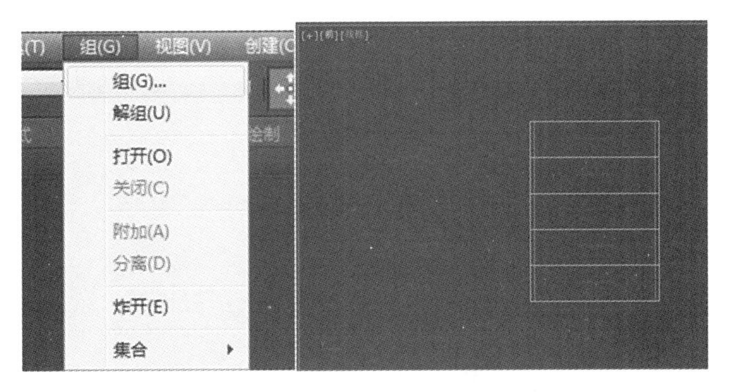

图 1-87　成组移动复制效果

(17)在前视图中把抽屉全选,在缩放选项中选择第一个(轴点中心)进行缩放,如图 1-88 所示。

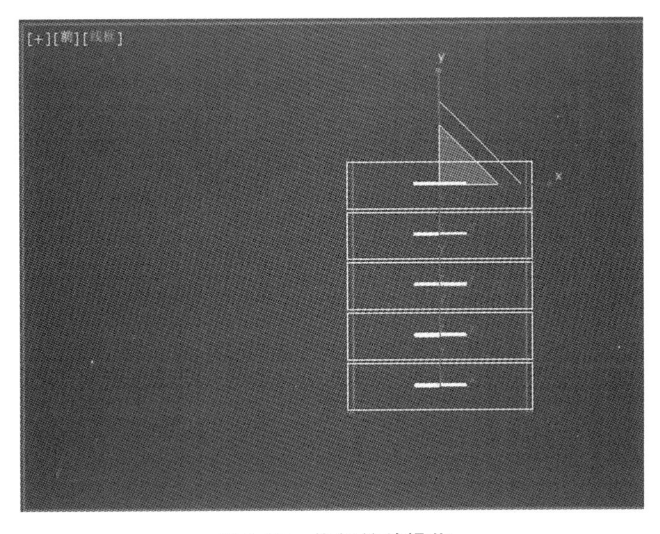

图 1-88　执行缩放操作

(18)创建四条柜腿。选择顶视图,打开捕捉,把捕捉设置成“顶点”,在顶视图中创建一个 40 mm×40 mm×80 mm 的长方体,然后进行捕捉移动复制,如图 1-89 所示。

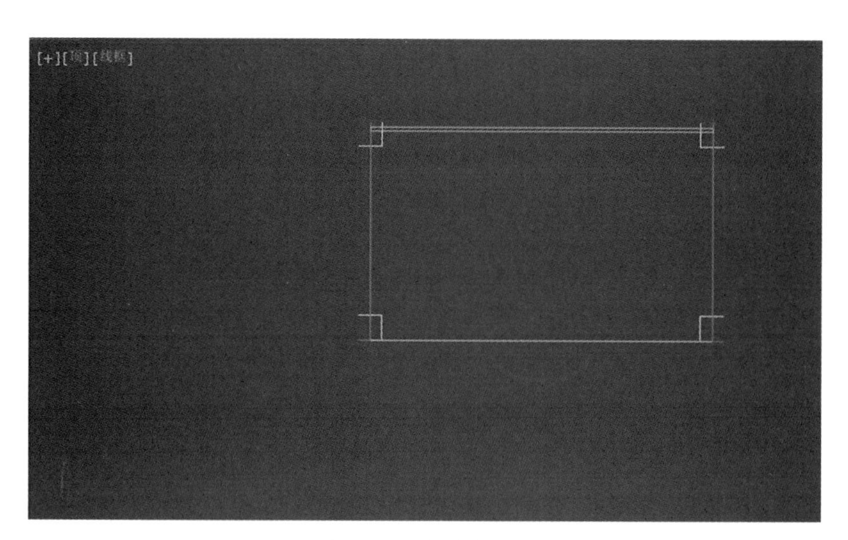

图 1-89　创建柜腿

(19)调整一下颜色,如图 1-90 所示。

图 1-90　调整颜色

(20)最终效果如图 1-91 所示,命名文件为“柜子”,保存退出。

图 1-91　最终效果

任务 4
闹钟的绘制

任务目的

通过闹钟的绘制,巩固成组使用知识,掌握调整轴的使用,掌握自动栅格的应用,掌握阵列工具的使用。

一、知识点讲解

1. 调整轴心

3ds Max 中,所有物体都有一个轴心点,也称轴心,指示一个物体自身的中心和坐标系统,用户可以随时通过调节轴心点命令更换轴心点的位置与方向,它的调节不会对任何其他物体产生影响。单击命令面板中的按钮,在调整轴卷展栏中单击“仅影响轴”按钮就可以随意调整轴心点的位置了,再次单击“仅影响轴”按钮即可关闭该操作。(见图 1-92)

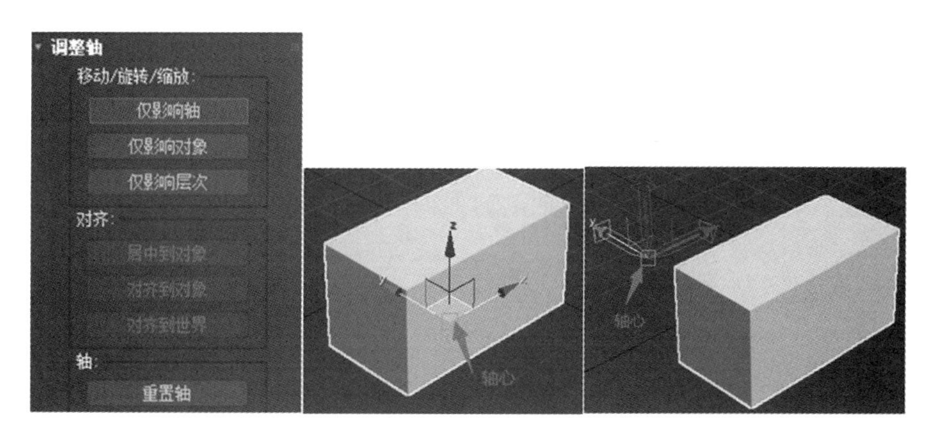

图 1-92 调整轴心

2. 阵列工具

利用阵列工具可以实现物体在三个维度方向上的移动、旋转、缩放的操作,如图 1-93 至图 1-95 所示。

增量:不同方向上数值的多少。

对象类型:选择复制方式,选项有复制、实例和参考。

阵列维度:1D 表示一个方向上的变化,2D 表示 2 个方向上的变化,3D 表示 3 个方向上的变化。

预览:显示执行阵列后的效果,以随时调整数值。

重置所有参数:恢复到原先的设置。

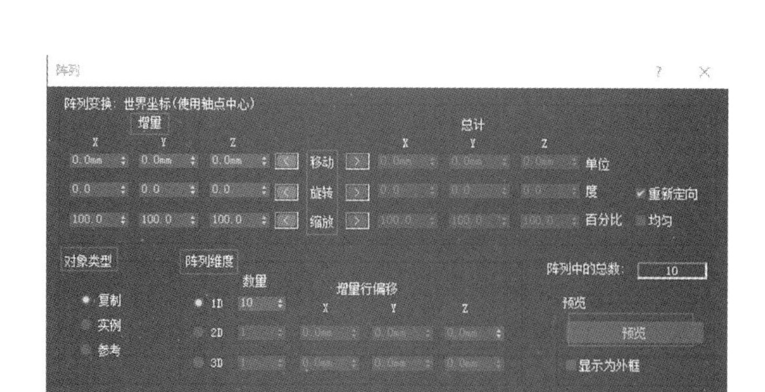

图 1-93 阵列工具

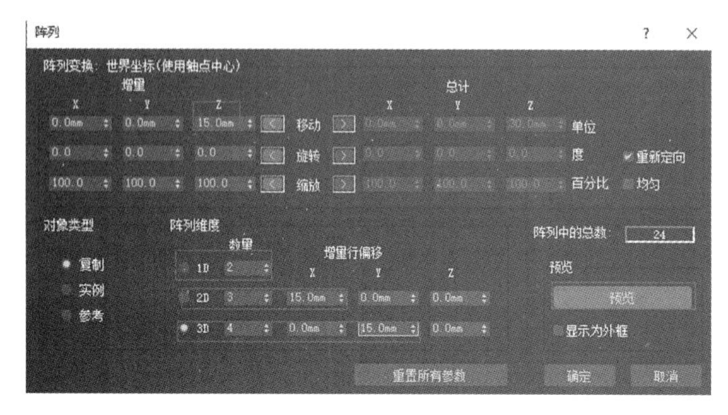

图 1-94 阵列设置

图 1-95 三维阵列效果

二、闹钟的绘制

闹钟的主要绘制步骤如下：

(1)在前视图创建一个管状体作为闹钟外壳，如图 1-96 所示。

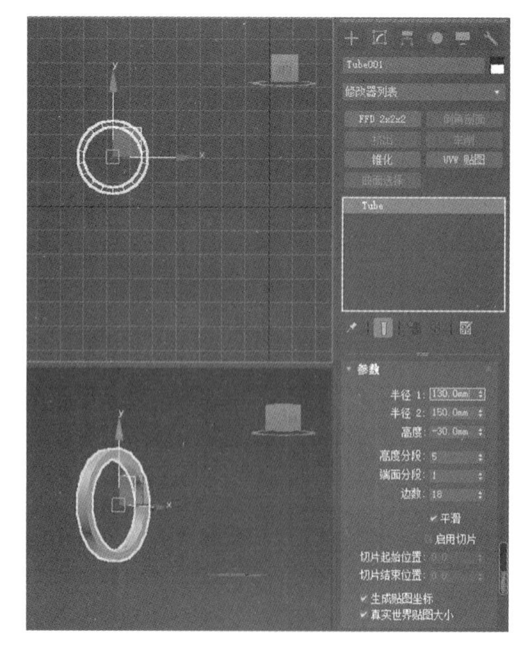

图 1-96 创建外壳

(2)创建一个圆柱体作为钟面,如图 1-97 所示。

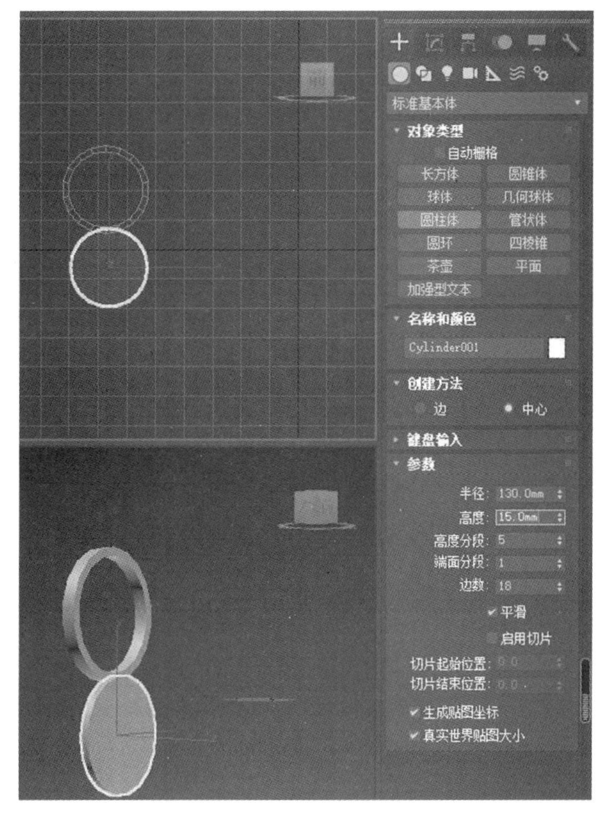

图 1-97　创建钟面

(3)按“Alt＋A”快捷键,执行对齐操作,中心对齐,如图 1-98 所示。

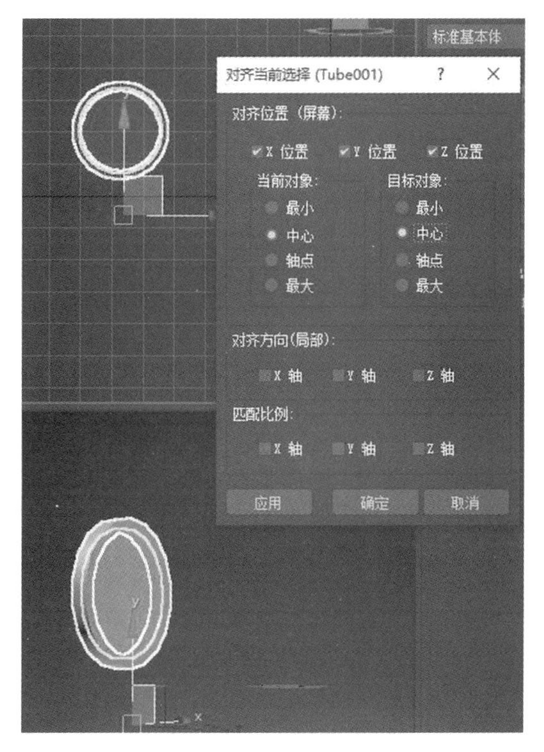

图 1-98　对齐

(4)再次执行对齐操作,保证钟面和外壳端面平齐,如图 1-99 所示。

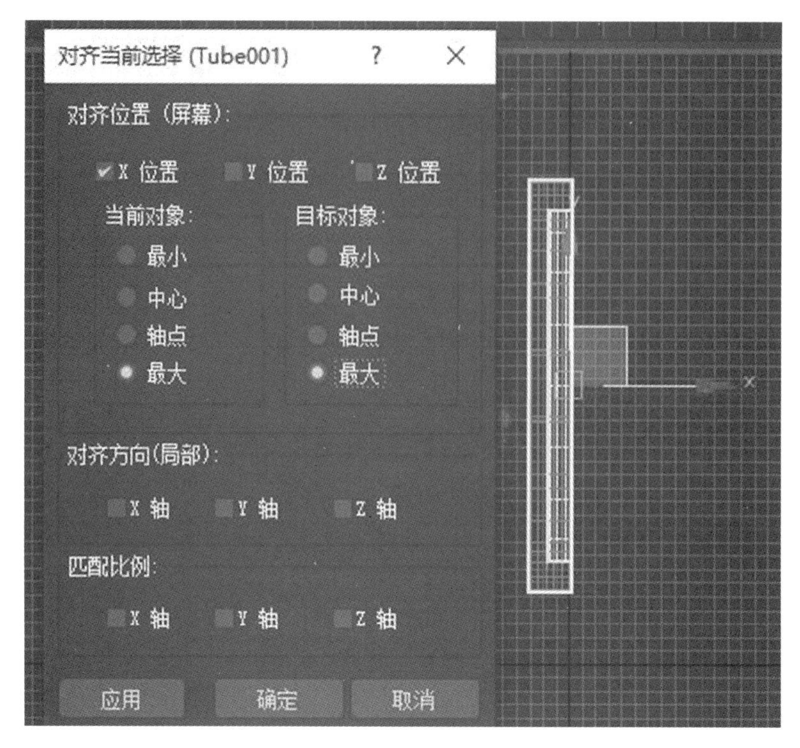

图 1-99　对齐操作

(5)打开相对坐标输入模式,将“Y”坐标值设置为 5 mm,钟面距离外壳端面 5 mm,如图 1-100 所示。

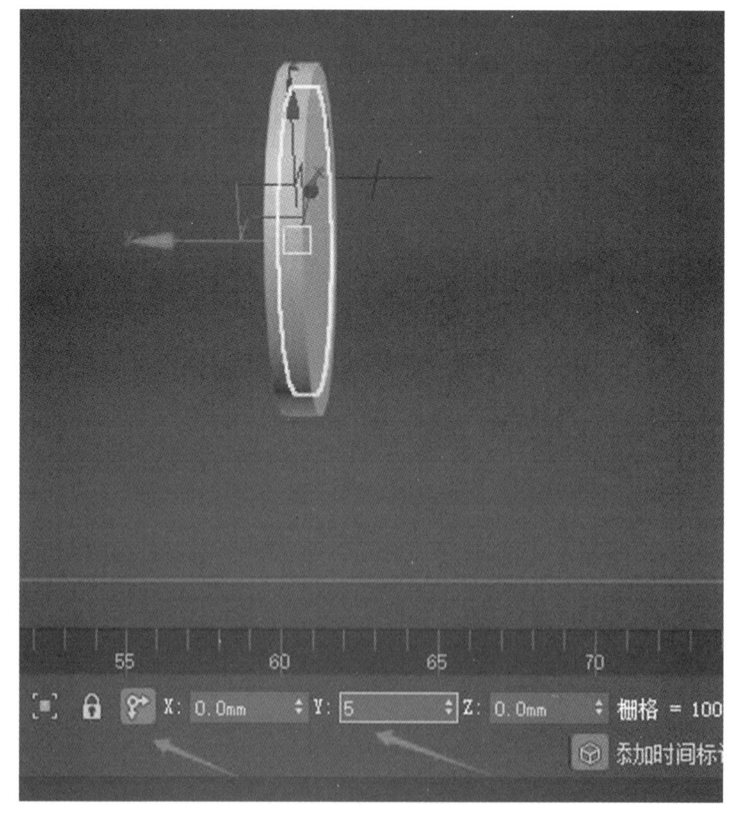

图 1-100　设置相对坐标

(6)修改钟面颜色为白色,如图 1-101 所示。

图 1-101　修改颜色

(7)在前视图中创建一个长方体作为时间刻度,如图 1-102 所示。

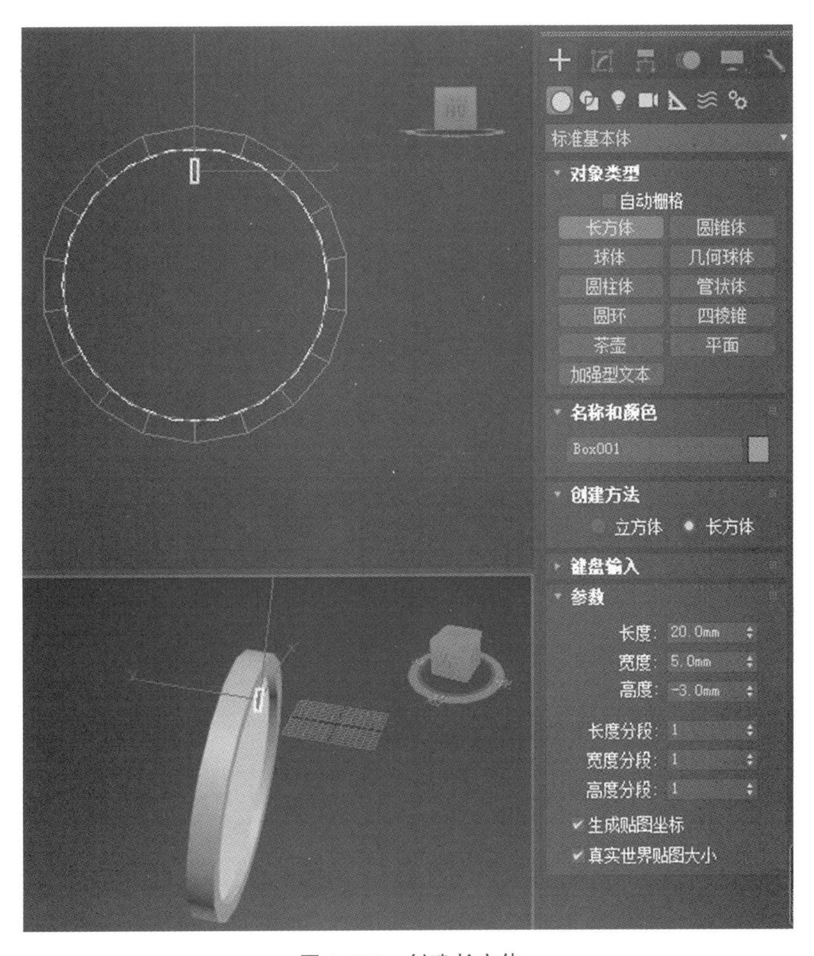

图 1-102　创建长方体

(8)在前视图中,执行对齐操作,x 方向中心对齐中心,如图 1-103 所示。

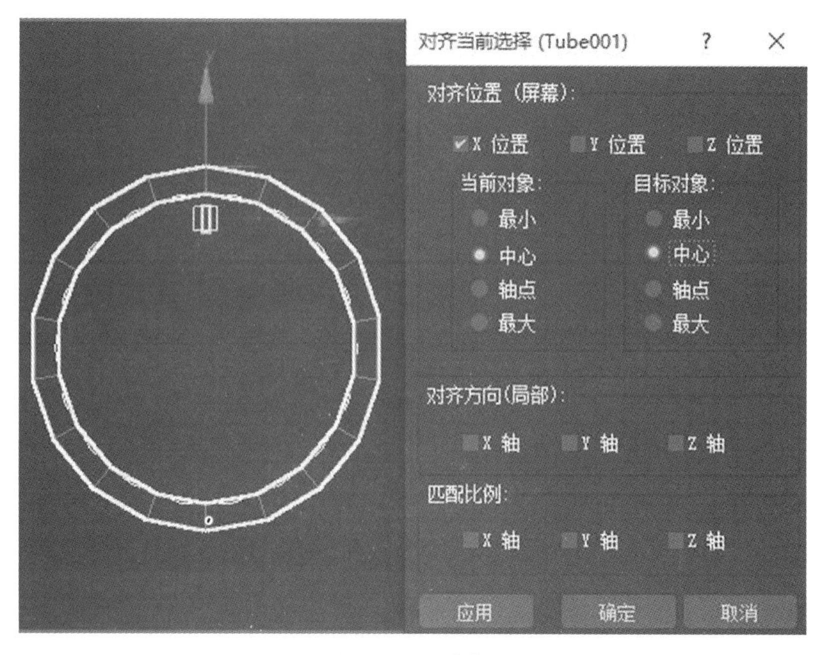

图 1-103　对齐

(9)在左视图中,x 方向最小对齐最大,保证长方体和钟面贴合,如图 1-104 所示。

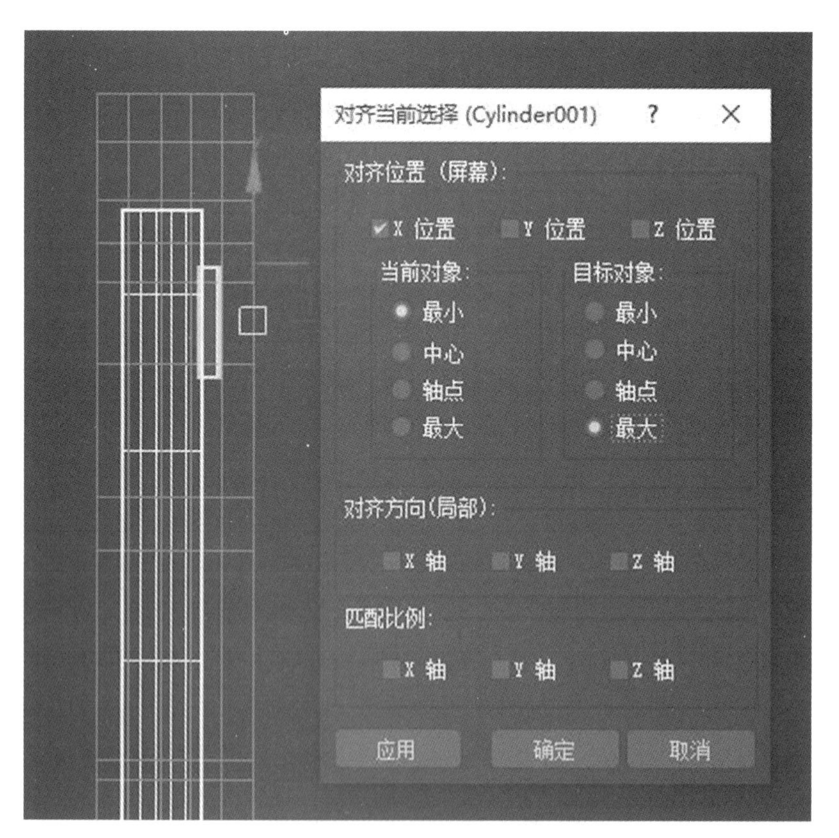

图 1-104　对齐操作

(10)单击层次命令按钮打开面板,单击"仅影响轴"按钮,如图 1-105 所示。

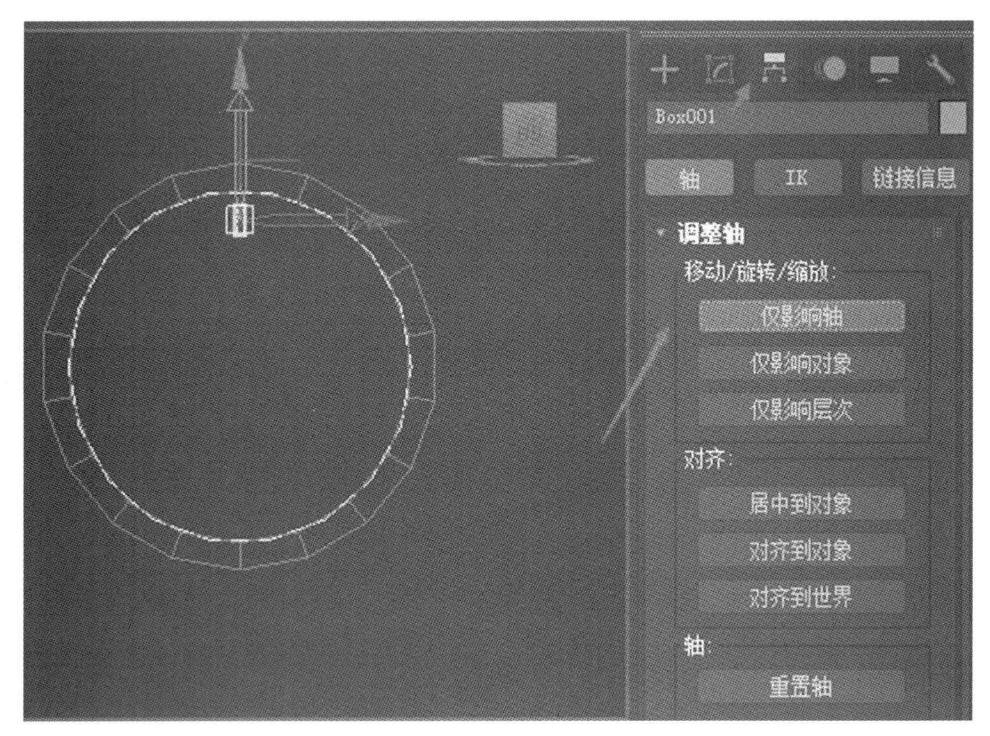

图 1-105　选择“仅影响轴”

(11)执行对齐命令,将刻度轴点位置移动到钟面中心点位置,单击“仅影响轴”按钮结束调整,如图 1-106 所示。

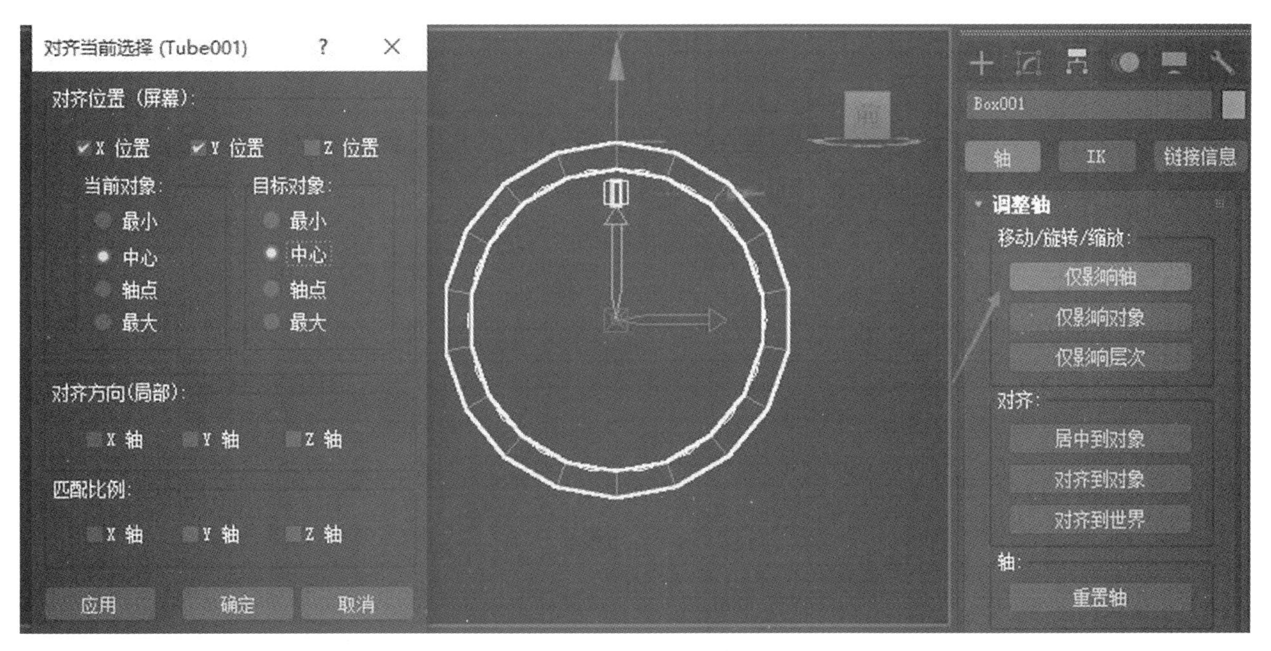

图 1-106　移动轴点到中心

(12)执行旋转阵列命令,单击长方体,单击“工具”菜单→“阵列”,在“增量”下的“Z”列将“旋转”行参数设置为“36”,如图 1-107 所示。

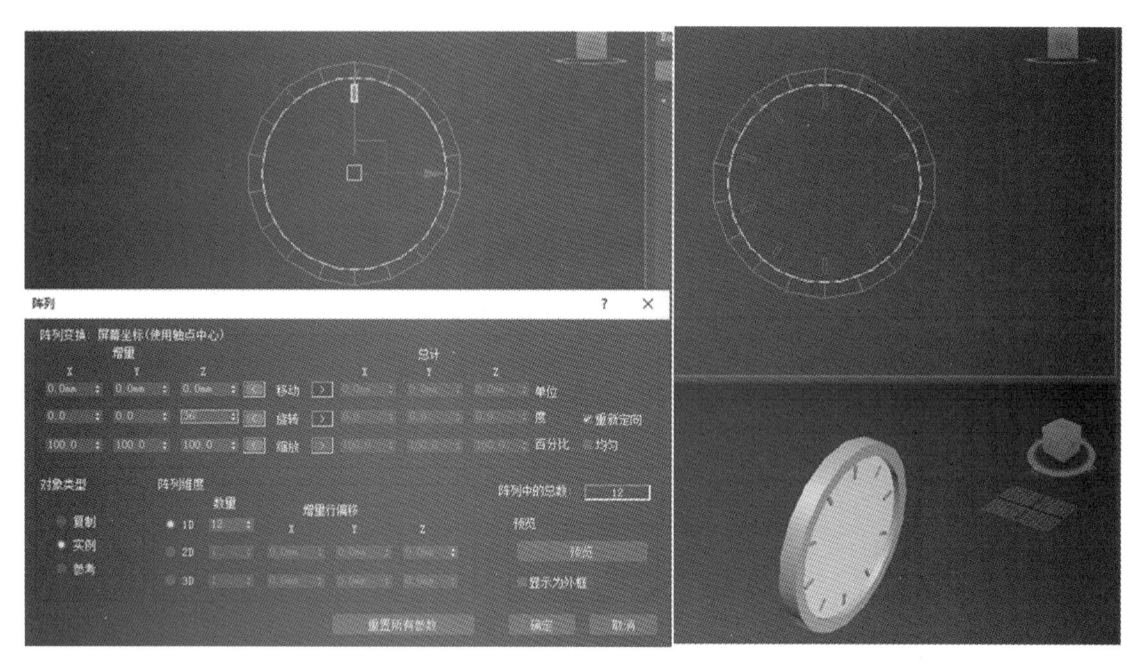

图 1-107　旋转阵列

(13)勾选“自动栅格”，在钟面上创建一个圆柱体，如图 1-108 所示。

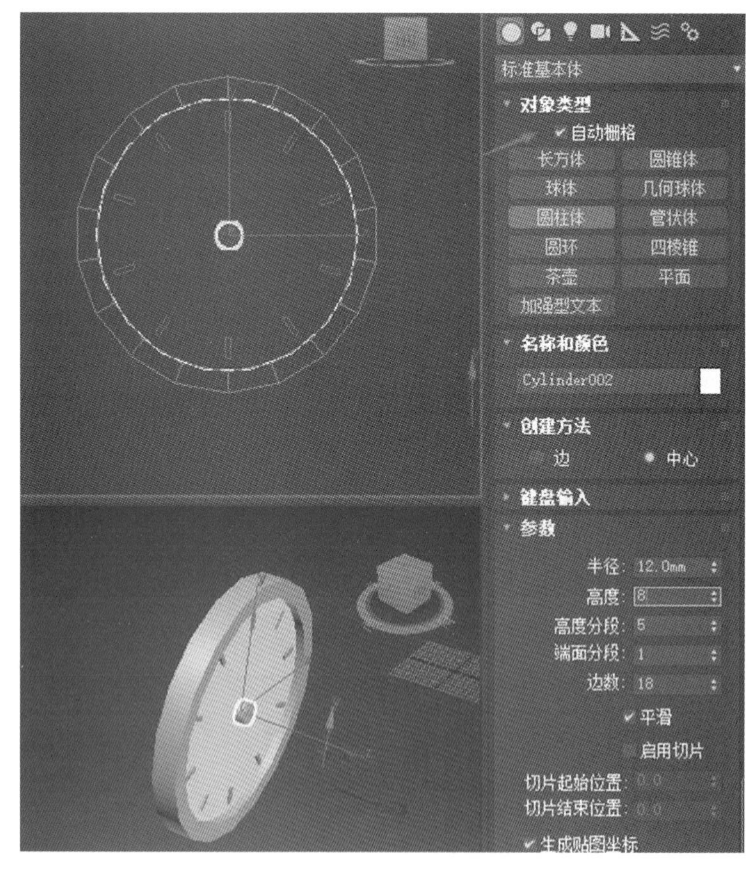

图 1-108　创建圆柱体

(14)执行对齐命令，将圆柱体对齐到钟面中心，如图 1-109 所示。

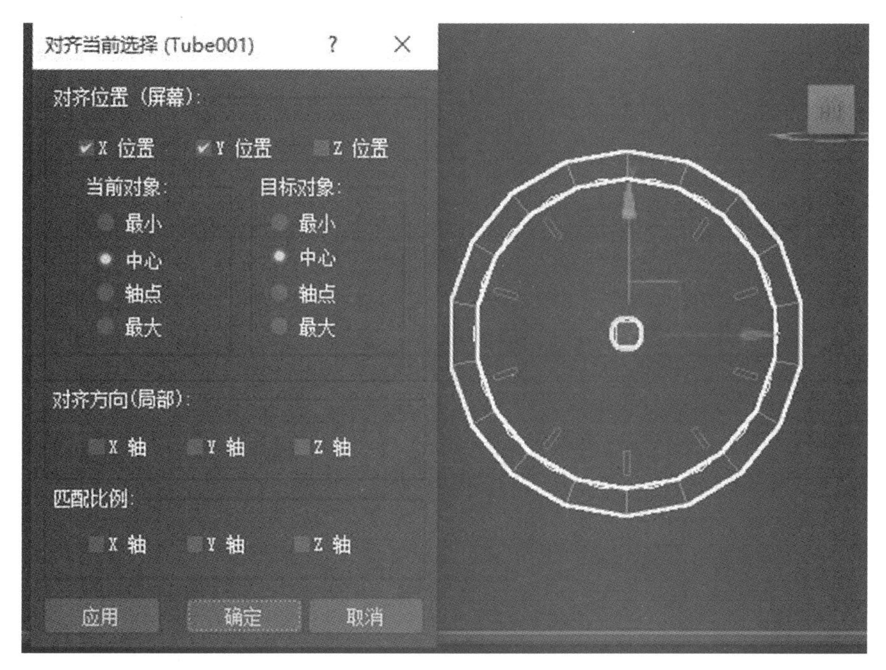

图 1-109 对齐到中心

(15)绘制钟腿。在前视图中创建一个长方体,如图 1-110 所示。

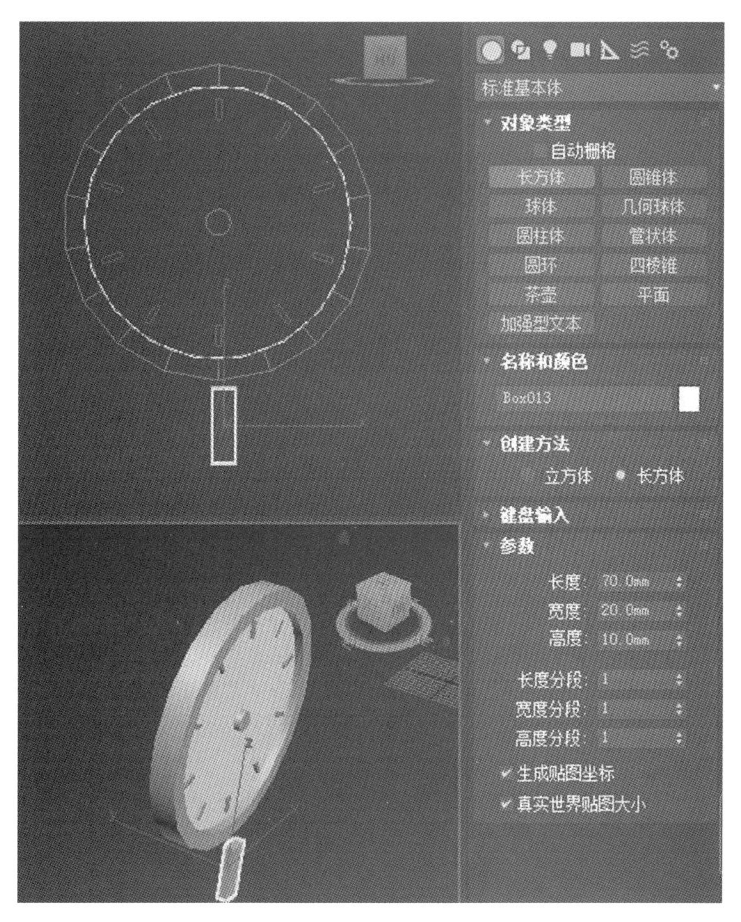

图 1-110 创建长方体

(16)执行旋转命令,或按 E 键,在前视图将钟腿旋转一个角度,通过移动调整位置,如图 1-111 所示。

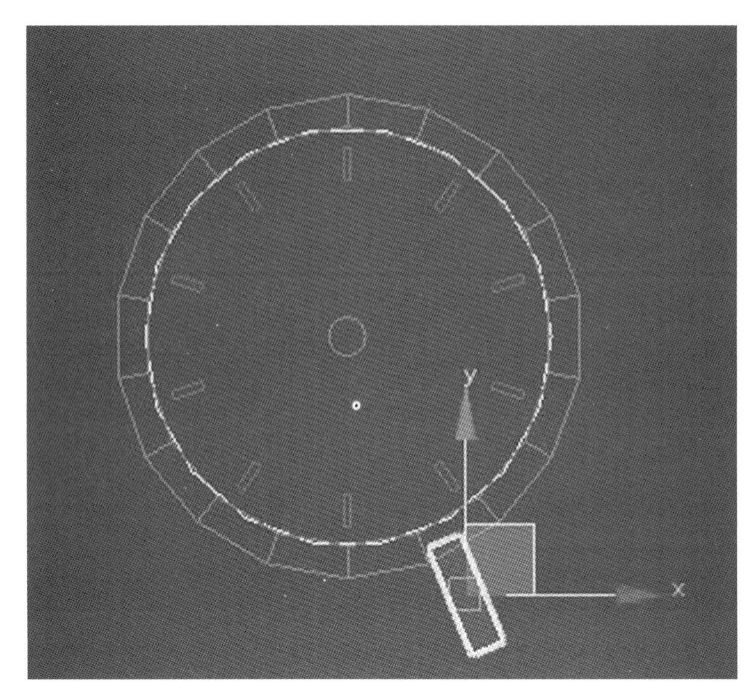

图 1-111 调整位置

(17)执行镜像命令,按 W 键执行移动操作,微调位置,如图 1-112 所示。

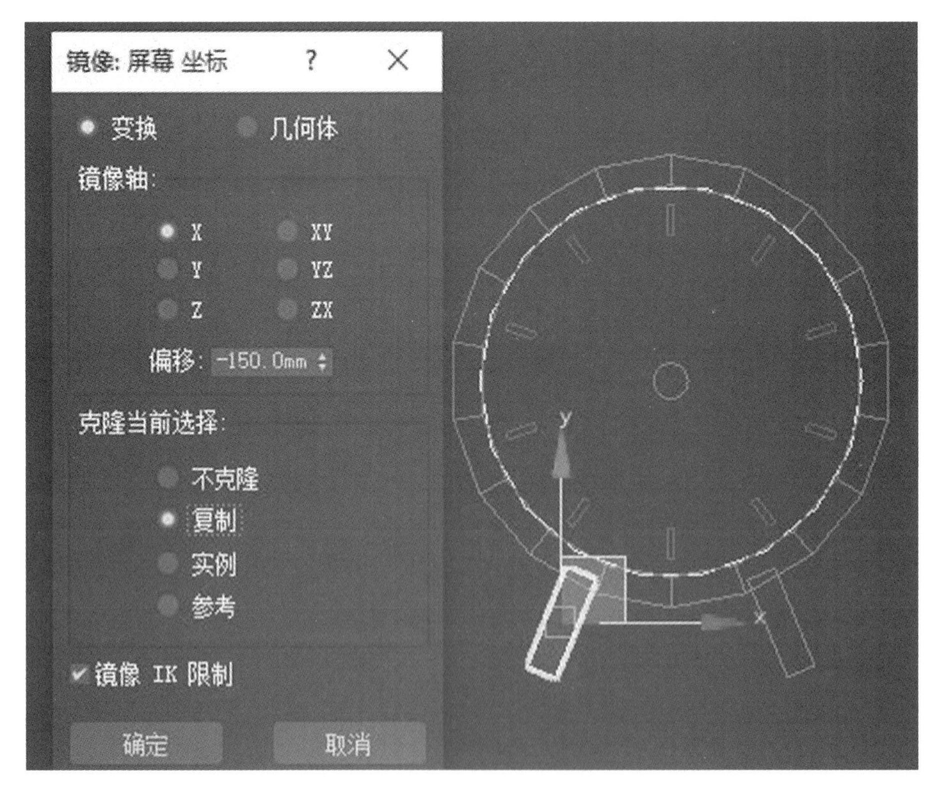

图 1-112 镜像并移动

(18)制作按铃。创建半个球体和一个圆柱体,如图 1-113 所示。

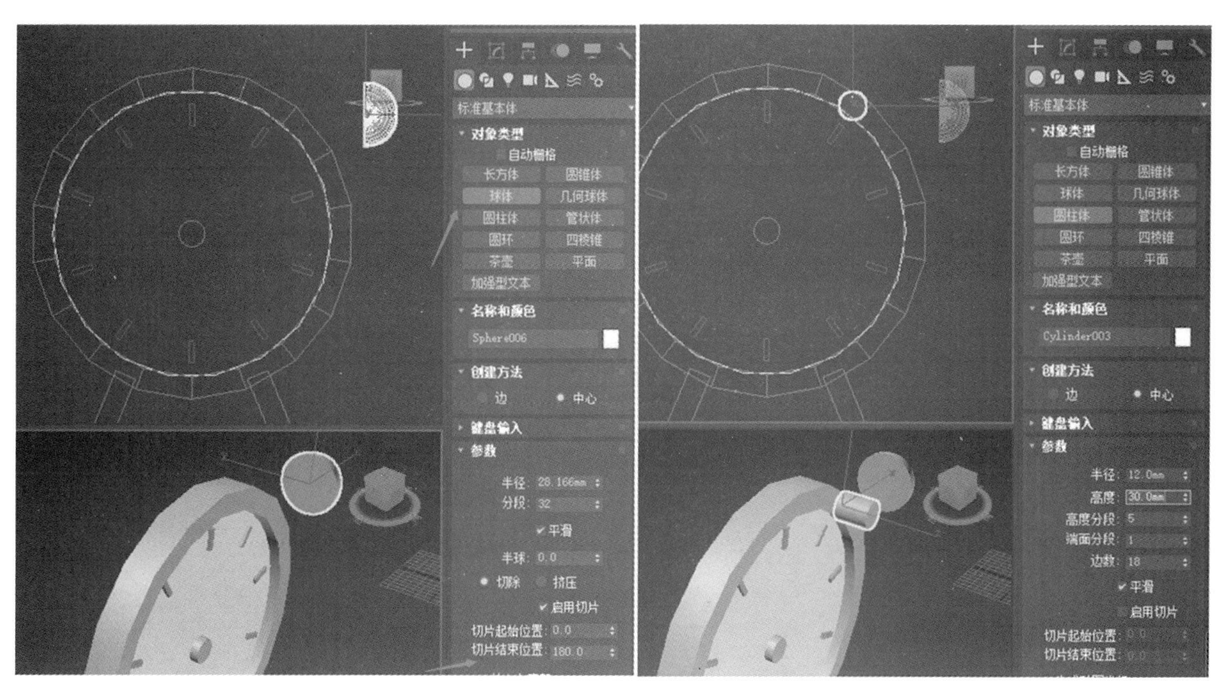

图 1-113 制作按铃

(19)打开角度捕捉,设置为“90.0”,执行旋转命令,将圆柱体旋转 90°,如图 1-114 所示。

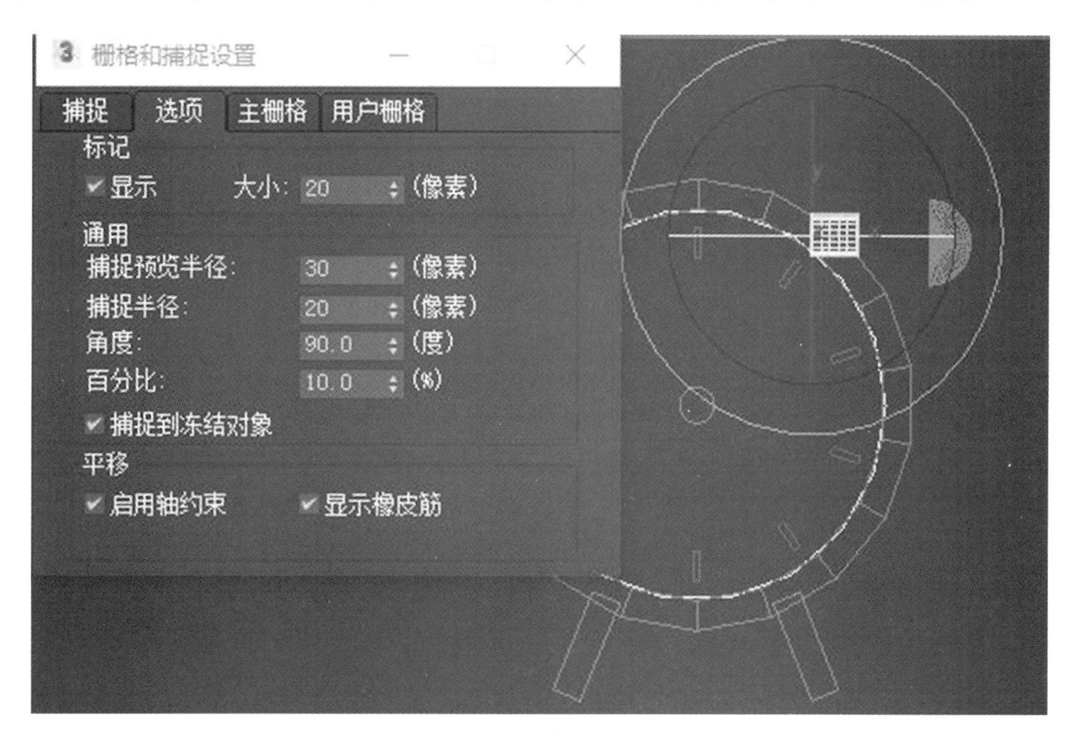

图 1-114 旋转操作

(20)执行对齐操作,在前视图中设置“Y 位置”“Z 位置”中心对齐中心,“X 位置”最大对齐最小,如图 1-115 所示。

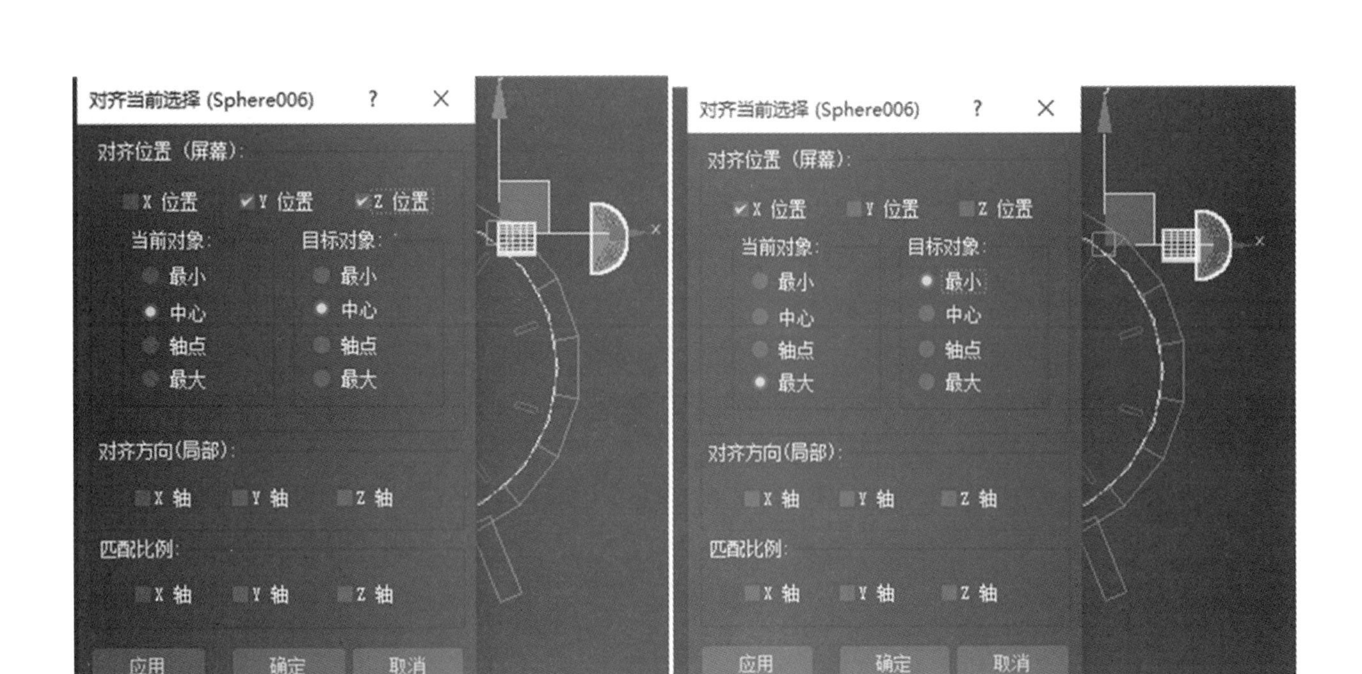

图 1-115 对齐操作

(21)定义组。选择上面半球和圆柱体,单击菜单“组”→“组”,定义成一组,如图 1-116 所示。

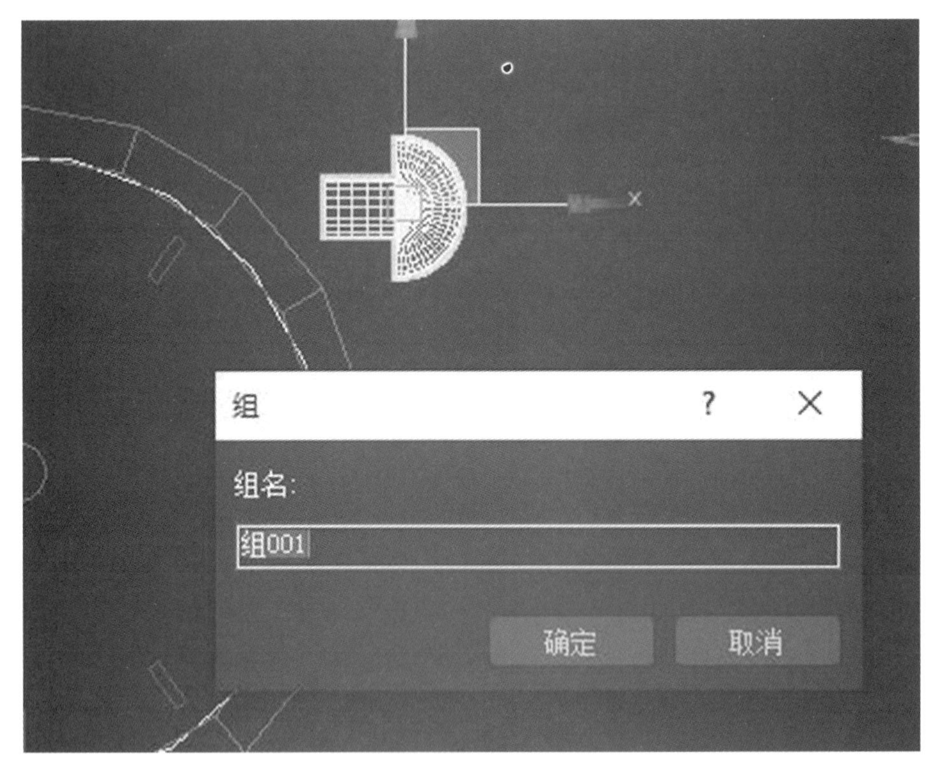

图 1-116 成组操作

(22)按 W 键执行移动操作,将组 001 调整到合适位置,执行镜像操作,再次按 W 键执行移动操作调整位置,如图 1-117 所示。

图 1-117 制作另一个按铃

(23)绘制指针。在前视图中创建一个长方体,设置尺寸参数并调整位置,如图 1-118 所示。

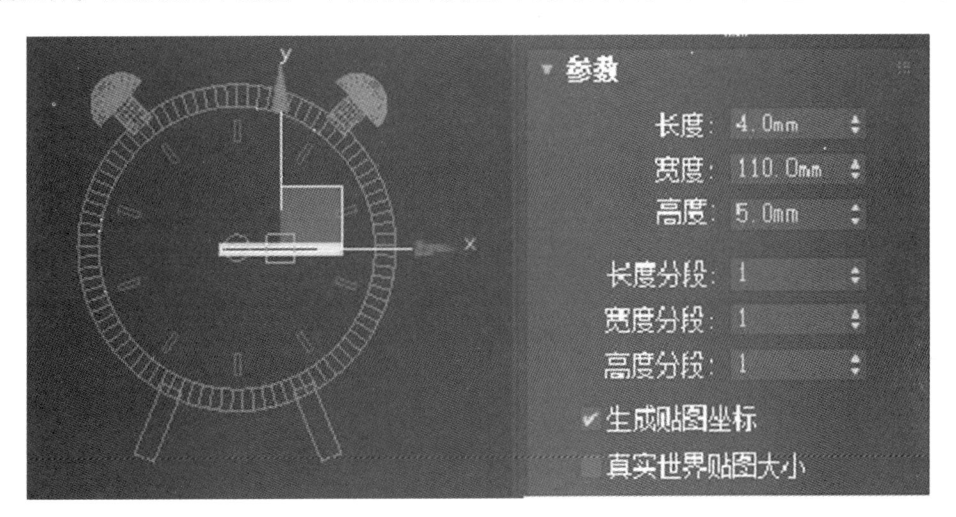

图 1-118 创建指针

(24)执行移动复制操作,绘制另外两个指针,执行旋转操作,调整位置,如图 1-119 所示。

图 1-119 最终效果图

任务5
收音机的绘制

任务目的

学习创建标准基本体、创建扩展基本体(切角长方体、切角圆柱体、胶囊),巩固选择并移动命令、对齐命令、阵列命令、颜色设置等知识。

绘制收音机的主要步骤如下:

(1)启动 3ds Max 2020,设置单位,进行场景选择,在顶视图中创建平面对象,参数如图 1-120 所示。

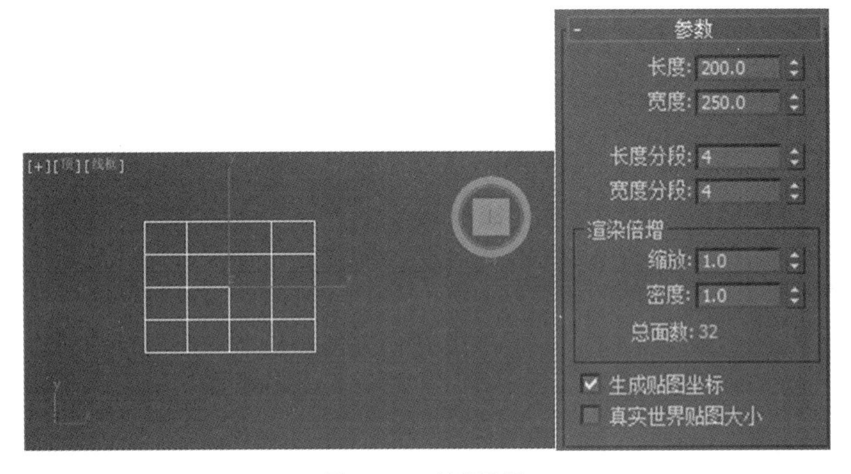

图 1-120　创建平面

(2)执行旋转复制命令,对平面进行旋转复制,如图 1-121 所示。

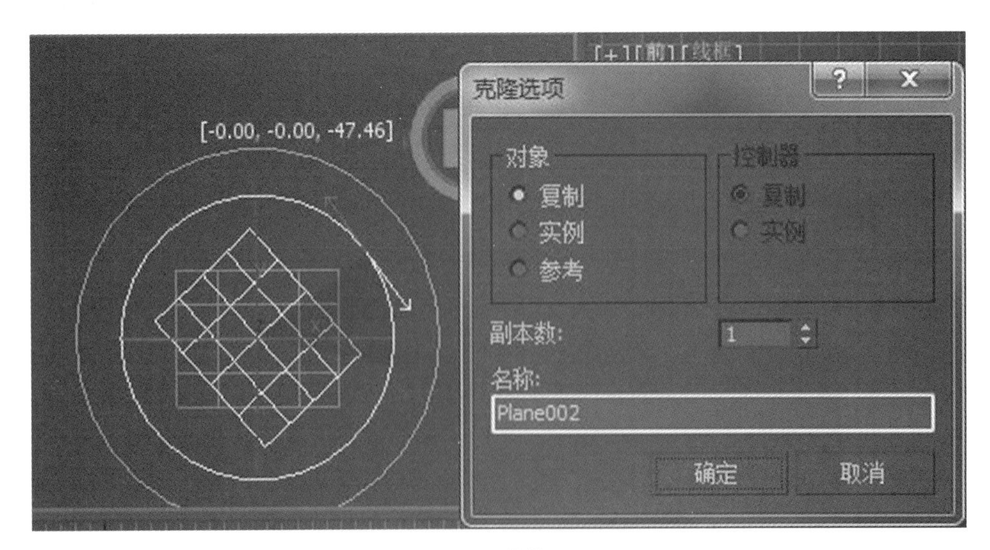

图 1-121　旋转平面

(3)在前视图中调整平面位置,如图 1-122 所示。

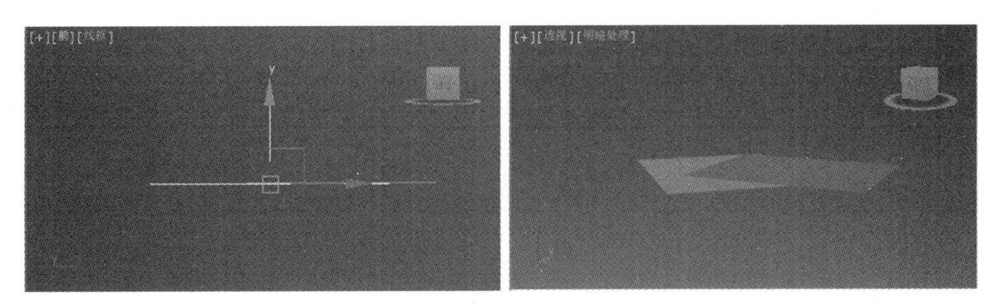

图 1-122　调整平面位置

(4)在创建面板上选择“扩展基本体”,在前视图中创建切角长方体,参数如图 1-123 所示。

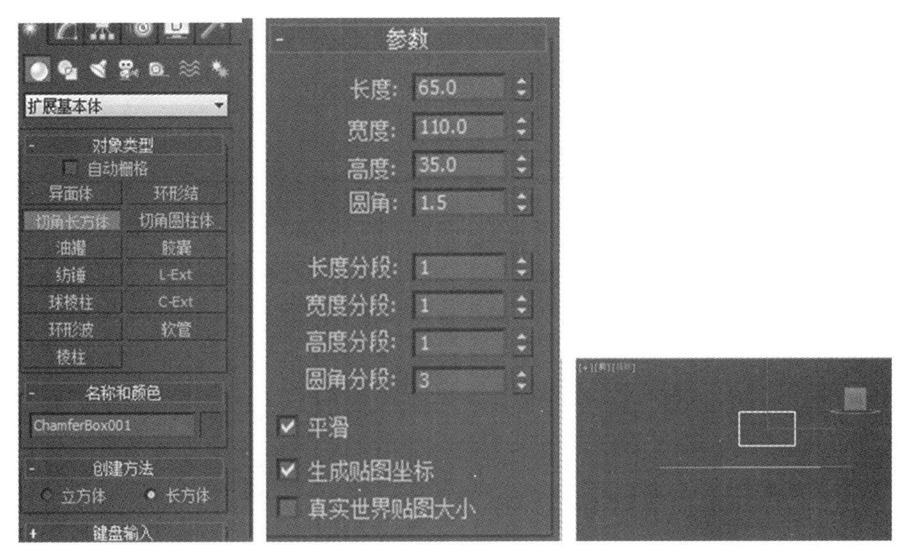

图 1-123　创建切角长方体

(5)执行移动命令,调整切角长方体位置到平面上,如图 1-124 所示。

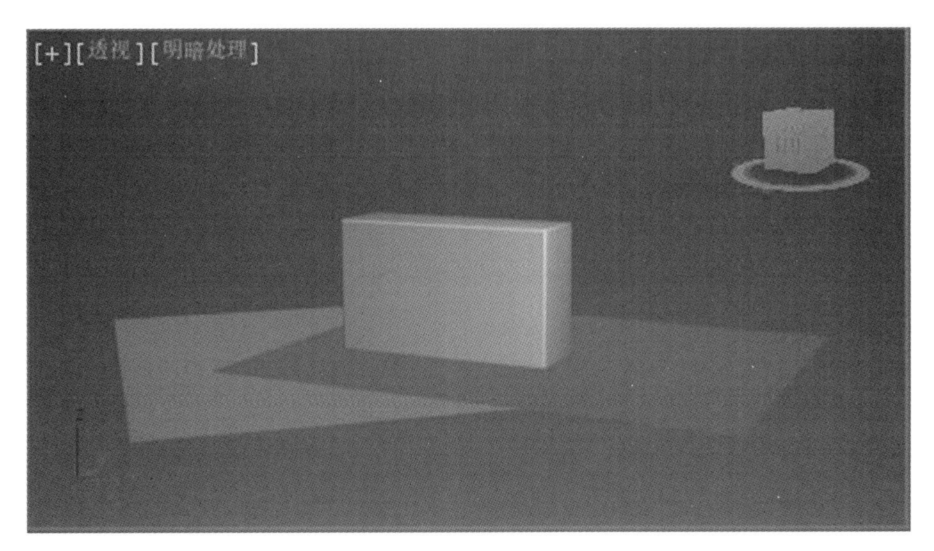

图 1-124　调整位置

(6)单击创建按钮,在顶视图中创建两个球体,尺寸半径为 8 mm,调整其位置,如图 1-125 所示。

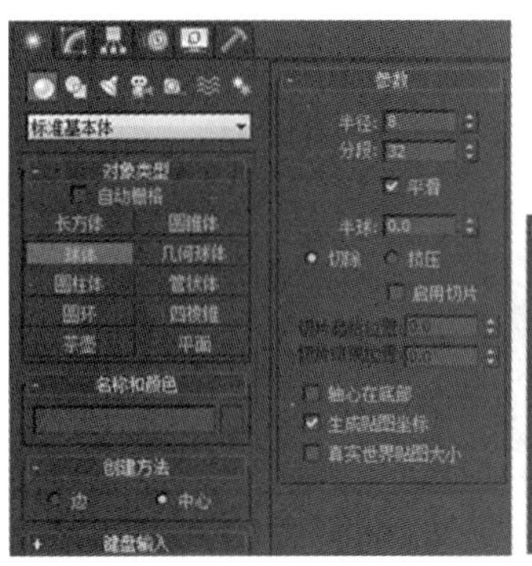
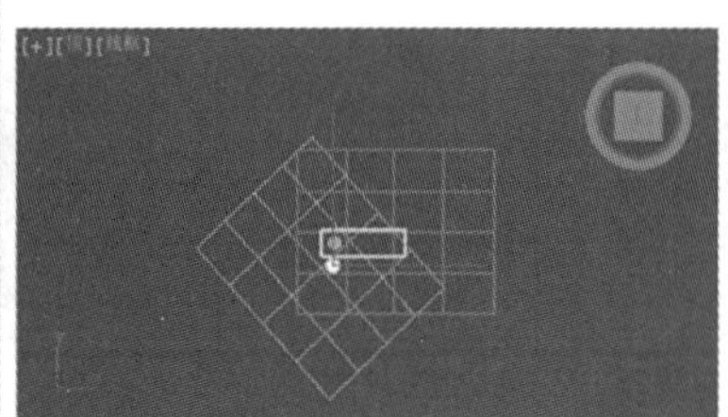

图 1-125　创建球体并调整位置

(7)在前视图中创建管状体,参数如图 1-126 所示。

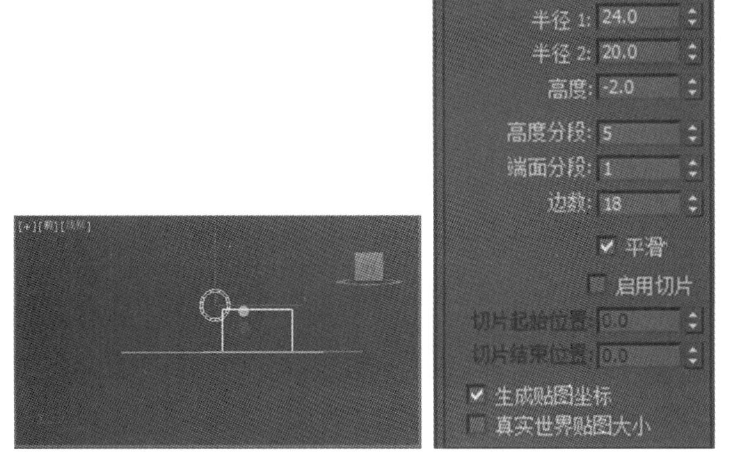

图 1-126　创建管状体

(8)调整管状体位置,按住“Alt＋A”键执行对齐命令,在“X 位置”“Y 位置”让其中心和球体中心对齐,如图 1-127 所示。

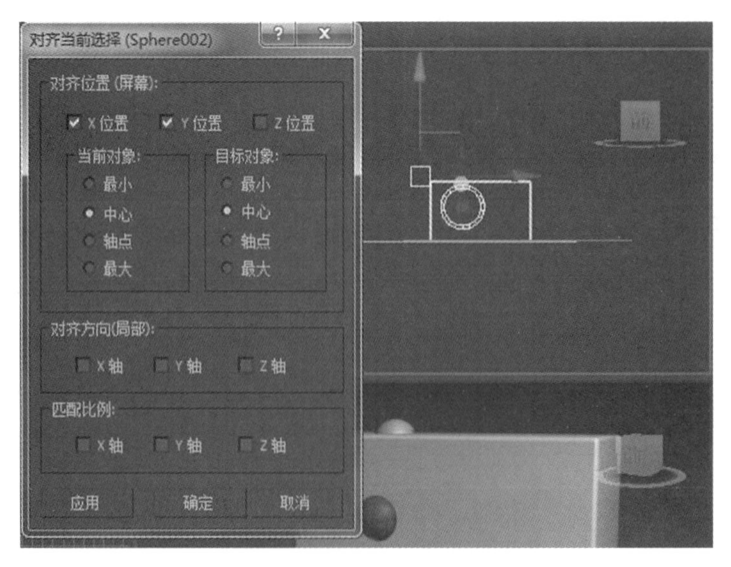

图 1-127　调整位置并对齐

(9)在左视图中,按住“Alt+A”键执行对齐命令,调整管状体位置,使其 x 方向最小值和切角长方体最大值(侧面)对齐,如图 1-128 所示。

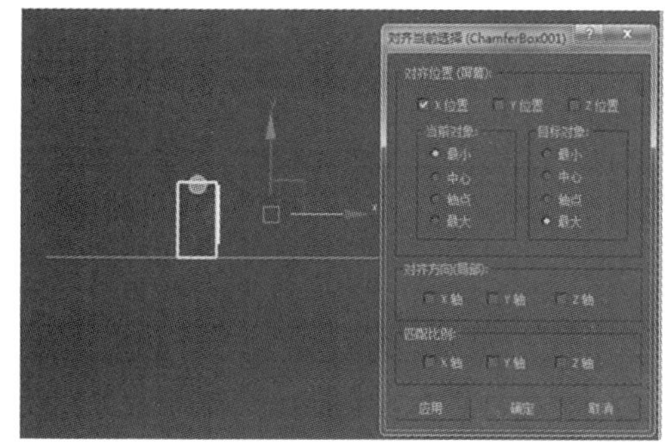

图 1-128　调整位置

(10)在前视图中创建管状体,参数如图 1-129 所示。

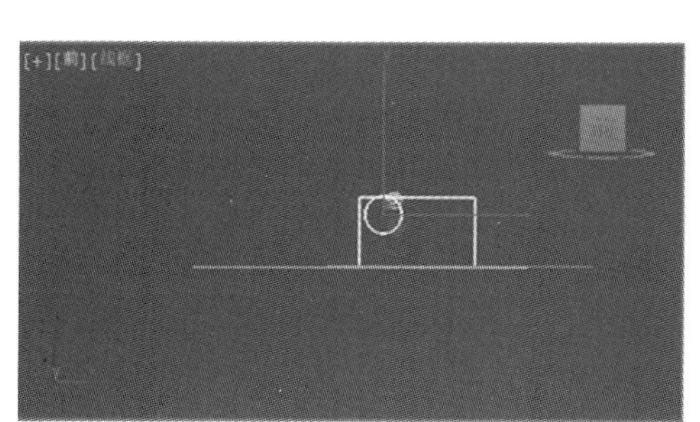
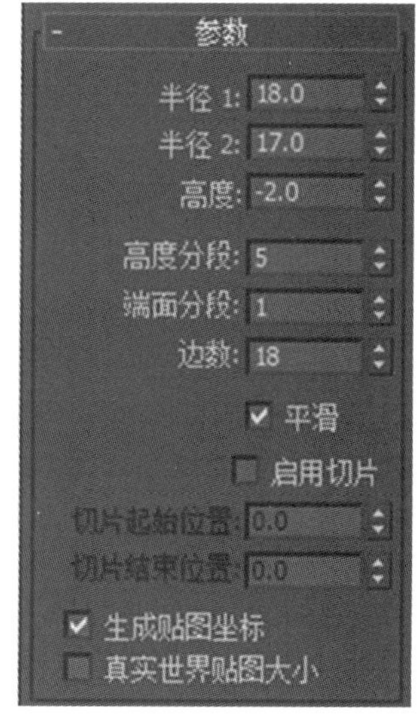

图 1-129　创建管状体

(11)在前视图中,按住“Alt+A”键执行对齐命令,调整新创建管状体位置,如图 1-130 所示。

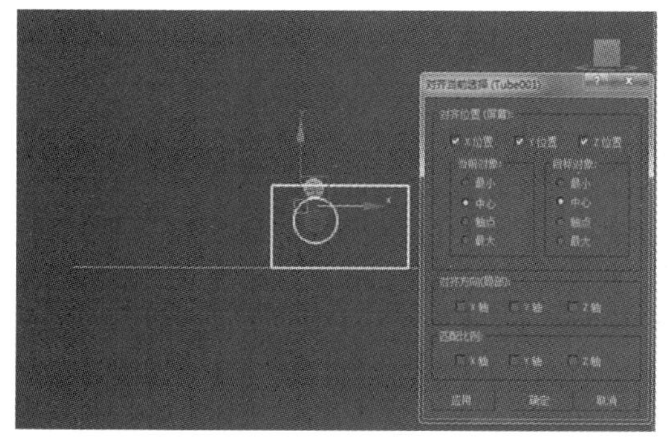

图 1-130　调整位置

(12)创建切角圆柱体,参数如图 1-131 所示。

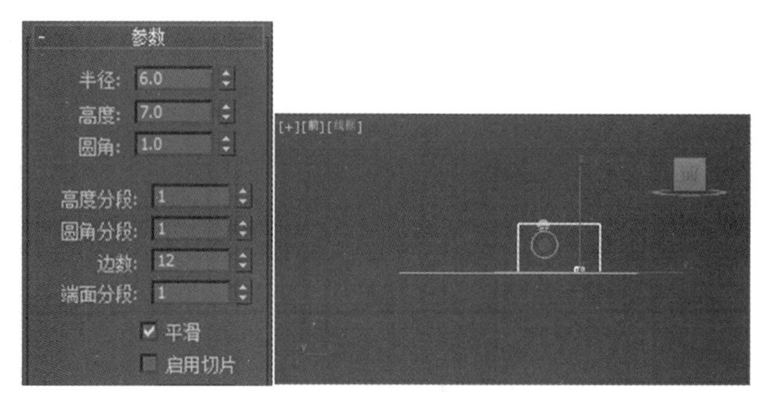

图 1-131 创建切角圆柱体

(13)在前视图中调整位置,如图 1-132 所示。

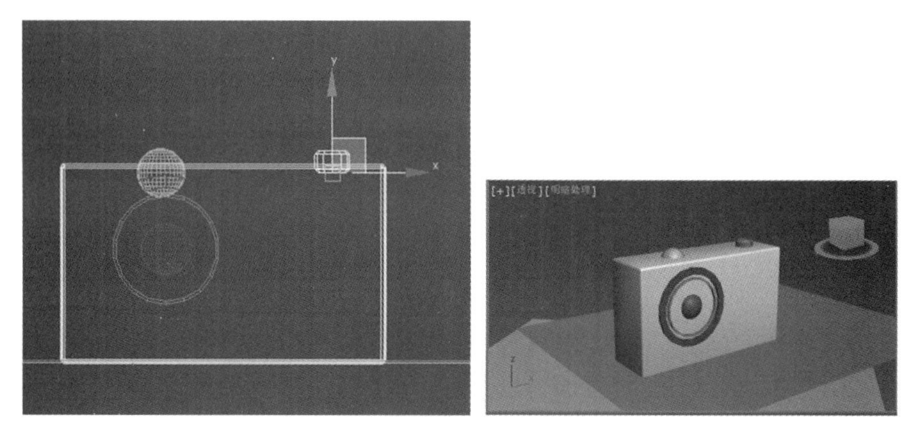

图 1-132 调整位置

(14)创建切角圆柱体,参数如图 1-133 所示。

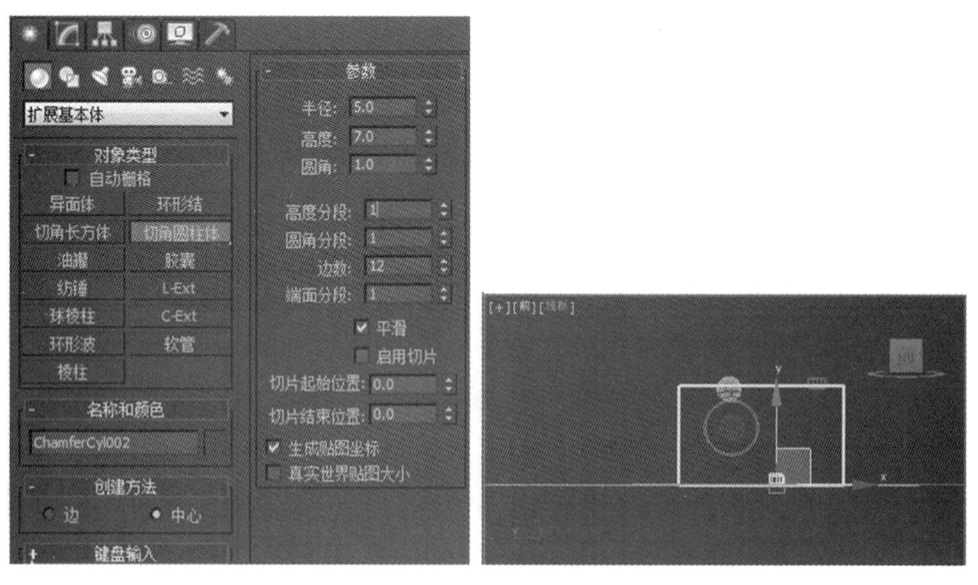

图 1-133 创建切角圆柱体

(15)在顶视图中,按住"Alt+A"键执行对齐命令,再在前视图中调整新建切角圆柱体位置,如图 1-134 所示。

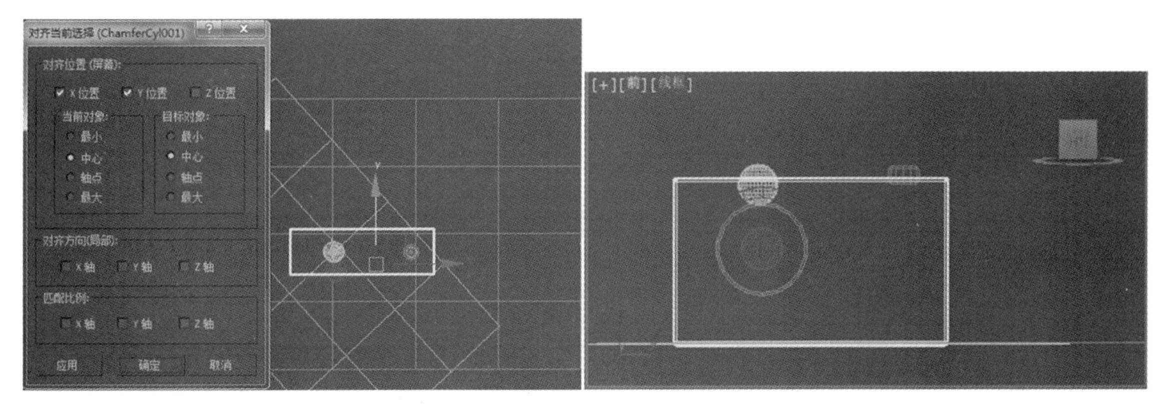

图 1-134　对齐调整位置

(16)调整位置,向上移动,如图 1-135 所示。

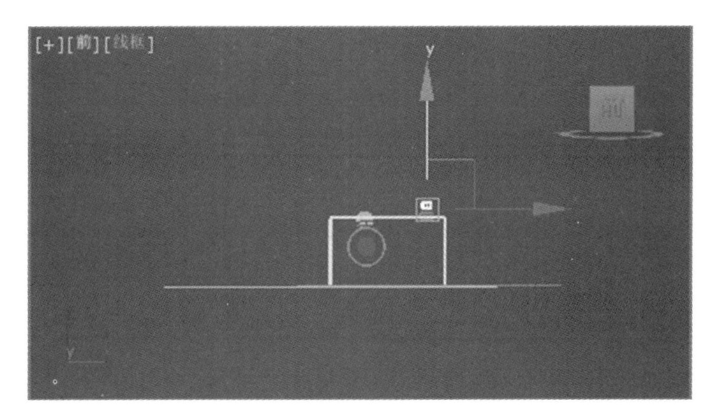

图 1-135　上移调整位置

(17)在顶视图中创建胶囊,参数及透视图效果如图 1-136 所示。

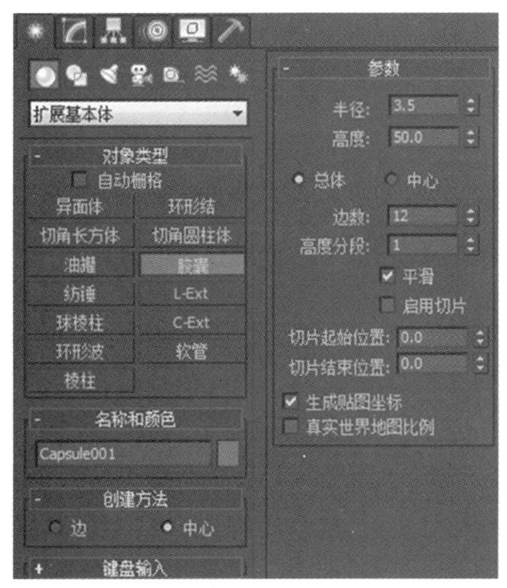

图 1-136　创建胶囊

(18)在前视图中,按住“Alt+A”键执行对齐命令,如图 1-137 所示。

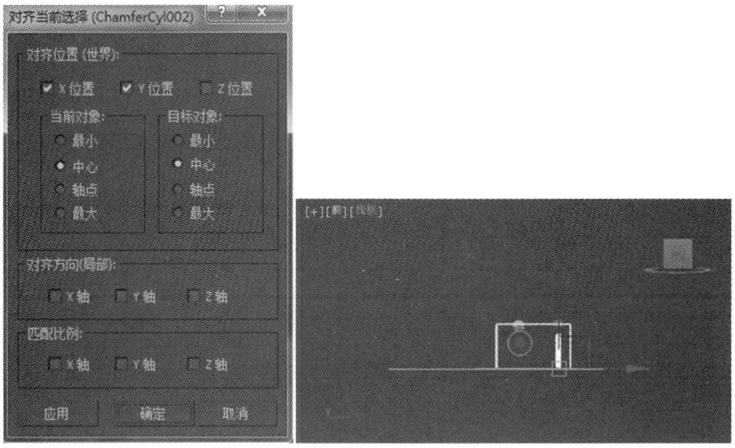

图 1-137 对齐

(19)调整高度、位置,如图 1-138 所示。

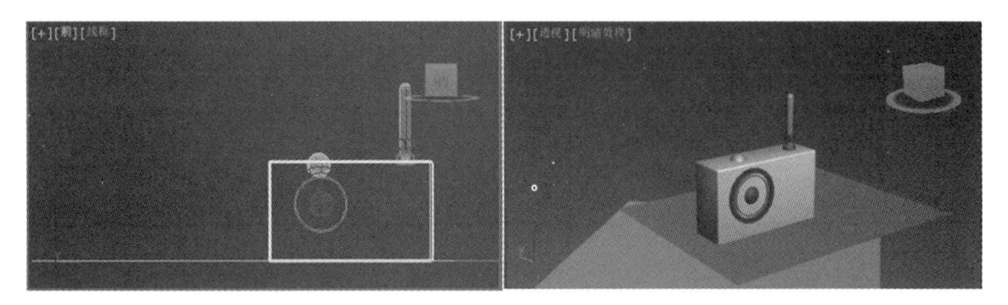

图 1-138 调整高度、位置

(20)在前视图中创建切角圆柱体,参数如图 1-139 所示。

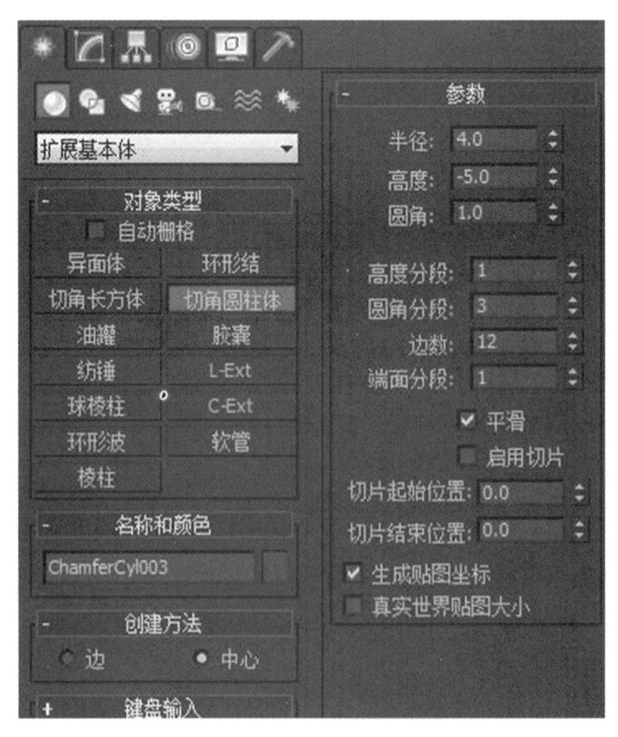

图 1-139 创建切角圆柱体

(21)调整位置,透视图效果如图 1-140 所示。

图 1-140　调整位置

(22)执行二维阵列命令,如图 1-141 所示。

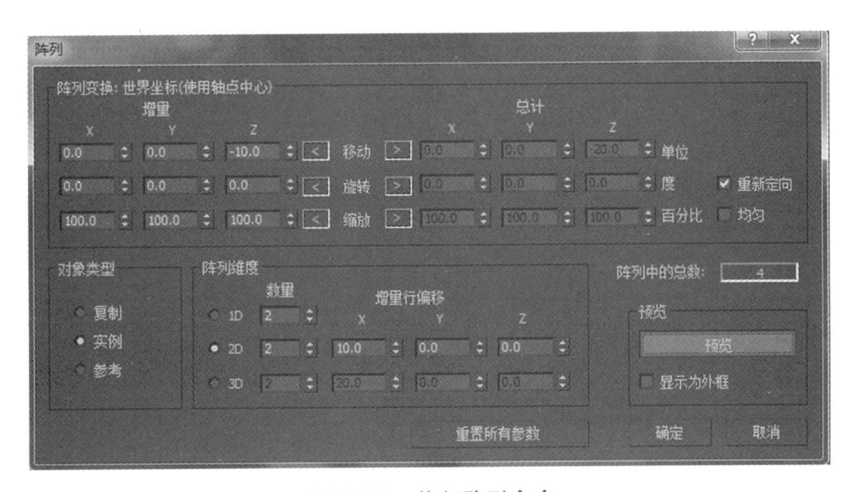

图 1-141　执行阵列命令

(23)最终效果如图 1-142 所示,将文件保存为“收音机”,退出。

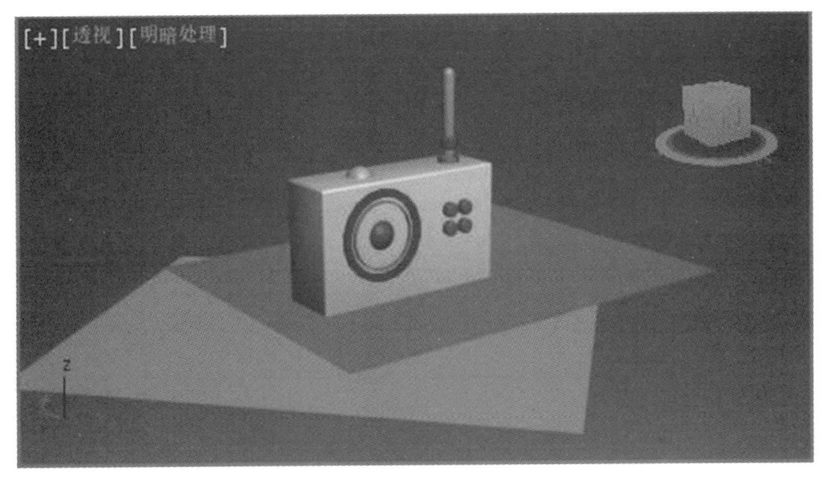

图 1-142　最终效果

3ds Max Jianmo yu Xuanran Xiangmuhua Jiaocheng

项目二

样条线建模

任务1
装饰图案的绘制

任务目的

通过装饰图案的绘制，掌握二维样条线的角点、平滑、Bezier角点、Bezier编辑相关知识；掌握二维样条线的修剪、布尔、融合、焊接、拆分、创建线、轮廓等命令使用方法；掌握二维线条表现为三维效果的渲染设置方法。

一、知识点讲解

样条线建模是指以样条线为基础添加修改器生成三维实体的建模方式。

1. 点编辑

单击创建面板上的图形按钮，选择“样条线”，可以创建线、圆、矩形、椭圆等，如图2-1所示。

例如，在顶视图用线命令随机绘制一个图形，呈现出线框图形，单击修改命令按钮，在对应面板上有三个层级，即顶点、线段、样条线(快捷键分别是1、2、3)，如图2-2所示。

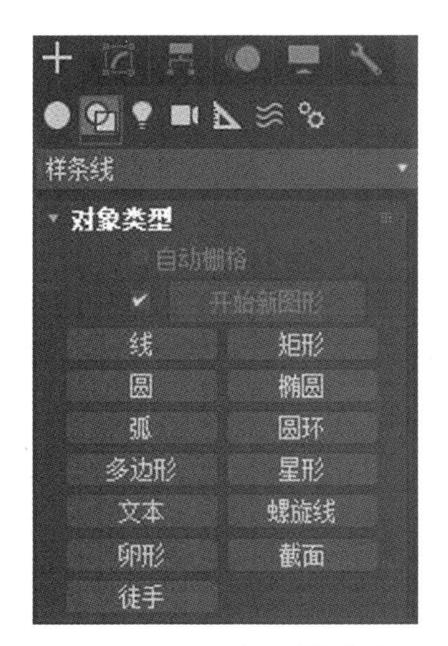

图2-1 二维样条线对象类型

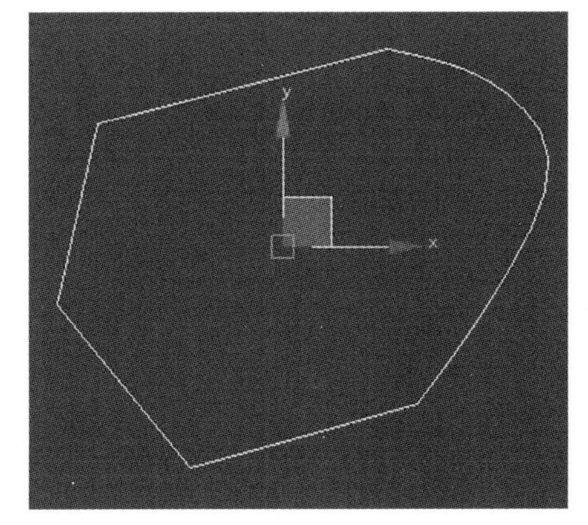

图2-2 样条线层级

在顶点层级上，点选一个点，单击鼠标右键，会有“Bezier角点”“Bezier”“角点”“平滑”等选项，如图2-3所示。

Bezier角点：可以带弧形，两个小手柄可以单独控制，调整线型。

Bezier：一个对称手柄同时调整线型。

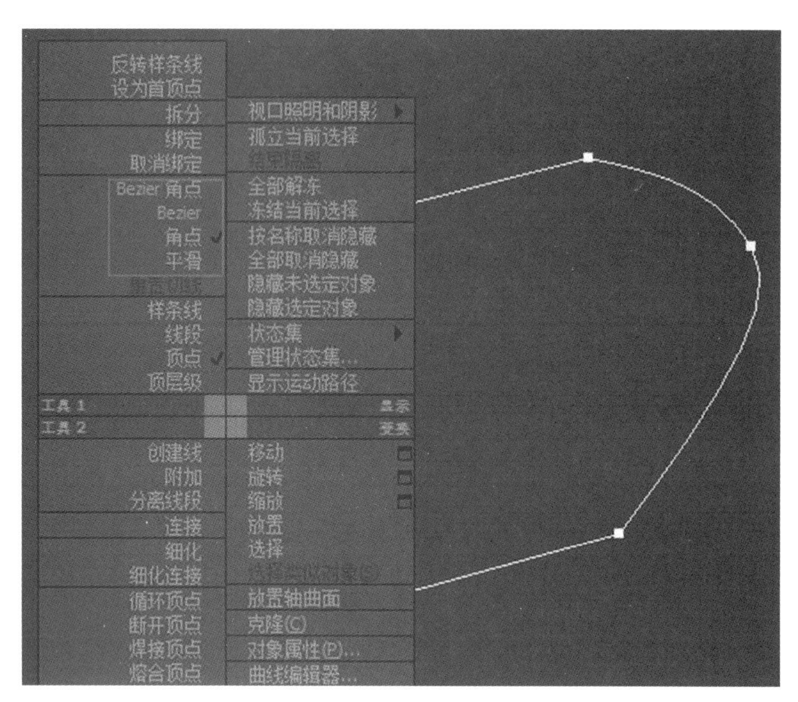

图 2-3 点的类型

角点:没有控制手柄,呈尖角。

平滑:没有手柄,不可调整线型,直接是圆弧线。

点的类型相互之间可以切换,单击鼠标右键可修改。

通过点编辑可以调整线型。同样,可以进入线段、样条线层级进行编辑。

2. 附加

绘制矩形和圆,选择矩形图形,单击修改命令按钮,会发现其不可编辑,如图 2-4 所示。

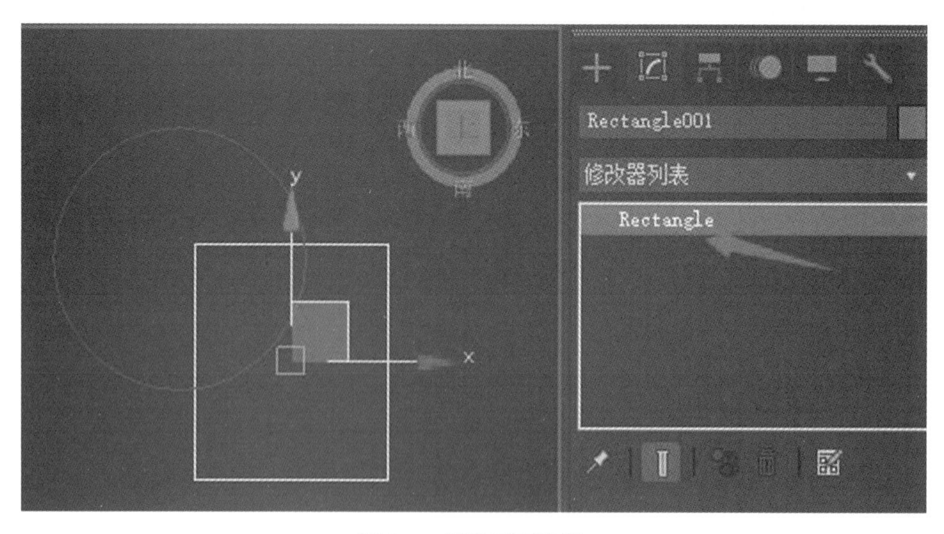

图 2-4 矩形不可编辑

这时可以在图形上单击鼠标右键,将其转换为可编辑样条线,如图 2-5 所示。

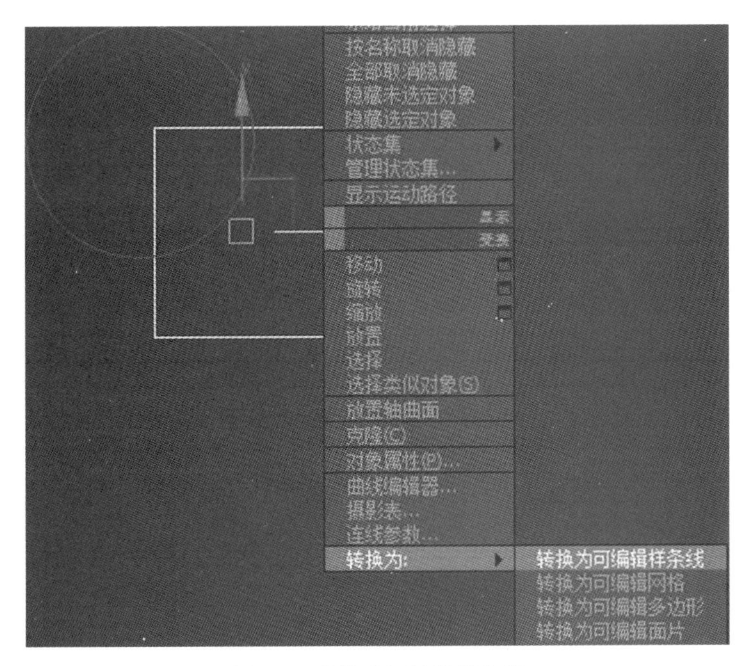

图 2-5 转换为可编辑样条线

使用附加命令，点选圆，圆和矩形就形成一个整体，如图 2-6 所示。

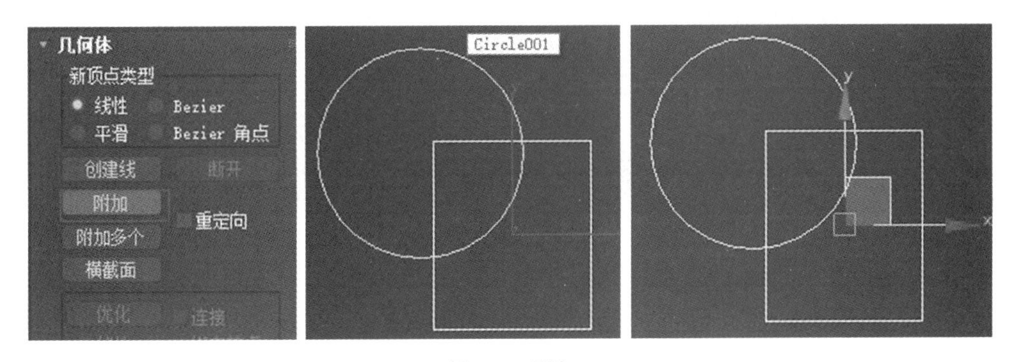

图 2-6 附加

3. 修剪

进入样条线层级，先选中图形，执行修剪命令，单击不需要的线条，可以实现修剪，如图 2-7 所示。

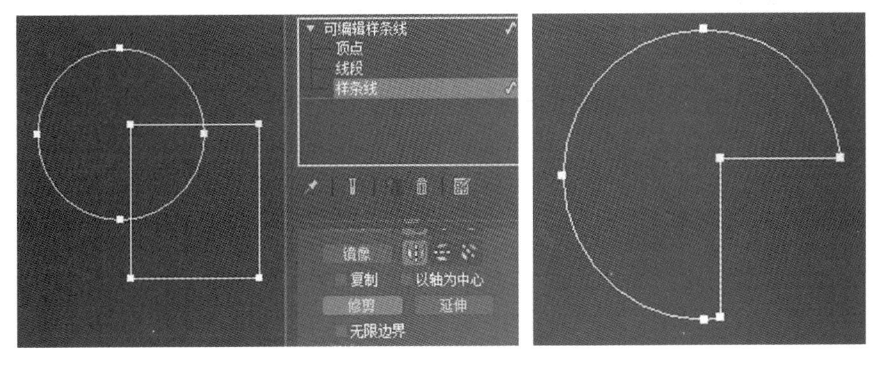

图 2-7 修剪

4. 焊接

修剪完样条线后，进入顶点层级，选中一个点，移动位置，点是分开的。撤回到移动前的状态，框选需要焊接的点，单击“焊接”按钮，就可以使点焊接起来，如图 2-8 所示。

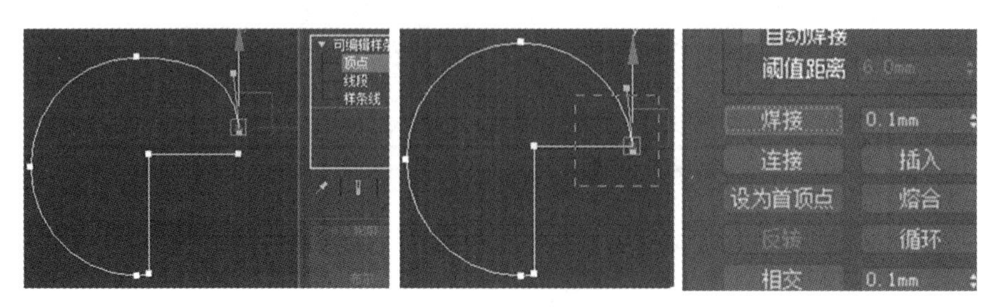

图 2-8　焊接

5. 布尔运算

绘制圆和矩形，先选中圆形，单击鼠标右键转换为可编辑样条线，点选“附加”，选中矩形，使圆和矩形成为一个图形。进入样条线层级，点选布尔命令，可以进行并集、差集、交集运算，如图 2-9 所示。

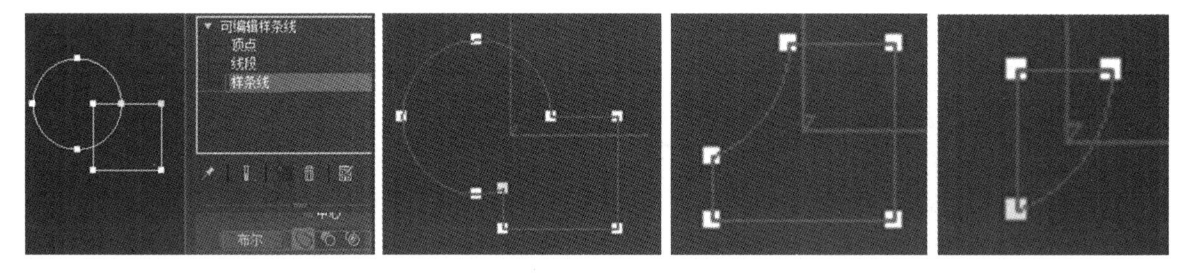

图 2-9　布尔运算

6. 拆分

进入线段层级，点选线段，找到拆分命令，输入数值，例如输入“3”，单击“拆分”按钮，就可以把线段拆分成三段，如图 2-10 所示。

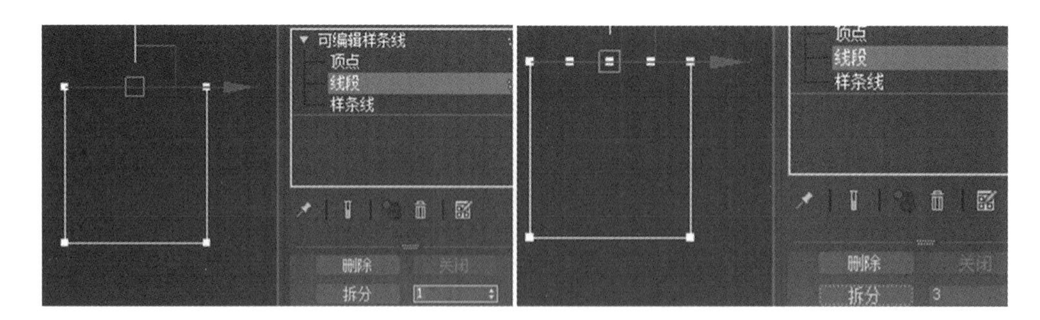

图 2-10　拆分

7. 轮廓

进入样条线层级，选中图形，找到轮廓，可以直接输入数值后确定，也可以单击数值输入框右侧的上下键进行设置。向上移动是向外显示轮廓，向下移动是向内显示轮廓，勾选“中心”就是向两边显示轮廓，如图 2-11 所示。

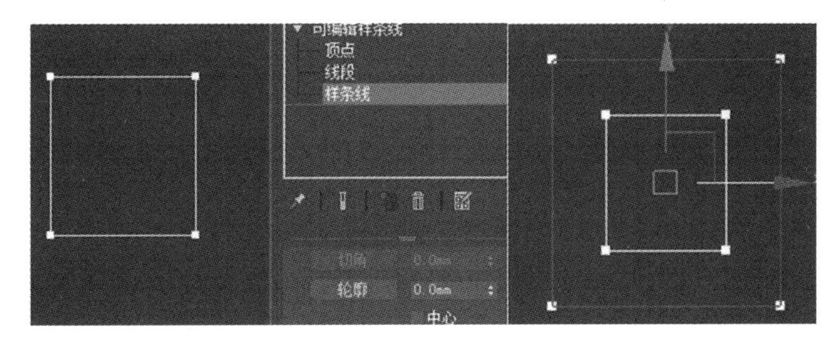

图 2-11　轮廓

8. 切角

进入顶点层级，选中一个点，单击“切角”按钮，拖动鼠标，可以进行切角，也可以直接输入一个数值进行切角设置，如图 2-12 所示。

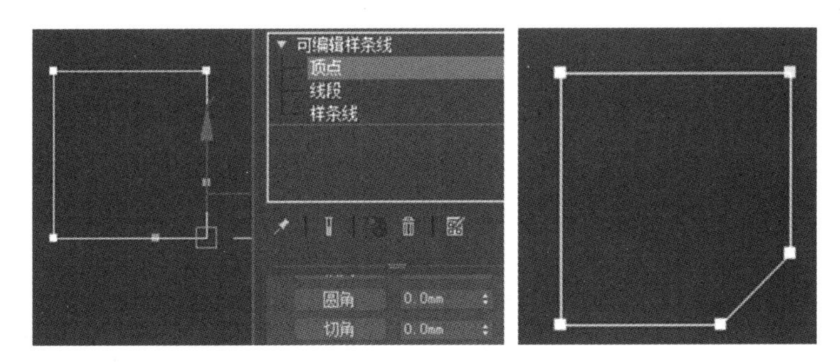

图 2-12　切角

9. 创建线

进入线段层级，单击“创建线”按钮，选中需要连线的两个点进行连接，可以添加线段，如图 2-13 所示。

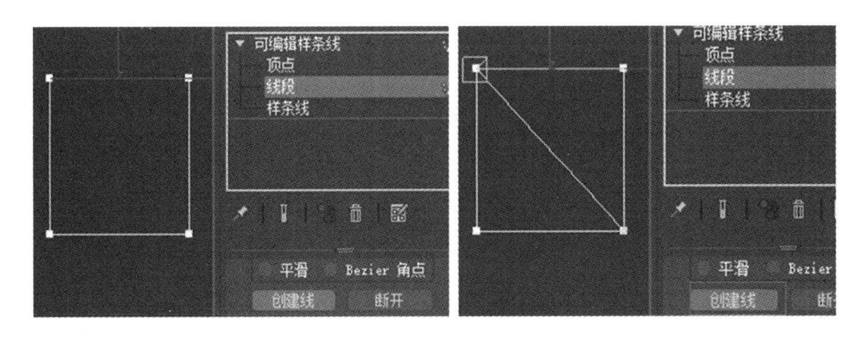

图 2-13　创建线

二、装饰图案的绘制

装饰图案的主要绘制步骤如下：

(1)启动 3ds Max 2020,将单位设置为“毫米”,如图 2-14 所示。

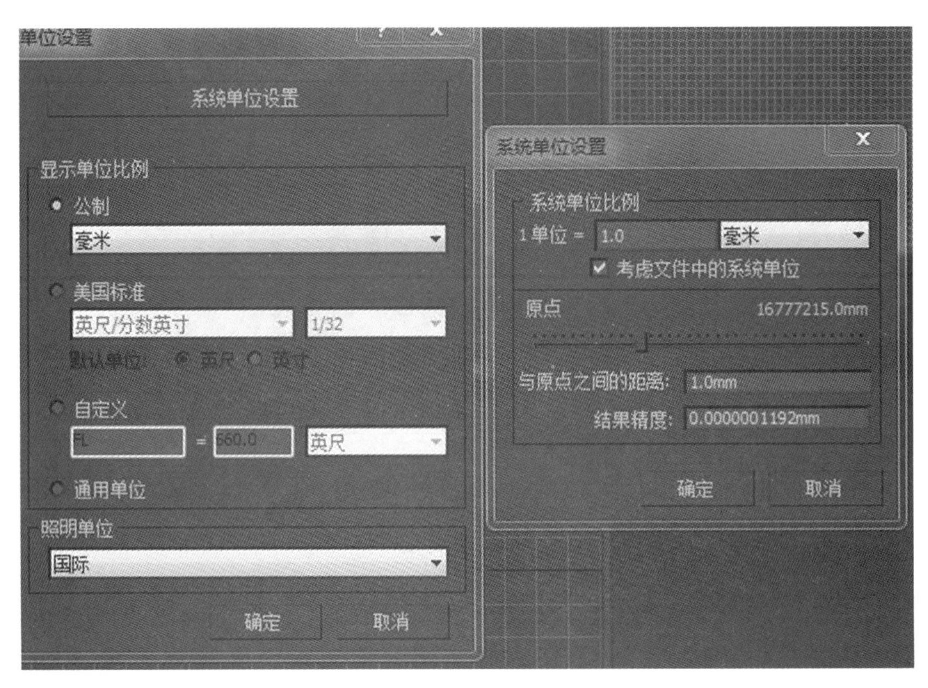

图 2-14 单位设置

(2)在前视图中绘制一个 380 mm×270 mm 的矩形,如图 2-15 所示。

(3)将矩形转换为可编辑样条线,如图 2-16 所示。

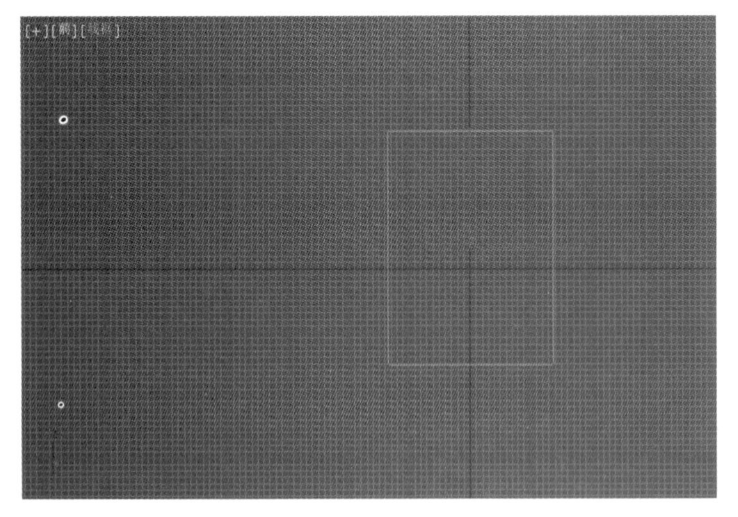

图 2-15 绘制矩形

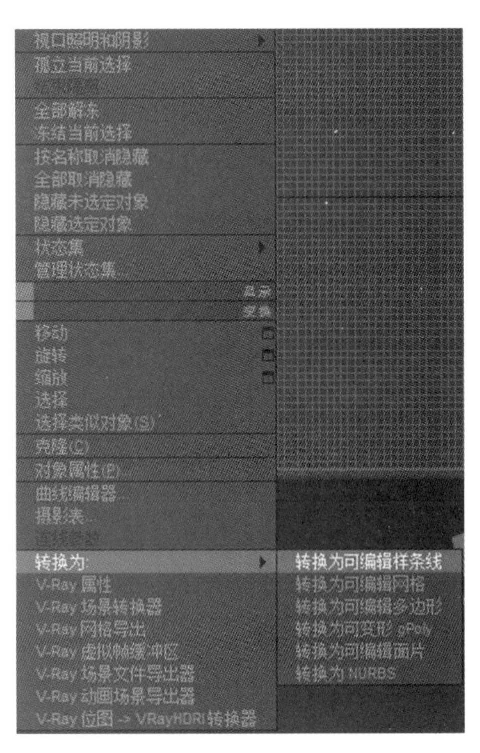

图 2-16 转换为可编辑多边形

(4)单击修改命令按钮然后选择线段层级,先后将 270 mm 的线段拆分为 2 段、将 370 mm 的线段拆分为 3 段,如图 2-17 所示。

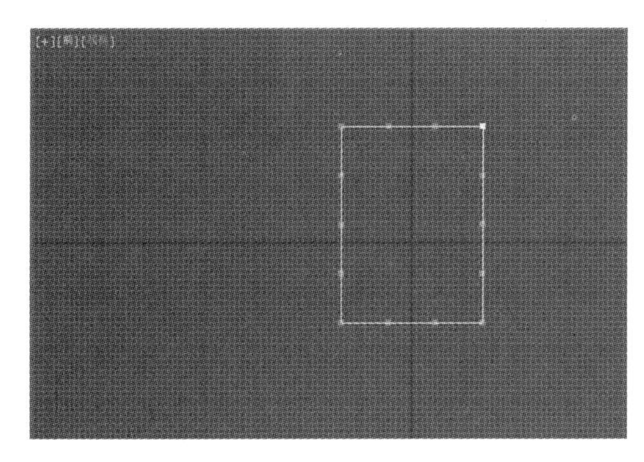
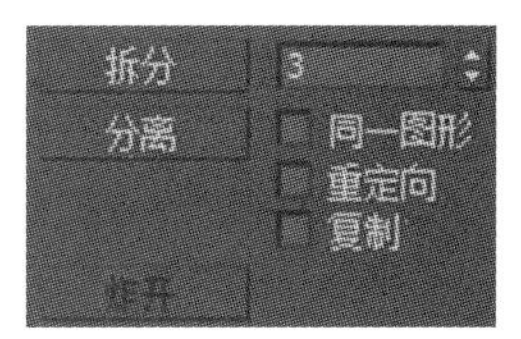

图 2-17 拆分线段

(5)在几何体卷展栏中单击“创建线”按钮,单击打开捕捉,创建垂直连线,如图 2-18 所示。

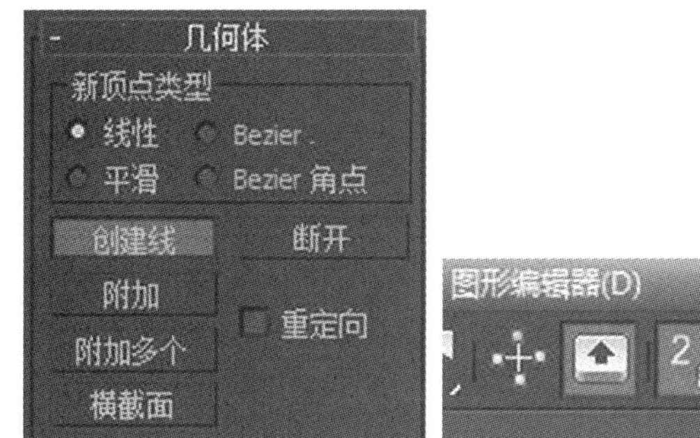

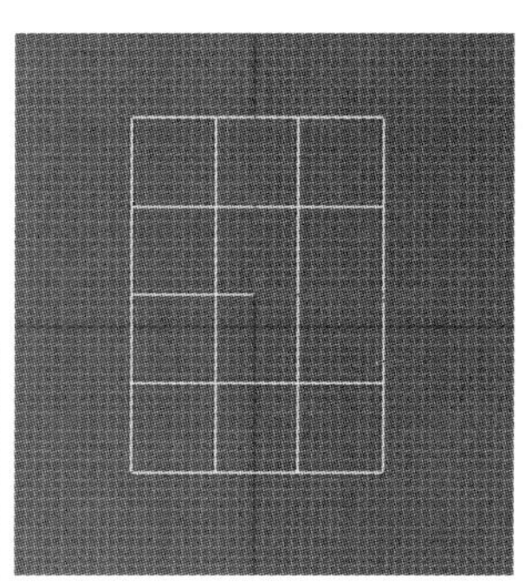

图 2-18 画线

(6)选择样条线层级,在几何体卷展栏中选择“修剪”,效果如图 2-19 所示。

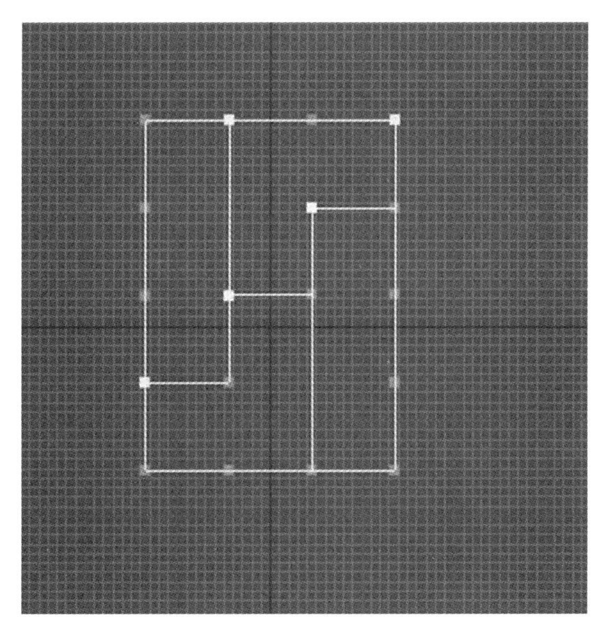

图 2-19 修剪线

(7)回到顶点层级,选中两个点,单击几何体卷展栏中的“焊接”按钮,设置及效果如图 2-20 所示。

(8)选择样条线层级,将中间连接的三条线选中,单击几何体卷展栏中的“轮廓”按钮,设置及效果如图 2-21 所示。

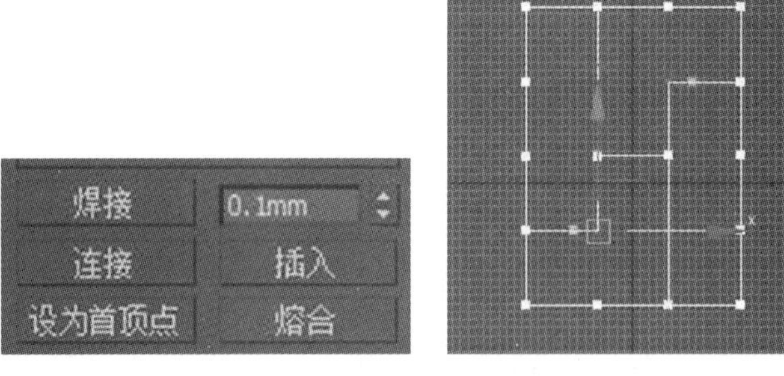

图 2-20　焊接点

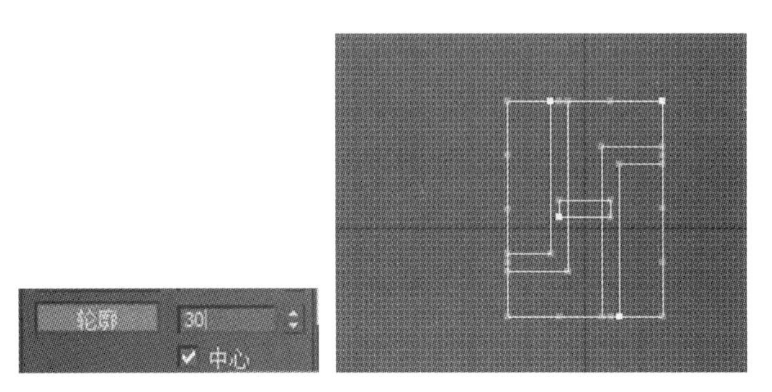

图 2-21　添加轮廓

(9)在样条线层级中对三个密闭的轮廓线使用布尔运算中的并集运算,如图 2-22 所示。

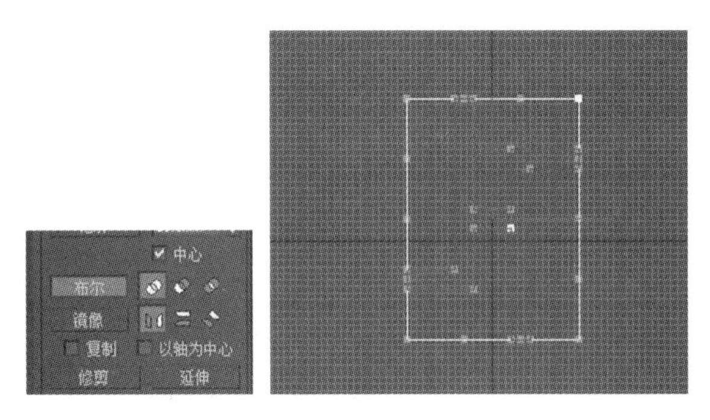

图 2-22　并集运算

(10)回到线段层级,将四个小短边选中,向外平移,如图 2-23 所示。

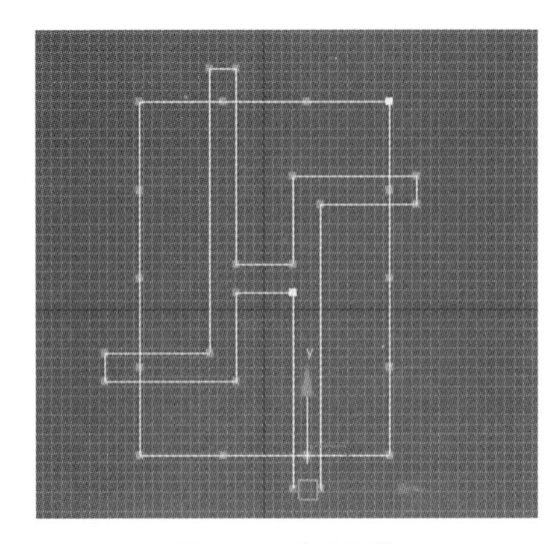

图 2-23　移动线段

(11)选中样条线层级,在前视图中修剪图形边线,如图 2-24 所示。

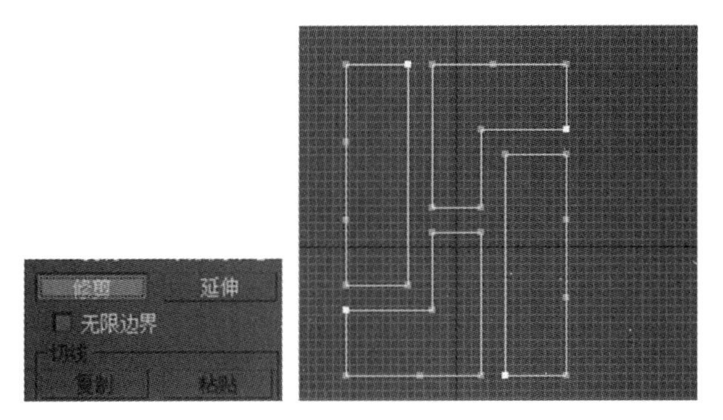

图 2-24 修剪

(12)回到顶点层级,按“Ctrl+A”键全选顶点,然后焊接,如图 2-25 所示。

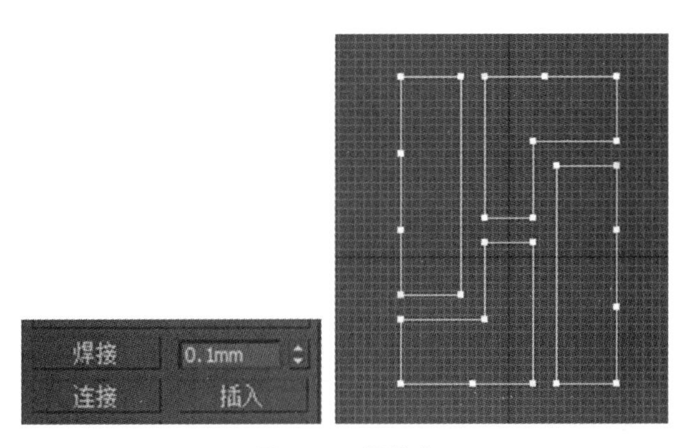

图 2-25 焊接点

(13)将辅助点全部删掉,得到一个完整的图形,如图 2-26 所示。

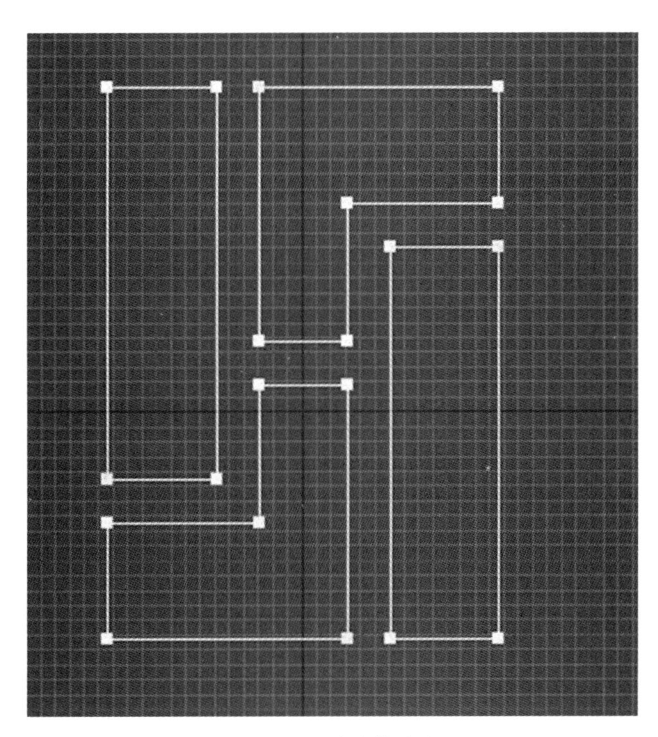

图 2-26 删除辅助点

(14)选中图形执行镜像命令,沿"X""Y"方向各执行一次,设置及效果如图 2-27 所示。

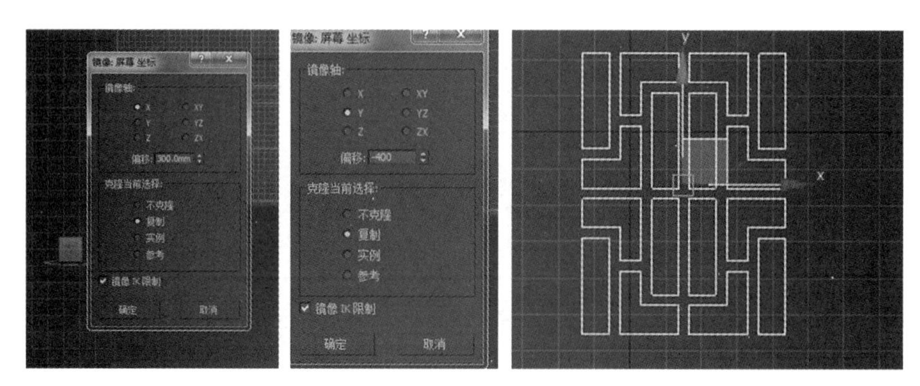

图 2-27　镜像操作

(15)选中图形中的一个单元,单击几何体卷展栏中的"附加多个"按钮,全部选中后附加,如图 2-28 所示,改名为"窗饰图案"。

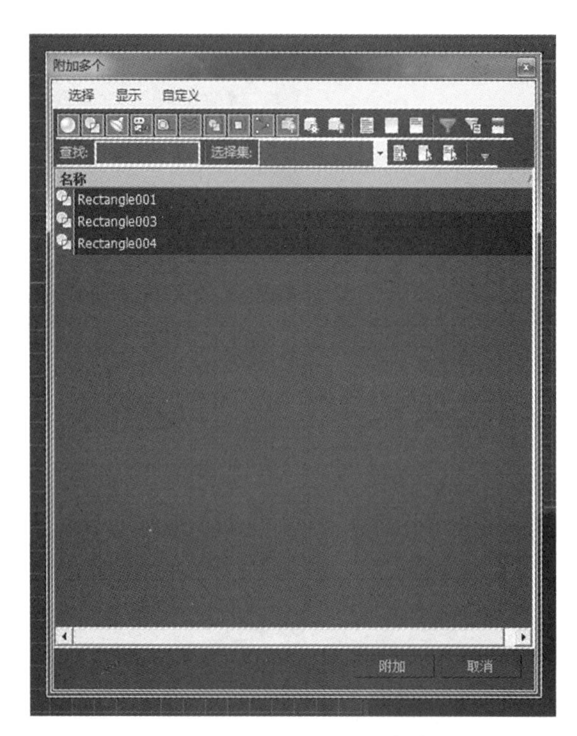

图 2-28　执行附加多个命令

(16)回到顶点层级,按"Ctrl＋A"键选中所有的点,右击转化成为角点,如图 2-29 所示。

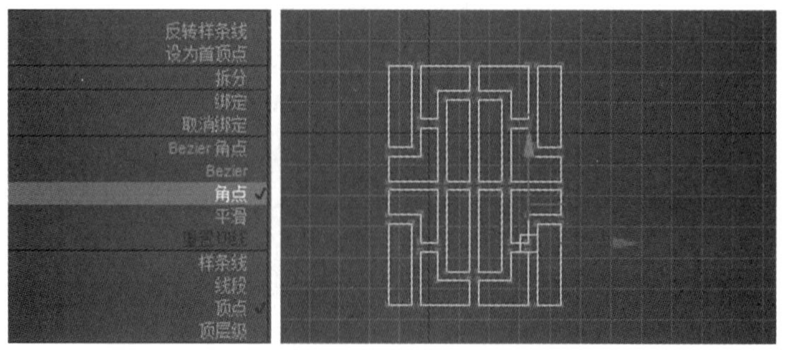

图 2-29　转化为角点

(17)选中中间两排的点,进行切角操作,参数设为“37”,如图 2-30 所示。

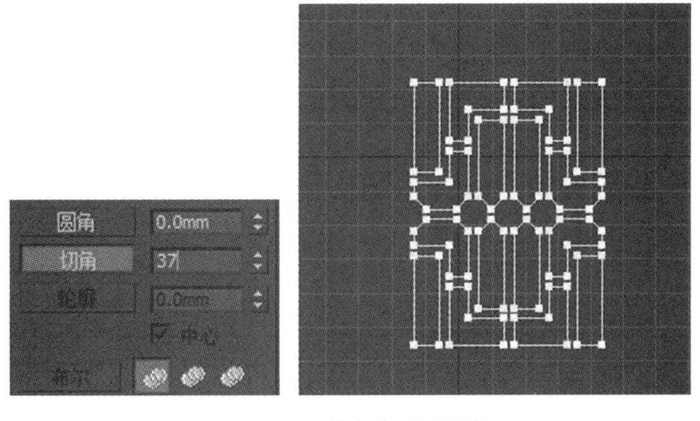

图 2-30 执行切角操作

(18)在前视图中制作一个 830 mm×630 mm 的矩形,并与窗饰图案中心对齐,如图 2-31 所示,将矩形命名为“窗饰边框”。

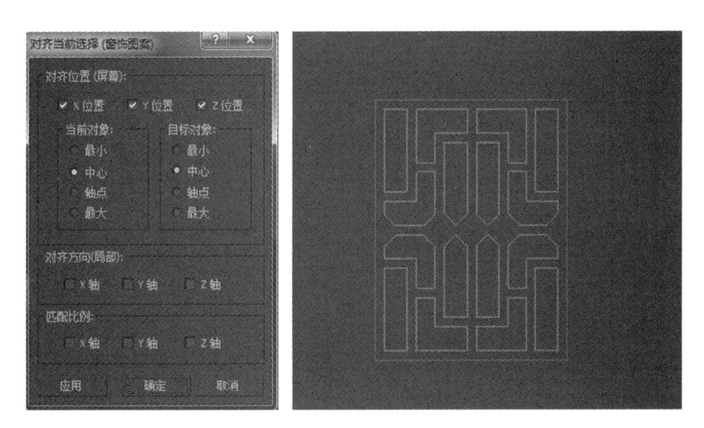

图 2-31 绘制矩形并对齐

(19)分别修改“窗饰图案”和“窗饰边框”的渲染参数,如图 2-32 所示。

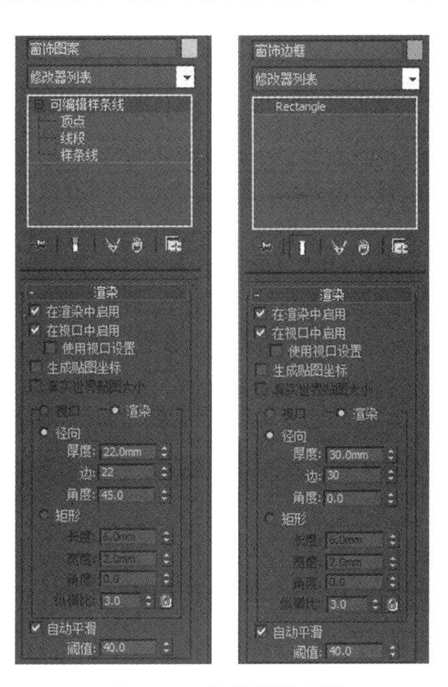

图 2-32 设置渲染参数

(20)最终效果如图 2-33 所示,保存文件,命名为"装饰图案",退出。

图 2-33　最终效果

任务 2
躺椅的绘制

任务目的

通过躺椅的绘制,掌握可编辑样条线顶点层级圆角操作方法,理解调点的位置改变图形形状的操作思路,掌握间隔工具的使用方法,巩固二维线条表现为三维效果的渲染设置相关知识。

一、知识点讲解

1. 圆角

在顶点层级可以进行圆角调整,可以单击数值输入框右侧的上下键调整数值,也可以直接输入数值进行圆角操作,如图 2-34 所示。

2. 间隔工具

利用间隔工具,可以沿着一条样条线或两个点定义的路径,基于当前选择分布对象。分布的对象可以是当前选定对象的副本、实例或参考。通过拾取样条线或两个点并设置许多参数,可以定义路径,也可以指定对象间隔的方式,以及对象的相交点是否与样条线的切线对齐。在"工具"菜单下面的"对齐"命令右侧选项中可找到"间隔工具",选择后会打开对应对话框,如图 2-35 所示。

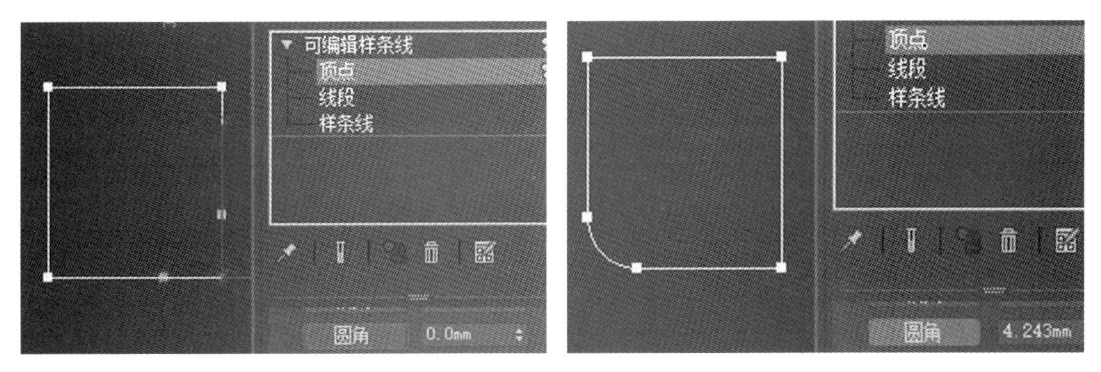

图 2-34 圆角

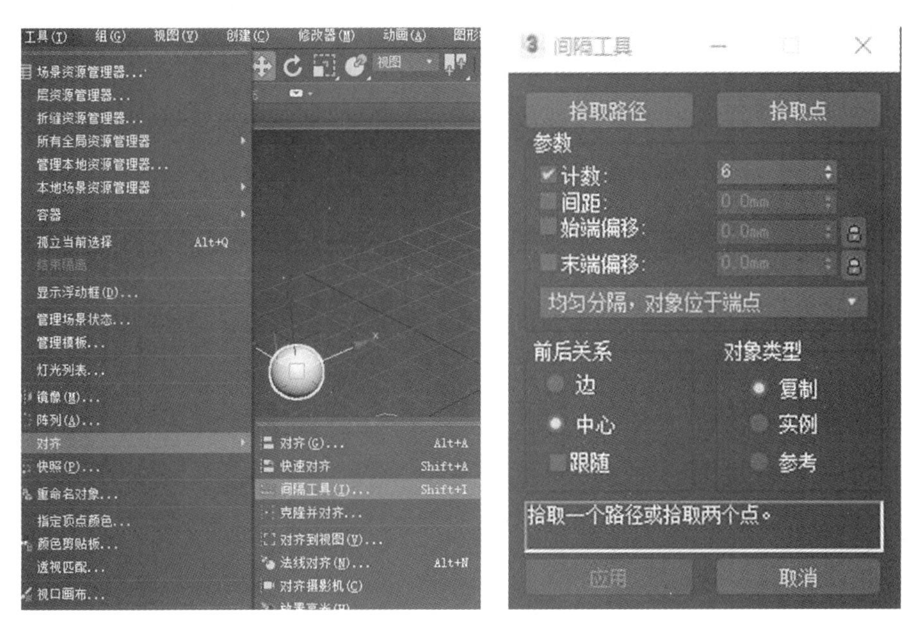

图 2-35 间隔工具

拾取路径:选择沿着什么线进行间隔复制。

计数:设置间隔复制的个数。

前后关系:包括“边”“中心”“跟随”,一般选择“中心”。

对象类型:包括“复制”“实例”“参考”,一般选择“复制”。效果如图 2-36 所示。

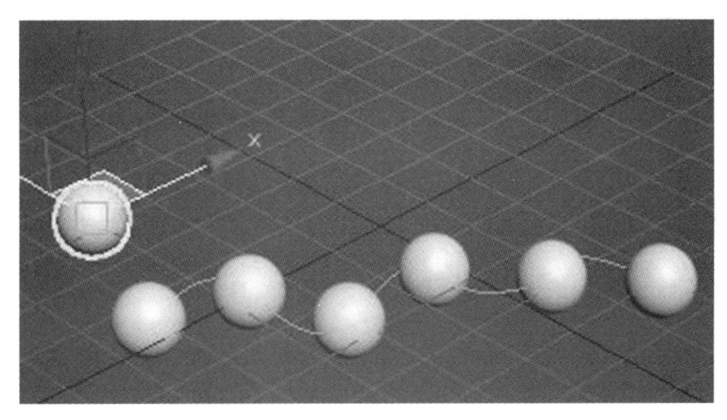

图 2-36 间隔工具复制效果

二、躺椅的绘制

绘制躺椅的主要步骤如下：

(1)单位设置。选择“自定义”菜单→“单位设置”，将显示单位设置成毫米；单击“系统单位设置”按钮，设置系统单位为毫米，如图 2-37 所示。

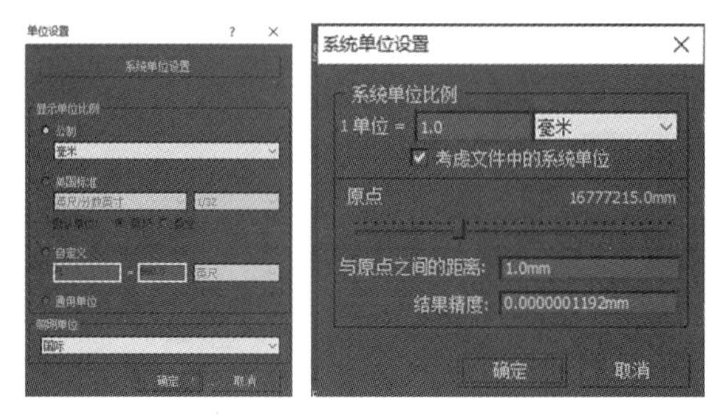

图 2-37　单位设置

(2)在顶视图中绘制一个矩形，选择“创建”→“图形”→“矩形”，并修改尺寸为 600 mm×1800 mm，如图 2-38 所示。

(3)选择矩形，添加一个“编辑样条线”修改器，如图 2-39 所示。

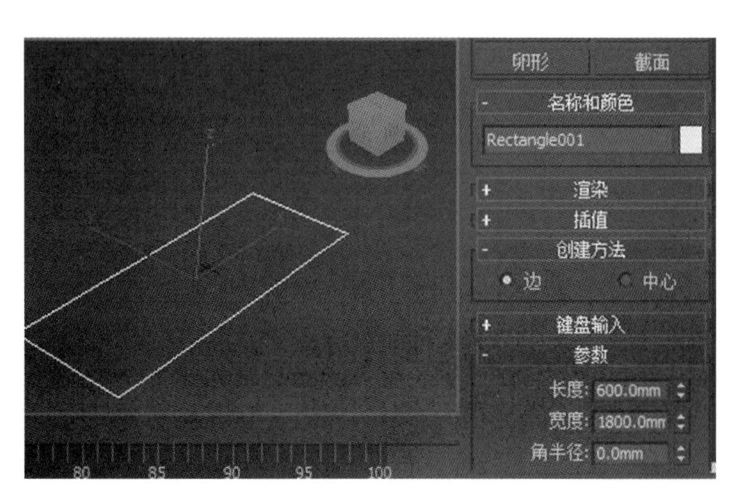

图 2-38　绘制矩形

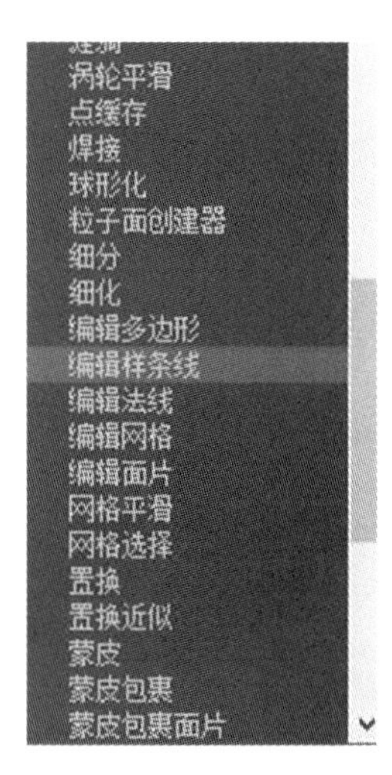

图 2-39　添加“编辑样条线”修改器

(4)在线段层级，选中其中的两条边，进行拆分，拆分数为 2，如图 2-40 所示。

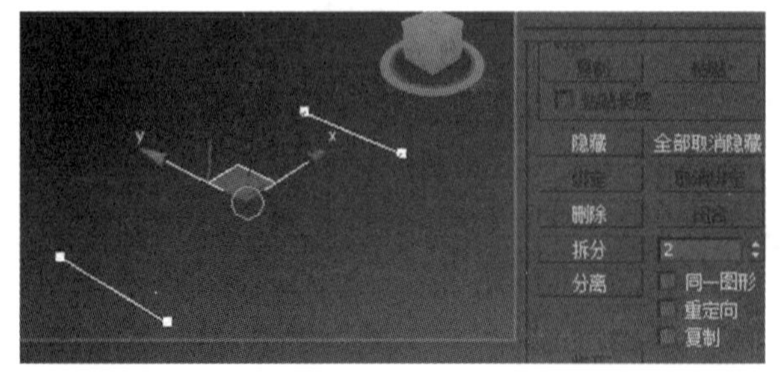

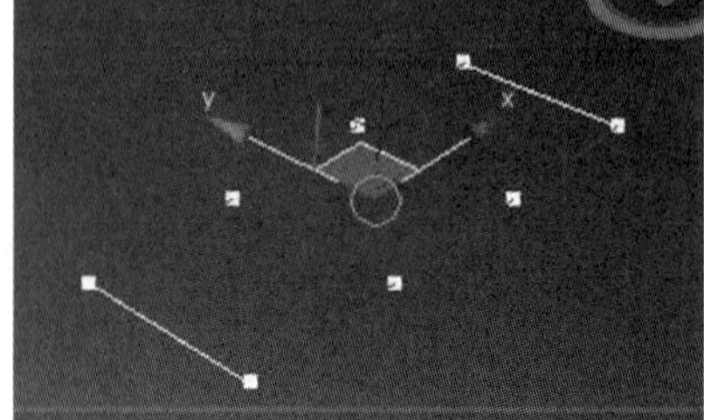

图 2-40　拆分线段

(5)在顶点层级,选择点,把点转化为 Bezier 角点,执行移动操作,调点的位置以改变图形的形状,最左侧两个点和右侧第二排两个点在前视图中向上调整。调整后点的位置如图 2-41 所示。

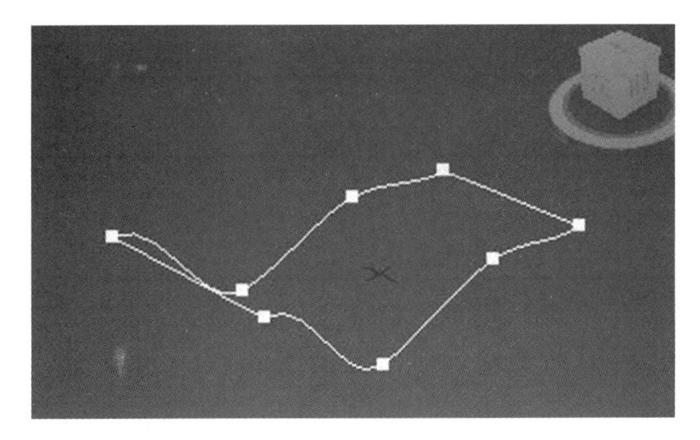

图 2-41 调整后点的位置

(6)转化为显示实体,在修改器中找到可渲染样条线,修改矩形尺寸,如图 2-42 所示。

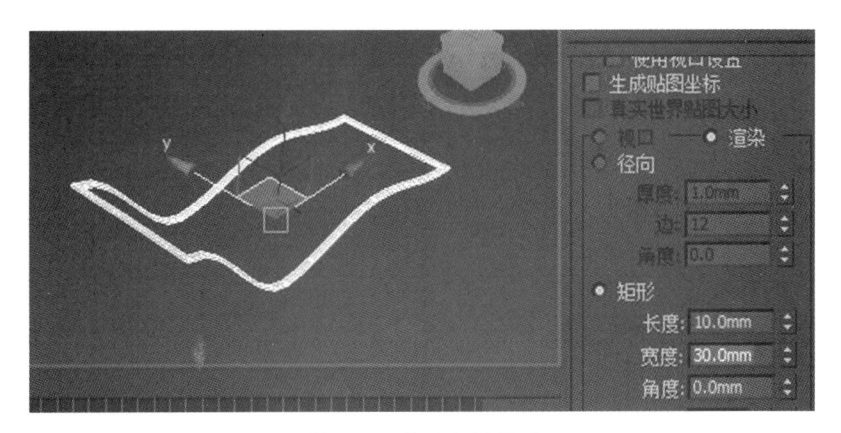

图 2-42 修改矩形尺寸

(7)在前视图中绘制底部支架,单击“创建”→“图形”→“样条线”→“线”,画一个闭合的三角形,如图 2-43 所示。

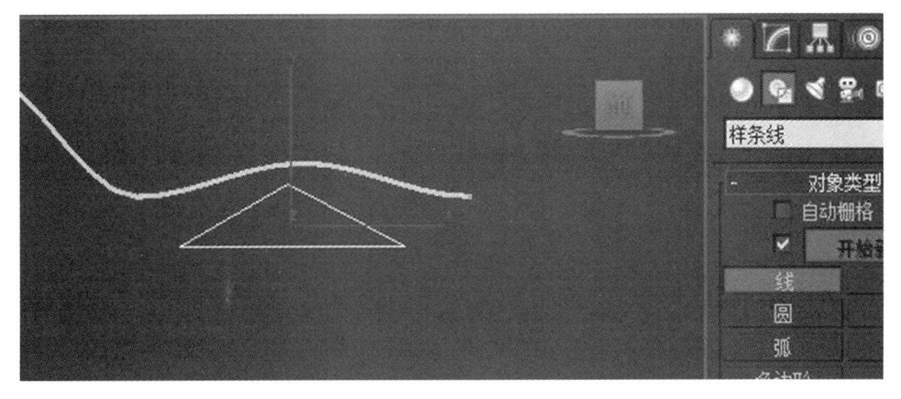

图 2-43 画三角形

(8)调整三角形的造型,在顶点层级,选择点执行移动操作,调整点的位置,打开捕捉选择二维捕捉,进行水平对齐操作。选择三角形下面两个点,进行圆角操作,如图 2-44 所示。

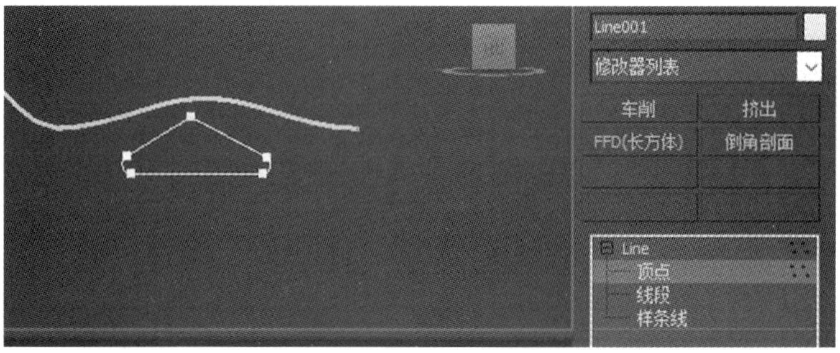

图 2-44　圆角操作

(9)在顶点层级,选中三角形上面的点,单击鼠标右键转化为 Bezier 角点,修改形状,如图 2-45 所示。

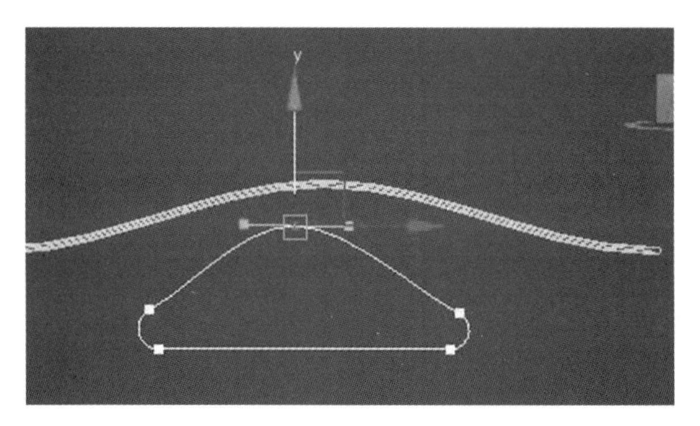

图 2-45　修改形状

(10)转化为显示实体,进行渲染设置。按住“Alt+A”键执行对齐命令,使底部支架和躺椅横梁对齐,如图 2-46 所示。

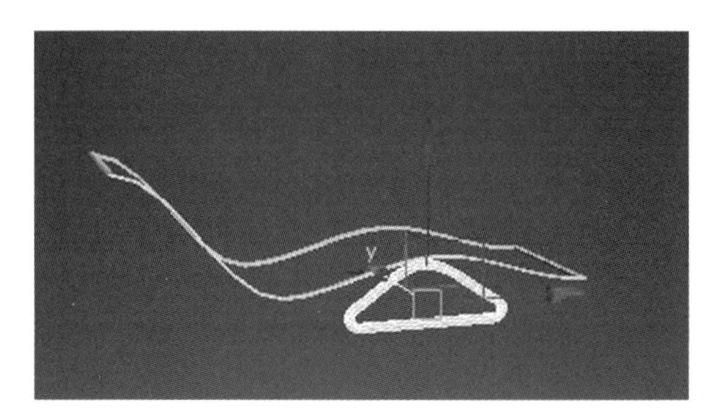

图 2-46　对齐

(11)选择底部支架,按 Shift 键移动复制出一个并进行对齐操作,如图 2-47 所示。

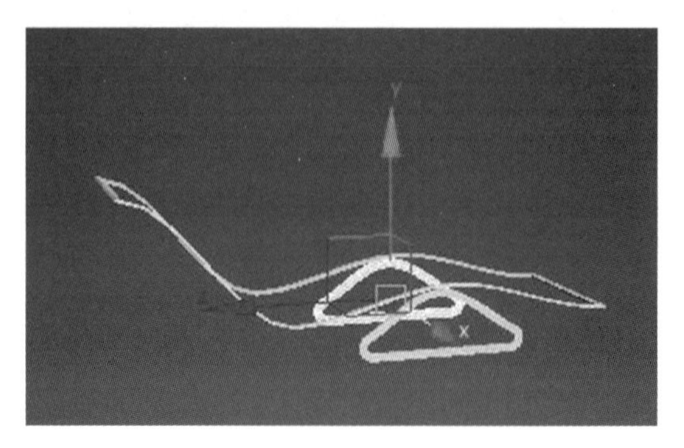

图 2-47　移动复制并对齐

(12)执行移动复制操作，复制出一个躺椅外框，把复制出的躺椅外框可渲染样条线设置取消，如图 2-48 所示。

(13)在线段层级，删除一部分线段，保留的线段作为间隔工具的路径使用，如图 2-49 所示。

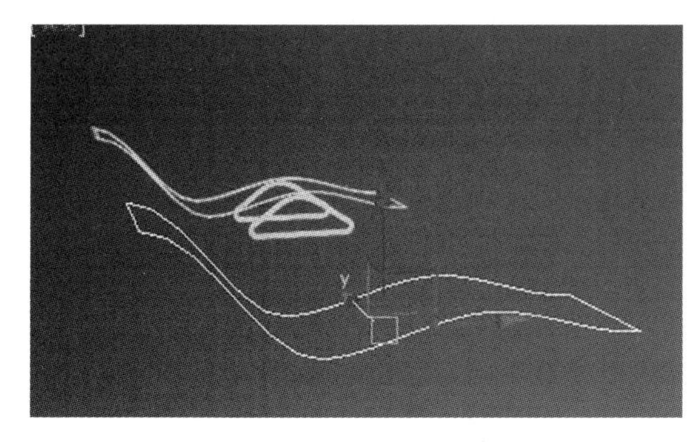

图 2-48　移动复制

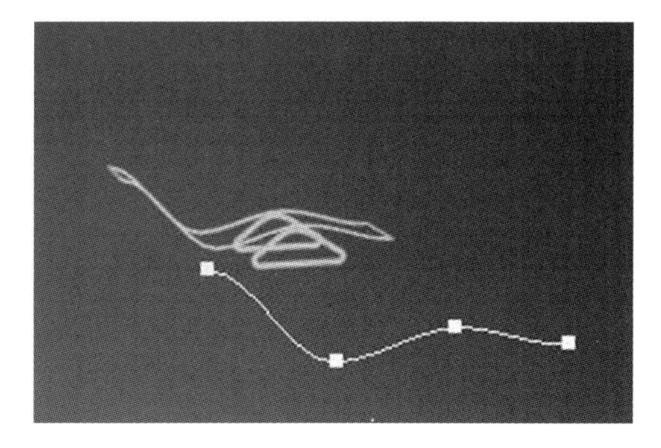

图 2-49　删除一部分线段

(14)单击“创建”→“几何体”→“扩展基本体”→“切角圆柱体”，在前视图中创建一个切角圆柱体，修改参数，如图 2-50 所示。

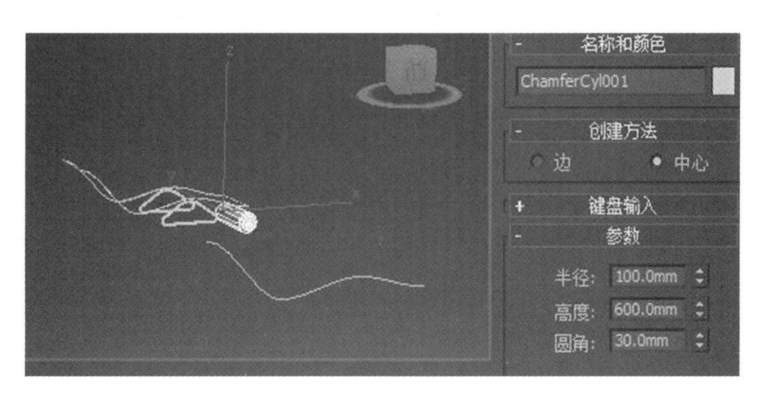

图 2-50　创建切角圆柱体

(15)在前视图中，按 R 键执行缩放操作，沿着 y 方向压扁，调整造型，如图 2-51 所示。

(16)在切角圆柱体被选中的情况下，选择“工具”菜单→“对齐”→“间隔工具”，打开“间隔工具”对话框，如图 2-52 所示。

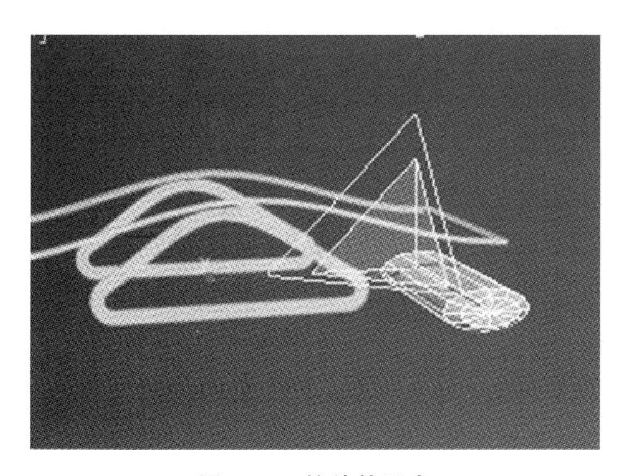

图 2-51　缩放并压扁

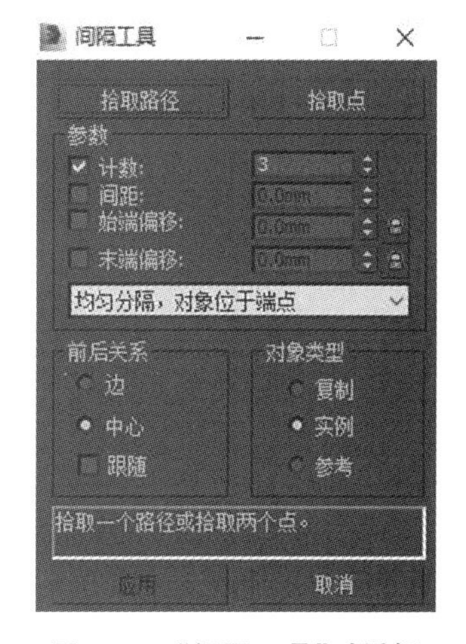

图 2-52　“间隔工具”对话框

(17)设置间隔工具的数值,拾取步骤(13)保留的路径线,进行间隔复制,如图 2-53 所示。

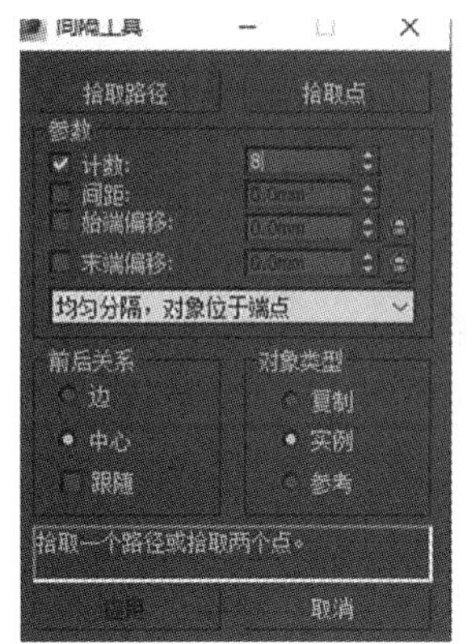

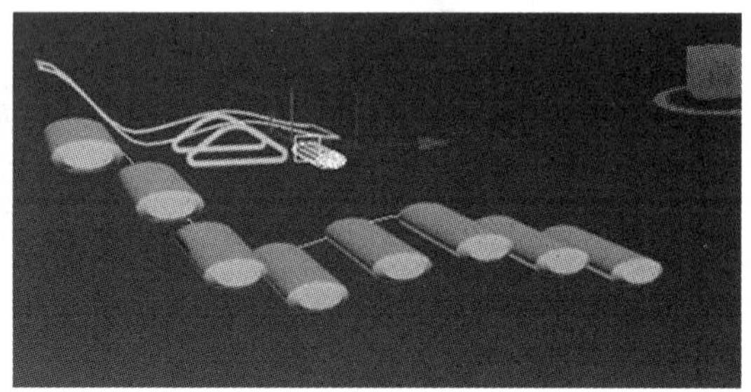

图 2-53 设置间隔工具参数,进行间隔复制

(18)删除原来创建的几何体,在顶视图中将利用间隔工具复制出的几何体全部选中,中心对齐到躺椅外框,按 E 键在前视图中旋转调整几何体角度,使其和路径几乎平行,如图 2-54 所示。

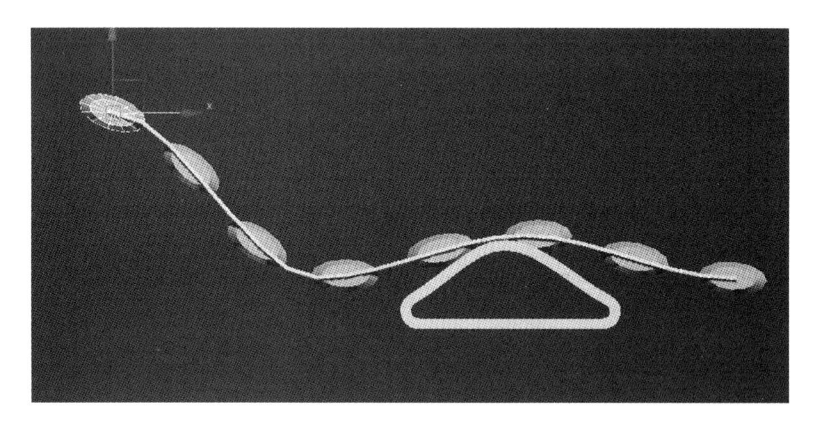

图 2-54 对齐并调整

(19)改变颜色,变为统一的颜色。最终效果如图 2-55 所示。保存文件,命名为“躺椅”,退出。

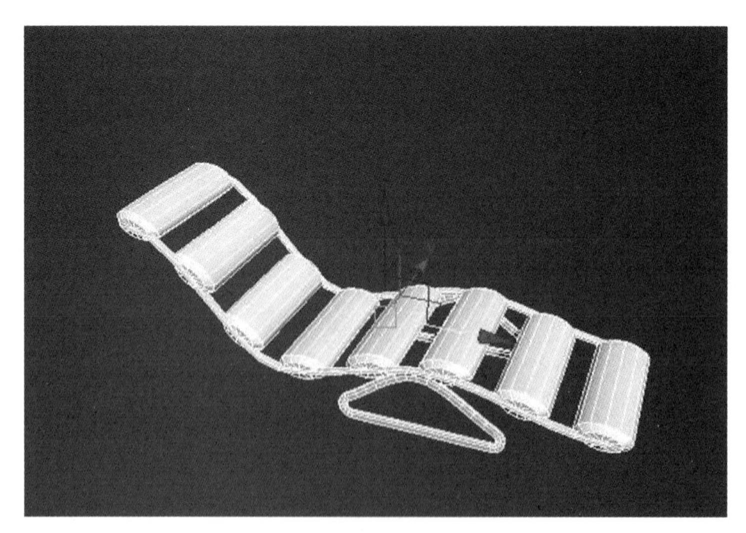

图 2-55 最终效果

任务 3
窗户的绘制

任务目的

通过窗户的绘制，复习巩固二维样条线的修剪、焊接、轮廓、布尔等命令使用，掌握挤出修改器操作。

一、知识点讲解

利用 3ds Max 中的挤出命令可对线进行拉伸从而得出三维模型。挤出命令设置面板(部分)及效果如图 2-56 所示。挤出命令设置面板包括以下几个部分：

(1)参数：

数量：设置挤出的厚度。

分段：设置挤出厚度上的片段划分数。

(2)封口：模型起止端是否具有端盖以及端盖的形式，包括始端、末端的设置。

(3)平滑：对模型的表面进行光滑处理。

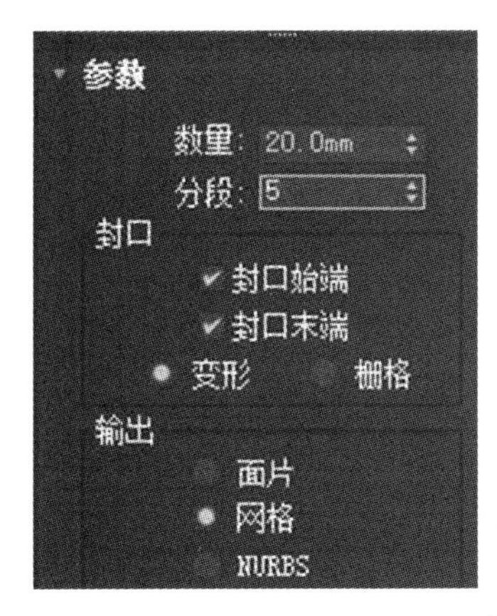

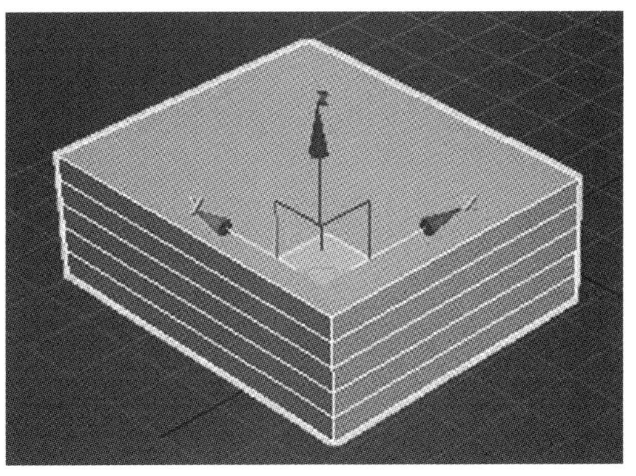

图 2-56 挤出命令设置面板(部分)及效果

二、窗户的绘制

窗户的绘制步骤如下：

(1)设置单位。选择"自定义"菜单→"单位设置"，将显示单位设置成毫米；单击"系统单位设置"按钮，设置系统单位为毫米，如图 2-57 所示。

(2)在前视图中绘制一个矩形，尺寸为 800 mm×400 mm，如图 2-58 所示。

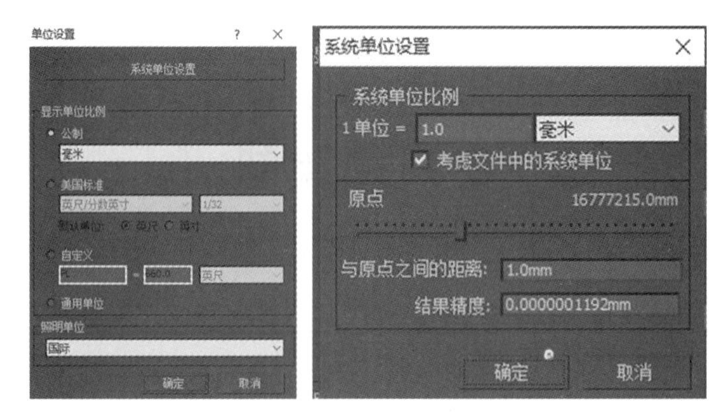

图 2-57　单位设置

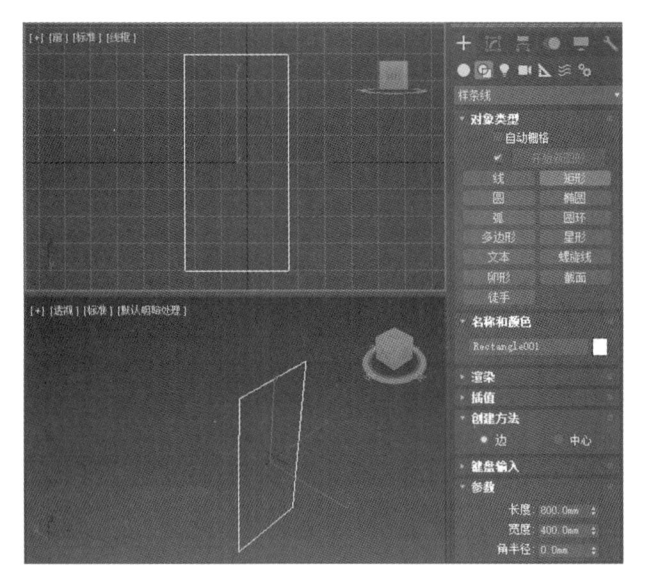

图 2-58　绘制一个矩形

(3)打开捕捉，设置为二维捕捉和顶点捕捉，在前视图中捕捉矩形上面的两个顶点绘制一个圆，如图 2-59 所示。

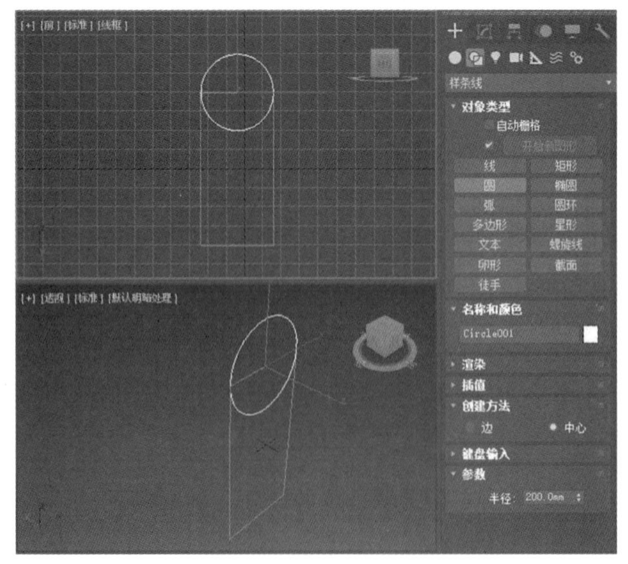

图 2-59　捕捉绘制圆

(4)将矩形转换为可编辑样条线,对圆进行附加,在样条线层级进行修剪,效果如图 2-60 所示。

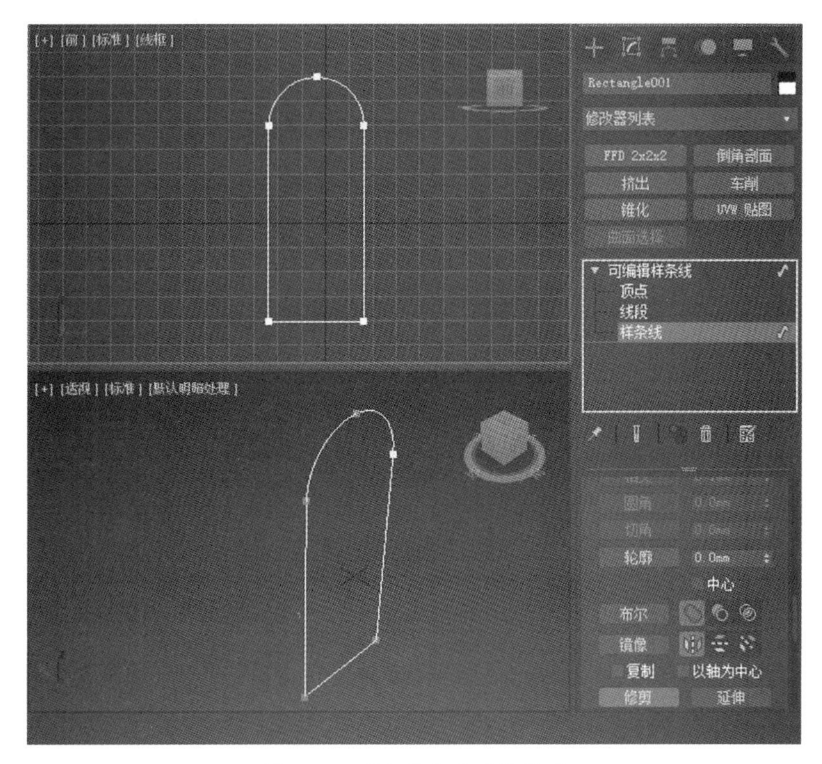

图 2-60　附加及修剪后的效果

(5)在顶点层级,选中图 2-61 所示的两个顶点进行焊接,焊接值调到 3 mm 以上,此处设为 3.1 mm。

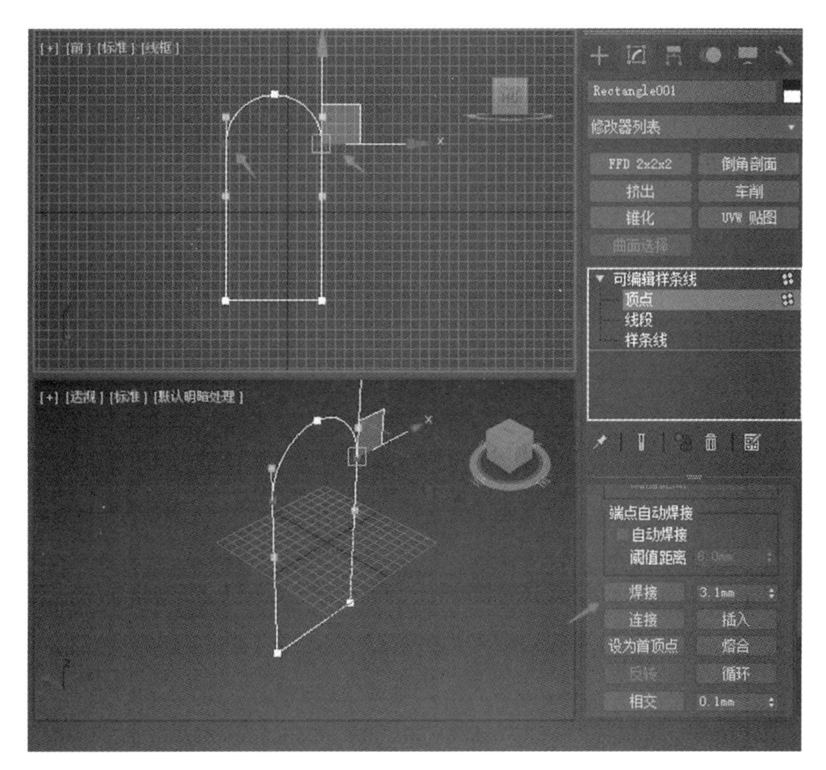

图 2-61　焊接

(6)在样条线层级,进行轮廓操作,轮廓值设为“20”,如图 2-62 所示。

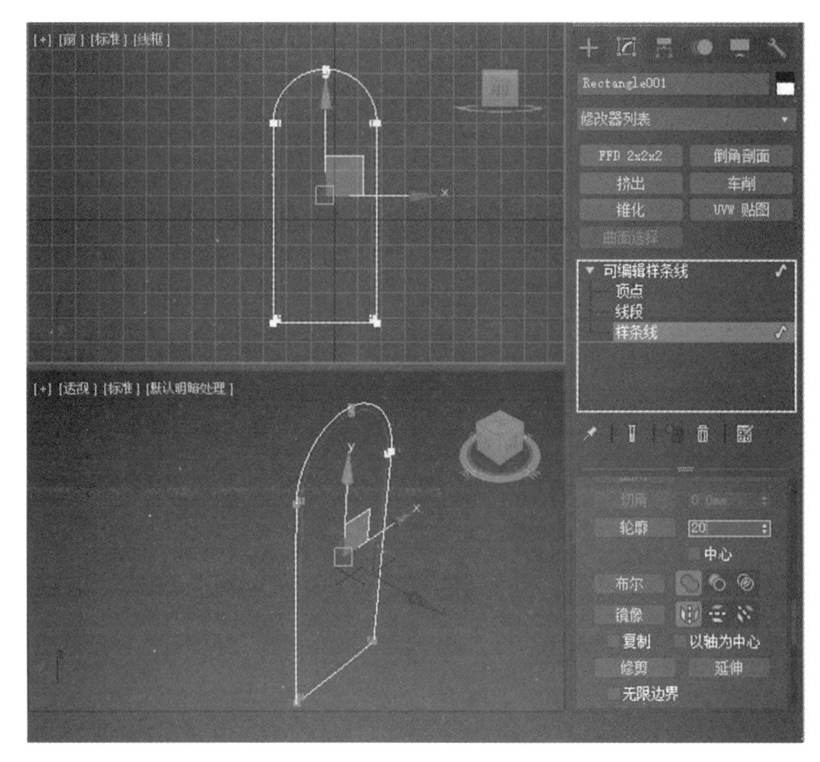

图 2-62　轮廓操作

(7)绘制两个矩形,位置和尺寸如图 2-63 所示,宽度均为 20 mm,确保和现有图形相交。立起来的矩形要通过对齐命令在“X”方向对中。

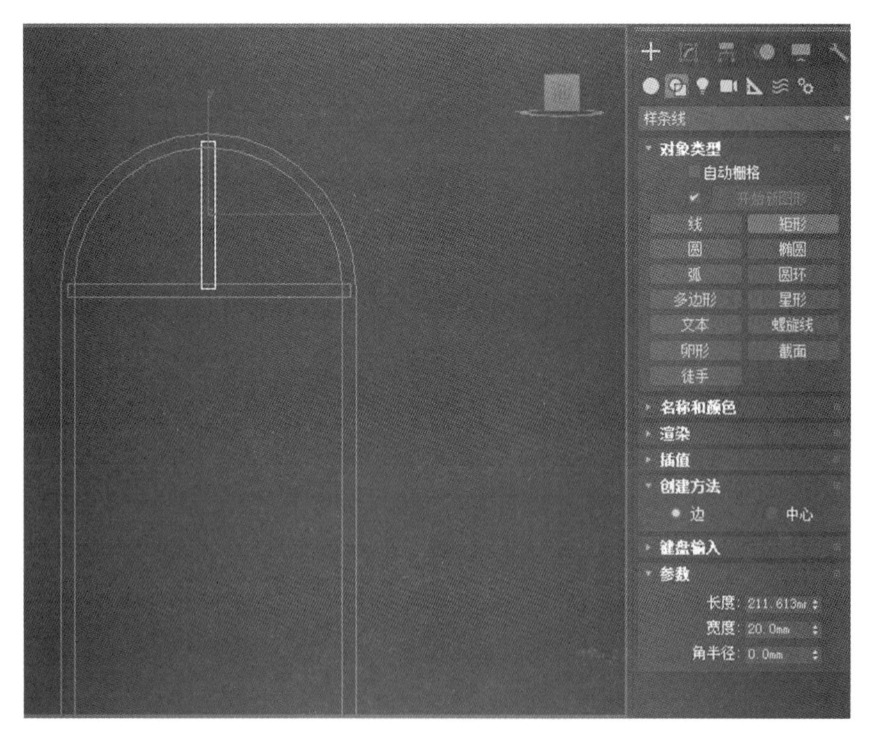

图 2-63　绘制矩形

(8)点选层次面板,点选“仅影响轴”,调整轴心的位置,如图 2-64 所示。

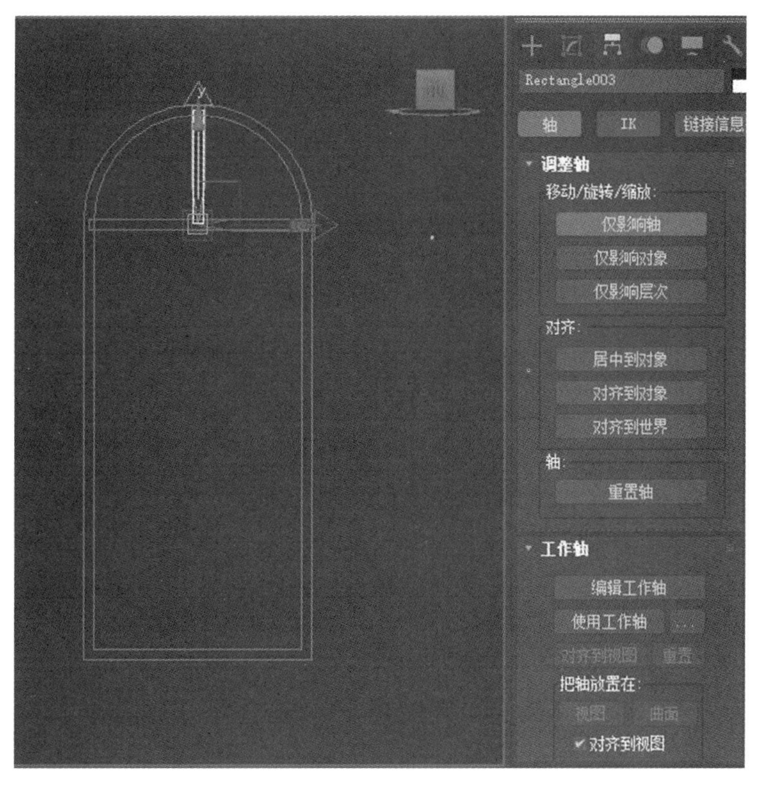

图 2-64　调整轴心位置

(9)打开角度捕捉,设置捕捉角度为 45°,按 E 键,按住 Shift 键执行旋转复制操作两次,复制出两个矩形,如图 2-65 所示。

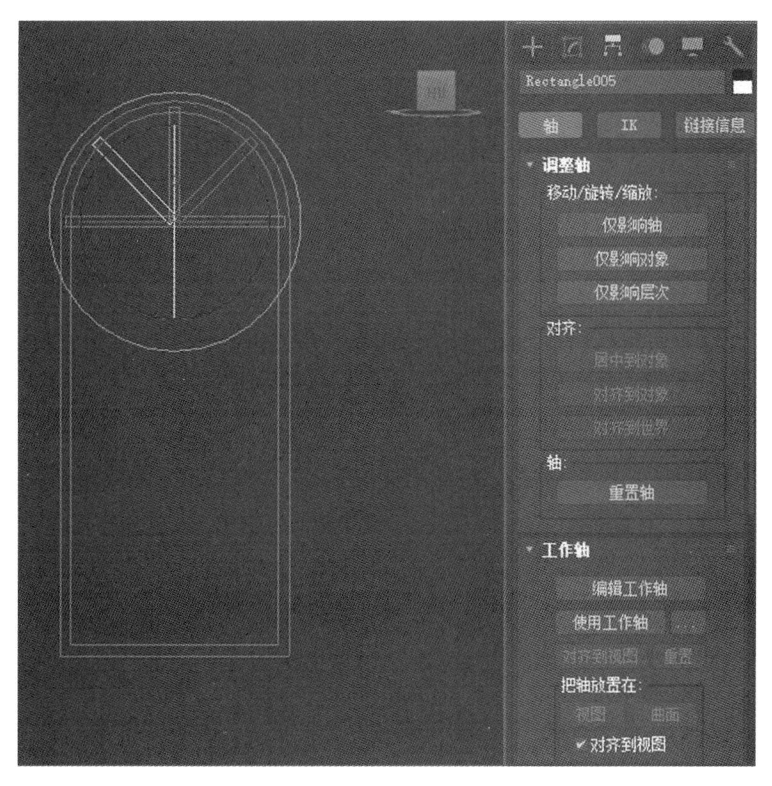

图 2-65　旋转复制

(10)执行附加命令,将四个矩形附加到可编辑样条线上,如图 2-66 所示。

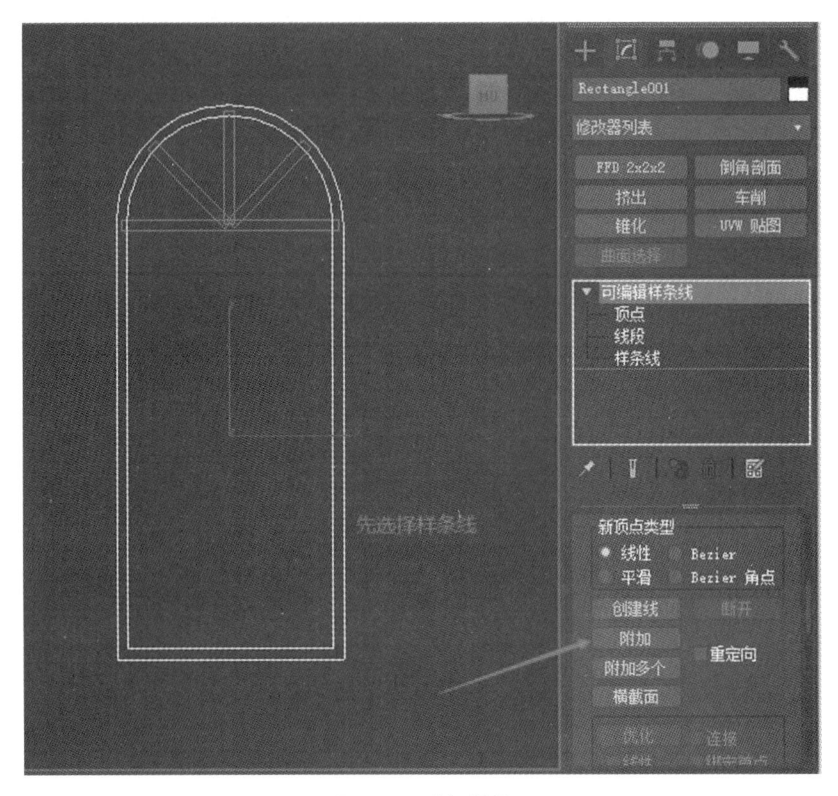

图 2-66 附加操作

(11)在样条线层级,进行修剪,如图 2-67 所示。

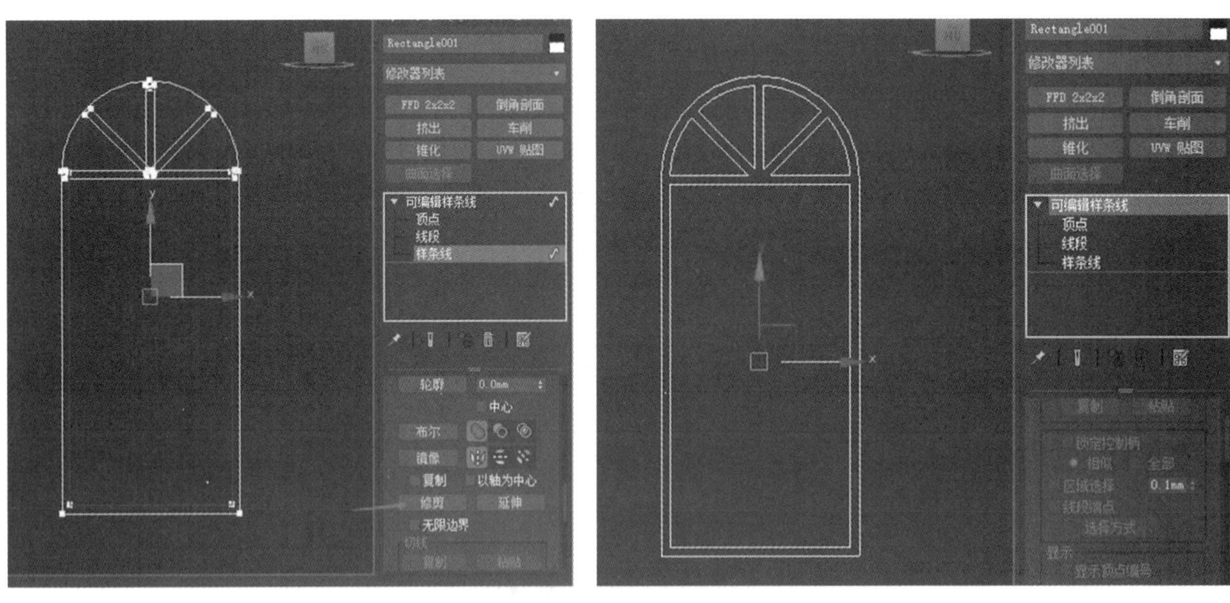

图 2-67 修剪操作

(12)单击修改按钮,从修改器列表中选择“挤出”,执行挤出命令,挤出厚度值设为 60 mm,如图 2-68 所示。

(13)打开三维捕捉,设置捕捉顶点和中点,在前视图中绘制两个矩形,如图 2-69 所示。

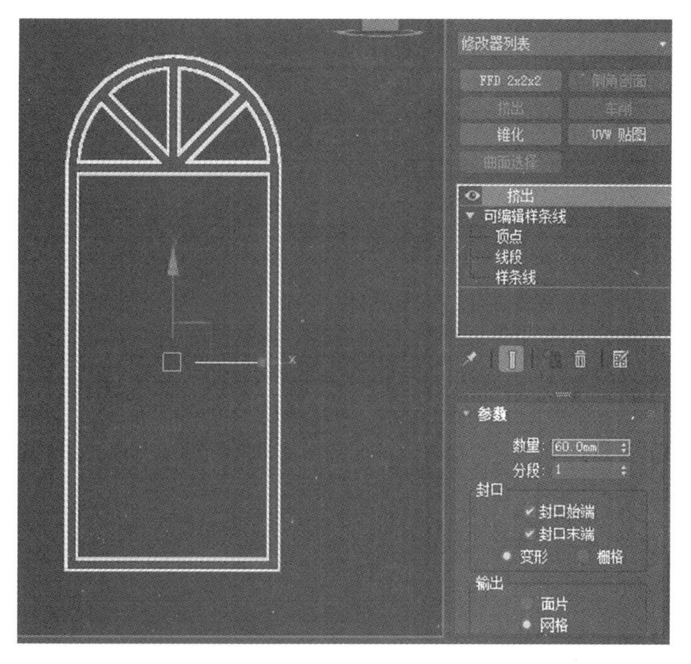

图 2-68　挤出操作

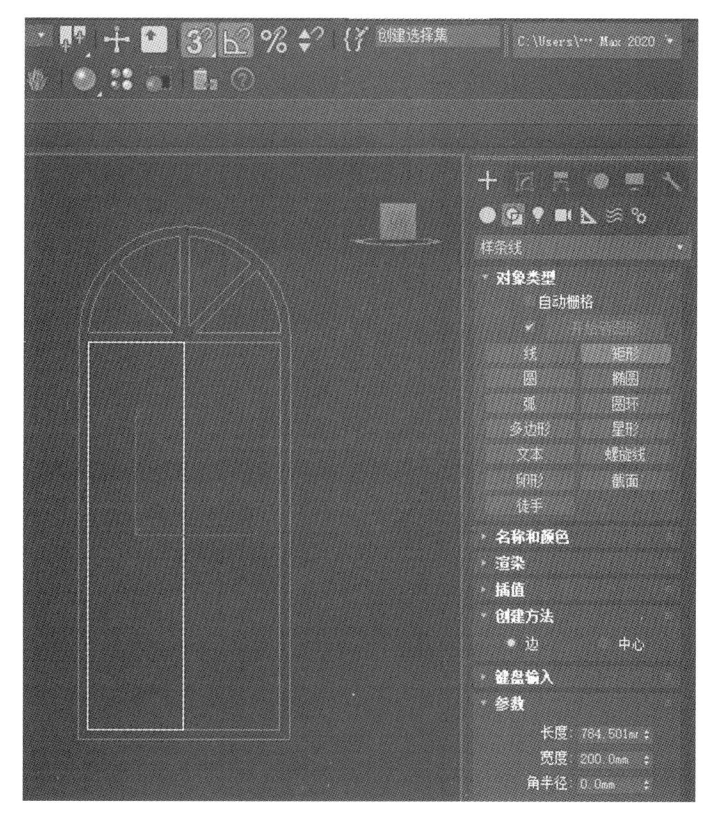

图 2-69　捕捉绘制矩形

(14)重复步骤(12),执行挤出命令,将两个矩形挤出(厚度为 10 mm),调整位置,如图 2-70 所示。

(15)保存文件,命名为“窗户”,退出。

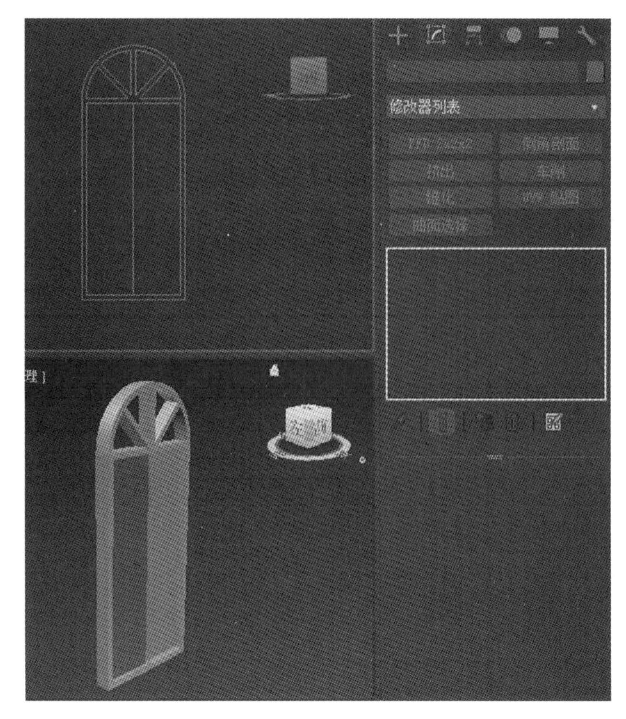

图 2-70　挤出并调整位置

任务 4
酒杯的绘制

任务目的

学习运用车削命令绘制回转类物体。

一、知识点讲解

利用 3ds Max 中的车削命令可将二维图形绕某个坐标轴旋转成为三维模型,用于获得对称的模型。车削命令设置面板如图 2-71 所示,包括几个部分:

(1)参数:

· 度数:旋转角度,取值范围为 0°~360°。

· 焊接内核:将轴心重合的顶点进行焊接,旋转中心轴的地方将产生光滑的效果,得到平滑无缝的模型,可简化网格面。

· 翻转法线:若显示不正确,可选择(法线控制物体的面的方向,翻动法线即交换物体的正反面)。若希望使创建的车削对象内表面外翻、互换,可选择。

· 分段:设置圆周方向的平滑度,数值越大,造型越光滑。

(2)封口:旋转模型起止端是否具有端盖以及端盖的形式,包括始端、末端的设置。

(3)方向:设置截面旋转轴的方向。默认为“Y”轴。如果选择的轴向不正确,造型就会产生扭曲。

(4)对齐:设置截面旋转轴的位置。

· 最小:旋转轴在截面的最小坐标位置(线条左端与旋转轴对齐)。

· 最大:旋转轴在截面的最大坐标位置(线条右端与旋转轴对齐)。

· 中心:旋转轴在截面的中心坐标位置(线条中心与旋转轴对齐)。

(5)平滑:对旋转模型的表面进行光滑处理。

二、酒杯的绘制

酒杯的主要绘制步骤如下:

(1)在前视图中绘制酒杯的截面图形。选择创建面板中的图形按钮,绘制一个 50 mm×15 mm 的矩形,如图 2-72 所示。

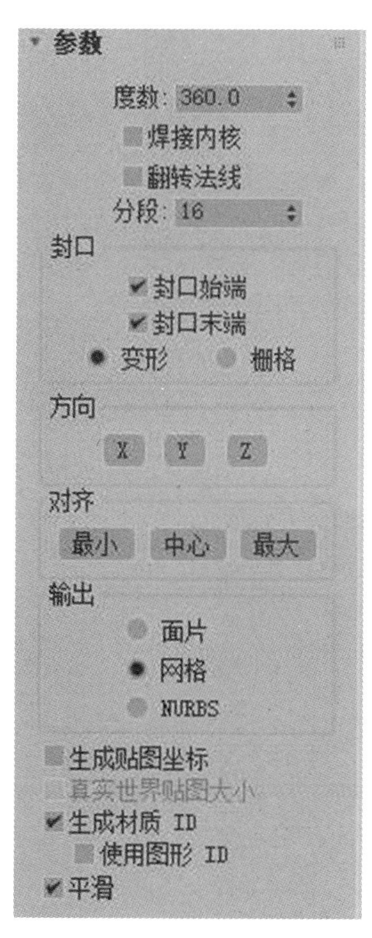

图 2-71 车削命令设置面板

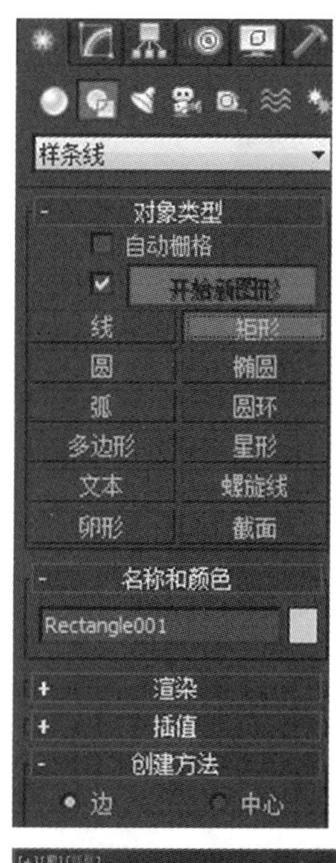

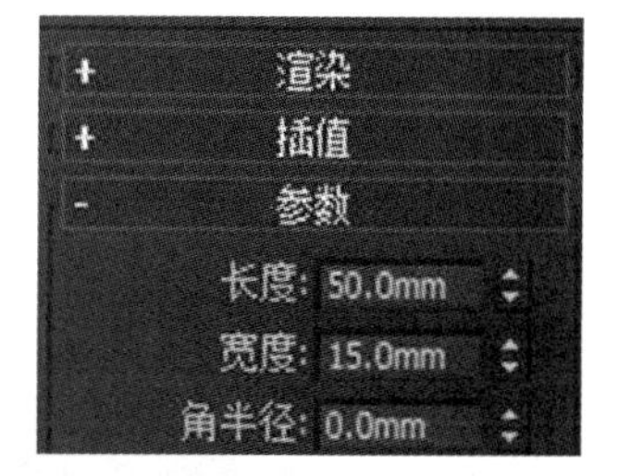

图 2-72 绘制矩形

(2)单击“线”按钮,绘制图 2-73 所示截面线。

(3)删除矩形,在样条线层级,对绘制的截面线添加轮廓,“轮廓”值设为“1”,如图 2-74 所示。

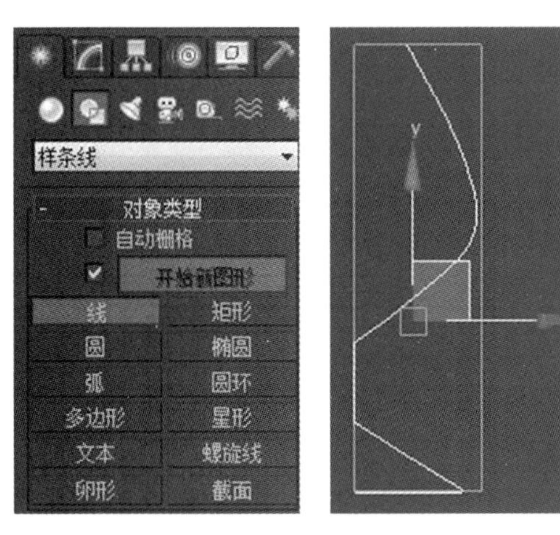

图 2-73 绘制截面线

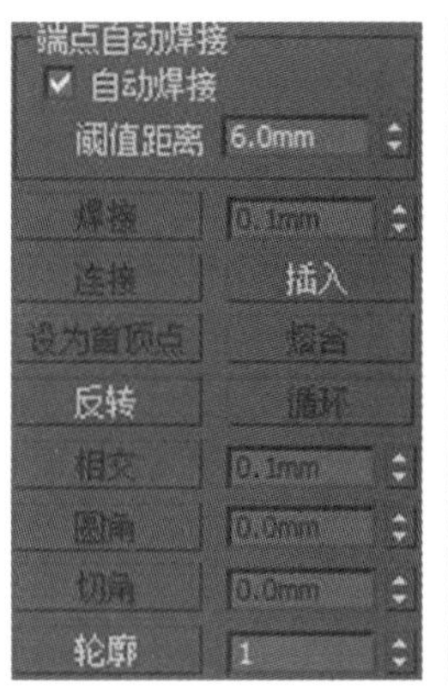

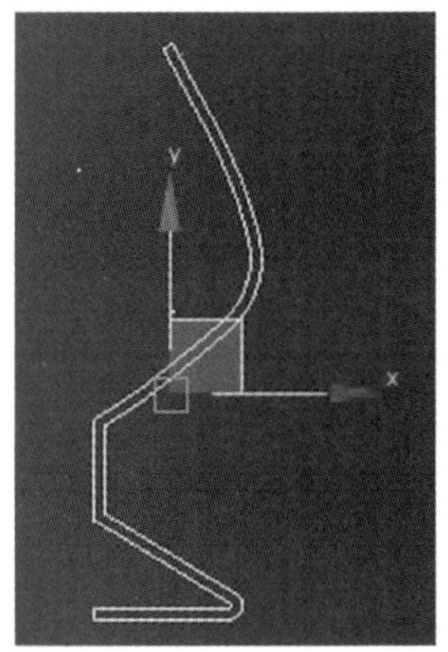

图 2-74 添加轮廓

(4)选中酒杯的截面图形,然后单击命令面板的修改图标,打开修改面板;单击面板中的修改器列表下拉列表框,从弹出的下拉列表中选择“车削”选项,为酒杯的截面图形添加车削修改器,如图 2-75 所示。

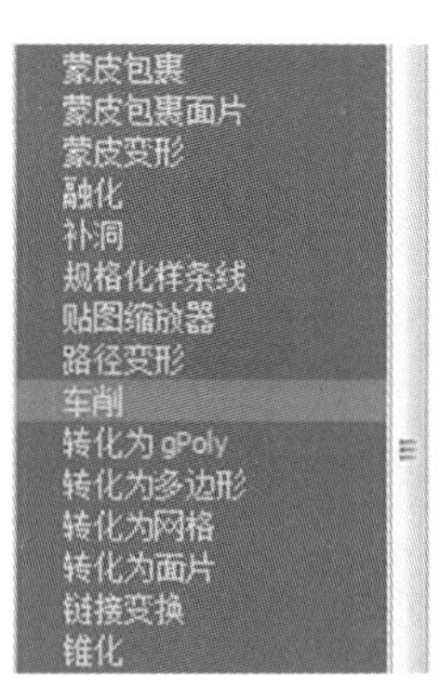

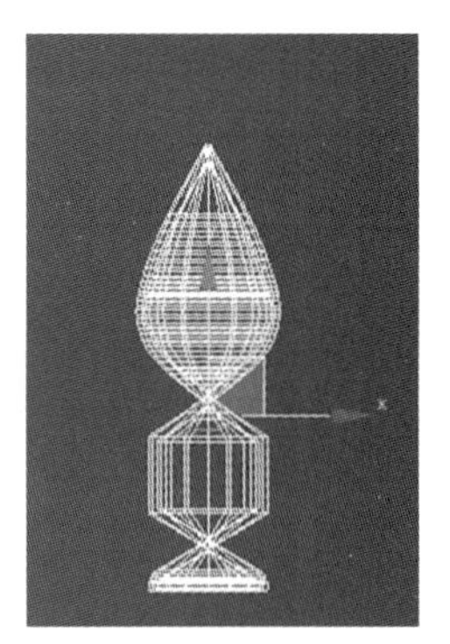

图 2-75 添加车削修改器

(5)调整车削修改器的参数,勾选“焊接内核”,“分段”数提高至“40”,方向选“Y”向,对齐选择“最小”,完成酒杯模型的创建,如图 2-76 所示。

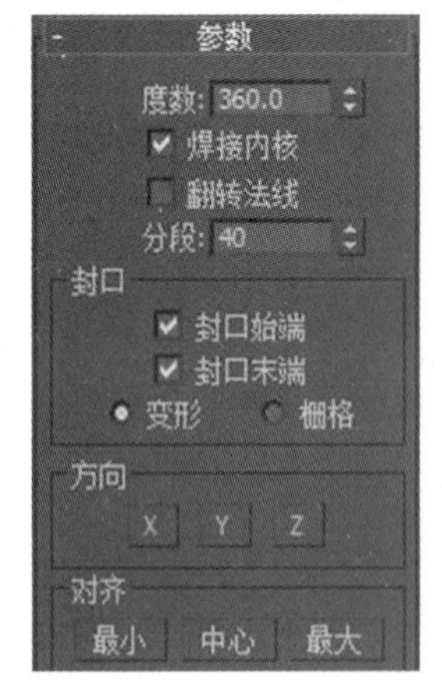

图 2-76 设置车削参数,完成模型创建

(6)将文件命名为“酒杯”,保存后退出。

任务 5
筷子的绘制

任务目的

通过筷子的绘制,掌握图形步数、缩放变形、拾取路径、拾取截面的运用方法。

一、知识点讲解

1. 放样

放样是通过一组截面图形和一条路径采用叠加方式生成三维实体的操作,可用它来制作一些截面比较特殊、形体较多变化的物体,比如说欧式建筑风格室内墙踢脚线、墙壁装饰线、欧式柱、楼梯扶手等。

2. 放样命令主要参数

1)创建方法

放样创建方法有两种,如图 2-77 所示。

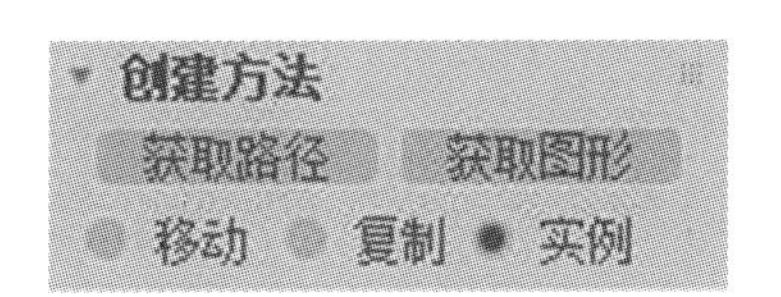

图 2-77 放样创建方法

(1)获取路径:如果已经选择了截面图形,那么可按下该按钮,到视图中选择将要作为路径的图形。

(2)获取图形:如果已经选择了路径,那么可按下该按钮,到视图中选择将要作为截面图形的图形。

注:先指定路径,再获取截面图形,还是先指定截面图形,再获取路径,本质上对造型的形态没有影响,只是放样实体的位置不同。有时不想变动截面图形位置,那么就先指定它,再指定路径;反之亦反。

(3)选择放样的属性:

· 移动:直接用原始二维图形进入放样系统。

· 复制:复制一个二维图形进入放样系统,而原始图形本身并不发生任何改变,此时原始二维图形和复制图形之间是相互独立的。

· 实例:原来的二维图形将继续保留,进入放样系统的只是它们各自的关联物体。可以将它们进行隐藏,以后在需要对放样造型进行修改时,可以直接去修改它们的关联物体。

2)曲面参数

曲面参数面板如图 2-78 所示。

平滑长度:沿着路径的长度提供平滑曲面。当路径曲线或路径上的图形更改大小时,这类平滑非常有

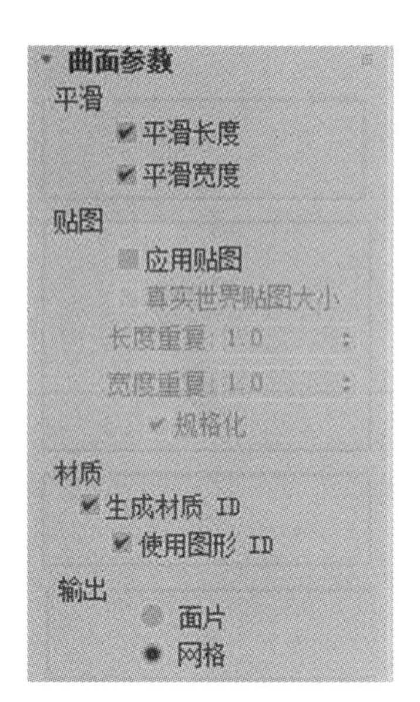

图 2-78　曲面参数面板

用。默认设置为启用。

平滑宽度:围绕横截面图形的周界提供平滑曲面。当图形更改顶点数或更改外形时,这类平滑非常有用。默认设置为启用。

应用贴图:启用和禁用放样贴图坐标。必须启用“应用贴图”才能访问“贴图”中其余的项目。

真实世界贴图大小:控制应用于该对象的纹理贴图材质所使用的缩放方法。缩放值由位于应用材质的“坐标”卷展栏中的“使用真实世界比例”设置控制。默认设置为禁用状态。

长度重复:设置沿着路径的长度重复贴图的次数。贴图的底部放置在路径的第一个顶点处。

宽度重复:设置围绕横截面图形的周界重复贴图的次数。贴图的左边缘将与每个图形的第一个顶点对齐。

规格化:决定沿着路径长度和图形宽度路径顶点间距如何影响贴图。启用该选项后,将忽略顶点,沿着路径长度并围绕图形平均应用贴图坐标和重复值。如果禁用,主要路径划分和图形顶点间距将影响贴图坐标间距,将按照路径划分间距或图形顶点间距成比例应用贴图坐标和重复值。

3)路径参数

路径参数面板如图 2-79 所示。

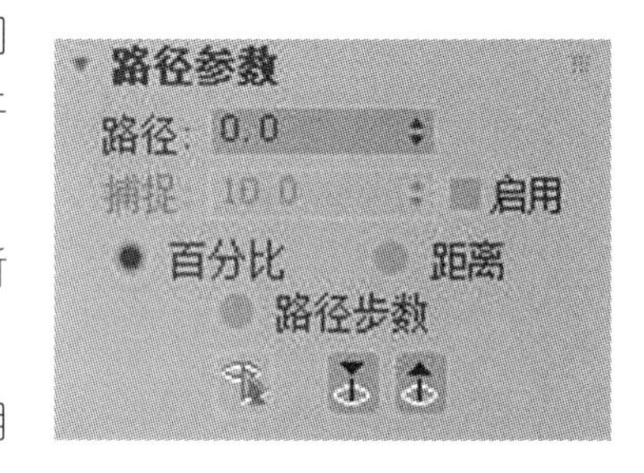

图 2-79　路径参数面板

路径:通过输入值或单击输入框右侧上下箭头来设置路径的级别。如果“捕捉”处于启用状态,该值将变为上一个捕捉的增量。该路径值依赖于所选择的测量方法。更改测量方法将导致路径值改变。

捕捉:用于设置沿着路径的图形之间的恒定距离。该捕捉值依赖于所选择的测量方法。更改测量方法也会更改捕捉值以保持捕捉间距不变。

启用:当启用“启用”选项时,“捕捉”处于活动状态。默认设置为禁用状态。

百分比:将路径级别表示为路径总长度的百分比。

距离:将路径级别表示为路径第一个顶点的绝对距离。

路径步数:将图形置于路径步数和顶点上,而不是作为沿着路径的一个百分比或距离。

拾取图形:将路径上的所有图形设置为当前级别。当在路径上拾取一个图形时,将禁用“捕捉”,且路径设置为拾取图形的级别,会出现黄色的×。“拾取图形”仅在“修改”面板中可用。

上一个图形:从路径级别的当前位置沿路径跳至上一个图形上,黄色×出现在当前级别上。单击此按钮可以禁用“捕捉”。

下一个图形:从路径层级的当前位置沿路径跳至下一个图形上,黄色×出现在当前级别上。单击此按钮可以禁用“捕捉”。

4)蒙皮参数

蒙皮参数面板如图 2-80 所示。

封口始端:如果启用,则路径第一个顶点处的放样端被封口。如果禁用,则放样端为打开或不封口状态。默认设置为启用。

封口末端：如果启用，则路径最后一个顶点处的放样端被封口。如果禁用，则放样端为打开或不封口状态。默认设置为启用。

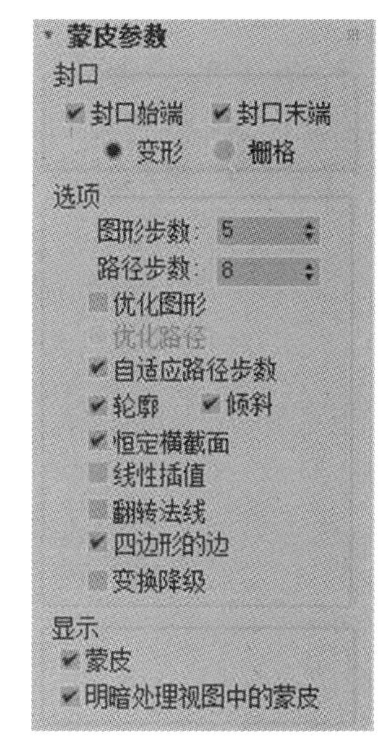

图 2-80 蒙皮参数面板

图形步数：设置横截面图形的每个顶点之间的步数。该值会影响围绕放样周界的边的数目。

路径步数：设置路径的每个主分段之间的步数。该值会影响沿放样长度方向的分段的数目。

优化图形：如果启用，则对于横截面图形的直分段忽略“图形步数”设置。

优化路径：如果启用，则对于路径的直分段忽略“路径步数”设置。“路径步数”设置仅适用于弯曲截面。

自适应路径步数：如果启用，则分析放样并调整路径分段的数目，以生成最佳蒙皮。

轮廓：如果启用，则每个图形都将遵循路径的曲率。

倾斜：如果启用，则只要路径弯曲并改变其局部 z 轴的高度，图形便围绕路径旋转。

恒定横截面：如果启用，则在路径中的角处缩放横截面，以保持路径宽度一致。如果禁用，则横截面保持其原来的局部尺寸，从而在路径角处产生收缩。

翻转法线：如果启用，则将法线翻转 180°。可使用此选项来修正内部外翻的对象。

5)变形

在放样操作时，如果需要对放样对象进一步变形，需要在放样层级，打开修改面板，找到变形面板，如图 2-81 所示，共有 5 种变形方式。

图 2-81 变形面板

(1)缩放：给放样物体施加比例缩放变形，主要是对放样路径上的截面大小进行缩放，以获得同一个造型截面在路径的不同位置上大小不同的特殊效果。

(2)扭曲：给放样物体施加扭曲变形，主要是使放样物体的截面沿路径进行旋转，以形成扭曲的造型。

(3)倾斜：给放样物体施加倾斜变形，利用它可以使放样物体沿局部坐标轴(x 轴或 y 轴)旋转横截面，从而产生倾斜效果。

(4)倒角：给放样物体施加倒角变形。它的效果类似于倒角工具的效果。

(5)拟合：给放样物体施加拟合变形。拟合变形工具是 3ds Max 提供的又一个强大工具。只要给出物体的顶视图、前视图和左视图，利用此工具就可以创建出想要的物体。拟合变形工具是用自定义的截面图形进行变形操作，而不是使用控制曲线调整物体。

3. 图形子层级

在图形子层级可以进行比较和对齐操作。不同截面放样基点不一致，需要通过比较操作旋转截面进行调整。对齐操作是将放样的图形和路径按照居中、居左、居右、居顶、居底等方式进行对齐，此操作需要先选择放样图形，否则不能进行。

二、筷子的绘制

筷子的主要绘制步骤如下：

(1)在顶视图中绘制一个矩形作为参考图形，长、宽都为 300 mm，如图 2-82 所示。

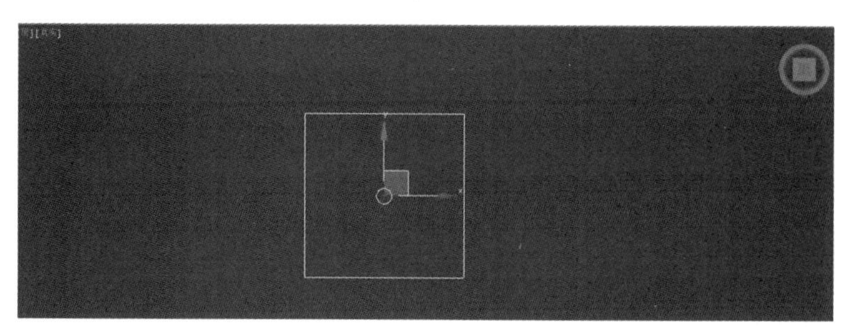

图 2-82　绘制矩形

(2)打开捕捉，设置为顶点捕捉。捕捉矩形的两个端点绘制一条线段，并把参考矩形删掉，如图 2-83 所示。

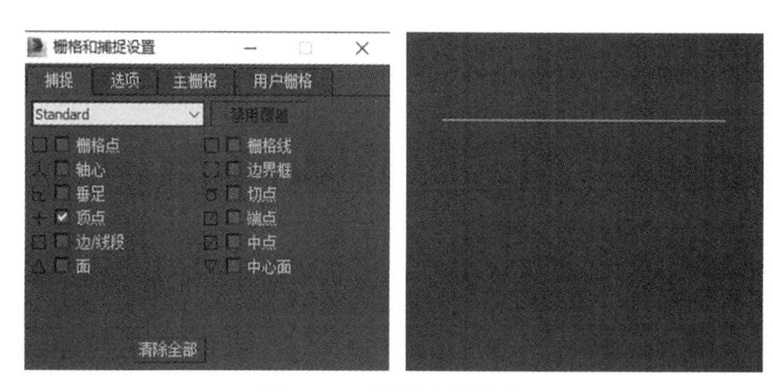

图 2-83　捕捉绘制线段

(3)绘制筷子的截面造型，一个为矩形，长、宽均为 8 mm；一个为圆形，半径为 4 mm，如图 2-84 所示。

(4)选择线段作为路径，然后选择"创建"→"几何体"→"复合对象"→"放样"，点选"百分比"，获取图形，在百分之"0.0"的位置拾取正方形进行放样，如图 2-85 所示。

图 2-84　绘制筷子的截面造型

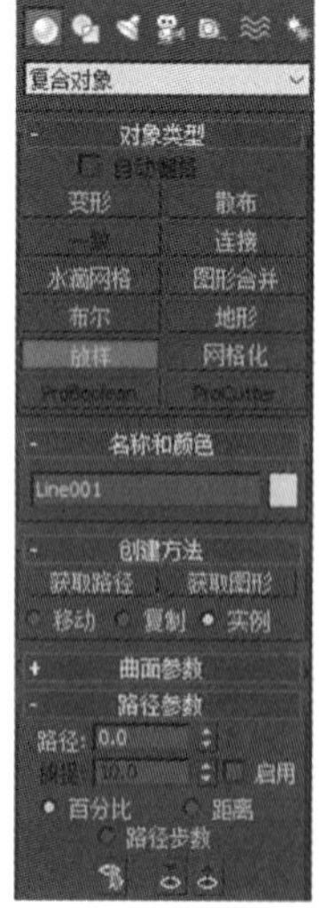

图 2-85　放样

(5)在百分之“100.0”的位置拾取圆形进行放样,如图 2-86 所示。

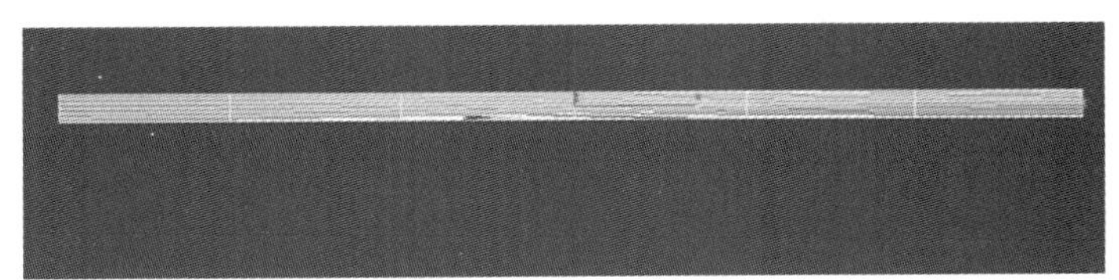

图 2-86　拾取圆形进行放样

(6)选择方形截面,按住 Shift 键,沿着 z 轴进行复制,点选“实例”,并修改路径位置,设置“路径级别”为“20.0”,如图 2-87 所示。

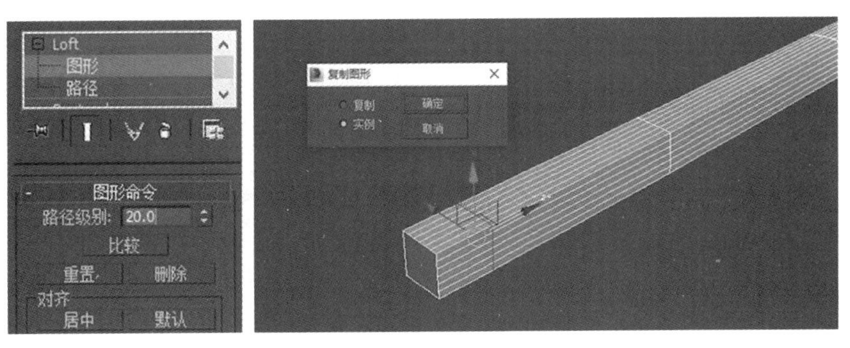

图 2-87　实例复制并修改路径

(7)选择圆形截面,按住 Shift 键,沿着 z 轴进行复制,点选“实例”,并修改路径位置,设置“路径级别”为“60.0”,如图 2-88 所示。

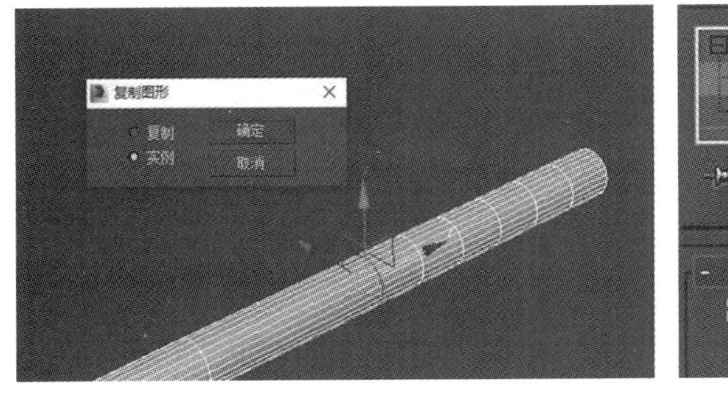

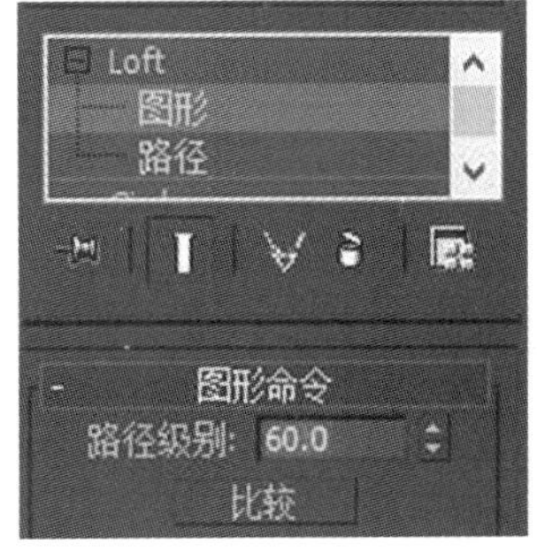

图 2-88　实例复制圆形并修改路径

(8)修改圆形截面造型。选择圆形,点选修改面板,修改半径为“3”,如图 2-89 所示。

(9)单击修改按钮,点选“Loft”→“图形”,单击“比较”按钮,如图 2-90 所示,弹出“比较”对话框用于调整放样扭曲变形。

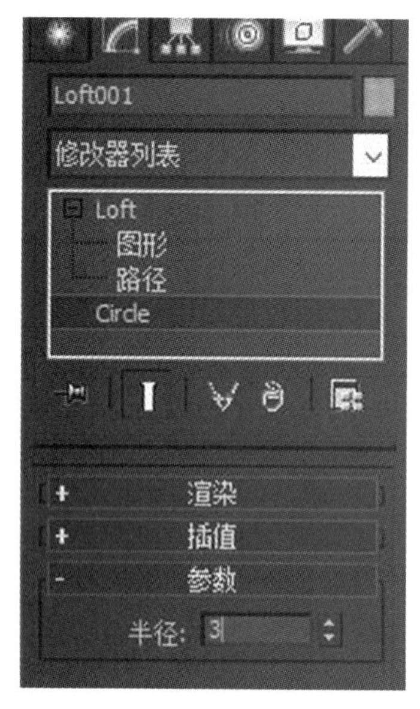

图 2-89 修改圆形半径

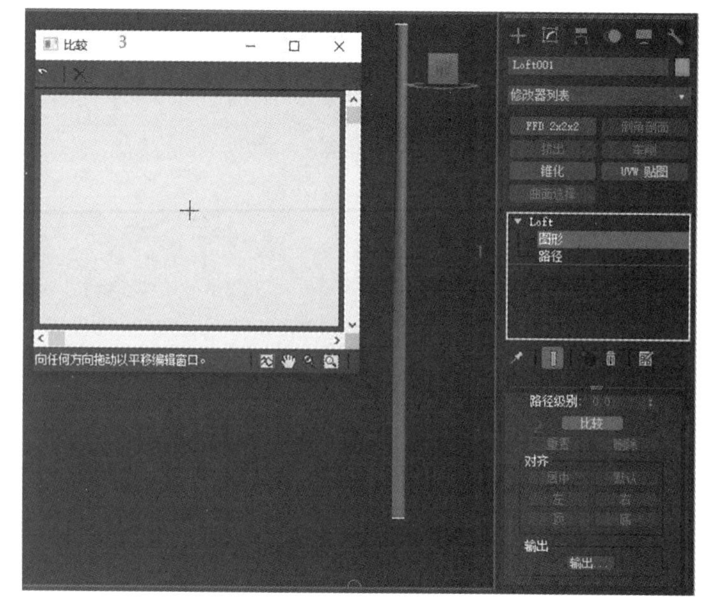

图 2-90 比较

(10)单击“比较”对话框中的拾取按钮,分别拾取方形截面和圆形截面,如图 2-91 所示。

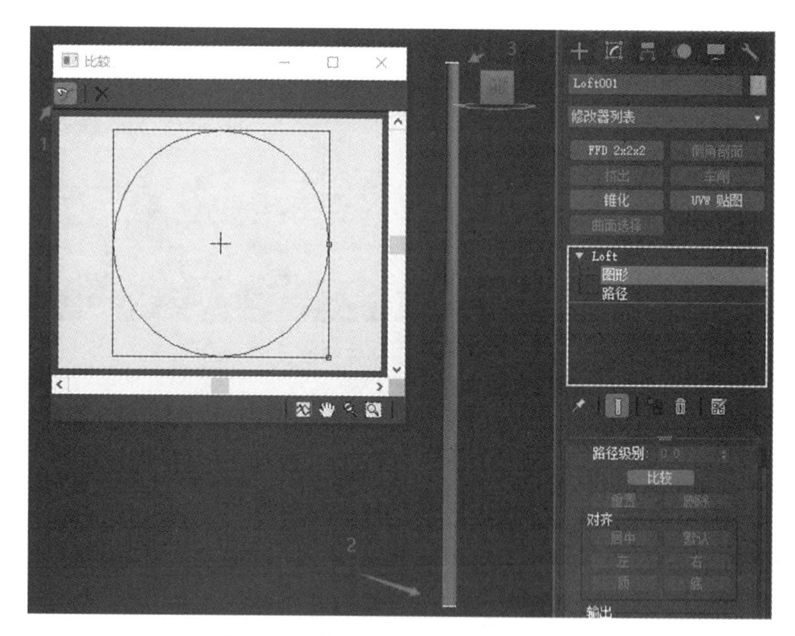

图 2-91 拾取方形截面和圆形截面

(11)按 E 键,执行旋转命令,将圆形截面旋转到图 2-92 所示位置。

(12)选择方形截面,按住 Shit 键,沿着 z 轴进行复制,点选“复制”,并修改路径位置,“路径级别”设置为“2”,如图 2-93 所示。

(13)选择第一块方形截面造型,使用缩放工具,进行缩放,如图 2-94 所示。

(14)选择造型进行复制,如图 2-95 所示,命名文件为“筷子”,存盘后退出。

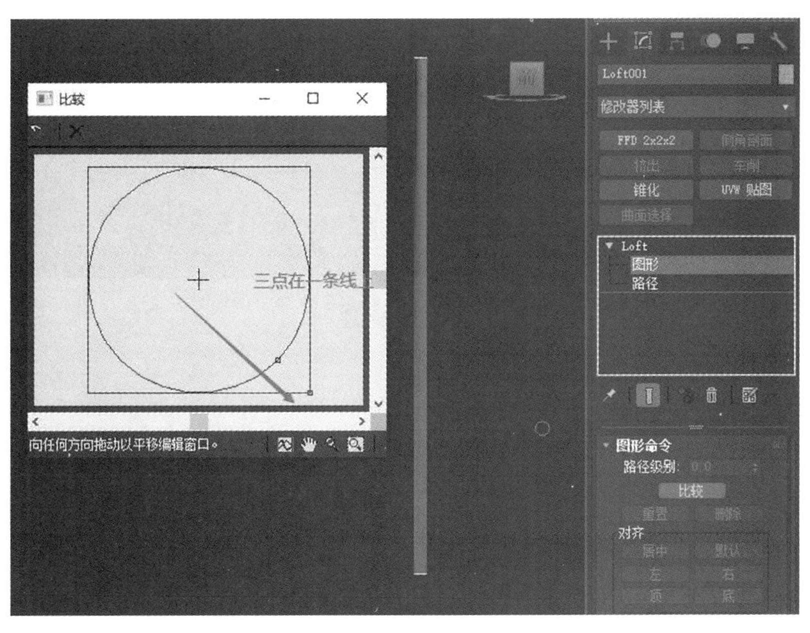

图 2-92　旋转

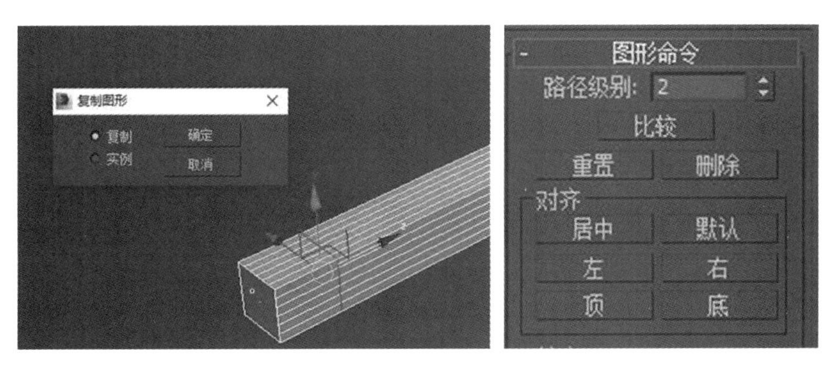

图 2-93　复制方形截面并修改路径

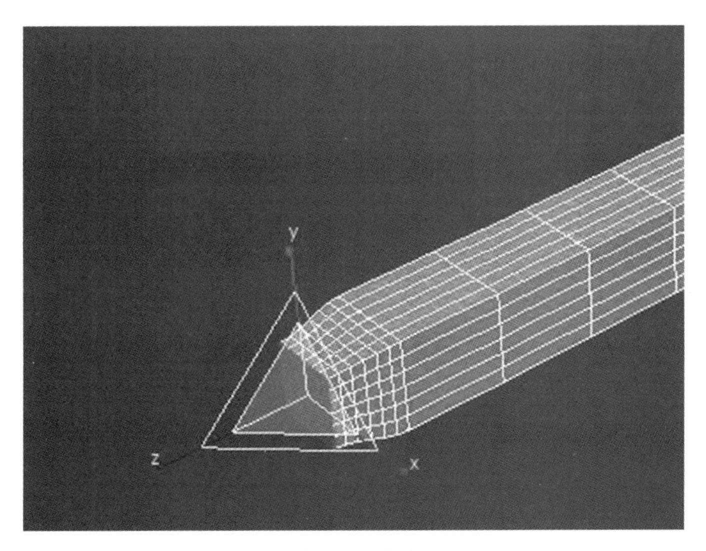

图 2-94　缩放

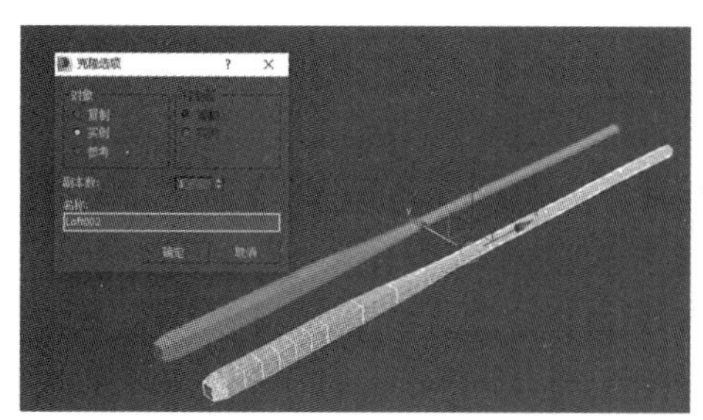
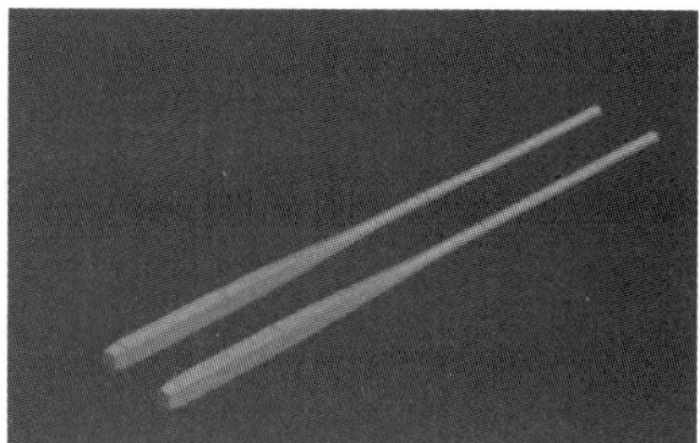

图 2-95　复制造型

任务 6
窗帘的绘制

任务目的

通过窗帘的绘制，掌握缩放变形、拾取路径、拾取截面的运用方法。

一、知识点讲解

1. 壳

利用壳命令可为对象赋予厚度。壳命令面板如图 2-96 所示。

内部量/外部量：按设定的距离从原始位置将内部面向内移动以及将外部面向外移动。

分段：设置面上的分段。

2. 布尔运算

将两个或两个以上的对象组成为一个物体的操作称为复合对象。布尔运算常用来实现复合操作。利用布尔运算，可以对两个相交的对象进行并集、交集、差集运算。可以对一个物体进行多次的布尔运算。对原对象的参数进行修改，可以直接影响布尔运算的结果。复合对象命令面板如图 2-97 所示。

添加运算对象：在选择了第一个物体后，单击 布尔 按钮，这时该物体已经变成了运算对象，然后单击 添加运算对象 按钮，就可以在视图中选取操作对象。

并集：将两个造型合并，删除相交的部分，成为一个新物体，效果与附加相似，但造型结构已发生变化，产生的造型复杂度相对较低。

差集：将两个造型进行相减处理，得到一种切割后的造型。这种方式对物体相减的顺序有要求，顺序不同会得到两种不同的结果。

交集：将两个造型相交的部分保留，删除不相交的部分。

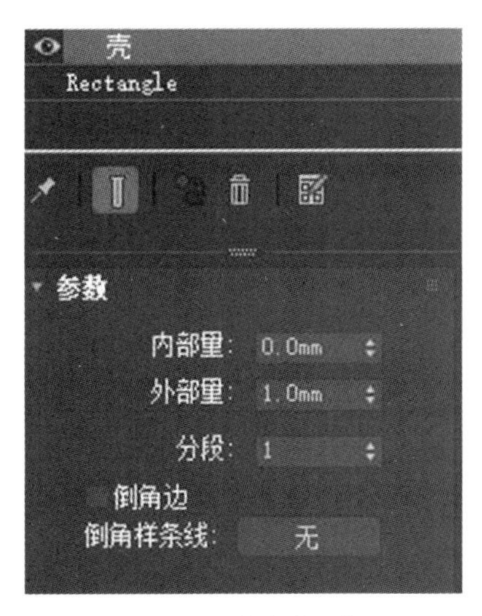

图 2-96　壳命令面板

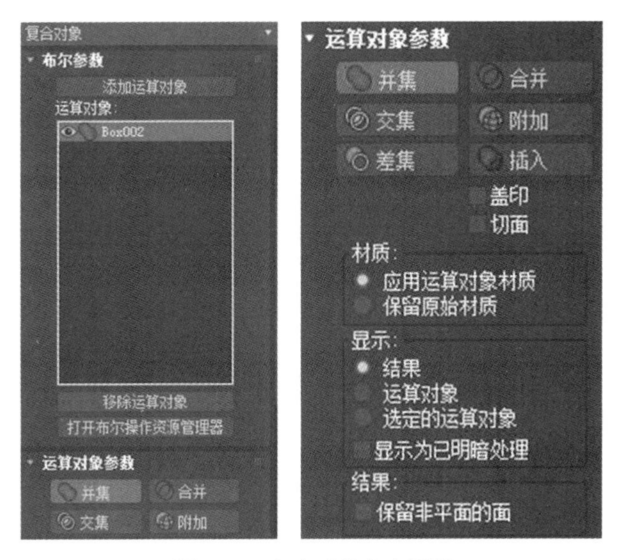

图 2-97　复合对象命令面板

二、窗帘的绘制

窗帘的主要绘制步骤如下：

(1)在创建面板上单击图形按钮，单击“线”按钮，执行线的绘制命令，“初始类型”和“拖动类型”设置为“平滑”，如图 2-98 所示。

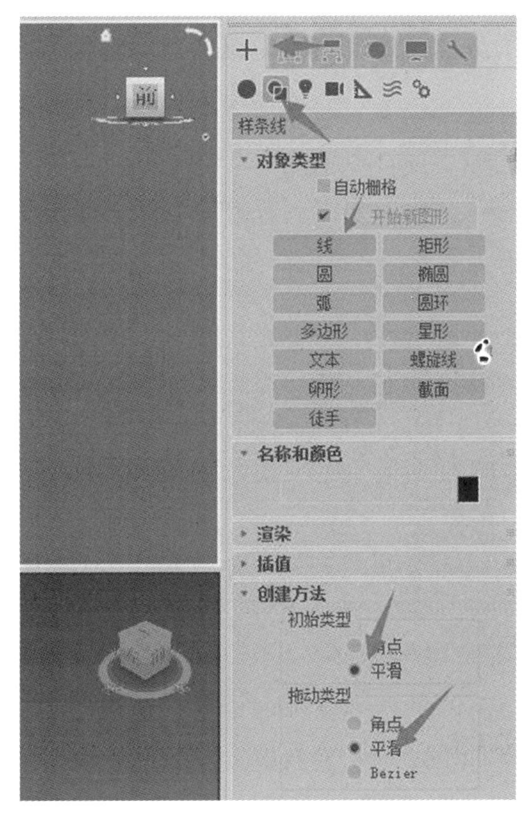

图 2-98　线的绘制设置

(2)选择顶视图,按“Alt+W”键进行最大化显示,绘制任意曲线,先画出上折边(密集些),如图 2-99 所示。

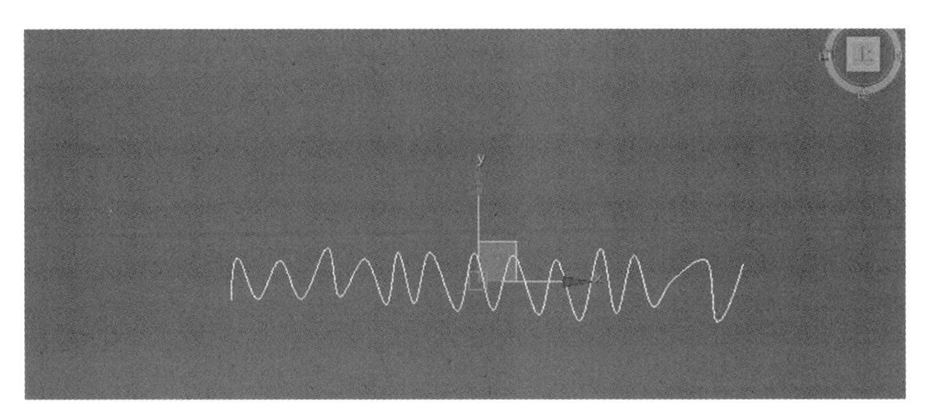

图 2-99 绘制上折边曲线

(3)画出下折边曲线(比上折边宽松),如图 2-100 所示。

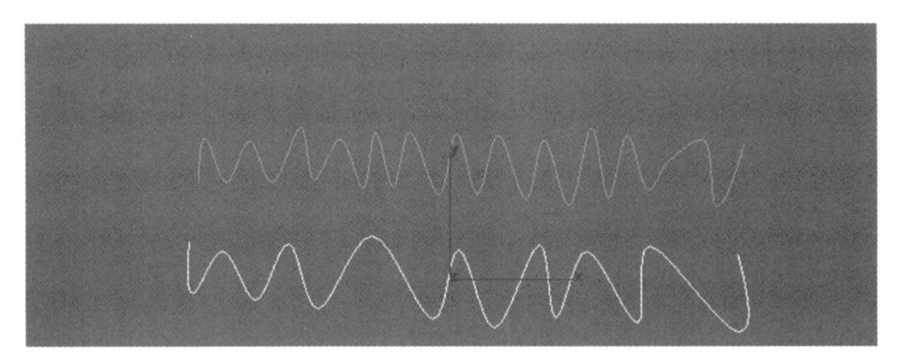

图 2-100 绘制下折边曲线

(4)选择前视图,绘制一条直线作为路径(画直线时注意把创建方法改回),如图 2-101 所示。

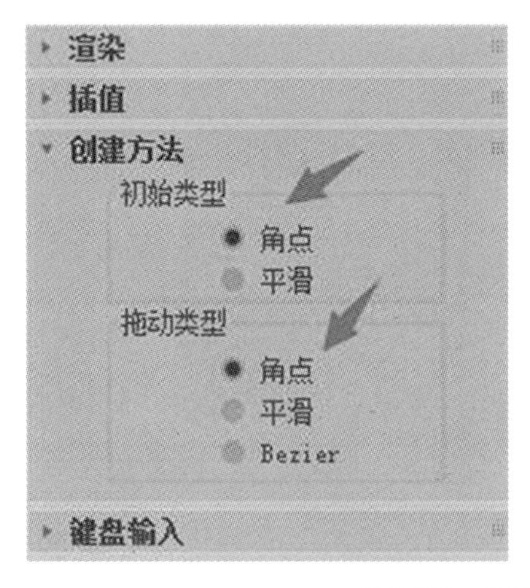

图 2-101 绘制直线

(5)选中路径,选择“创建”→“几何体”→“复合对象”,如图 2-102 所示。

(6)单击“放样”按钮,执行放样命令,如图 2-103 所示。

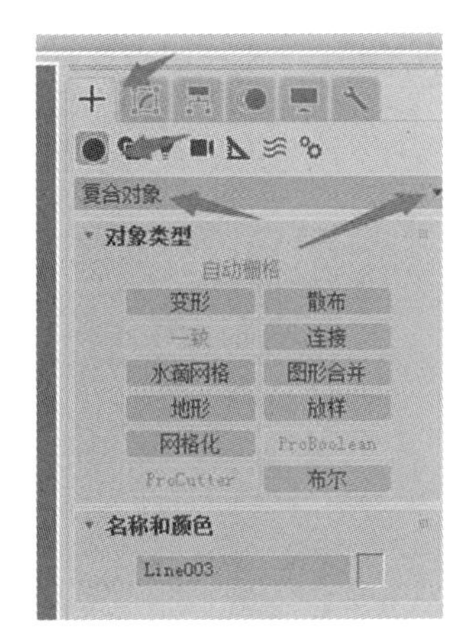

图 2-102 选择“复合对象”

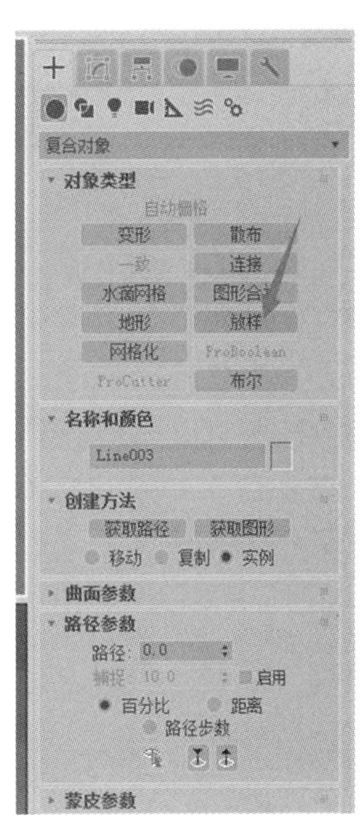

图 2-103 放样

(7)“路径”参数设置为 0，单击“获取图形”按钮，选择上折边线，如图 2-104 所示。

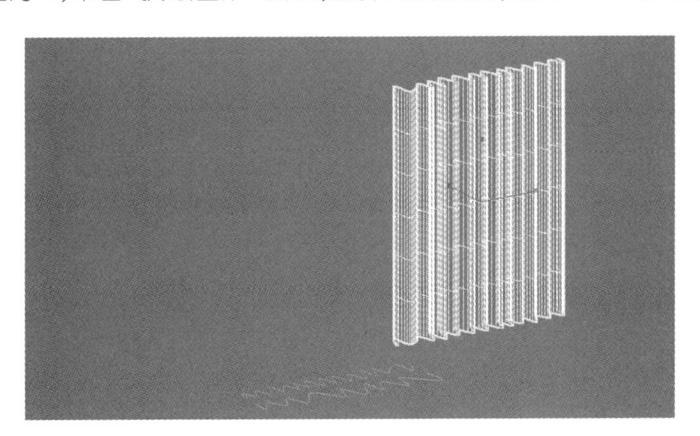

图 2-104 选择上折边线放样

(8)“路径”参数设为“100.0”，单击“获取图形”按钮，选择下折边线，如图 2-105 所示。

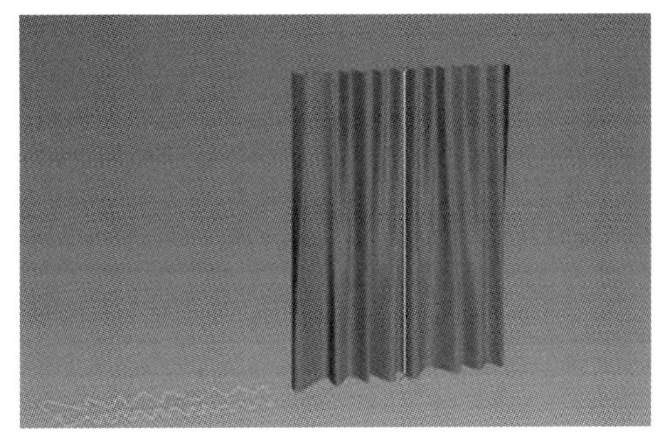

图 2-105 选择下折边线放样

(9)打开修改面板上的变形面板,单击“缩放”按钮,执行缩放操作命令,如图 2-106 所示。

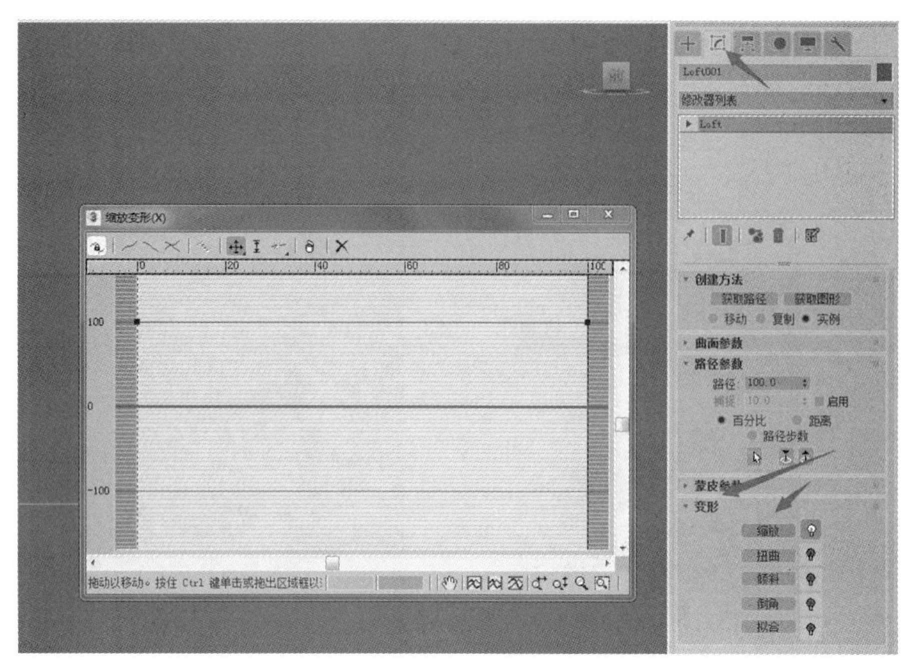

图 2-106　缩放

(10)插入角点,大概位于 50%的位置,如图 2-107 所示。

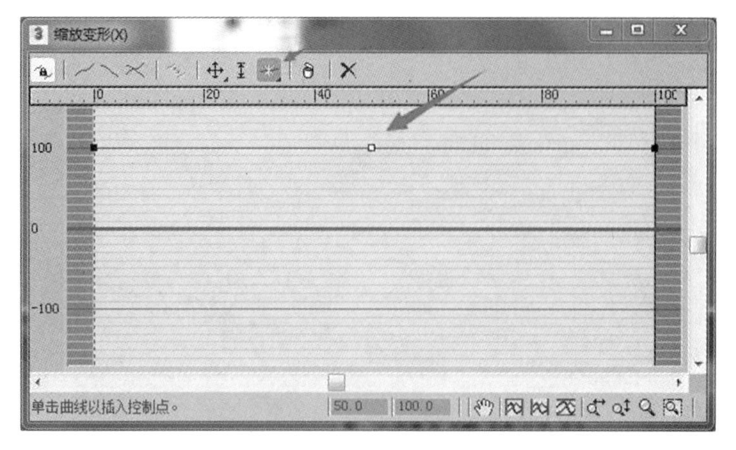

图 2-107　插入角点

(11)选择角点,单击鼠标右键将角点转化为 Bezier 角点,调节点的位置,如图 2-108 所示。

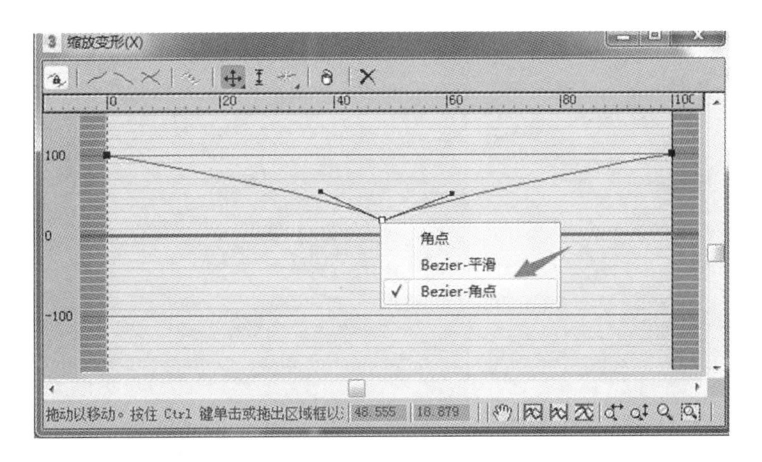

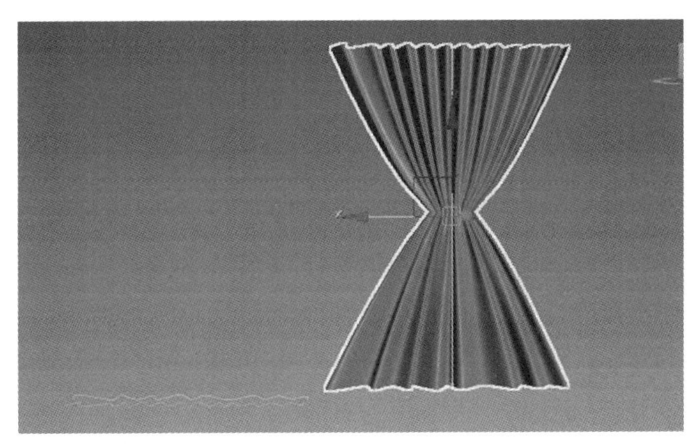

图 2-108 角点转化及调节

(12)打开蒙皮参数面板,将默认的路径步数"5"改为"15",如图 2-109 所示。

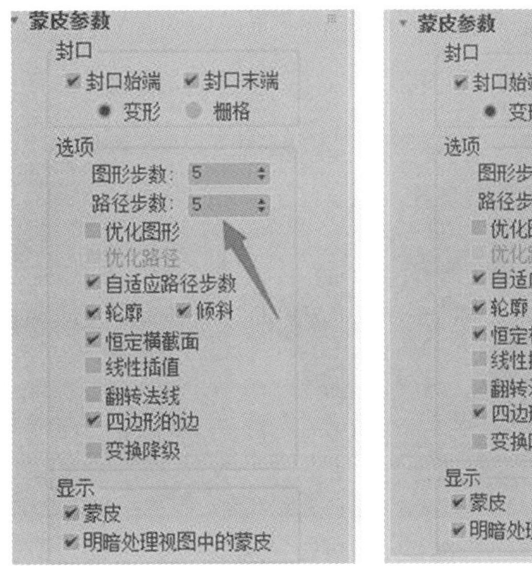

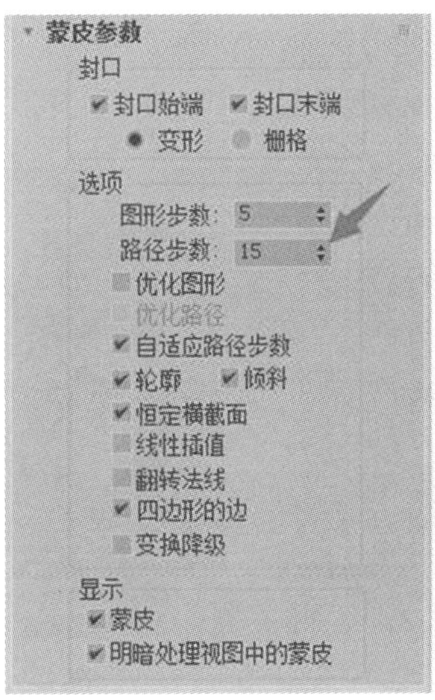

图 2-109 蒙皮参数设置

(13)对窗帘进行编辑。打开图形编辑,对齐命令设置成"左",效果如图 2-110 所示。

图 2-110　编辑窗帘图形

(14)选择对齐后的窗帘,执行移动复制操作,如图 2-111 所示。

图 2-111　移动复制窗帘

(15)对右面的窗帘执行镜像命令,“镜像轴”设置为“X”,其余设置如图 2-112 所示。

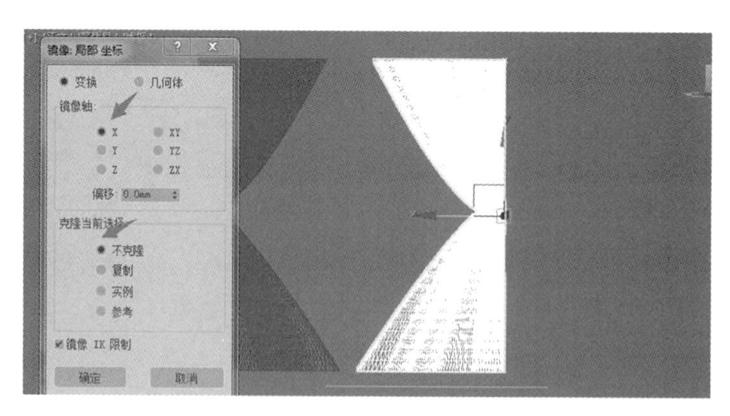

图 2-112　镜像

(16)做束缚窗帘的匝口。选择顶视图,在创建面板中选择“图形”→“样条线”→“圆”,绘制圆,如图 2-113 所示。

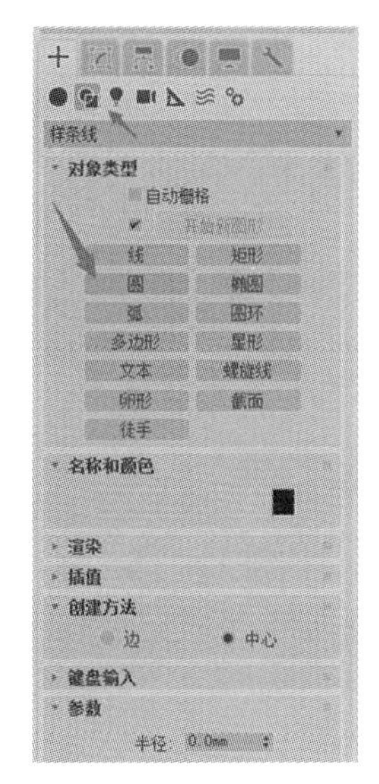

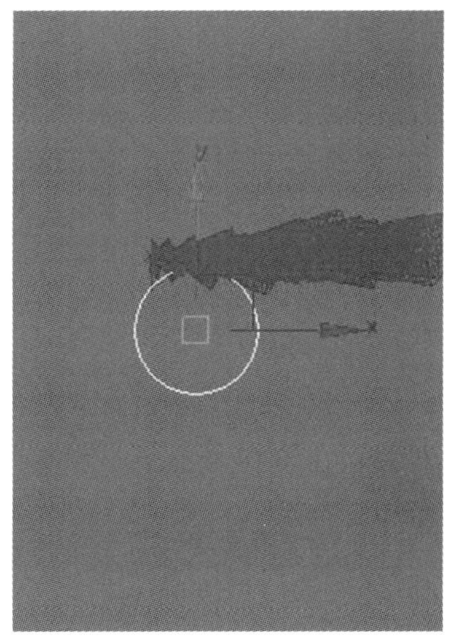

图 2-113　绘制圆

(17)在修改器中选择挤出命令(挤出数量不定,合适即可),选择取消上下封口,如图 2-114 所示。

(18)执行移动命令,调整位置,并按 R 键缩放,把其改为椭圆状,如图 2-115 所示。

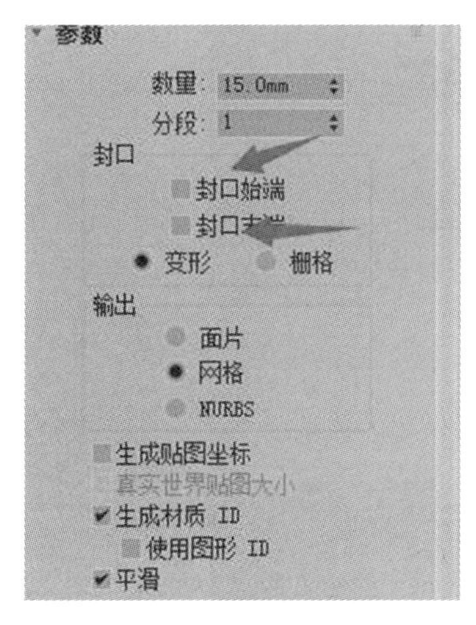

图 2-114　取消上下封口

图 2-115　调整匝口位置、形状

(19)在修改器中选择壳,给予匝口一定的厚度,如图 2-116 所示。

图 2-116　添加厚度

(20)对设置好的匝口进行移动复制,如图 2-117 所示。

图 2-117 移动复制匝口

(21)回到前视图,创建八个圆柱体,置于窗帘的上部,如图 2-118 所示。

图 2-118 创建圆柱体

(22)单击布尔运算按钮,执行布尔操作命令,如图 2-119 所示。

图 2-119 布尔操作

(23)做窗帘的环扣。选择左视图,在创建面板中选择“图形”→“标准基本体”→“圆环”,绘制圆环作为窗帘环扣,如图 2-120 所示。

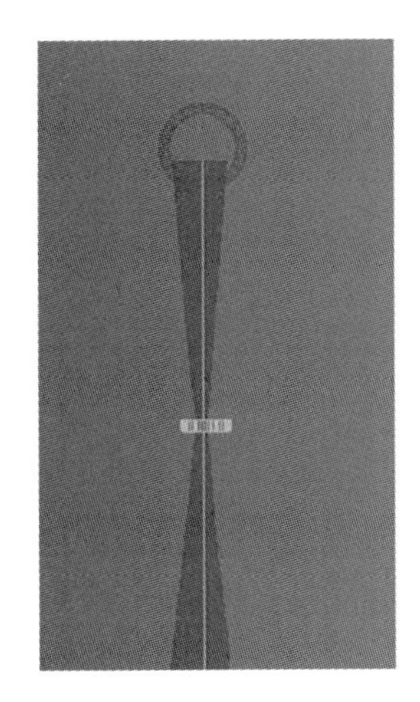

图 2-120 绘制圆环

(24)对已经做好的环扣进行移动复制操作,如图 2-121 所示。

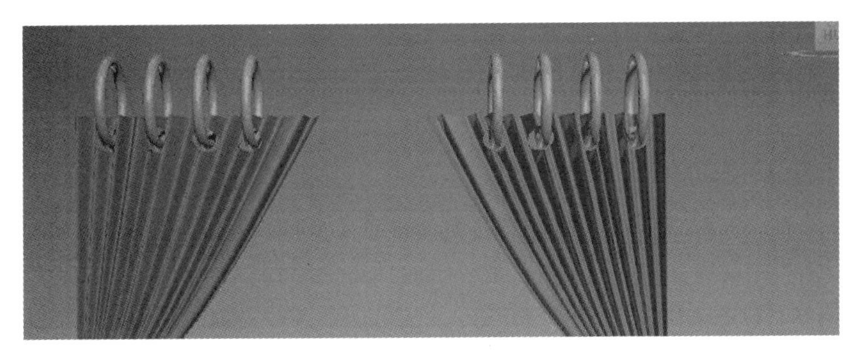

图 2-121 移动复制环扣

(25)绘制窗帘的杠。选择左视图,在创建面板中选择"图形"→"标准基本体"→"圆柱体",绘制圆柱体并把其移动到合适位置,如图 2-122 所示。

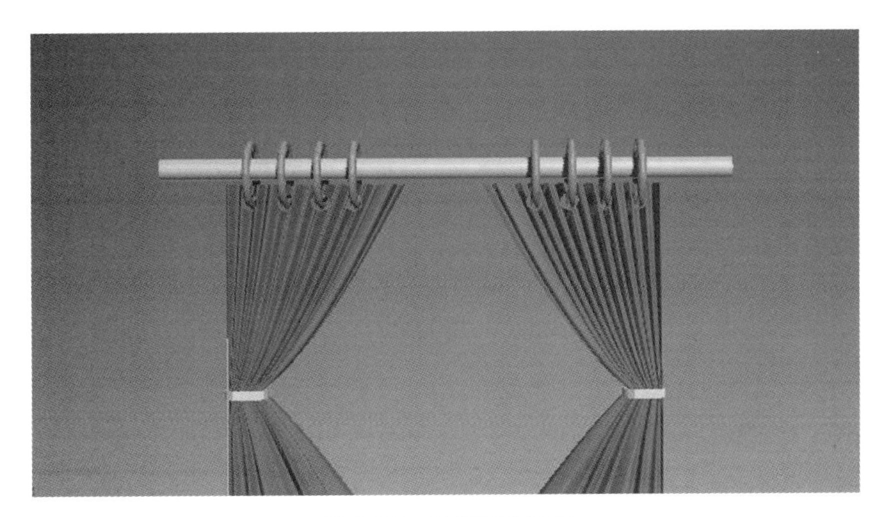

图 2-122 绘制窗帘的杠

(26)绘制窗帘杠上的杠扣。在前视图中用线画出大致轮廓,如图 2-123 所示。

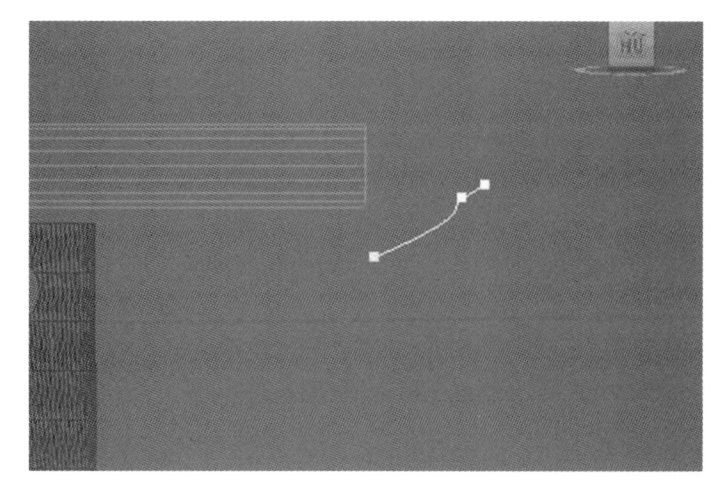

图 2-123　绘制大致轮廓

(27)在设置面板中选择样条线层级,添加一定的轮廓,如图 2-124 所示。

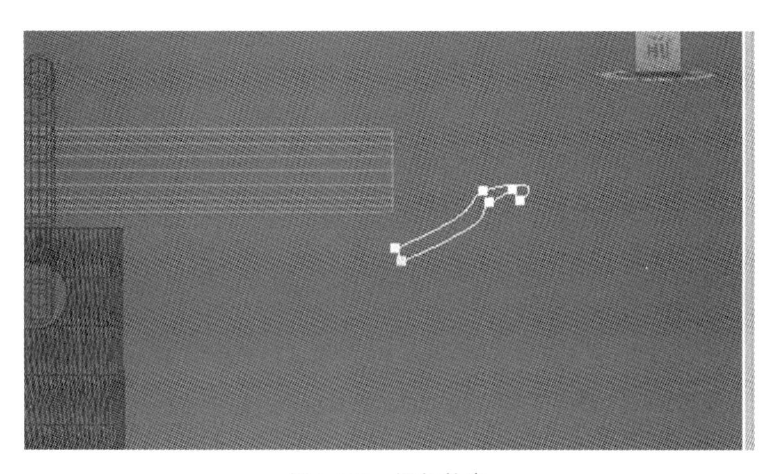

图 2-124　添加轮廓

(28)在修改器列表中找到“车削”,执行车削命令操作,设置方向为“X”,然后单击“轴”把其改为合适形状,如图 2-125 所示。

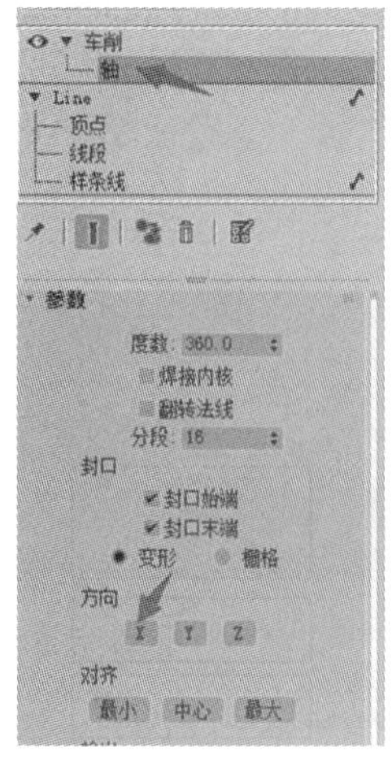

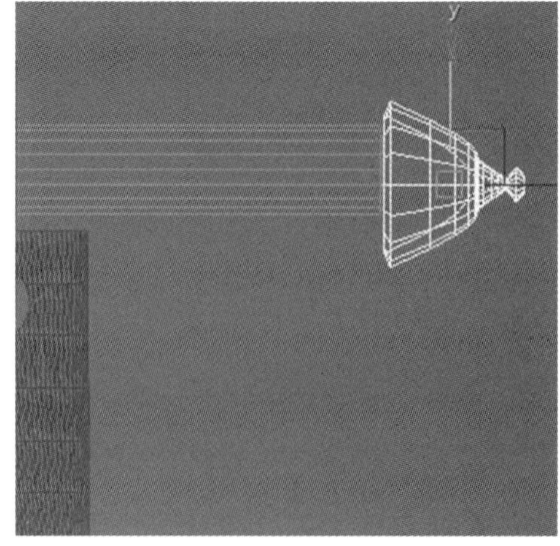

图 2-125　车削并调整

(29)选择刚制作好的杠扣,把其移动到合适位置,如图 2-126 所示。

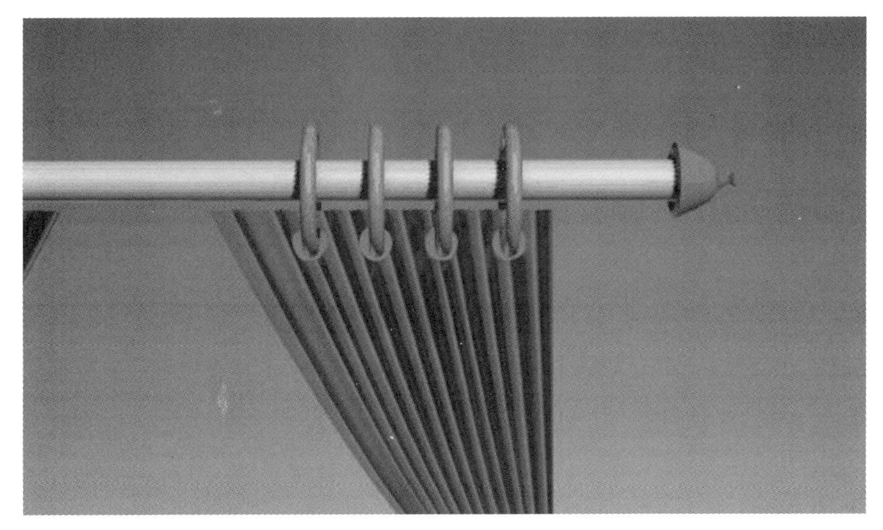

图 2-126 移动杠扣

(30)对已制作好的杠扣进行移动复制操作,之后执行镜像命令,设置如图 2-127 所示。

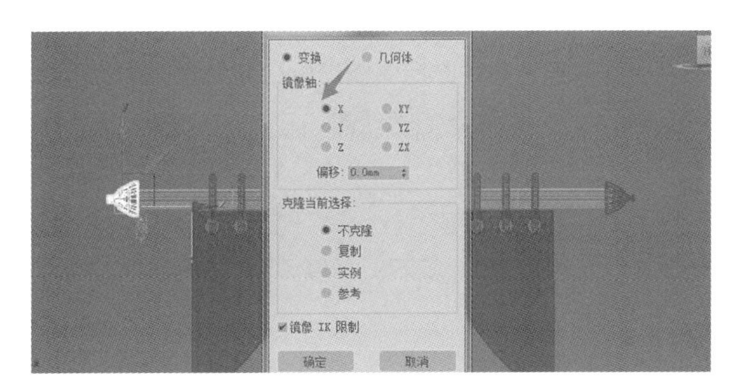

图 2-127 镜像命令设置

(31)修改颜色,最终效果如图 2-128 所示。将文件保存为“窗帘”并退出。

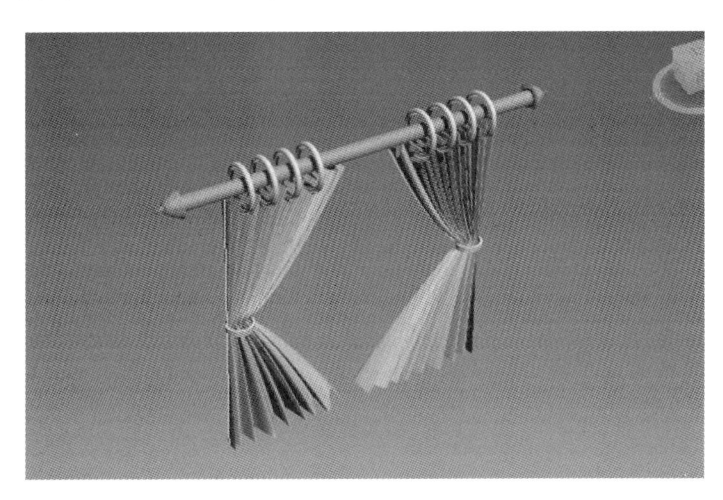

图 2-128 最终效果

任务 7
石膏线条和踢脚线等的绘制

任务目的

通过石膏线条和踢脚线等的绘制,能够熟练使用倒角剖面修改器创建模型,学会倒角剖面修改器节点子层级 Gizmo 的移动、缩放、旋转调整。

一、知识点讲解

1. 倒角剖面修改器的功能

利用倒角剖面修改器可将截面图形沿指定路径曲线进行拉伸处理,从而创建三维模型。该修改器常用来创建具有多个倒角面的三维对象,是斜切建模法的延伸。

2. 倒角剖面操作条件

进行倒角剖面操作需建立两个二维对象:一个为二维截面线,另一个为二维路径线。

3. 倒角剖面操作步骤

先绘制截面线和路径线,选择路径线后,在修改面板中选择"倒角剖面"命令,单击"拾取剖面"按钮,单击截面线,如图 2-129 所示。

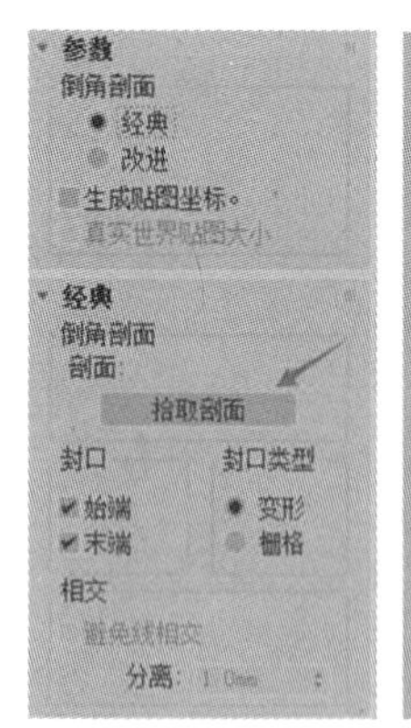

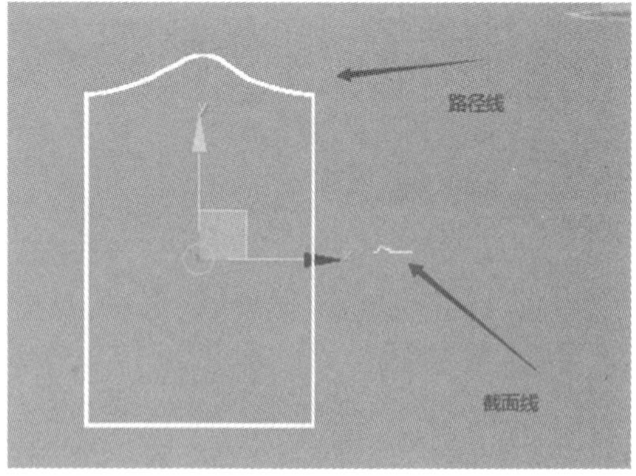

图 2-129 倒角剖面操作步骤

得到的结果如图 2-130 所示。

上面创建的是片体,如果要创建成实体,需要复制一个路径线,进行挤出操作后,对齐图 2-130 中片体图形,进行布尔求和(并集)操作,得到的结果如图 2-131 所示。

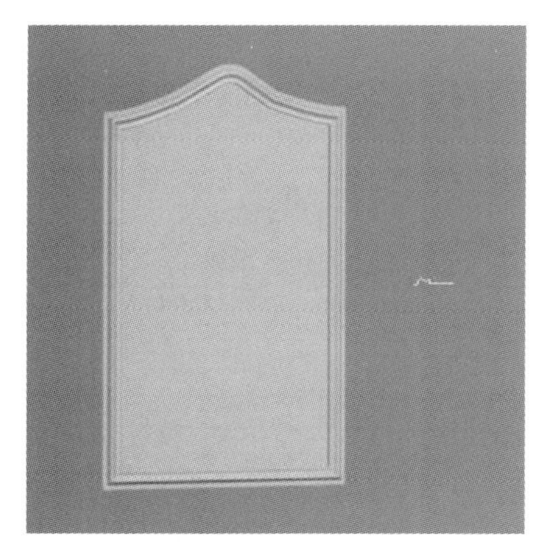

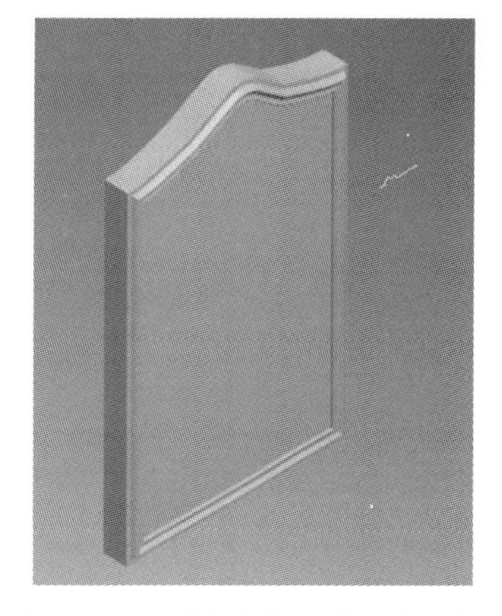

图 2-130 倒角剖面操作结果　　图 2-131 倒角剖面操作实体结果

注：截面线属于倒角剖面对象的一部分，物体成型后，原截面线不能删除。调整截面线的形状时，已产生的倒角剖面对象也会受影响。

二、石膏线条和踢脚线等的绘制

石膏线条和踢脚线的主要绘制步骤如下：

(1)在顶视图中绘制一个矩形，尺寸如图 2-132 所示。

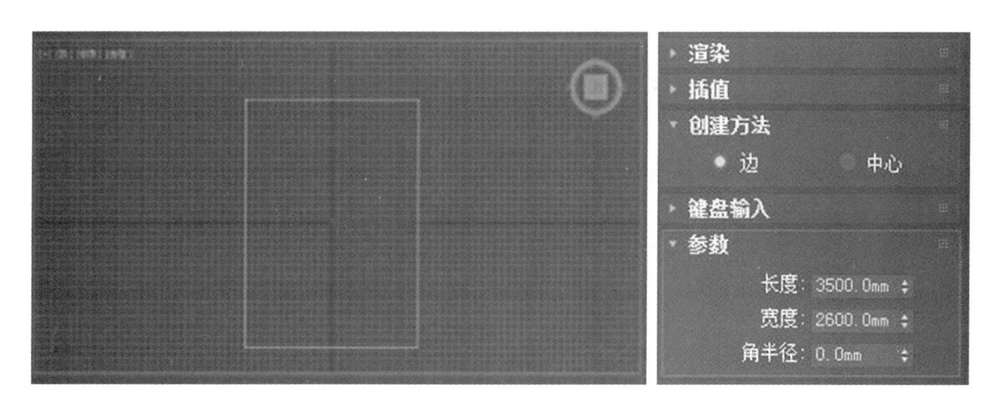

图 2-132 绘制矩形

(2)转换为可编辑样条线，设置“轮廓”值为“—240”，如图 2-133 所示。

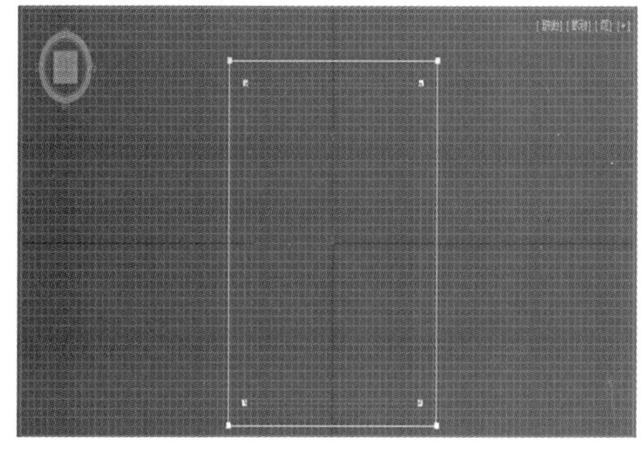

图 2-133 设置轮廓

(3)在顶视图中绘制一个矩形,尺寸如图 2-134 所示。

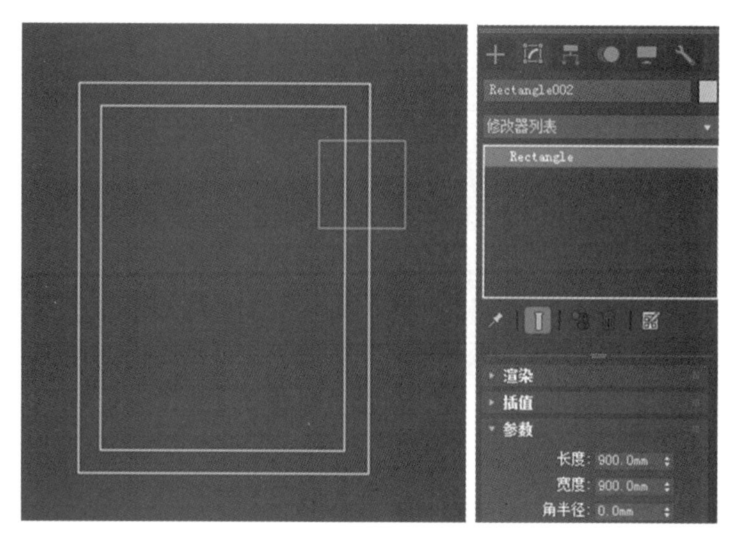

图 2-134 绘制矩形

(4)在顶视图中绘制另一个矩形,尺寸如图 2-135 所示。

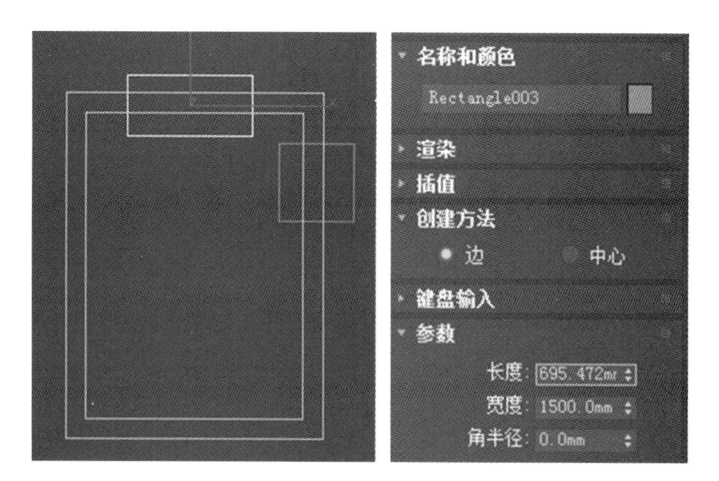

图 2-135 绘制矩形

(5)在"X 位置"设置中心对齐,如图 2-136 所示。

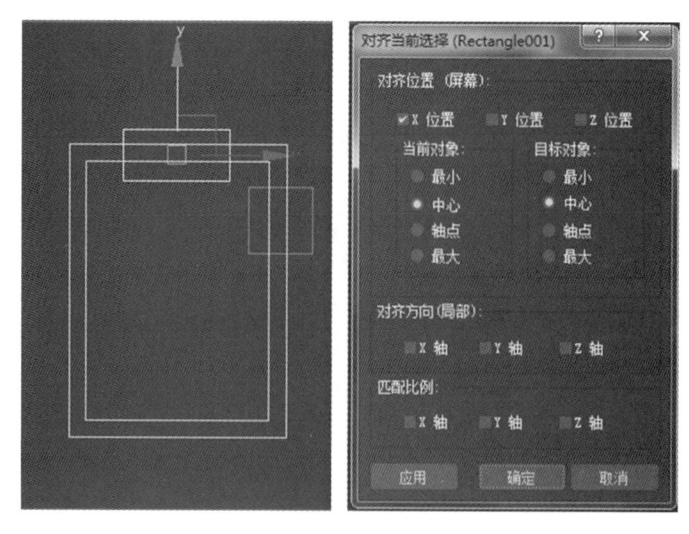

图 2-136 对齐

(6)进行附加操作,将后绘制的两个小矩形附加给大矩形,如图 2-137 所示。

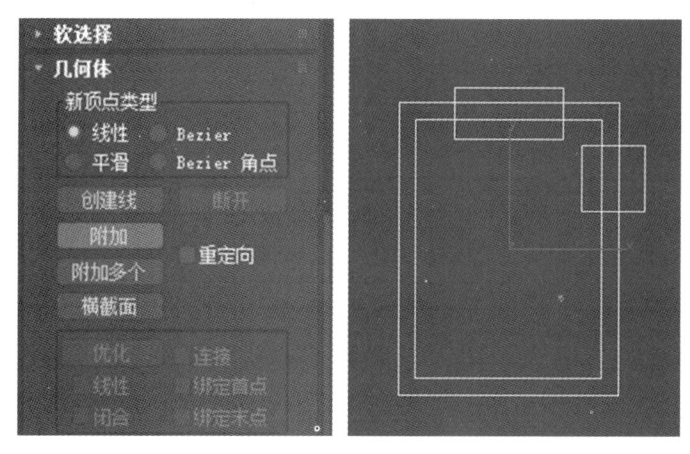

图 2-137　附加操作

(7)在样条线层级,进行修剪操作,结果如图 2-138 所示。

(8)在顶点层级,按“Ctrl+A”键全选点,进行焊接操作,如图 2-139 所示。

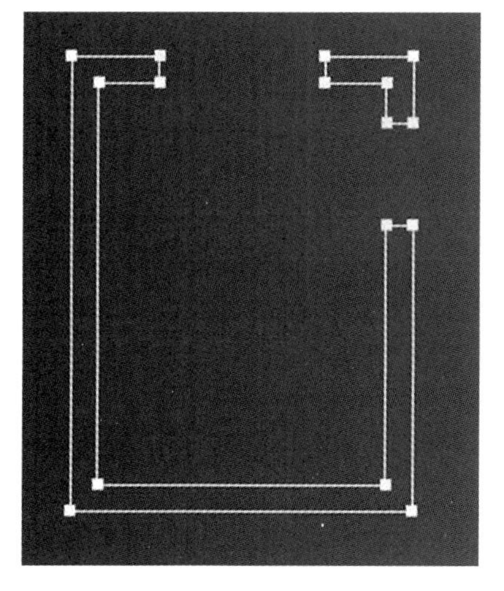

图 2-138　修剪

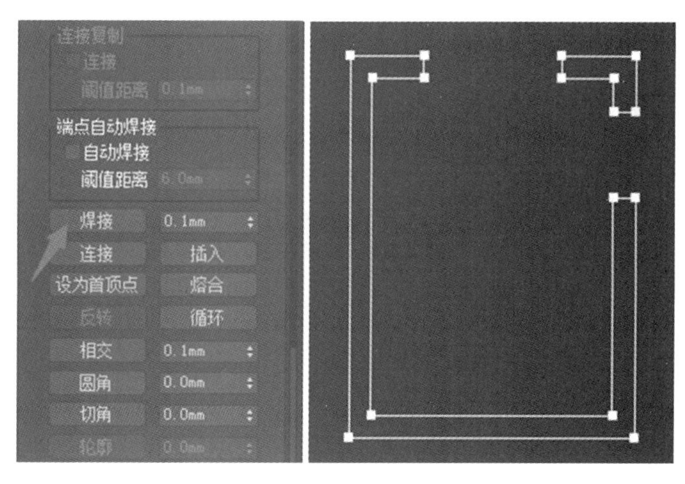

图 2-139　焊接操作

(9)在样条线层级,进行挤出操作,挤出“数量”设为 2800 mm,如图 2-140 所示。

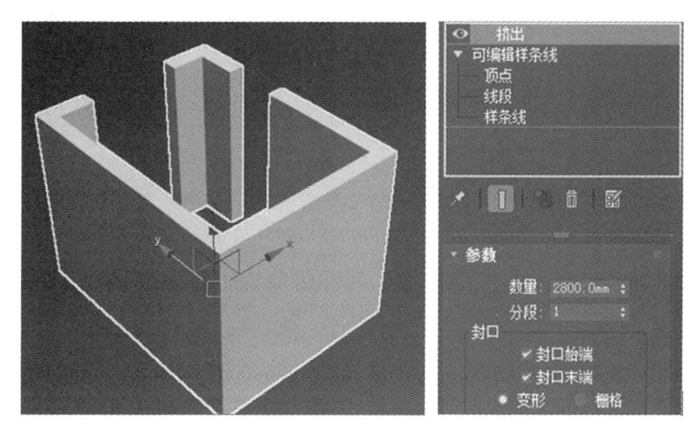

图 2-140　挤出操作

(10)用绘制长方体的方法绘制门上面的墙，打开三维捕捉，设置捕捉顶点，设置“高度”为“－600.0 mm”，如图 2-141 所示。

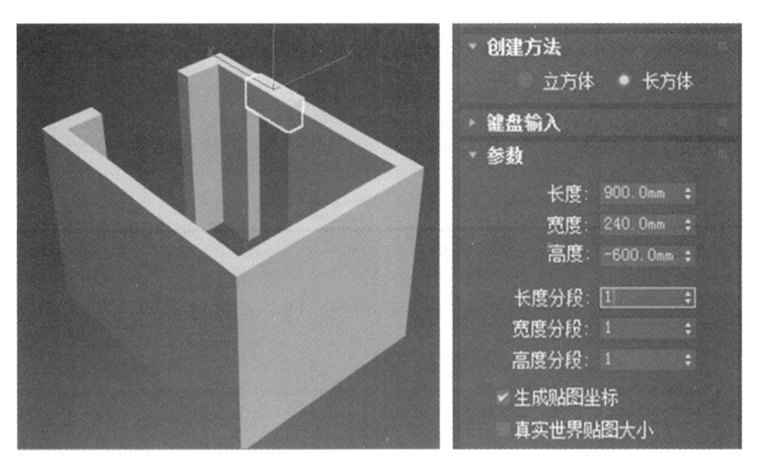

图 2-141　绘制门上面的墙

(11)用同样的方法绘制窗下墙和窗上墙，“高度”尺寸分别是“900.0 mm”和“－400.0 mm”，结果如图 2-142 所示。

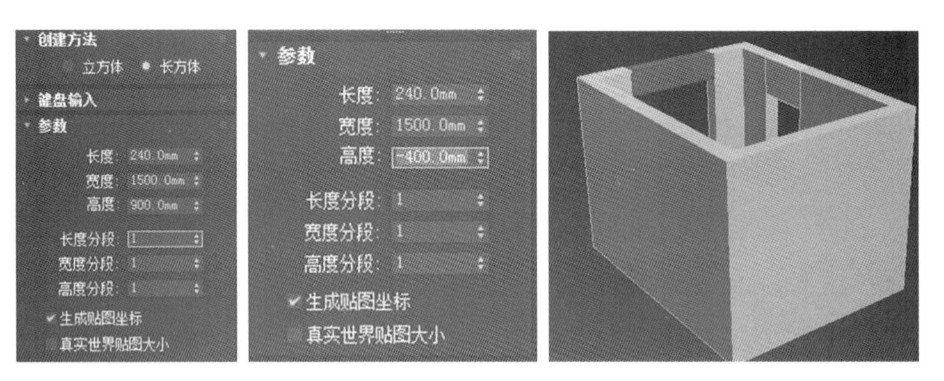

图 2-142　绘制窗下墙和窗上墙

(12)进行布尔求和(并集)操作，将后建的长方体并到墙体，如图 2-143 所示。

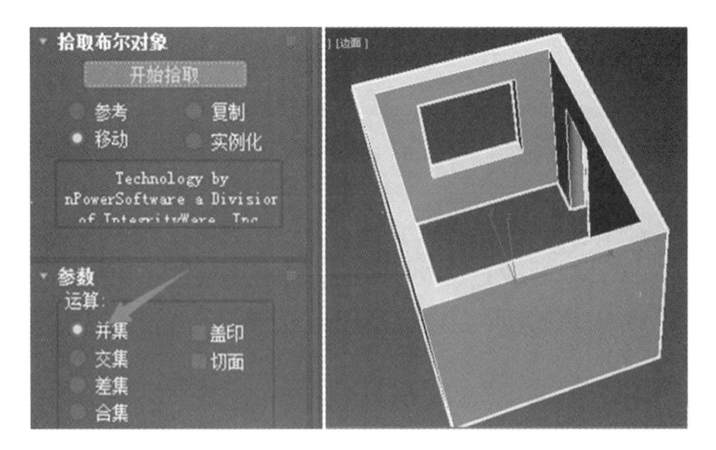

图 2-143　合并墙体

(13)在顶视图中绘制截面线，如图 2-144 所示。

(14)进行倒角剖面操作,先选择路径线,然后拾取剖面,结果如图 2-145 所示。

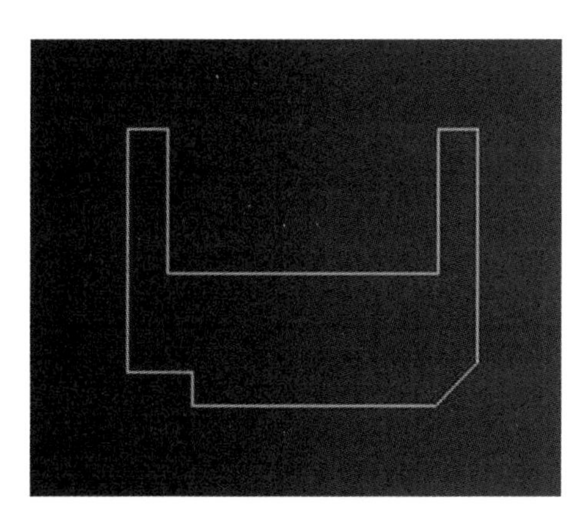

图 2-144　绘制截面线

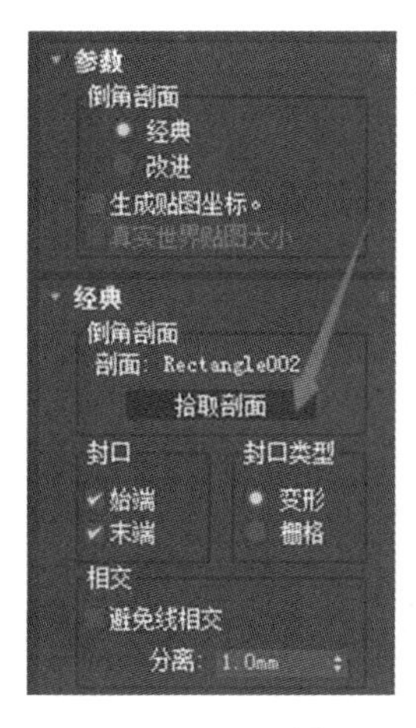

图 2-145　倒角剖面操作

(15)在修改命令面板,打开倒角剖面修改器,在剖面 Gizmo 层级进行旋转操作,如图 2-146 所示。

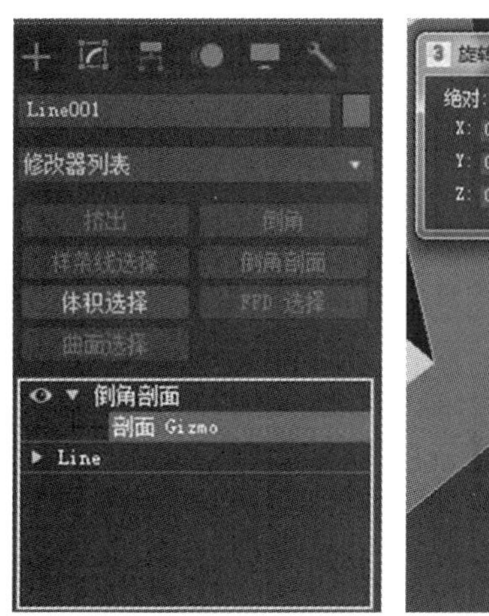

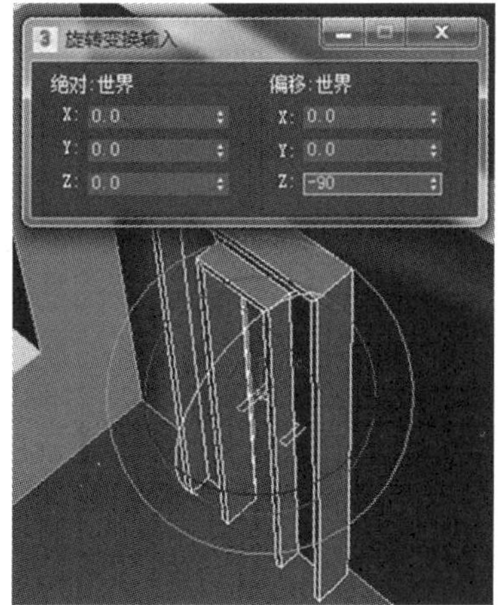

图 2-146　旋转操作

(16)打开三维捕捉,进行捕捉对齐,如图 2-147 所示。

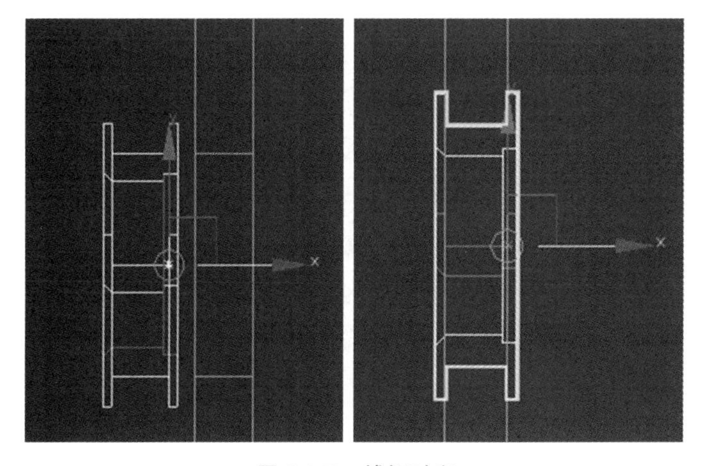

图 2-147　捕捉对齐

(17)在前视图中绘制一个平面,把线框显示改为面显示,尺寸及效果如图 2-148 所示。

(18)把石膏线条和踢脚线图片拖曳到平面上,如图 2-149 所示。

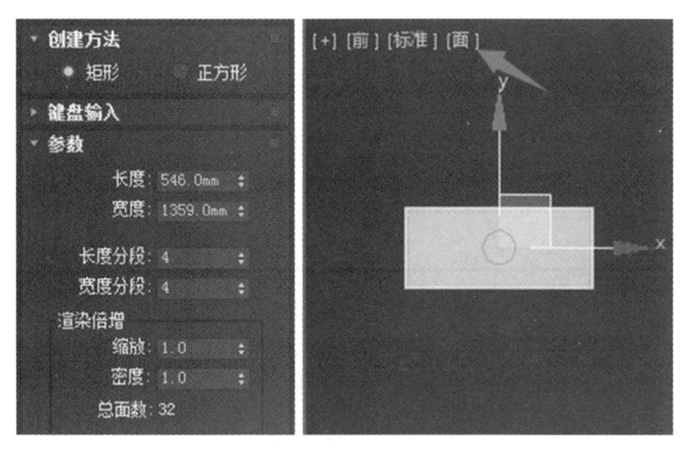

图 2-148 绘制平面并设为面显示

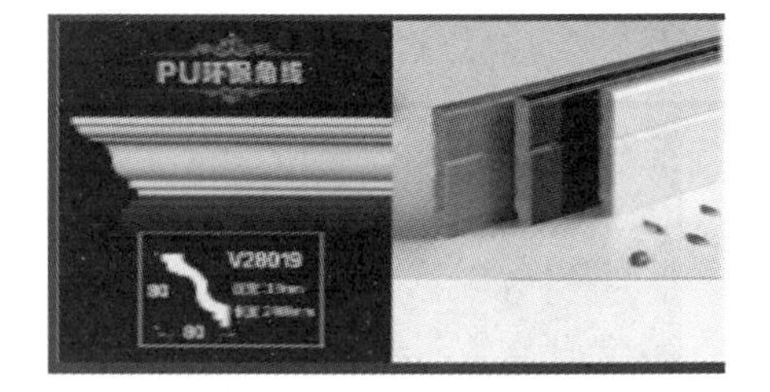

图 2-149 拖曳图片到平面

(19)打开创建面板,选择图形,单击“线”进行轮廓描线,如图 2-150 所示。

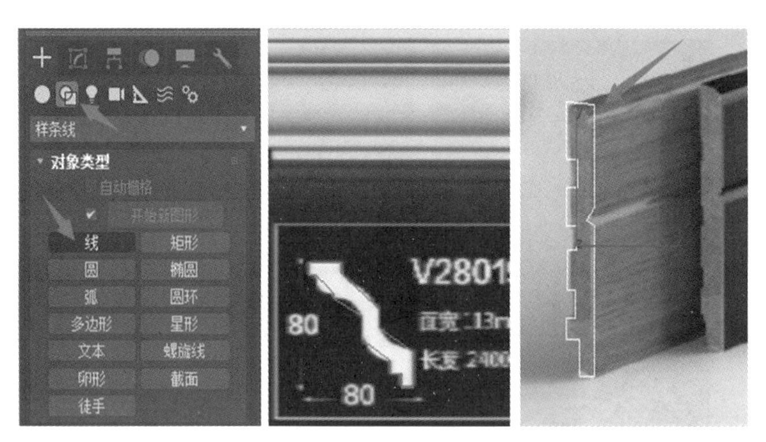

图 2-150 轮廓描线

(20)选择石膏线条轮廓线,在顶点层级,将点转化为 Bezier 角点,调整控制手柄,使得轮廓符合要求,如图 2-151 所示。

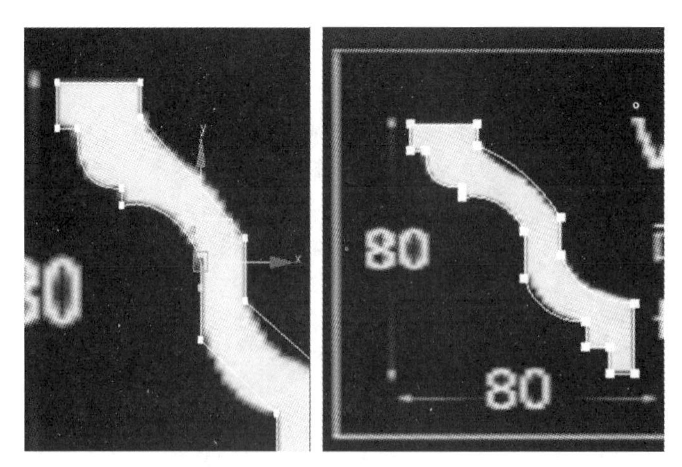

图 2-151 调整轮廓

(21)选择踢脚线轮廓线,在顶点层级进行对齐和圆角操作,结果如图 2-152 所示。

(22)删除平面,得到刚才描的轮廓线,如图 2-153 所示。

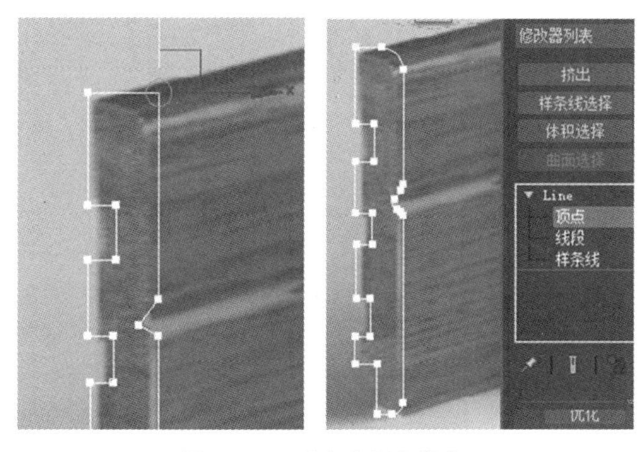

图 2-152　对齐和圆角操作

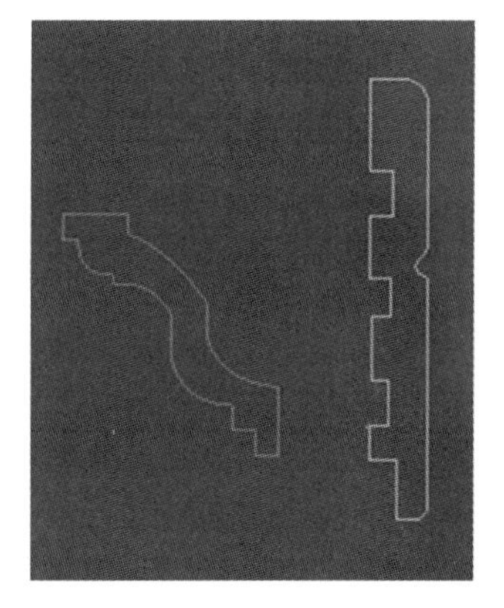

图 2-153　删除平面

(23)在顶视图中绘制路径线。打开三维捕捉,直接绘制一个矩形,如图 2-154 所示,并命名为“石膏线条路径线”。

(24)做倒角剖面操作,拾取剖面(石膏线条轮廓线),效果如图 2-155 所示。

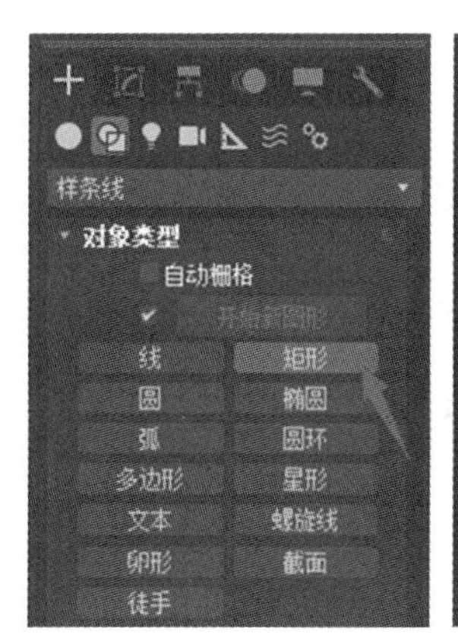

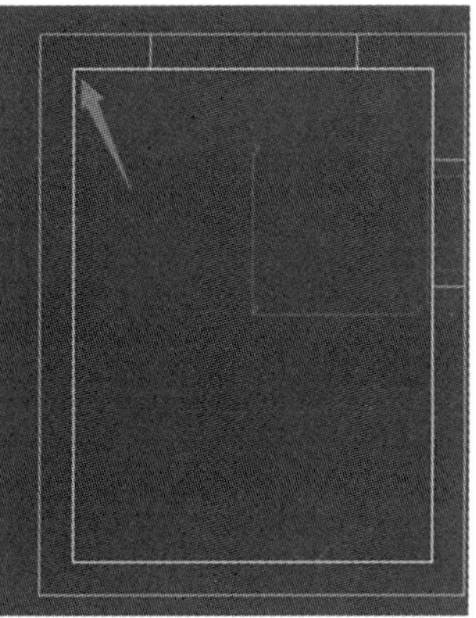

图 2-154　绘制矩形

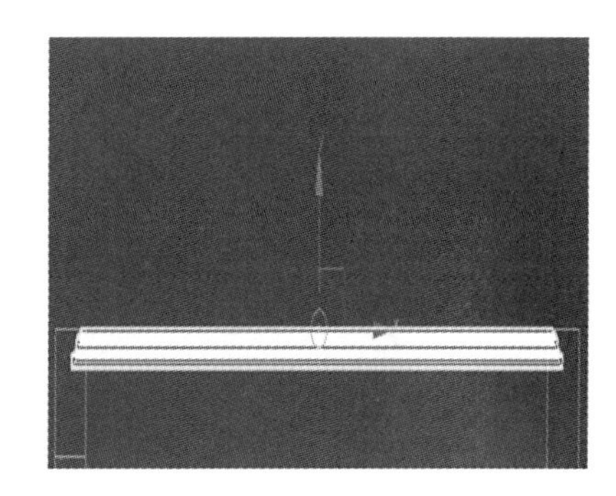

图 2-155　倒角剖面操作

(25)将指定的点设为首顶点,倒角剖面的位置发生改变,如图 2-156 所示。

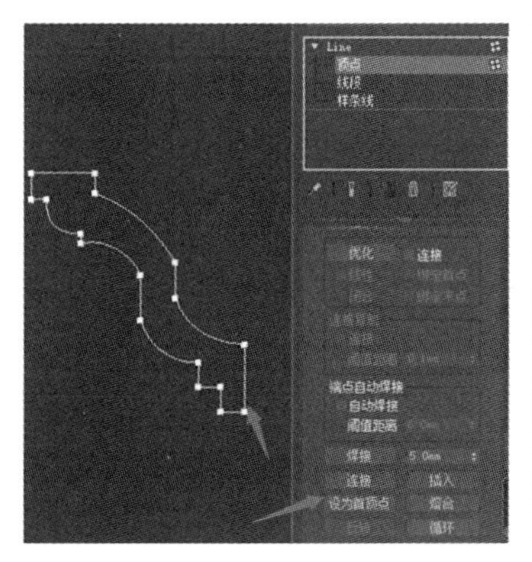

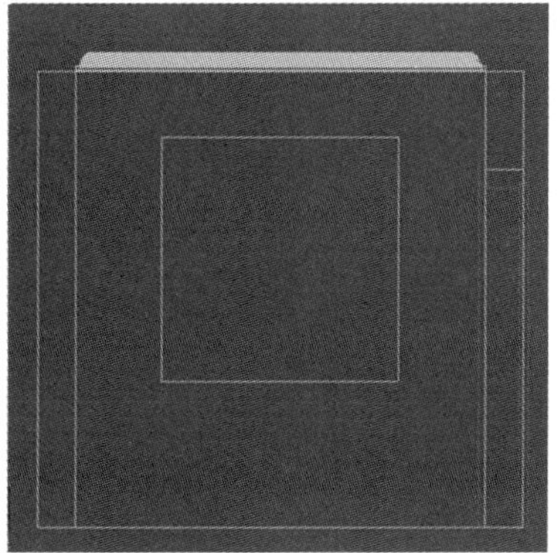

图 2-156　改变倒角剖面的位置

(26)打开三维捕捉,进行移动对齐操作,如图 2-157 所示。

(27)在顶视图中绘制踢脚线路径线。先隐藏石膏线条,打开二维捕捉绘制,如图 2-158 所示。

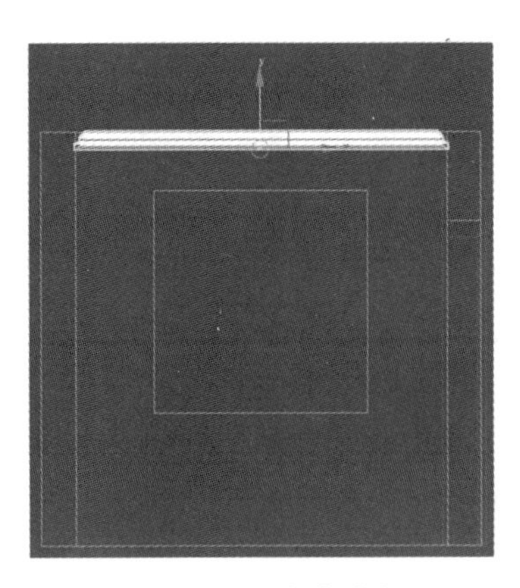

图 2-157　移动对齐

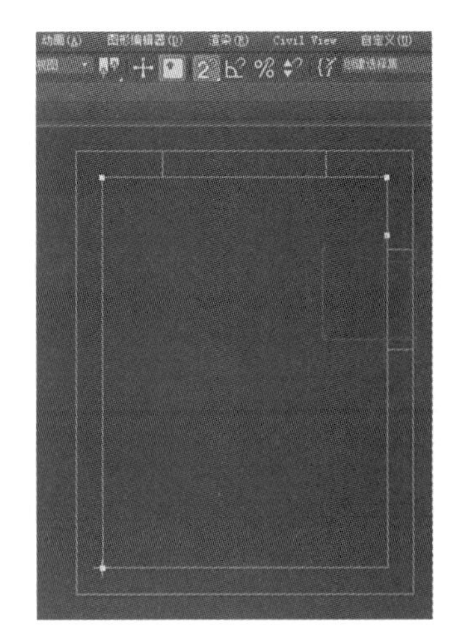

图 2-158　绘制踢脚线路径线

(28)做倒角剖面操作。选择绘制的路径线，拾取踢脚线路径线，得到倒角剖面，方位不符合要求，如图 2-159 所示。

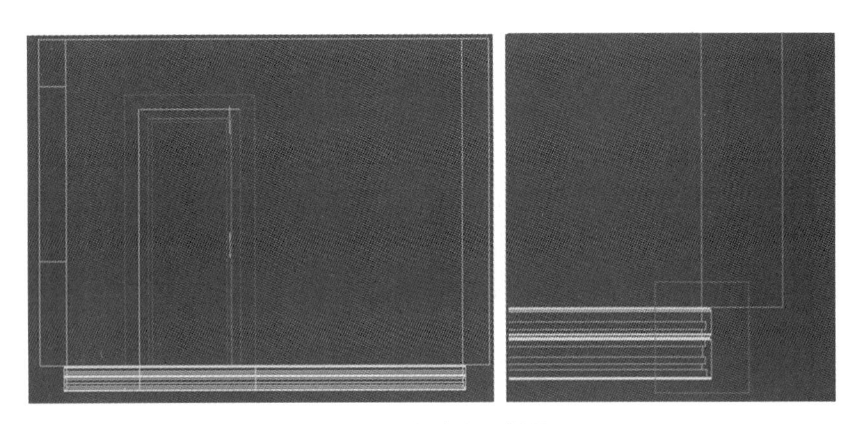

图 2-159　倒角剖面操作

(29)在修改命令面板，打开倒角剖面修改器，在 Gizmo 层级进行旋转操作，如图 2-160 所示。

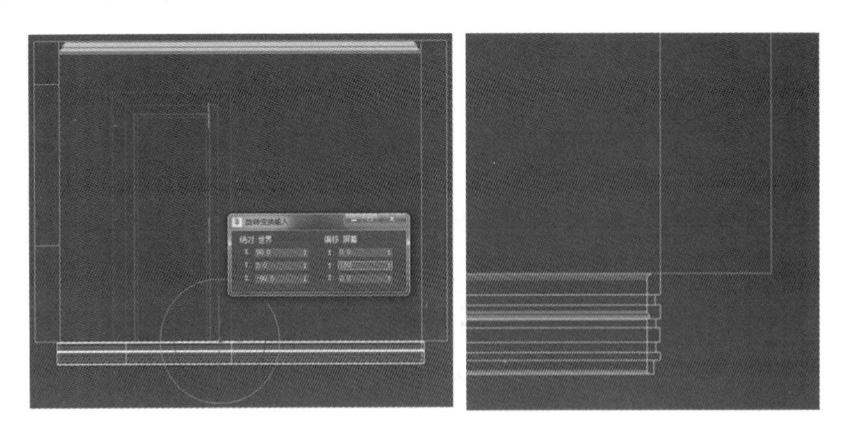

图 2-160　旋转操作

(30)打开三维捕捉，移动对齐，如图 2-161 所示。

(31)最终效果如图 2-162 所示，保存文件并退出。

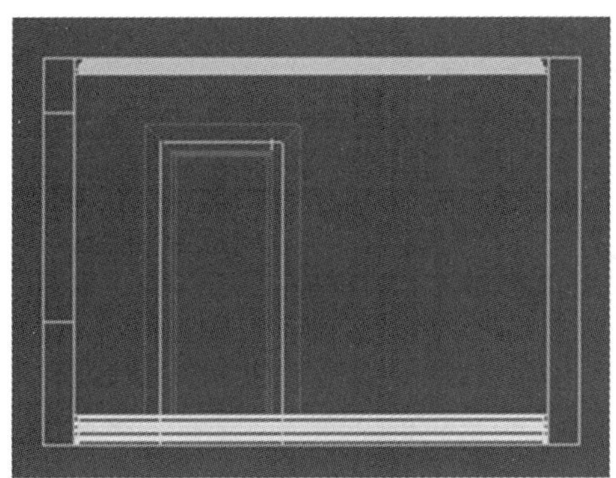

图 2-161 移动对齐

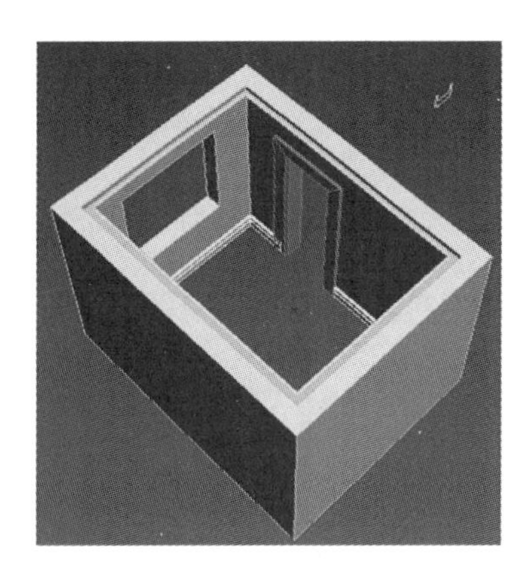

图 2-162 最终效果

3ds Max Jianmo yu Xuanran Xiangmuhua Jiaocheng

项目三

修改器建模

任务 1
台灯的绘制

任务目的

通过台灯的绘制，掌握锥化修改器中参数含义并能够熟练运用。

一、知识点讲解

1. 锥化命令的功能

利用锥化命令可缩放物体两端，产生锥形轮廓、光滑的曲线轮廓等。

2. 锥化命令主要参数

(1)锥化：设置锥化的缩放程度和曲度。

· 数量：设置锥化的缩放程度。值大于 0，锥化端产生放大的效果，下方锥化；值小于 0，锥化端产生缩小的效果，上方锥化。

· 曲线：设置锥化曲线的弯曲程度，使锥化的表面产生弯曲的效果。值大于 0，曲线凸出；值小于 0，曲线内凹。

(2)锥化轴：设置锥化的轴向和效果。

· 主轴：锥化方向，默认为“Z”轴。

· 效果：设置产生影响效果的轴向。该轴向随主轴的变化而变化，默认方向为“XY”轴。

· 对称：设置是否以主轴为中心产生对称的锥化效果。选中该项，可生成对称的锥化造型。

(3)限制：设置物体沿坐标轴锥化的范围。

· 限制效果：锥化限制开关。选中该项，才能设置上限、下限。

· 上限：设置物体沿指定坐标轴产生锥化缩放的上边界(锥化的上限值)。

· 下限：设置物体沿指定坐标轴产生锥化缩放的下边界(锥化的下限值)。

3. 锥化操作步骤

(1)创建长方体，高度上设置分段，如图 3-1 所示。

(2)添加锥化修改器，通过“数量”和“曲线”的数值来调整模型造型，如图 3-2 所示。

注：如果原模型高度上没有分段，在添加锥化修改器后就不能进行“曲线”的调整。

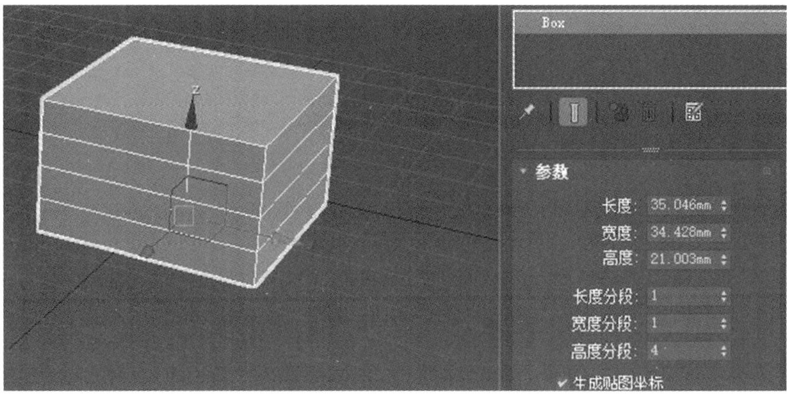

图 3-1　高度分段

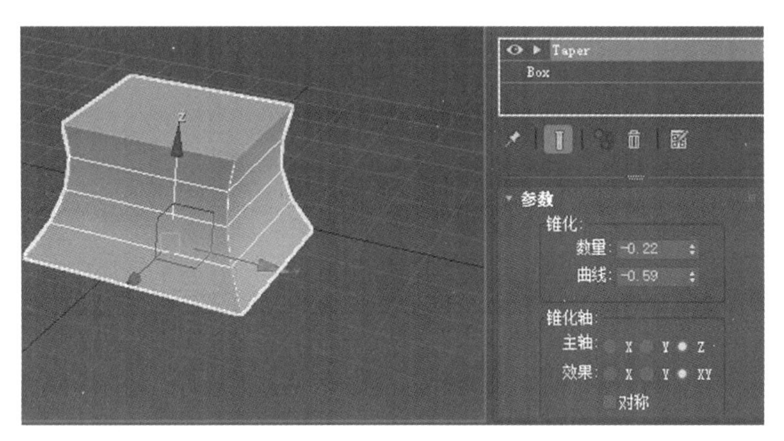

图 3-2　设置锥化参数

二、台灯的绘制

台灯的主要绘制步骤如下：

(1)启动 3ds Max 2020 中文版，将单位设置为毫米，如图 3-3 所示。

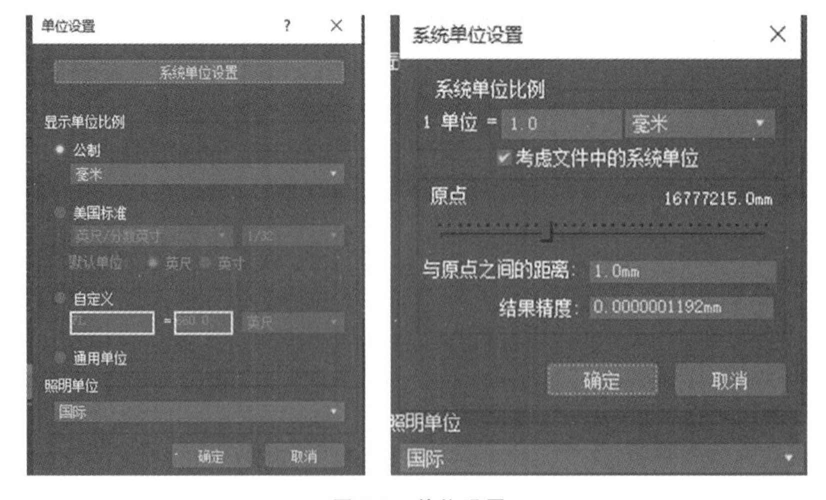

图 3-3　单位设置

(2)单击“创建”→“标准基本体”→“管状体”按钮,在顶视图中单击并拖动鼠标创建一个管状体,作为台灯的灯罩,修改参数,如图3-4所示。

(3)单击命令面板“修改”标签,执行锥化修改命令,将数量设置为“－0.5”,曲线设置为“－0.48”,如图3-5所示。

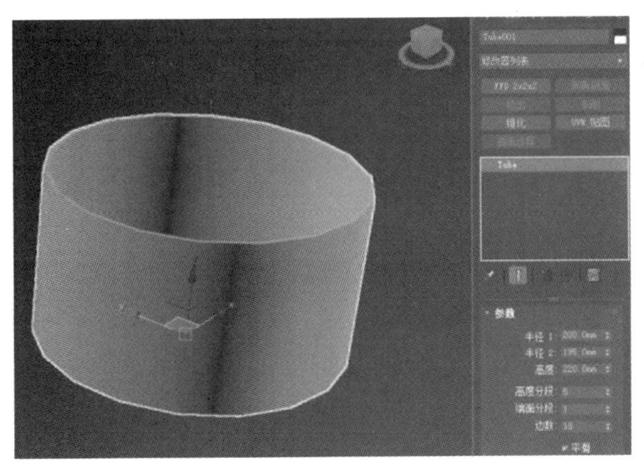

图 3-4　创建管状体

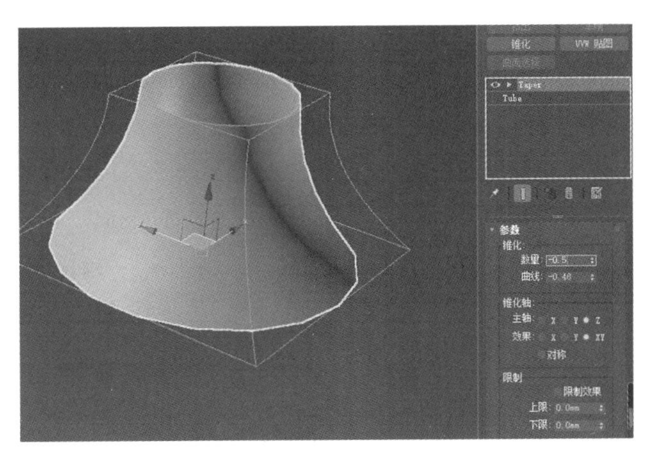

图 3-5　调整锥化修改器参数

(4)单击命令面板“创建”标签→“标准基本体”→“圆柱体”按钮,在顶视图中拖动鼠标创建一个圆柱体作为台灯的底座,如图3-6所示。

(5)单击命令面板“修改”标签,执行锥化修改命令,将数量设置为“－0.5”,将曲线设置为“－0.5”,勾选“限制效果”,如图3-7所示。

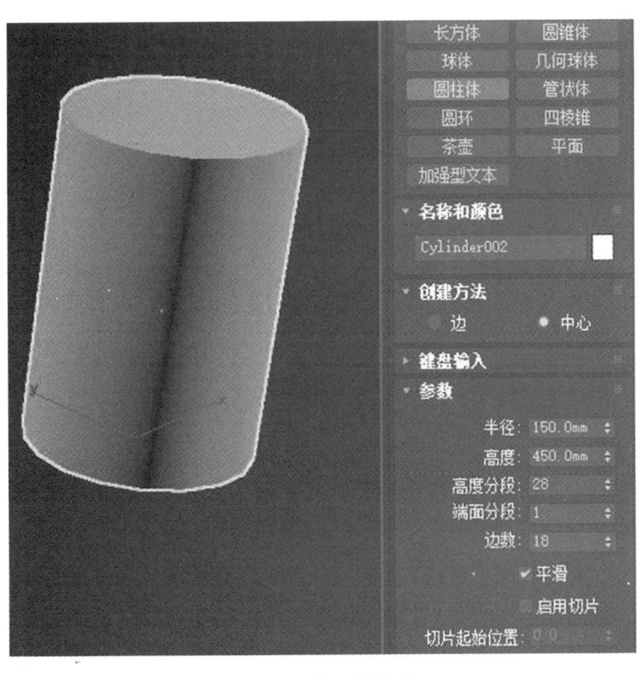

图 3-6　创建圆柱体

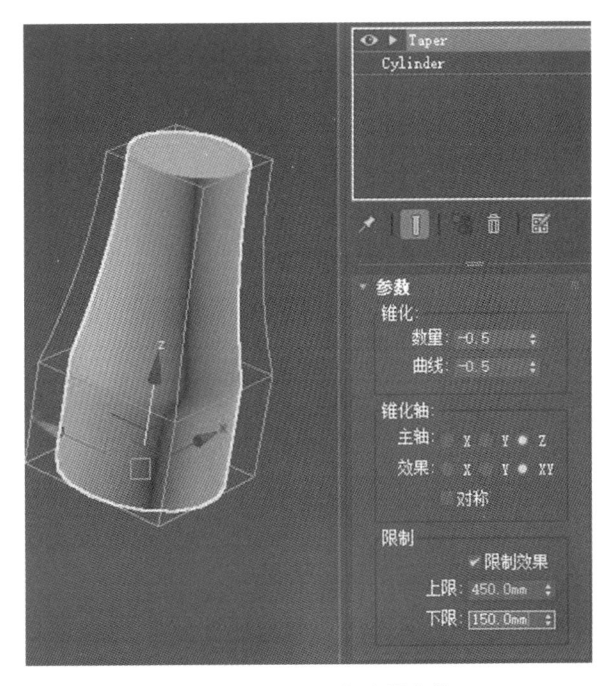

图 3-7　设置锥化修改器参数

(6)调整灯罩和底座的位置,修改颜色,最终效果如图3-8所示。对文件进行保存,命名为“台灯”。

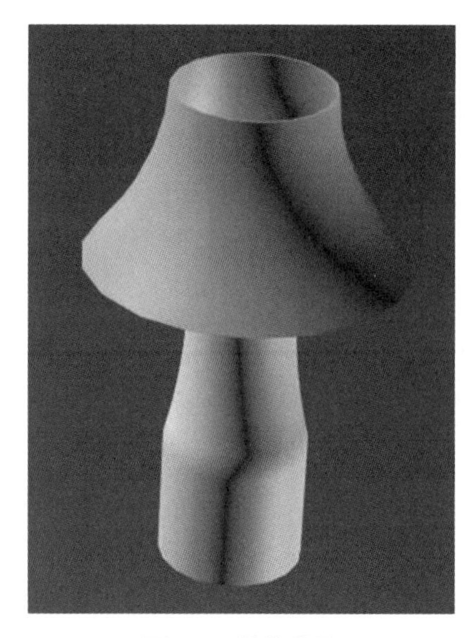

图 3-8　最终效果

任务 2
花瓶的绘制

任务目的

巩固锥化命令知识，掌握扭曲命令的用法。

一、知识点讲解

1. 扭曲命令的功能

利用扭曲命令可将物体的一端相对于另一端绕某一轴向进行旋转，使对象的表面产生扭曲变形的效果。

2. 扭曲命令主要参数

(1)扭曲：设置扭曲的程度。

· 角度：扭曲角度。

· 偏移：数值为 0 时，扭曲均匀分布；数值大于 0 时，扭转程度向上偏移；数值小于 0 时，扭转程度向下偏移。默认为 0.0。

(2)扭曲轴：设置扭曲的轴向。

(3)限制：设置扭曲的范围。

二、花瓶的绘制

花瓶的主要绘制步骤如下：

(1)在顶视图中创建一个星形。单击“创建”→“图形”→“样条线”→“星形”按钮，在顶视图中绘制一个星形，参数及形态如图 3-9 所示。

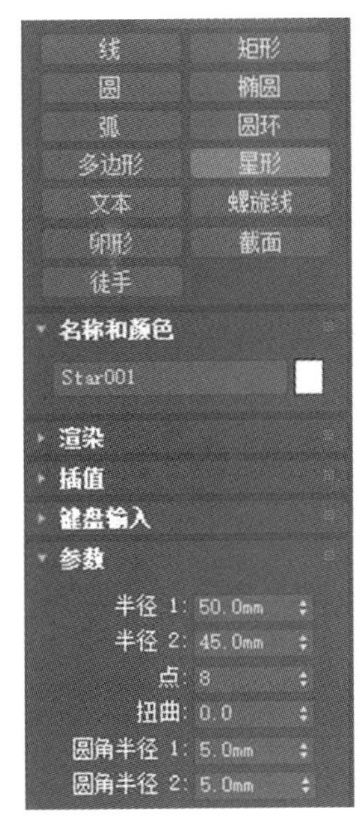

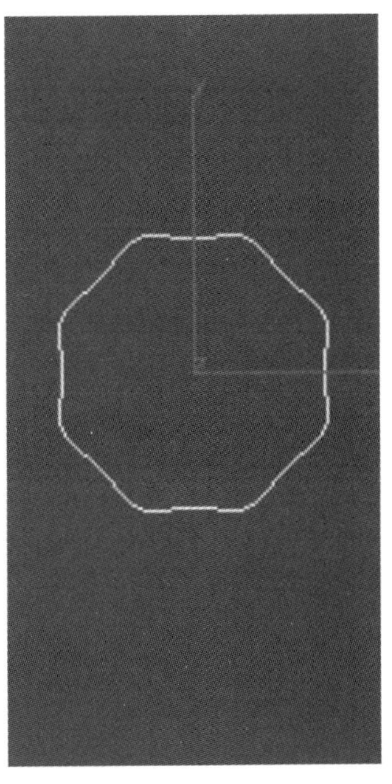

图 3-9　绘制星形

(2)为星形添加样条线命令，按 3 键进入样条线层级，为绘制的星形添加轮廓，如图 3-10 所示。

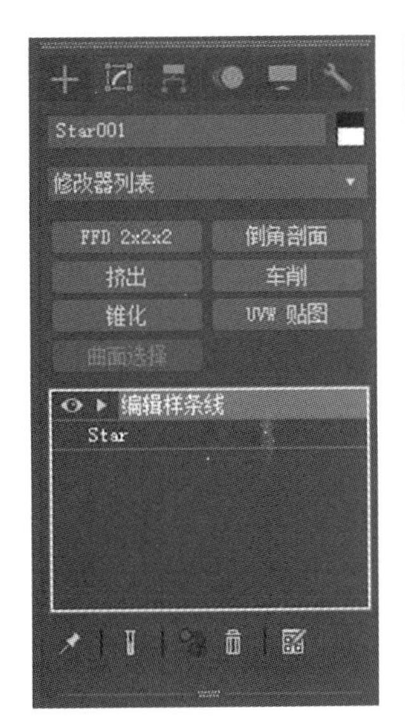

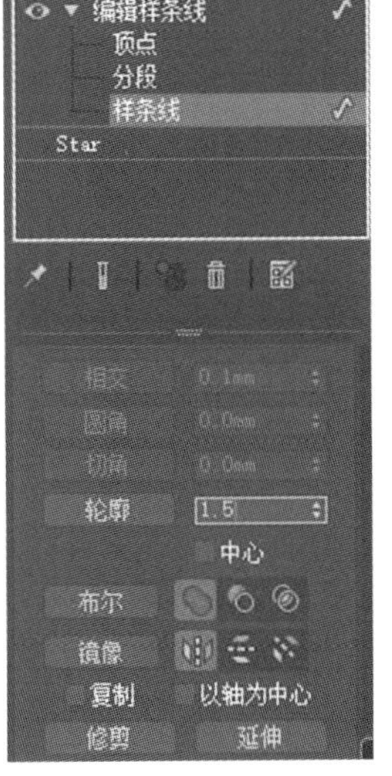

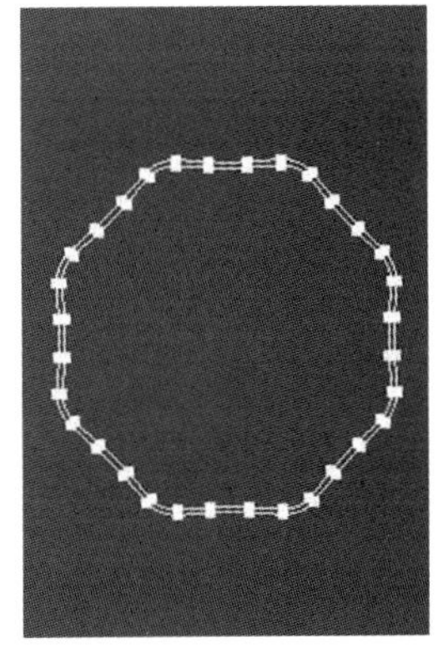

图 3-10　添加轮廓

(3)单击命令面板“修改”标签，为图形添加挤出修改器，设置挤出参数，如图 3-11 所示。

(4)为挤出后的星形添加锥化修改器，勾选“限制效果”，设置参数，如图 3-12 所示。

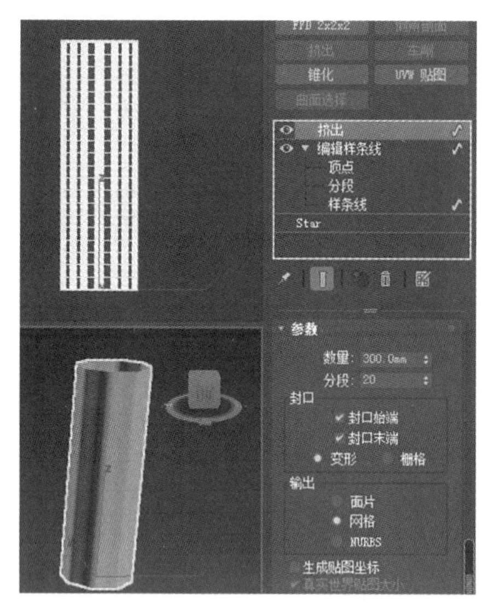

图 3-11 挤出操作

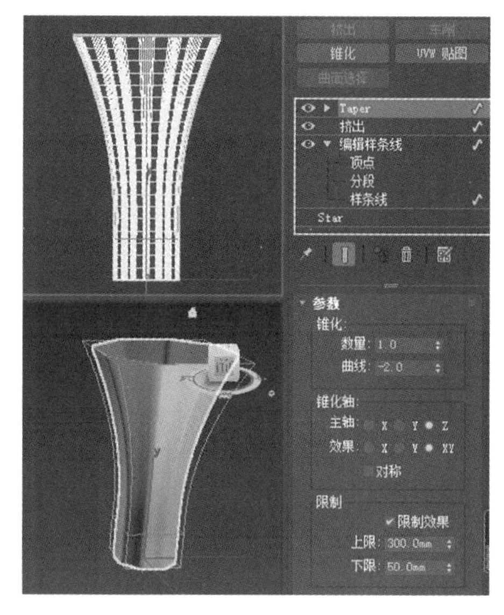

图 3-12 锥化操作

(5)添加扭曲修改器,勾选“限制效果”,设置参数,如图 3-13 所示。

(6)修改颜色,最终效果如图 3-14 所示。保存文件,命名为“花瓶”。

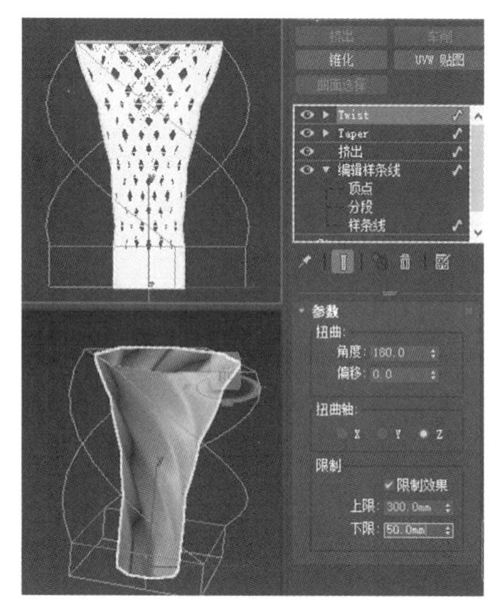

图 3-13 扭曲操作

图 3-14 最终效果

任务 3
休闲沙发的绘制

任务目的

通过休闲沙发的绘制,学习 FFD 修改器的运用,学会调整模型造型。

一、知识点讲解

1. FFD 修改器的功能

FFD 即 free-form deformation，是指自由变形；FFD 修改器是通过改变控制点改变物体造型的。控制点相对原始晶格或源体积的位置偏移会引起受影响对象的扭曲。

利用 FFD(长方体)修改器进行空间扭曲，得到的是一种类似于原始 FFD 修改器使用的长方体形状的晶格对象。

2. FFD 修改器主要参数

FFD 修改器面板如图 3-15 所示。

(1)尺寸：用来指定晶格中控制点的数目，默认是“4x4x4”，可以单击按钮 设置点数 ，在弹出的对话框里分别输入长、宽、高 3 个方向的控制点数目。

(2)显示：设置视图中自由变形盒的显示状态。

· 晶格：绘制连接控制点的线条以形成栅格。

· 源体积：控制点和晶格会以未修改的状态显示。

(3)变形：设置哪些控制点对物体产生变形影响。

· 仅在体内：只有位于源体积内的顶点会变形。

· 所有顶点：所有顶点都会变形，具体取决于“衰减”微调框中的数值。

3. FFD(长方体)修改器

FFD(长方体)修改器(见图 3-16)在造型的周围包围了一个控制框，通过调整控制框及控制框上的控制点来调整造型的形态。

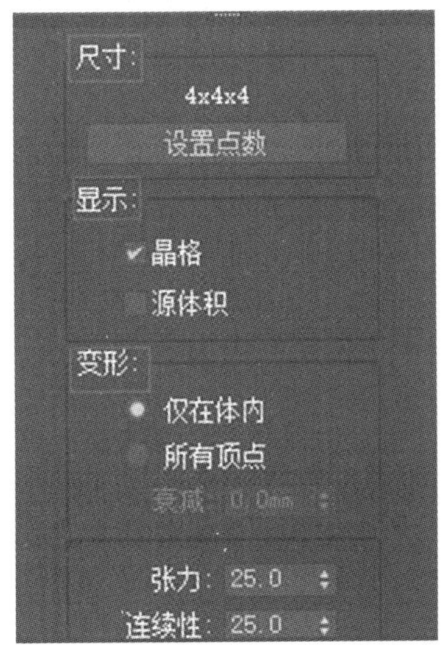

图 3-15　FFD 修改器面板

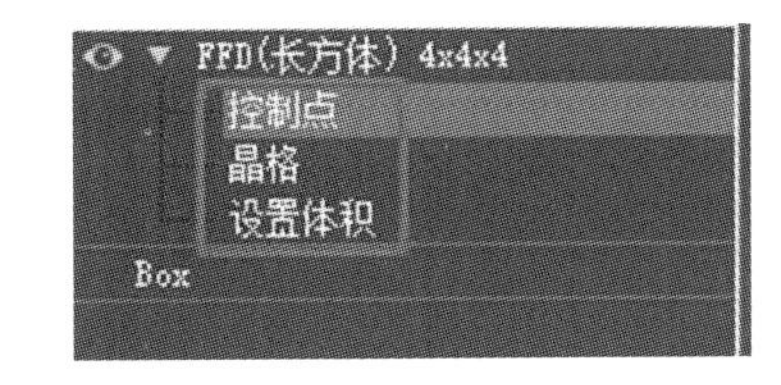

图 3-16　FFD(长方体)修改器

(1)控制点：可以选择并操纵晶格的控制点，可以一次处理一个控制点或以组为单位处理。操纵控制点将影响基本对象的形状。

(2)晶格:可以单独摆放、旋转或缩放晶格框。

(3)设置体积:变形晶格控制点变为绿色,可以选择并操纵控制点而不影响修改对象。

二、休闲沙发的绘制

休闲沙发的主要绘制步骤如下:

(1)单击命令面板“创建”标签→“几何体”→“球体”按钮,在顶视图中单击并拖动鼠标创建一个球体,参数及形态如图 3-17 所示。

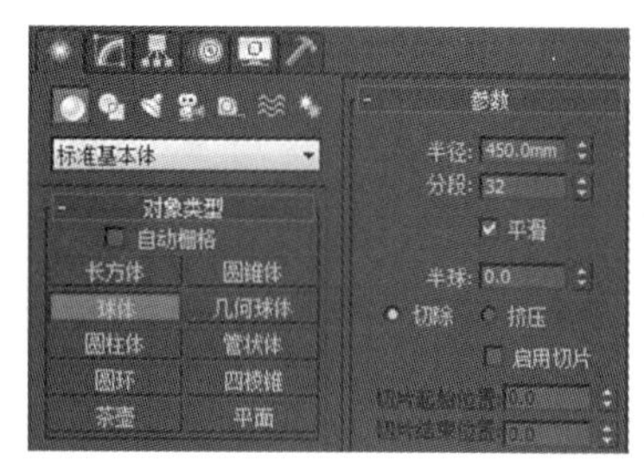

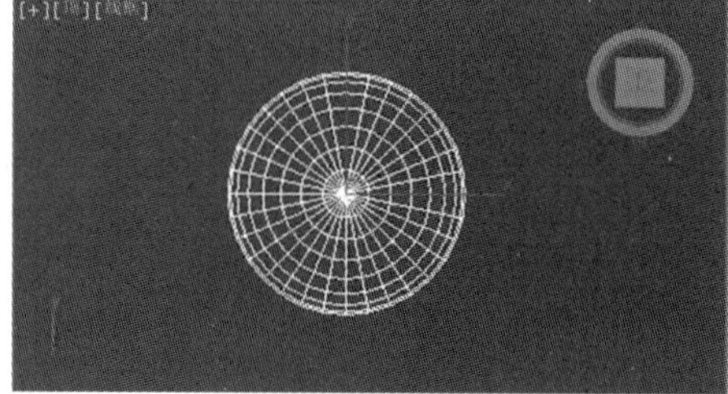

图 3-17 创建球体

(2)选中球体,单击命令面板“修改”标签,在修改器列表中选择“FFD(长方体)”,如图 3-18 所示。

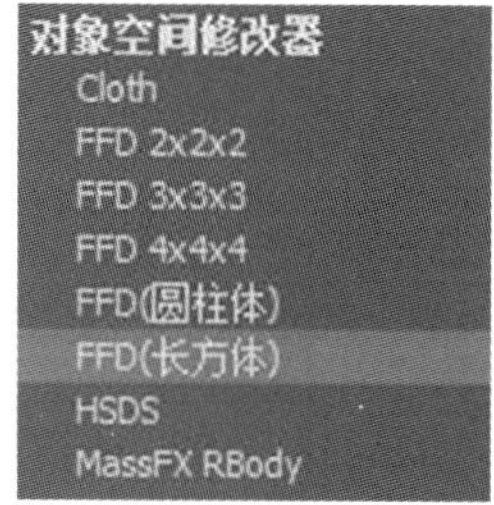

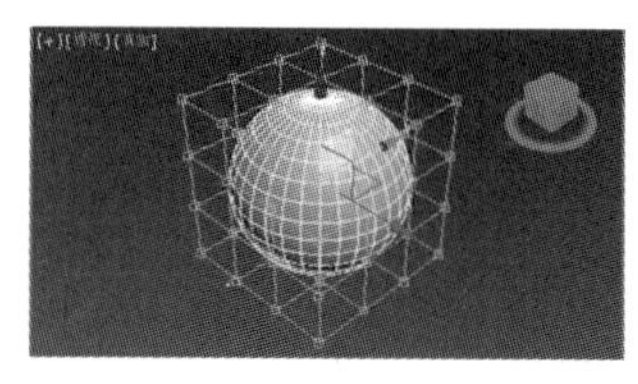

图 3-18 添加 FFD(长方体)修改器

(3)单击“设置点数”按钮,在“设置 FFD 尺寸”对话框中,设置长度和宽度为“4”,高度为“2”,如图 3-19 所示,单击“确定”按钮。

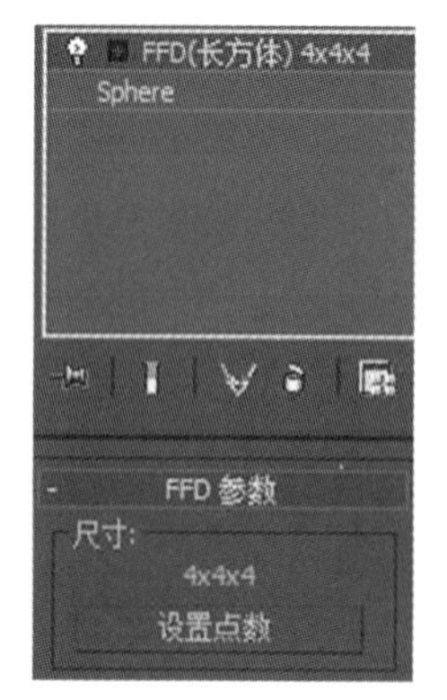

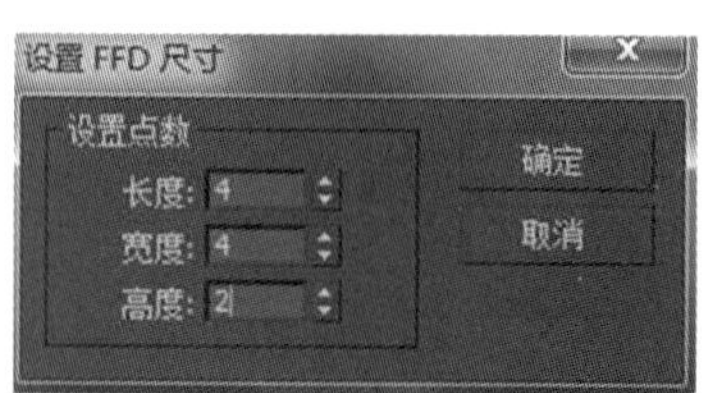

图 3-19 设置 FFD 尺寸

(4)进入 FFD(长方体)控制点层级,在顶视图中选择中间四个控制点,透视图效果如图 3-20 所示。

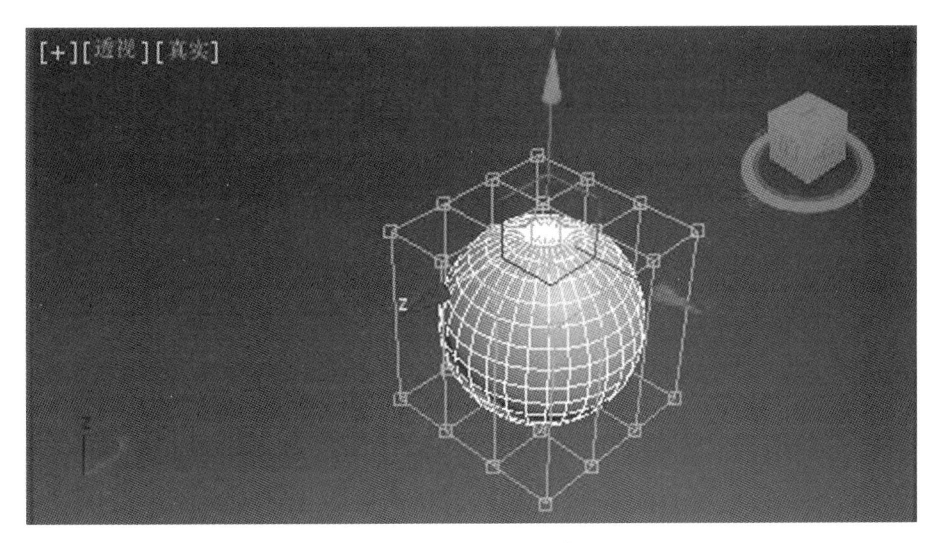

图 3-20 选择控制点

(5)调整这四个控制点位置,如图 3-21 所示。

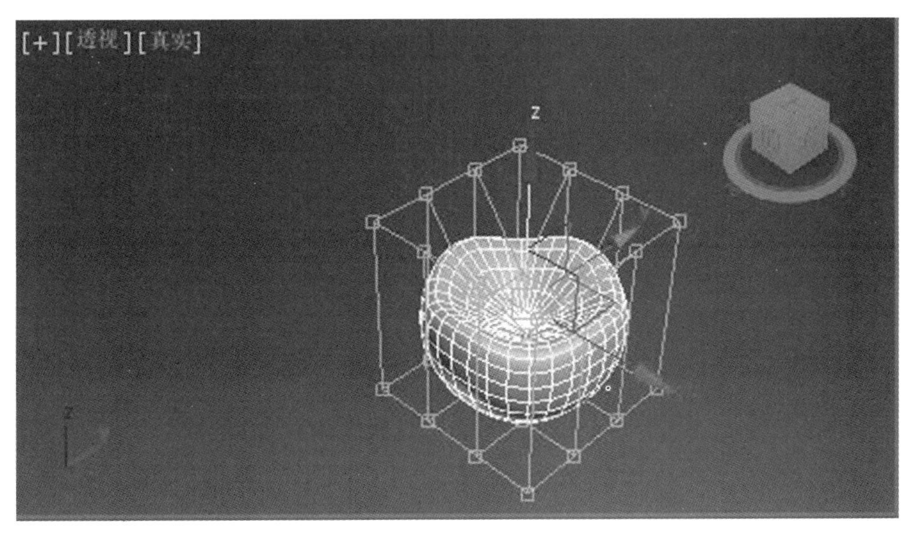

图 3-21 调整控制点位置

(6)微调前面两个控制点位置,如图 3-22 所示。

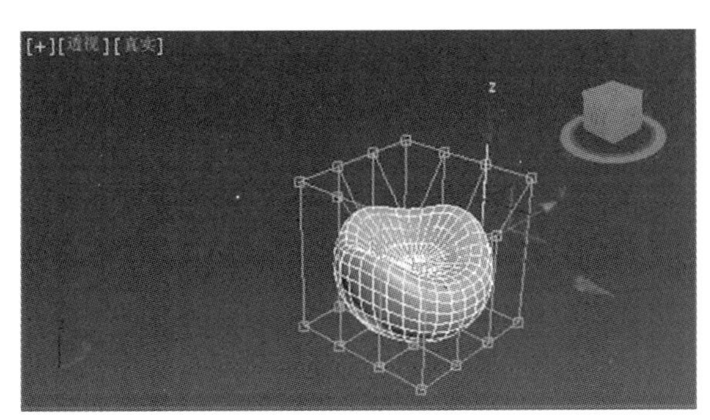

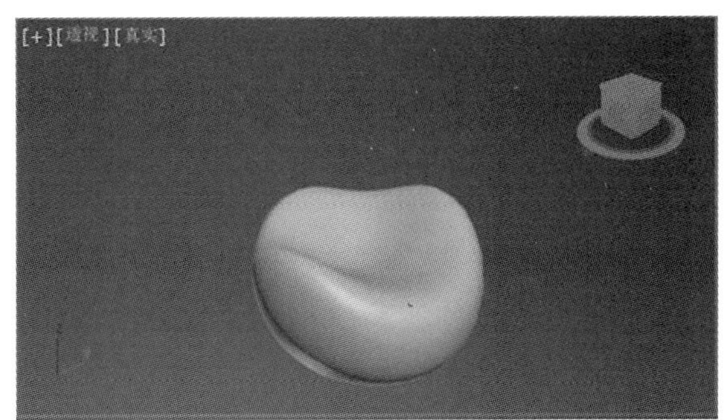

图 3-22 微调控制点

(7)保存文件,命名为"休闲沙发",退出。

任务4
办公椅的绘制

任务目的

通过办公椅的绘制,学习弯曲修改器的运用,能够使用弯曲修改器、FFD修改器制作和编辑模型。

一、知识点讲解

1. 弯曲修改器的功能

利用弯曲修改器可对几何体进行弯曲处理,使对象沿某一特定的轴向进行弯曲变形。

2. 弯曲修改器主要参数

角度:指定坐标轴弯曲的角度。
方向:沿指定坐标轴弯曲的方向(相对于水平面的方向)。
弯曲轴:设置弯曲的坐标轴。
限制:设置弯曲的范围。
注:"中心"位置应正确放置,因为弯曲限制将产生在"中心"的两端。"上限"只能设为大于零的数,下限只能设为零或小于零的数。若物体弯曲轴向上的分段数太少,则无法得到理想的弯曲效果。

二、办公椅的绘制

办公椅的主要绘制步骤如下:

(1)在命令面板上单击"创建"标签→"扩展基本体"→"切角长方体",在顶视图中创建一个切角长方体,并命名为"座椅",设置切角长方体参数,如图3-23所示。

(2)选中座椅,在命令面板上选择"修改"标签,在修改器列表中选择弯曲修改器,设置相应的参数,如图3-24所示。

(3)再次添加弯曲修改器,勾选"限制效果",设置相应的参数;打开弯曲修改器,选择"中心"子对象层级,在左视图中使用选择并移动工具将其弯曲中心移动到座椅中部,如图3-25所示。

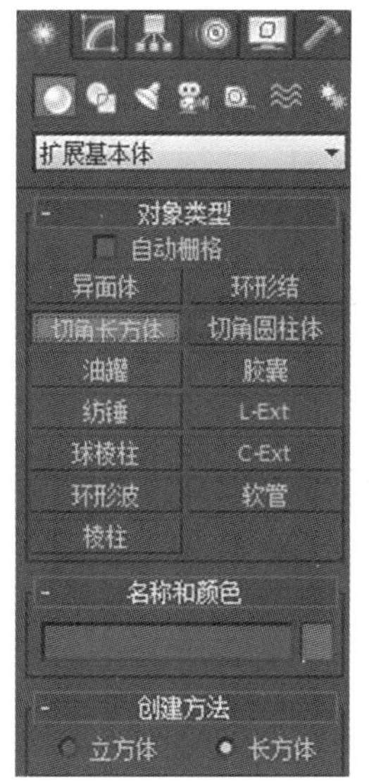

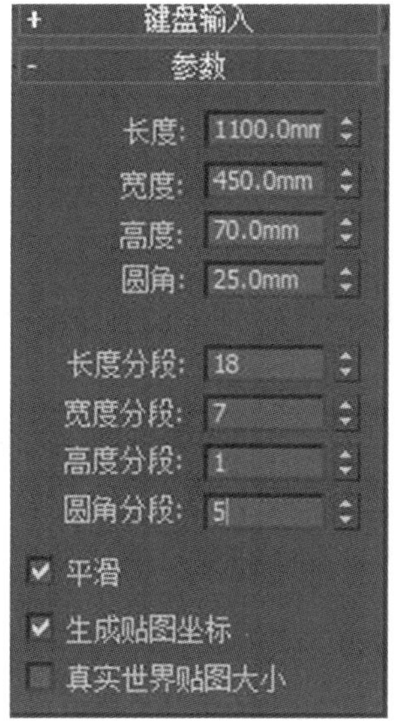

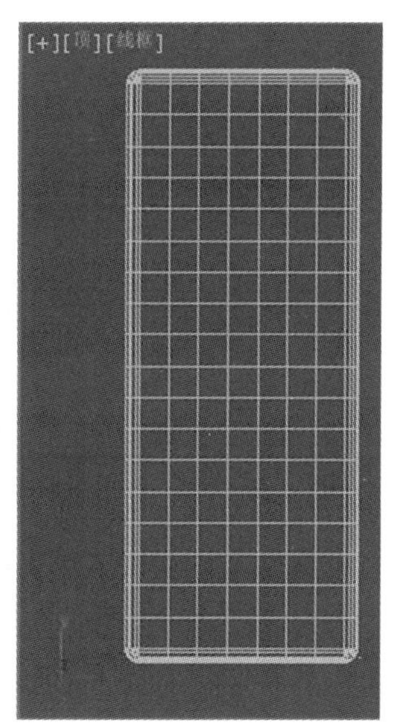

图 3-23　创建切角长方体

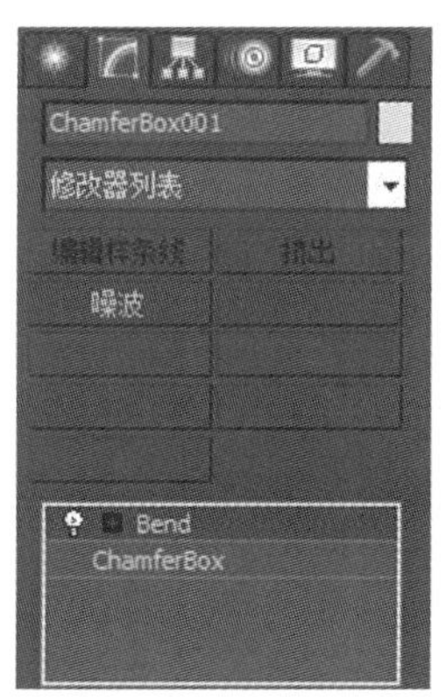

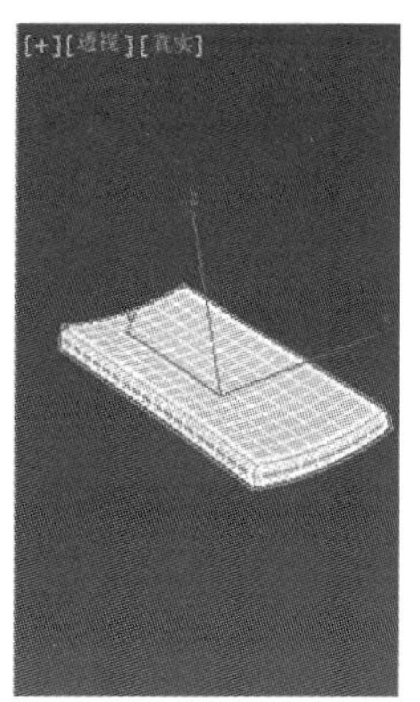

图 3-24　添加弯曲修改器并设置

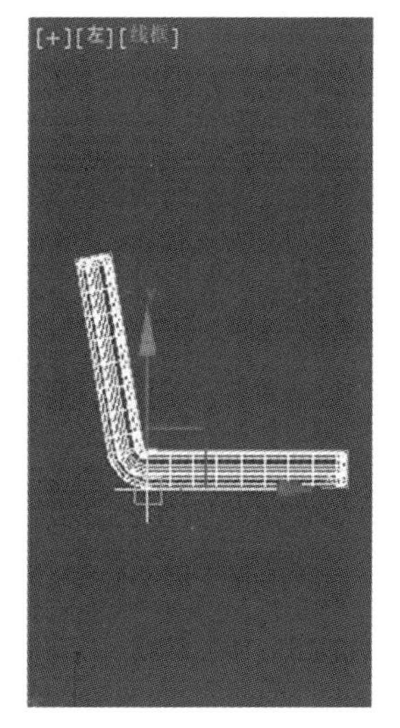
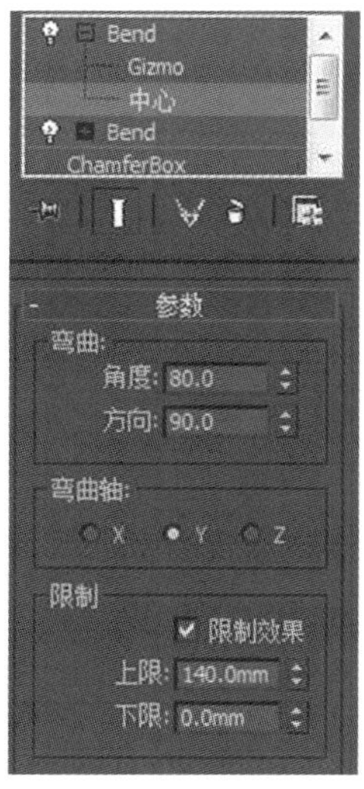

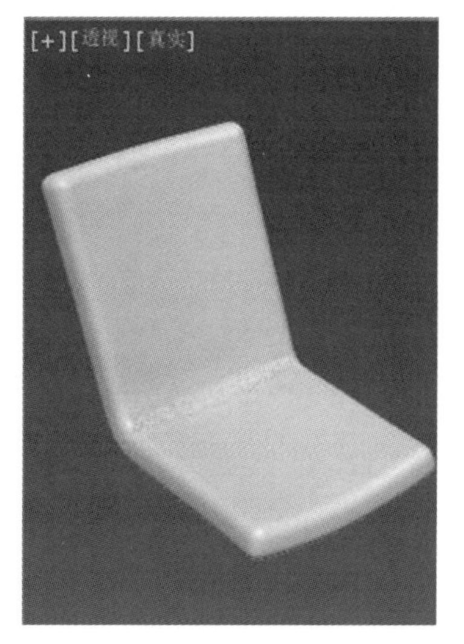

图 3-25　再次添加弯曲修改器

(4)在顶视图中绘制一个圆柱体,设置参数,如图 3-26 所示,将其命名为“椅子腿 01”。

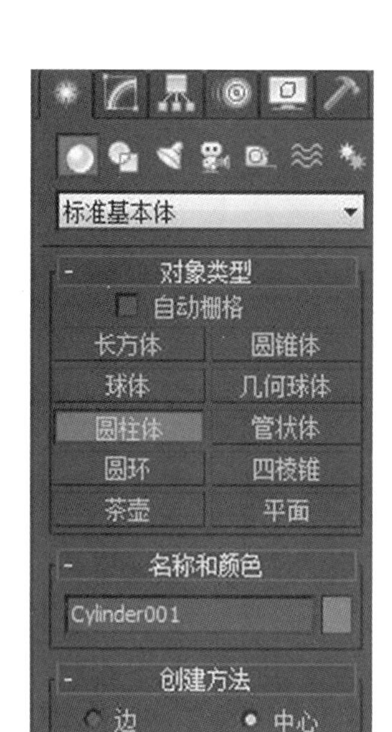

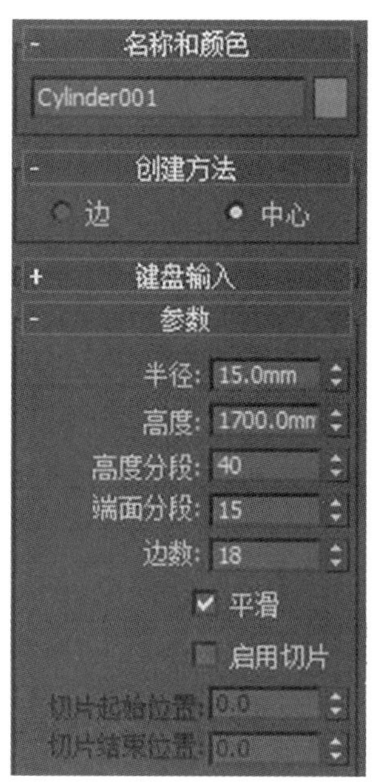

图 3-26 创建圆柱体命令

(5)选中“椅子腿 01”,在命令面板上选择“修改”标签,在修改器列表中添加弯曲修改器,设置相应的参数,打开弯曲“中心”子对象层级,用选择并移动命令调整弯曲中心位置。(见图 3-27)

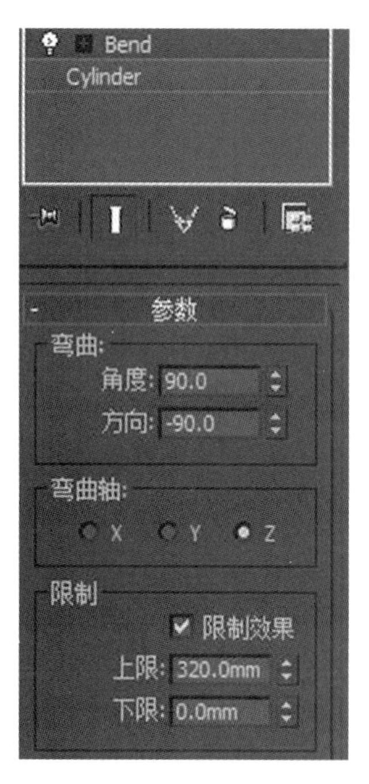

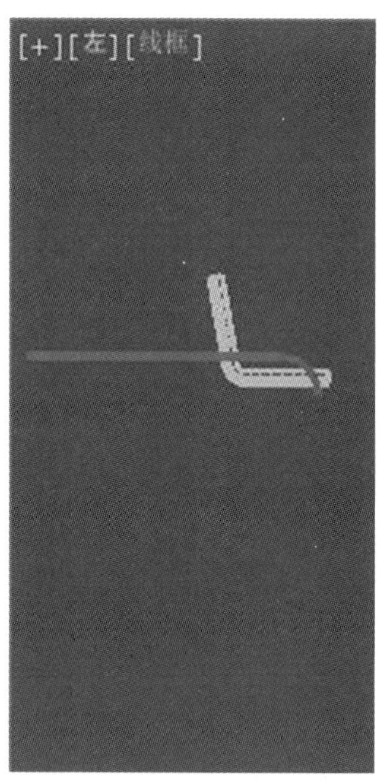

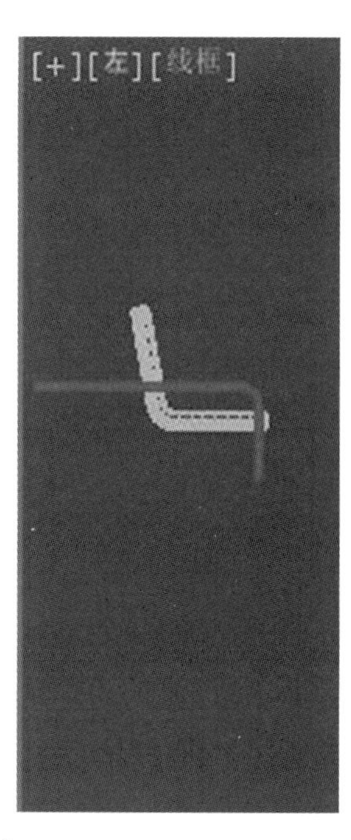

图 3-27 添加弯曲修改器并设置、调整

(6)用同样的方法为“椅子腿 01”添加二次弯曲命令,设置弯曲参数,移动弯曲中心,如图 3-28 所示。

(7)选择“椅子腿 01”,在命令面板中选择“修改”标签,在修改器列表选择“FFD(长方体)”,在 FFD 参数卷展栏中单击“设置点数”按钮,将其设置为“4x2x4”,在修改器堆栈列表中将此命令的“控制点”子对象层级激活,使用选择并移动命令调整每个节点位置,再复制出一个“椅子腿 02”,最终效果如图 3-29 所示。

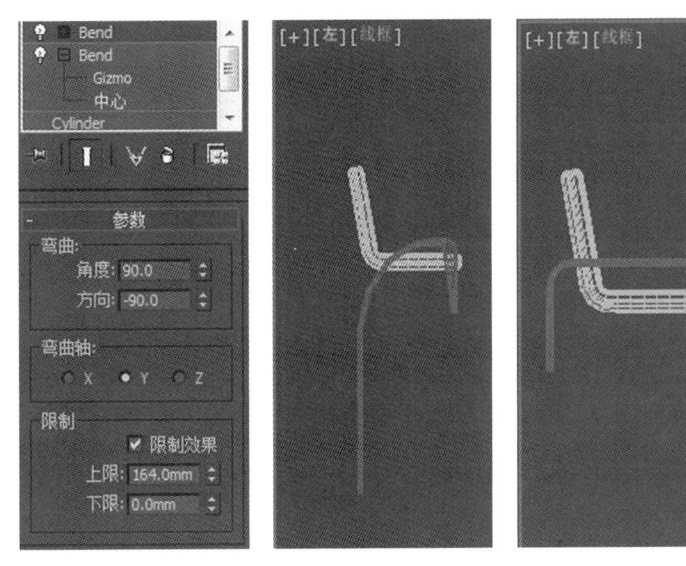

图 3-28 添加二次弯曲命令

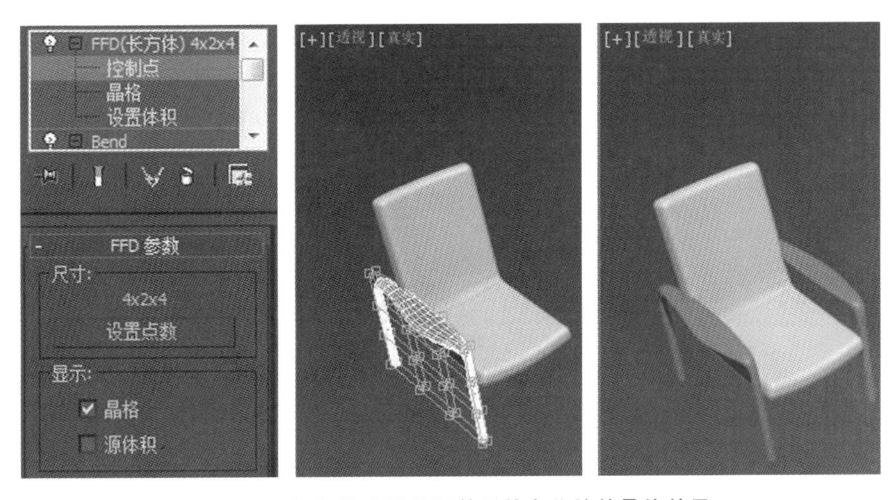

图 3-29 添加修改器并调整后的办公椅的最终效果

(8)保存文件,命名为“办公椅”,退出。

3ds Max Jianmo yu Xuanran Xiangmuhua Jiaocheng

项目四

多边形建模

任务 1
方形浴缸和咖啡杯的绘制

任务目的

通过方形浴缸和咖啡杯的绘制,掌握多边形建模过程中挤出工具、切角工具、桥、连接等命令用法。

一、知识点讲解

1. 多边形建模

多边形建模是目前较为流行的建模方法之一,其过程是:首先把一个实体转换为可编辑多边形对象,然后通过对多边形对象的点、边、面进行编辑修改来实现建模。理论上使用多边形建模可以创建任意的三维模型。

2. 多边形建模主要参数

多边形建模的五个层级包括顶点、边、边界、多边形和元素,如图 4-1 所示,分别对应的快捷键是 1、2、3、4 和 5。

在顶点层级可以执行移动等操作;在多边形层级可以进行面的操作,也可以进行删除(3ds Max 软件中一般是单面建模,默认是正面朝外,里面渲染不出来);边界层级在模型中有洞时才能使用;元素层级以红色显示,可以进行分离或附加。

1)顶点层级

顶点是位于相应位置的点,当移动或编辑顶点时,它们形成的多边形也会受影响。顶点也可以独立存在,可以用来构建其他几何体,但在渲染时,它们是不可见的。可以单击选中一个点,也可以框选很多个点。

"编辑顶点"面板如图 4-2 所示。

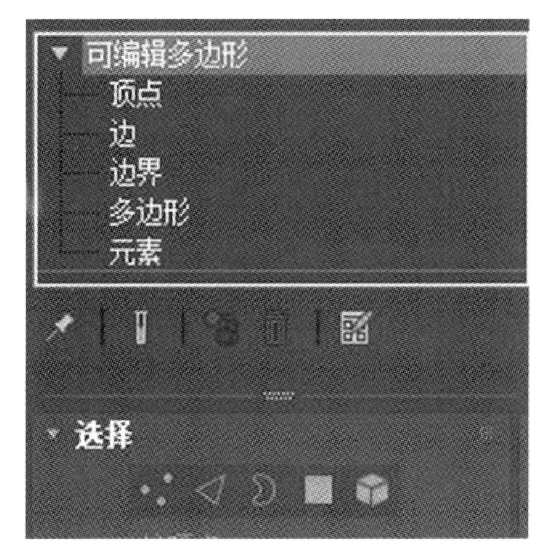

图 4-1　多边形建模的层级

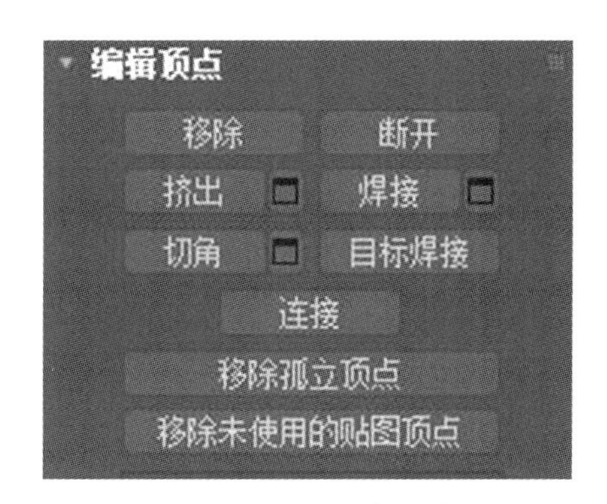

图 4-2　"编辑顶点"面板

(1)移除:去除当前选择的顶点。和删除顶点不同,去除顶点不会破坏表面的完整性,被去除的顶点的周围的点会重新进行结合,面不会破。如果选择删除点,会在网格中创建一个或多个洞。

(2)断开:在与选定顶点相连的每个多边形上都创建一个新顶点,这使多边形的转角都会分开,不再相连于原来的顶点上。

(3)挤出:对选择点进行挤压操作。拖动鼠标时,选择点会沿着法线方向在挤压的同时创建出新的多边形表面。

(4)切角:单击“切角”按钮后可以拖动顶点进行切角操作,也可以单击“切角”按钮的右侧按钮设置数值,使用参数进行切角操作。

2)边层级

边是连接两个顶点的直线。边可以形成多边形,不能由两个以上多边形共享。

“编辑边”面板如图 4-3 所示。

(1)桥:边层级下的 桥 是可编辑多边形内部的操作。既然是“内部的”,就必须保证桥接的两个面属于同一个可编辑多边形;如果不是,必须使用附加命令先将两个不同的模型合并为同一个可编辑多边形。

在同一个可编辑多边形里,桥接的面必须不在同一个栅格面上。比如,同一个大面上的两个小面是不能进行桥接的。桥接的两个面不能有公共的边。对于有公共边的,可以在边层级下选中公共的边,进行切角,将公共的边切成两条边就可以了。理论上,切角量应设得很小,比如 0.001,这样切角完桥接后一般不影响模型外观。

边层级的“桥”命令有两个作用:一是将两个正对的面连接成一个面;二是将两个背对的面进行打通。比如做个圆柱体,转换为可编辑多边形后,选中顶面和底面,单击“桥”按钮,此时圆柱体顶面和底面就消失了,变成一个空的圆筒形壳子了,如图 4-4 所示。

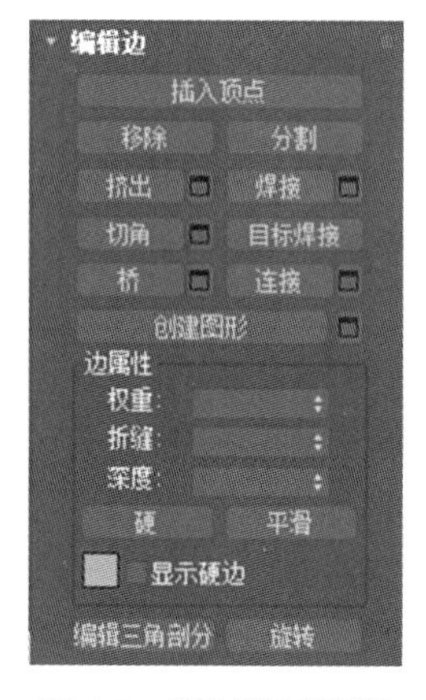

图 4-3 “编辑边”面板

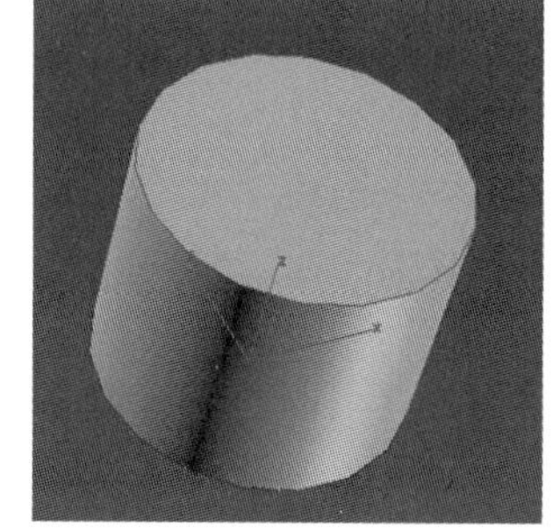
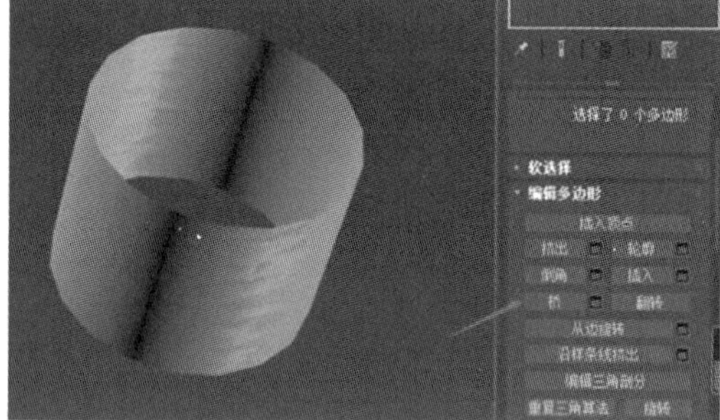

图 4-4 桥接示例

(2)连接:在每对选定边之间创建新边。可以创建或细化边循环。

(3)挤出:可以手动挤出,也可以进行数值的输入。

(4)切角:可以直接拖动对象的边,也可以进行数值的输入。

3)多边形层级

多边形是指通过曲面连接的三条或多条边的闭合序列。在该层级,可以选择单个或多个多边形,然后进行编辑。

“编辑多边形”面板如图 4-5 所示。

(1)挤出:可以通过手动或输入数值的方式对选择的多边形进行挤压操作。拖动鼠标时,多边形会沿着法线方向在挤压的同时创建出新的多边形表面。

挤出多边形选项如图 4-6 所示。

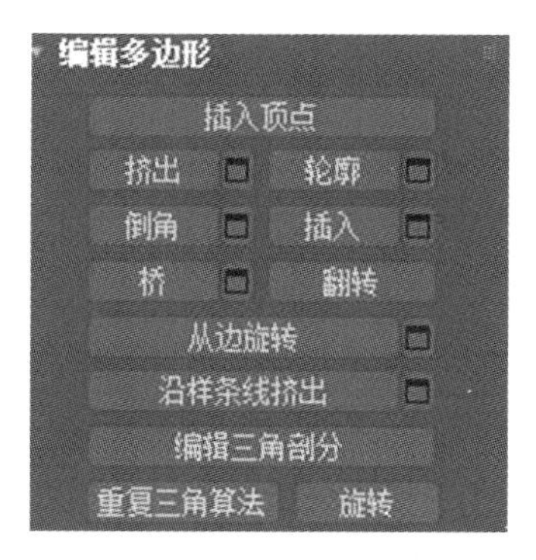

图 4-5 “编辑多边形”面板

图 4-6 挤出多边形选项

· 组:沿着多边形的平均法线方向挤压多边形。

· 局部法线:沿着选择的多边形自身法线方向进行挤压。

· 按多边形:对同时选择的多个表面进行挤压时,每个多边形单独地被挤压或倒角。

(2)轮廓:用于增大或减小每组连续的选定多边形的外边长度,有正负值。正值表示增大,负值表示减小;整个物体也随之改变。

(3)倒角:对选择的多边形进行挤压和轮廓处理。不同法线类型设置会产生不同的效果。

(4)桥:用于将两个面桥接。

(5)插入:表示在一个多边形中插入一个小的多边形。

(6)沿样条线挤出:表示一个多边形沿着指定的样条线路径生成一个实体。

二、方形浴缸的绘制

方形浴缸的主要绘制步骤如下:

(1)单击“创建”→“标准基本体”→“长方体”按钮,在顶视图中创建一个长方体,参数设置及形态如图 4-7 所示。

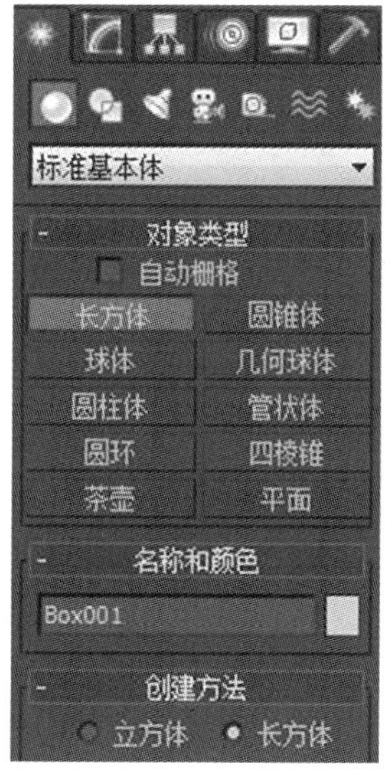

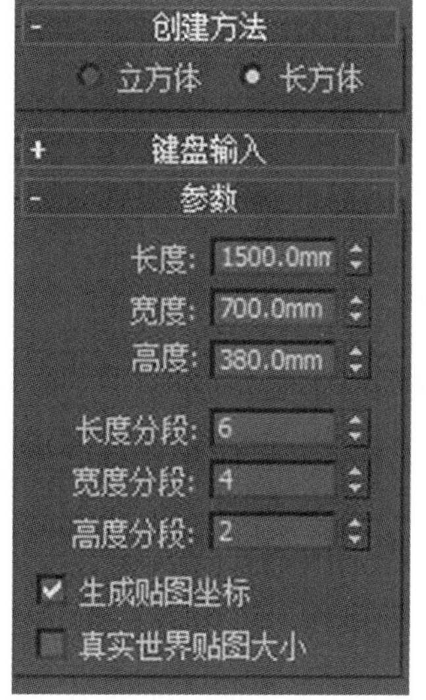

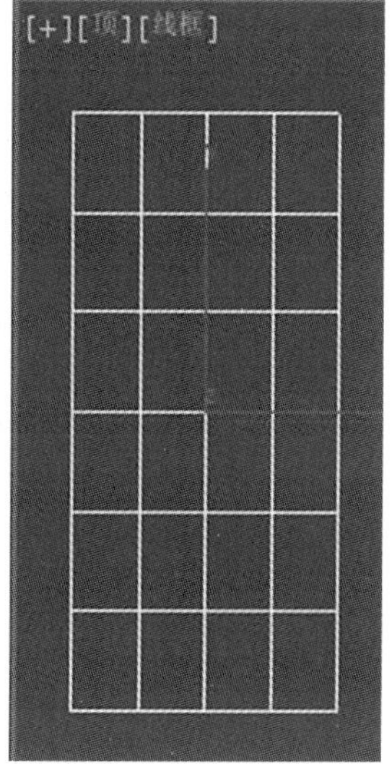

图 4-7 创建长方体

(2)在透视图中单击鼠标右键,选择“转换为”→“转换为可编辑多边形”命令,将长方体转换为可编辑多边形,如图 4-8 所示。

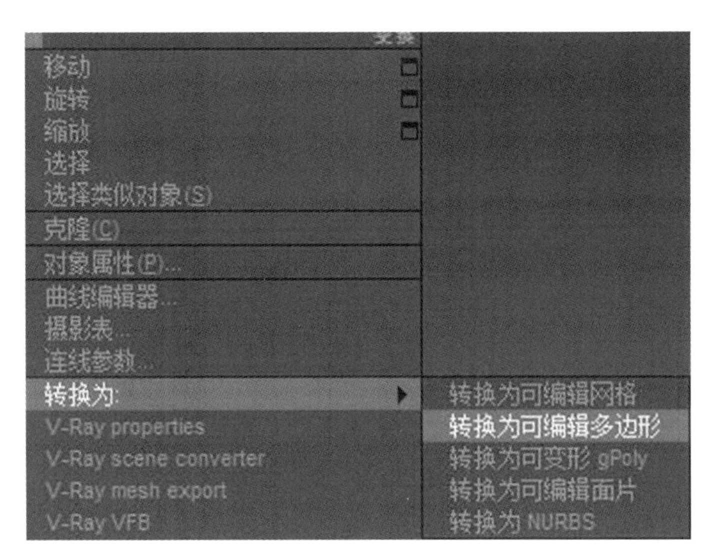

图 4-8　转换为可编辑多边形

(3)按下 1 键,进入顶点子对象层级,在顶视图中选择不同的顶点并移动,效果如图 4-9 所示。

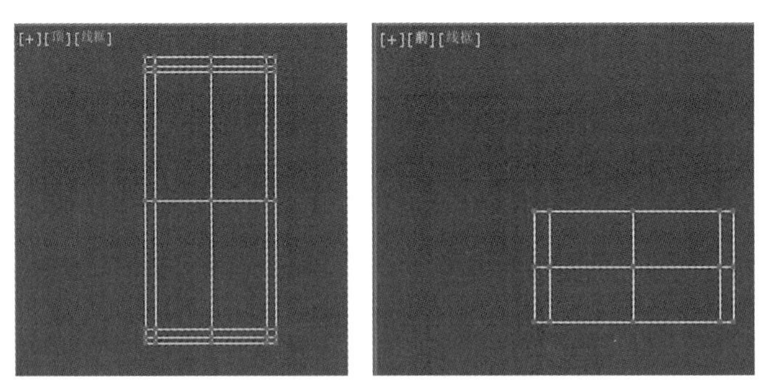

图 4-9　调整顶点的位置

(4)按下 4 键,进入多边形子对象层级,在顶视图中选择上面中间的 4 个大面,单击“倒角”按钮右面的按钮,在弹出的对话框中先设置参数,单击“+”按钮两次,单击“√”确定,如图 4-10 所示。

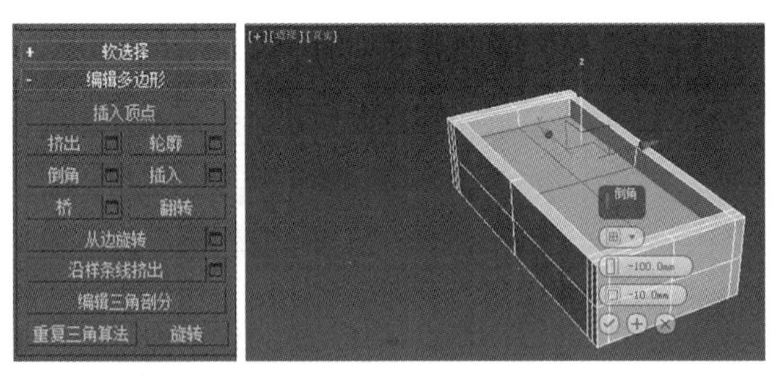

图 4-10　执行倒角命令

(5)关闭多边形子对象层级,退出可编辑多边形命令。

(6)在修改面板中勾选“细分曲面”项下的“使用 NURMS 细分”选项,修改“迭代次数”值为 2,效果如图 4-11 所示。

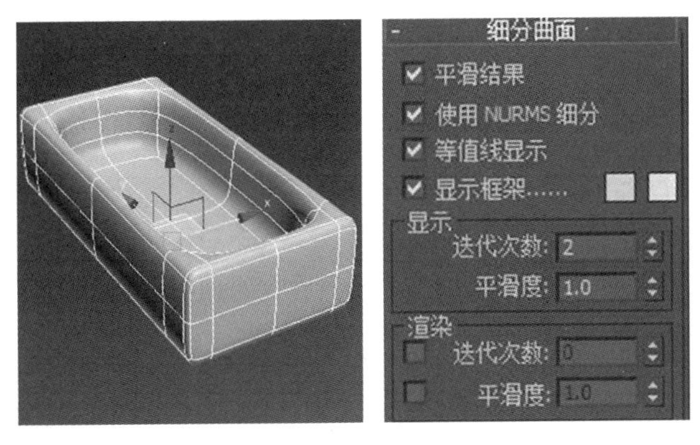

图 4-11　设置“细分曲面”项下参数及其效果

(7)保存文件,命名为“方形浴缸”,退出。

三、咖啡杯的绘制

咖啡杯的主要绘制步骤如下:

(1)启动 3ds Max 2020 软件,将显示单位设置成毫米,单击“系统单位设置”按钮,设置系统单位为毫米,如图 4-12 所示。

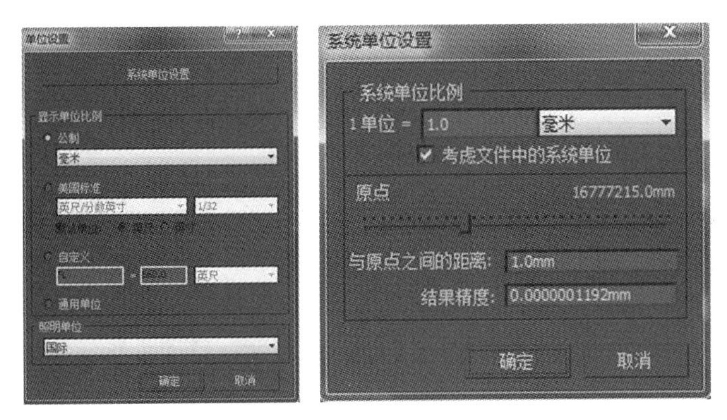

图 4-12　单位设置

(2)在顶视图中创建一个长方体,参数及形态如图 4-13 所示。

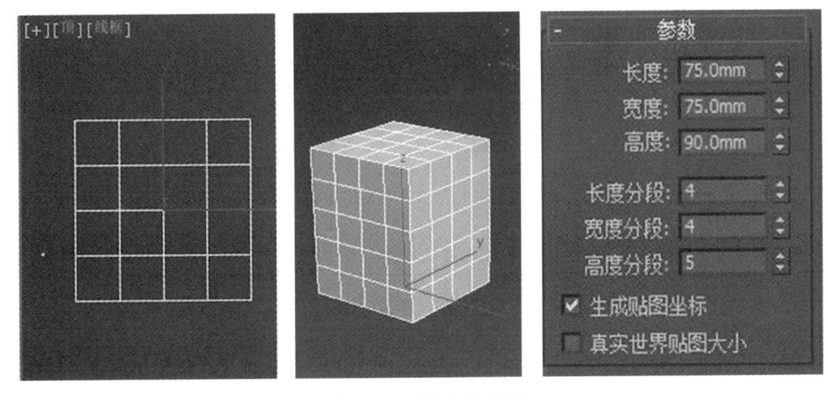

图 4-13　创建长方体

(3)将长方体转换为可编辑多边形，按下 1 键，进入顶点子对象层级，选择并移动顶点位置，如图 4-14 所示。

(4)按下 2 键，进入边子对象层级，在前视图中选择图 4-15 所示的两条边。

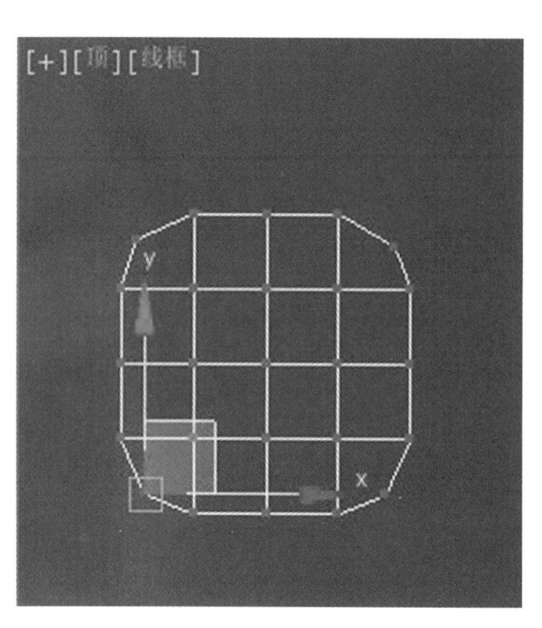

图 4-14　调整顶点

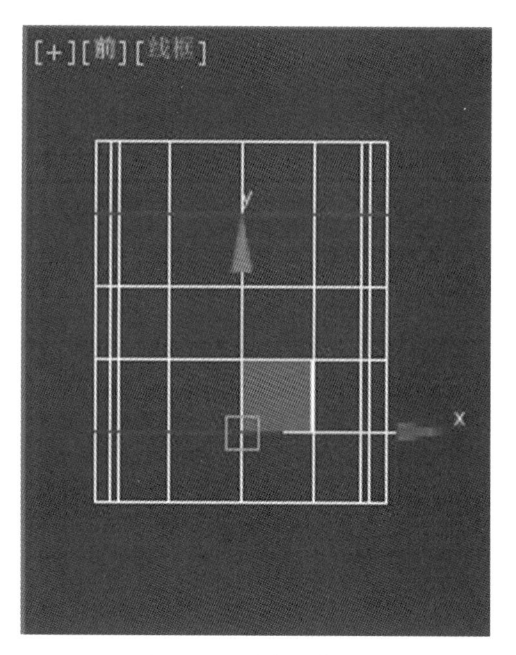

图 4-15　选择两条边

(5)单击“切角”按钮右边的小按钮，设置切角参数，单击“√”按钮确定，如图 4-16 所示。

(6)用同样的方法对中间垂直的边进行切角操作，如图 4-17 所示。

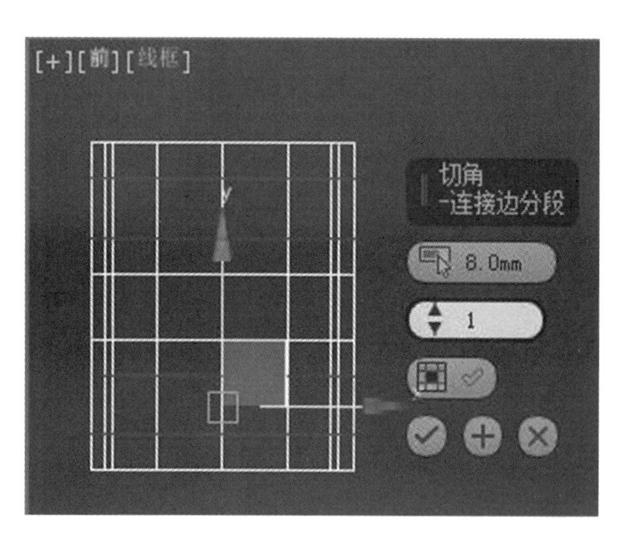

图 4-16　两条边切角

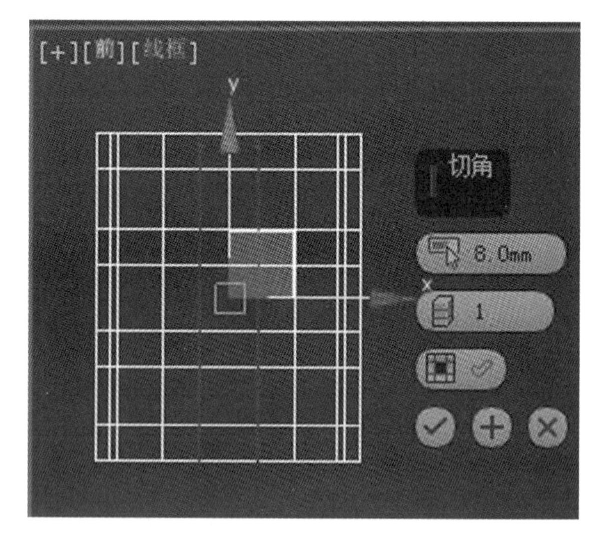

图 4-17　中间边切角

(7)在左视图中用线命令绘制出杯把的形态，如图 4-18 所示。

(8)选择长方体，按下 4 键，进入多边形子对象层级，选择图 4-19 所示的面。

(9)单击“沿样条线挤出”按钮右面的小按钮，在弹出的“沿样条线挤出多边形”对话框中单击“拾取样条线”按钮，在前视图中拾取绘制的杯把形态的线，设置分段数为 9，单击“√”按钮，效果如图 4-20 所示。

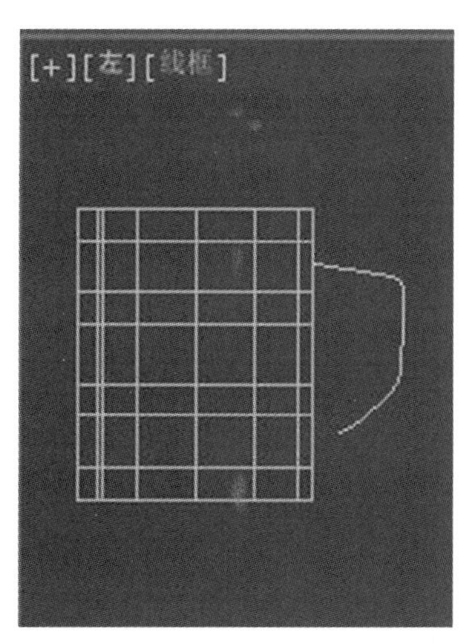

图 4-18 绘制杯把形态的线

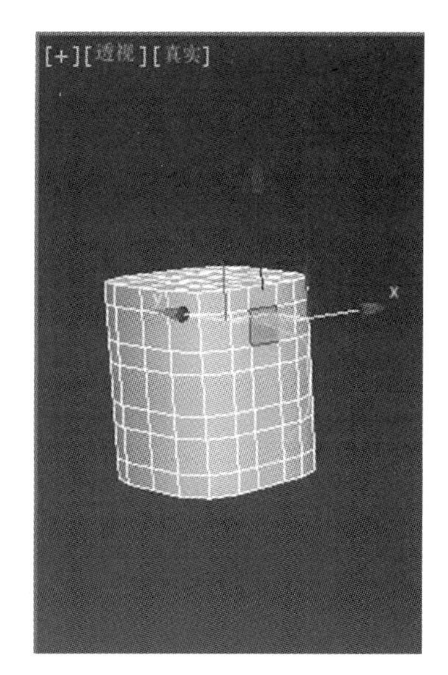

图 4-19 选择面

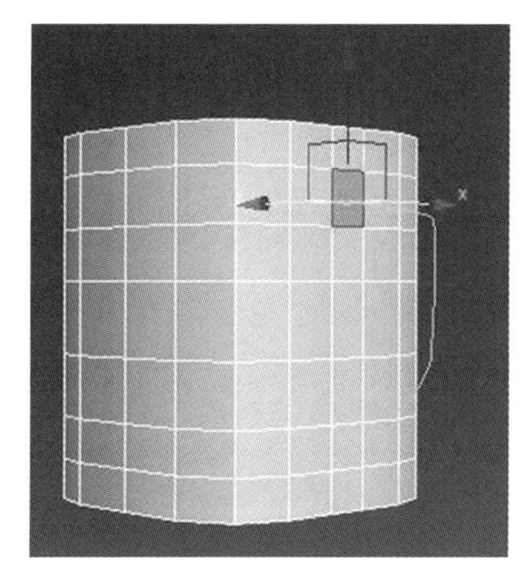

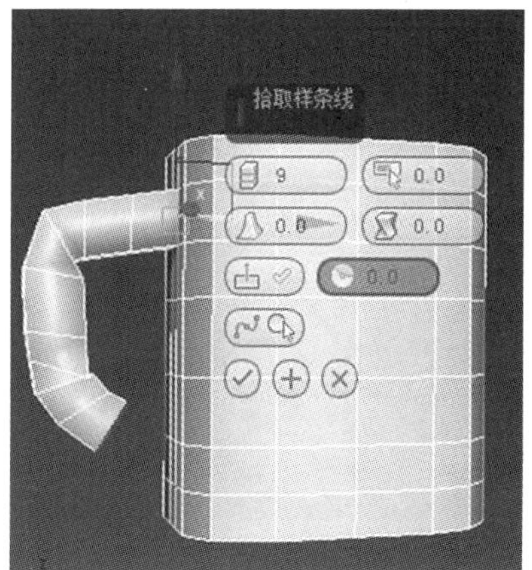

图 4-20 执行沿样条线挤出命令

(10)选择图 4-21 所示的两个面,单击"桥"按钮,执行桥命令。

(11)按下 1 键,进入顶点子对象层级,使用移动工具进行调整,效果如图 4-22 所示。

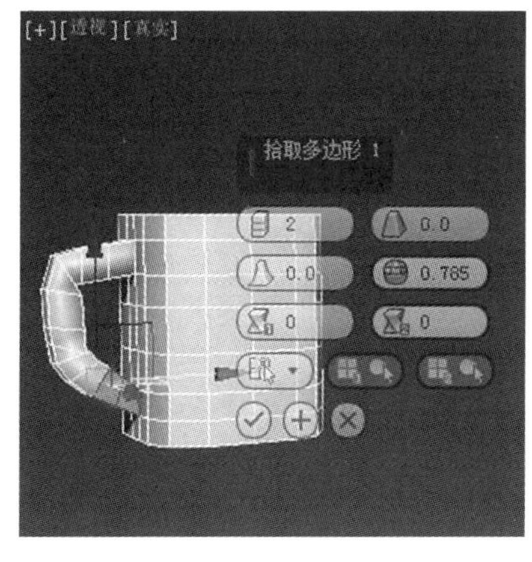

图 4-21 执行桥命令

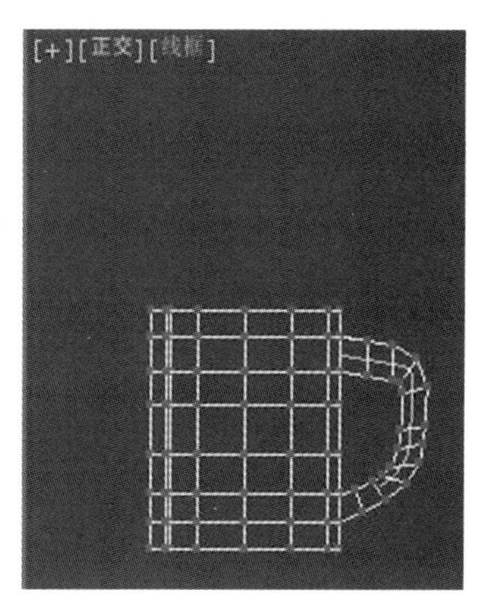

图 4-22 调整把手顶点位置

(12)按下 4 键,进入多边形子对象层级,在前视图中选择上面的面并全部删除,透视图效果如图 4-23 所示。

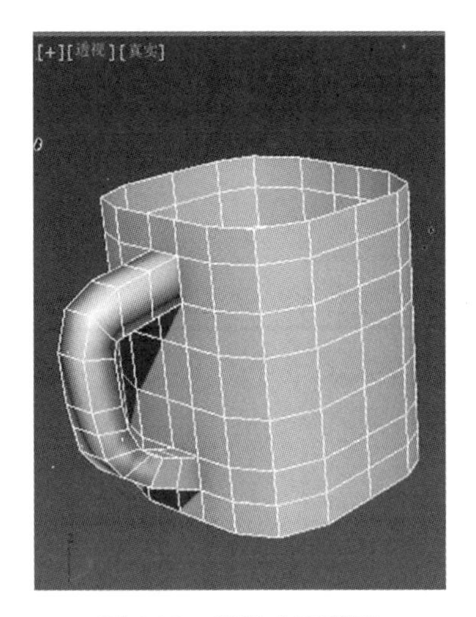

图 4-23　删除上面的面

(13)按下 3 键,进入边界子对象层级,选择上面的边界,单击“封口”按钮,如图 4-24 所示。

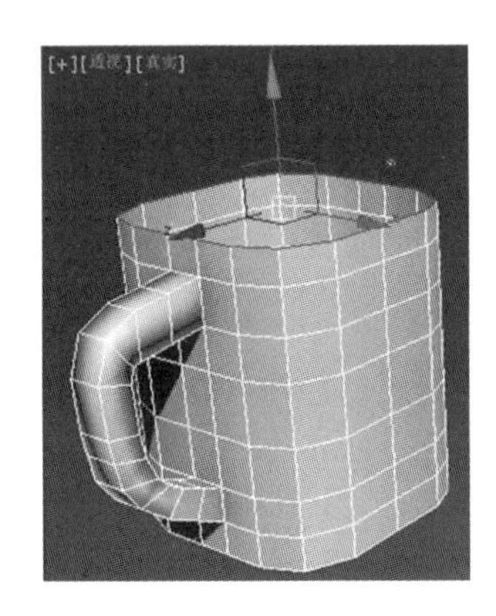
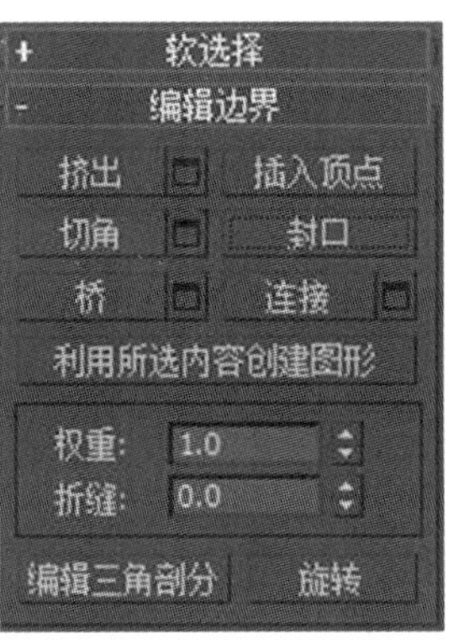

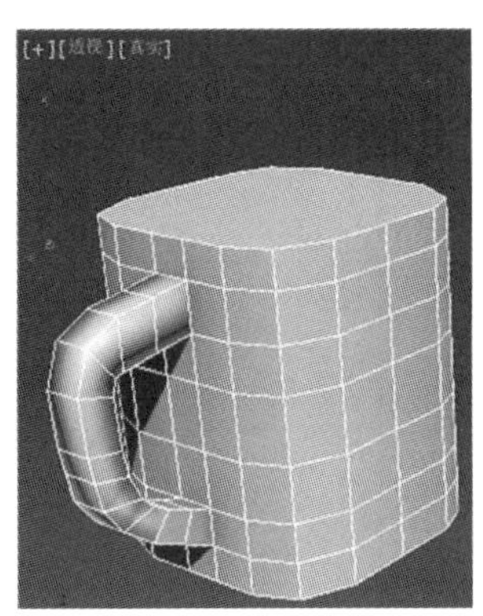

图 4-24　执行封口操作

(14)按下 4 键,进入多边形子对象层级,选择上面的面,插入一个面,如图 4-25 所示。

(15)按下 4 键,进入多边形子对象层级,选择上面的面,使用倒角命令制作出咖啡杯的深度效果,如图 4-26 所示。

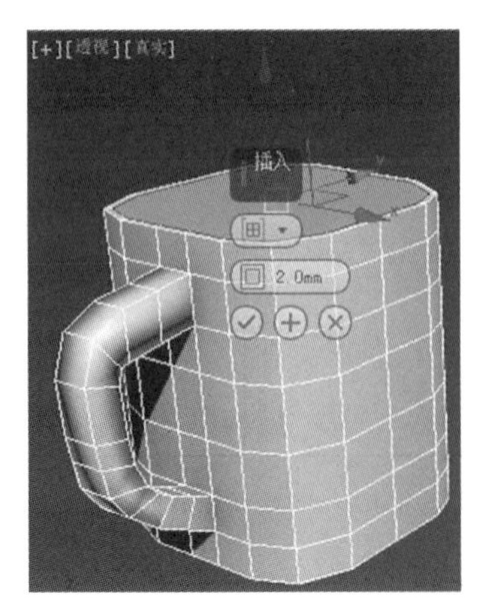

图 4-25　插入一个面

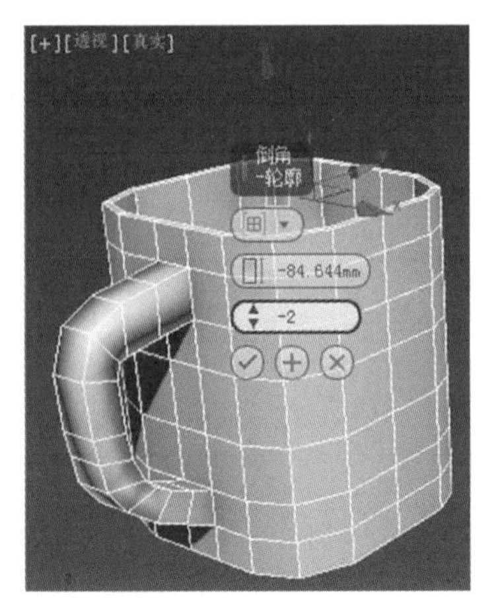

图 4-26　执行倒角命令

(16)按下 2 键,进入边子对象层级,对咖啡杯内的底面的边进行切角,如图 4-27 所示。

(17)在修改器列表中选择执行涡轮平滑命令,效果如图 4-28 所示。

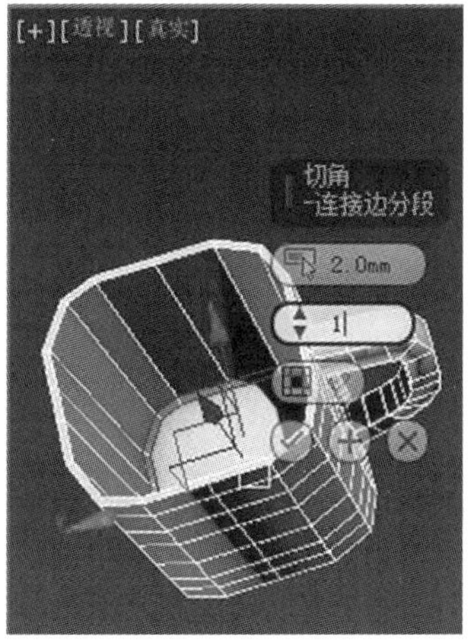

图 4-27　执行切角操作

图 4-28　执行涡轮平滑命令效果

(18)保存文件,命名为“咖啡杯”,退出。

任务 2
水杯的绘制

任务目的

通过水杯的绘制,能够熟练运用编辑网格中忽略背面、软选择、挤出等命令操作对物体进行制作和编辑。

一、知识点讲解

在顶点层级中,打开“软选择”卷展栏(见图 4-29),默认是不勾选“边距离”的。

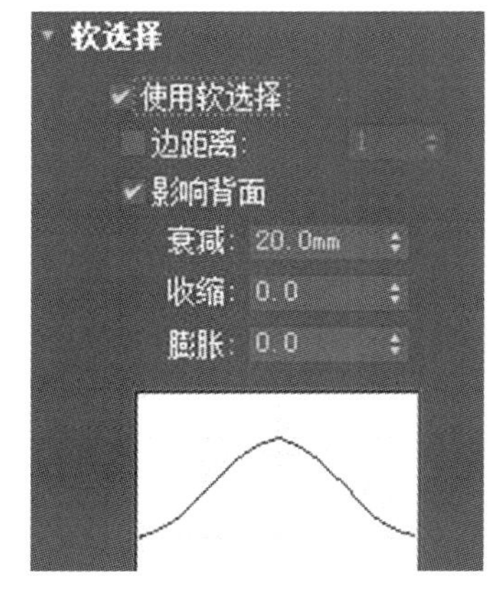

图 4-29　“软选择”卷展栏

边距离：启用该选项后，软选择将被限制为指定的面数。该选项的影响区域是根据“边距离”值沿着曲面进行测量的空间，而不是真实空间。

衰减：设置较大“衰减”值后，移动已经选择的多边形时，会看见多边形旁边的面也被拉出，而且边缘很圆滑。“衰减”值越大，过渡越平缓。如果启用了“边距离”，“边距离”的设置会相应地限制“衰减”值。

二、水杯的绘制

水杯的主要绘制步骤如下：

(1)启动 3ds Max 2020 软件，将显示单位设置成毫米，单击“系统单位设置”按钮，设置系统单位为毫米，如图 4-30 所示。

(2)在顶视图中创建圆柱体，设置分段数，如图 4-31 所示，转换为可编辑多边形。

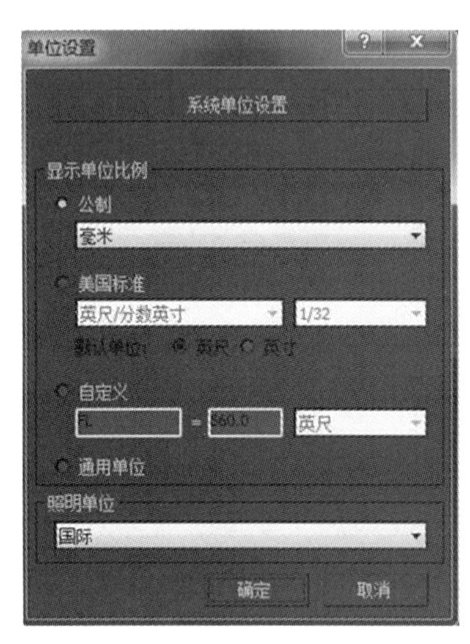

图 4-30 单位设置

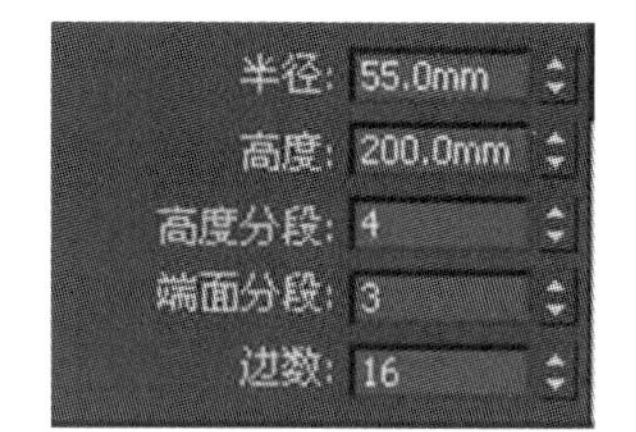

图 4-31 圆柱体设置

(3)删除上盖。在透视图中选择顶点层级，选择中心顶点，扩大选择，按 Delete 键删除顶点，如图 4-32、图 4-33 所示。

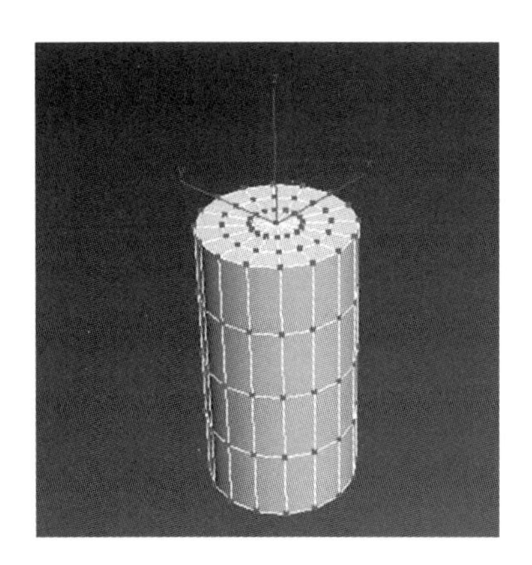

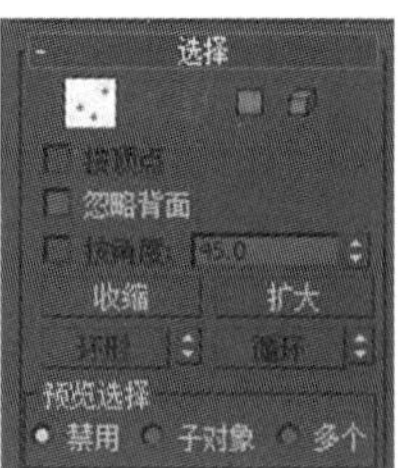

图 4-32 选择中心顶点

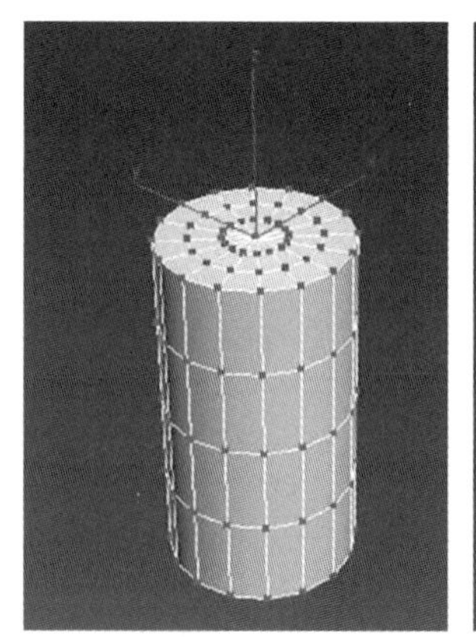

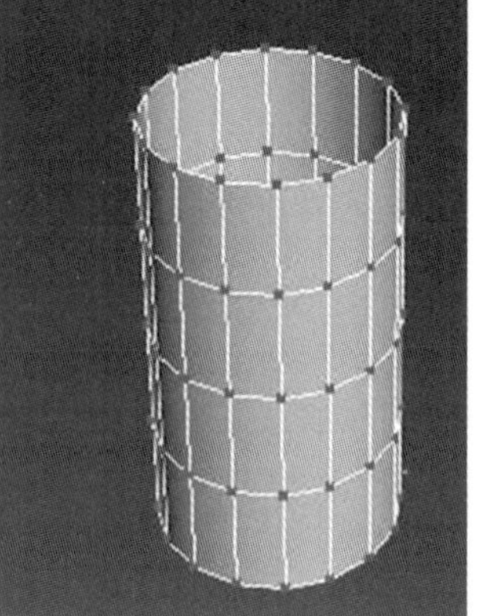

图 4-33 删除上盖效果

(4)在透视图中，选择底面中间点使用软选择，如图 4-34 所示。

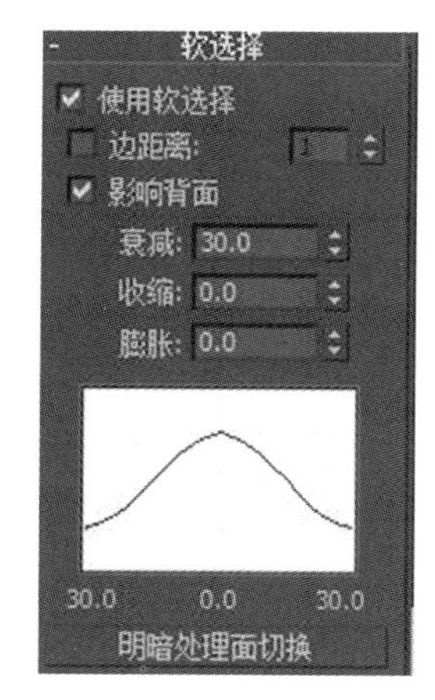

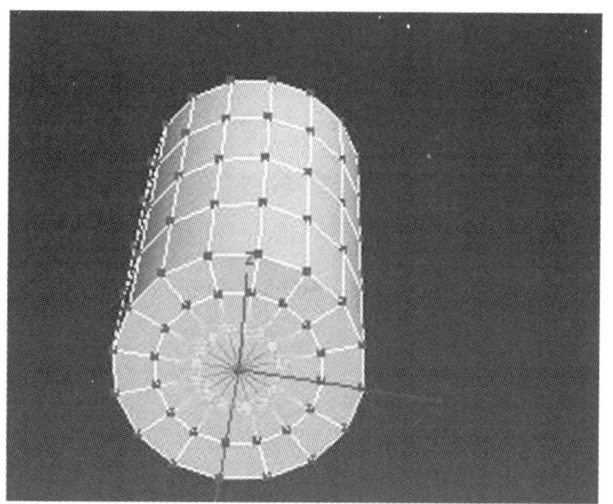

图 4-34　设置软选择

(5)调整所选点的 z 向位置,如图 4-35 所示。

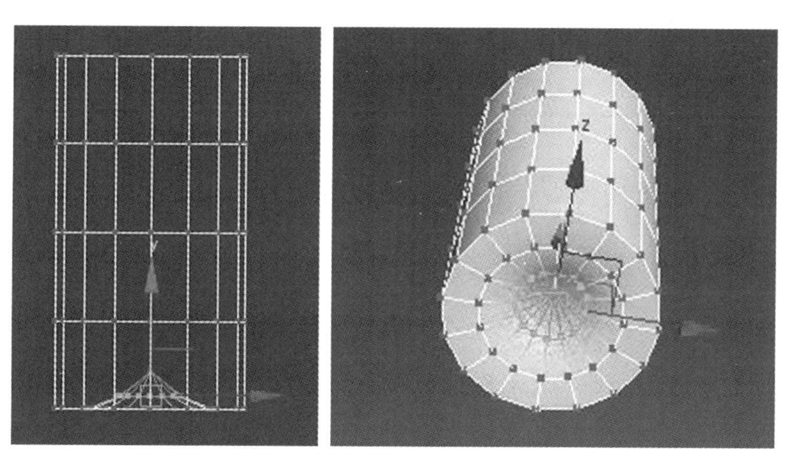

图 4-35　调整点的位置

(6)选择边层级,选择图 4-36 所示的两条边,关掉软选择。

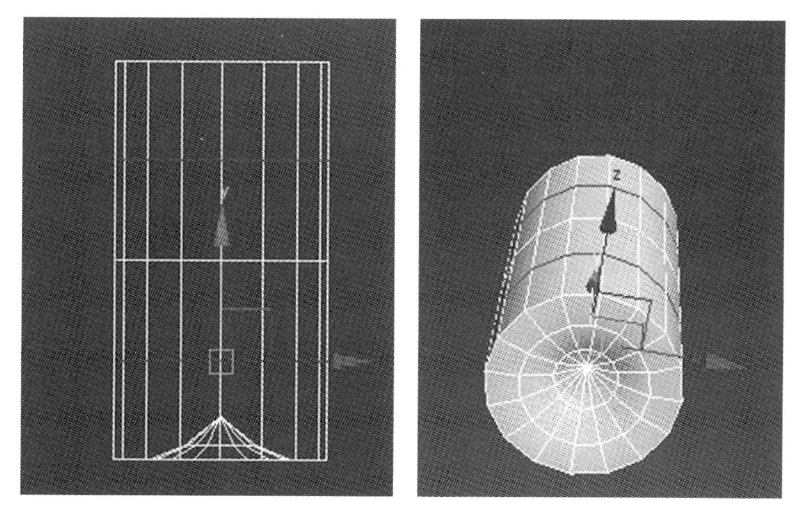

图 4-36　选择两条边

(7)执行 y 方向缩放操作,如图 4-37 所示。

(8)将中间线下移,如图 4-38 所示。

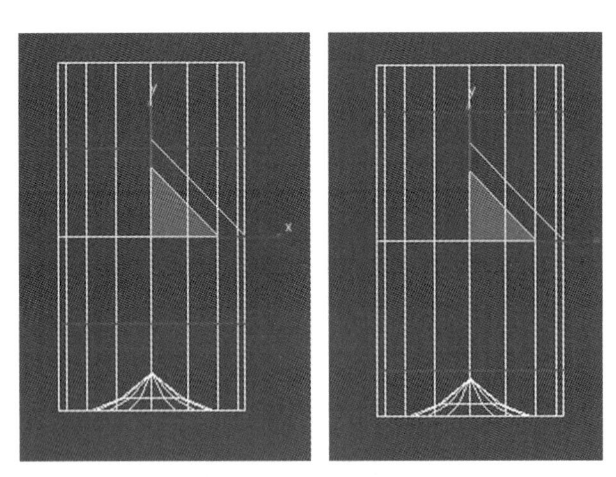

图 4-37　执行缩放效果

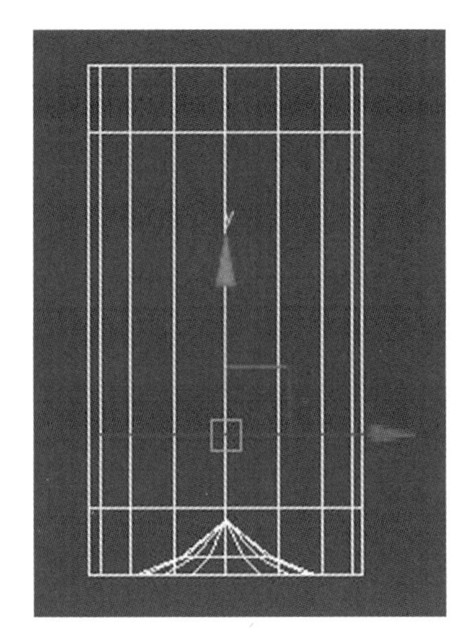

图 4-38　移动中间线位置

(9)在多边形层级,添加壳修改器,如图 4-39 所示。

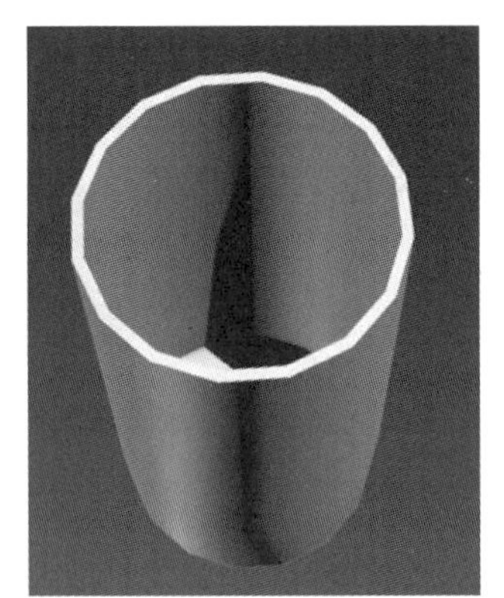

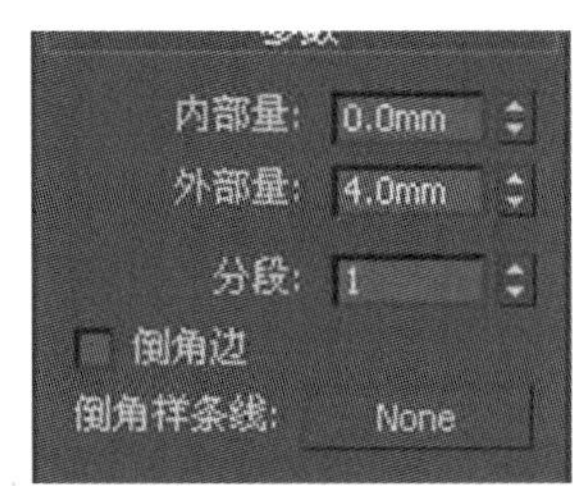

图 4-39　添加壳修改器

(10)转换为可编辑多边形,选边,执行环形操作后再执行扩大操作,如图 4-40 所示,按住 Alt 键减选,如图 4-41 所示。

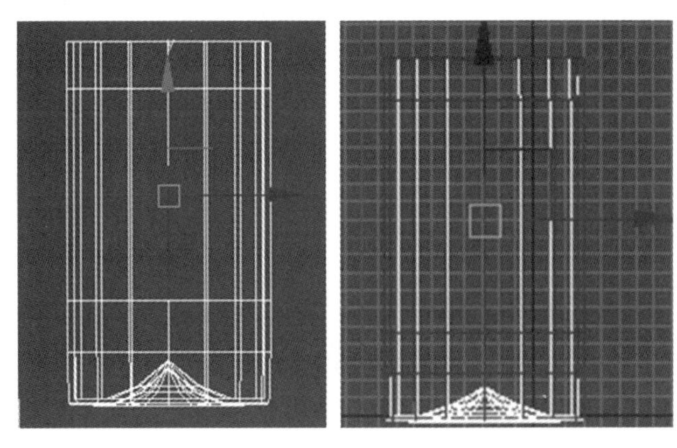

图 4-40　选边并执行环形、扩大操作

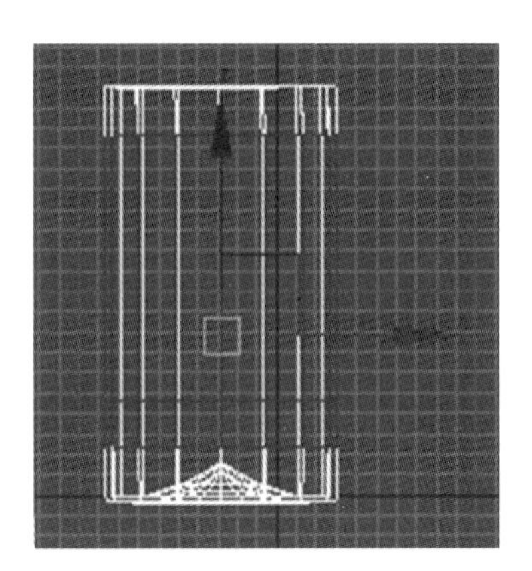

图 4-41　减选

(11)执行挤出边操作,参数设置为宽 5 mm、高 10 mm,如图 4-42 所示。

(12)添加涡轮平滑修改器,效果如图 4-43 所示。

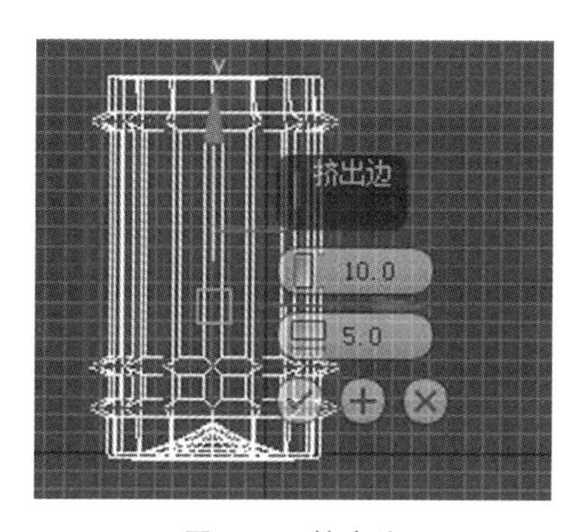

图 4-42 挤出边

图 4-43 添加涡轮平滑修改器效果

(13)在边层级,选择边,做循环操作后,执行切角命令,如图 4-44 所示。

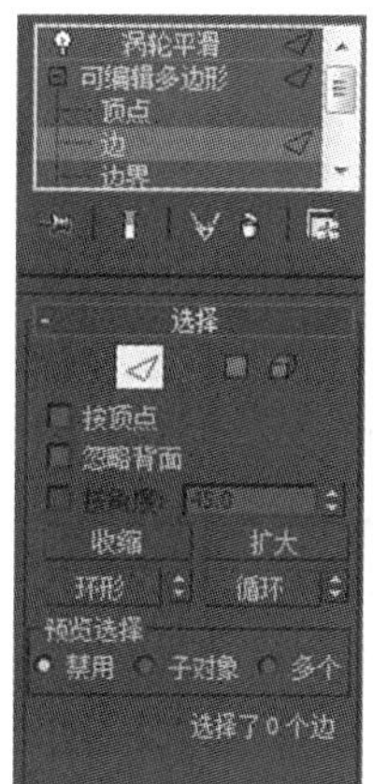

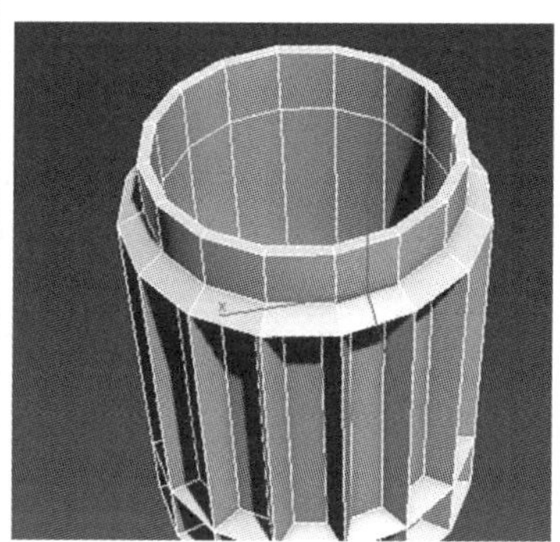

图 4-44 选边并执行循环、切角操作

(14)在边层级,选择端面一条边,做环形操作,如图 4-45 所示。

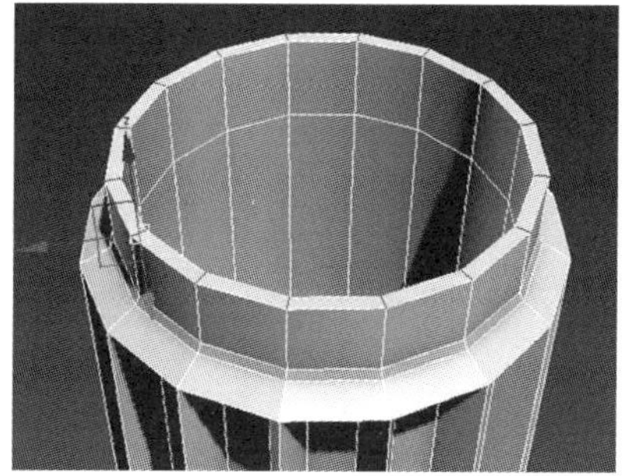

图 4-45 选边并执行环形操作

(15)施加连接边操作,设置参数(分段数为 2,收缩值为 44),如图 4-46 所示。

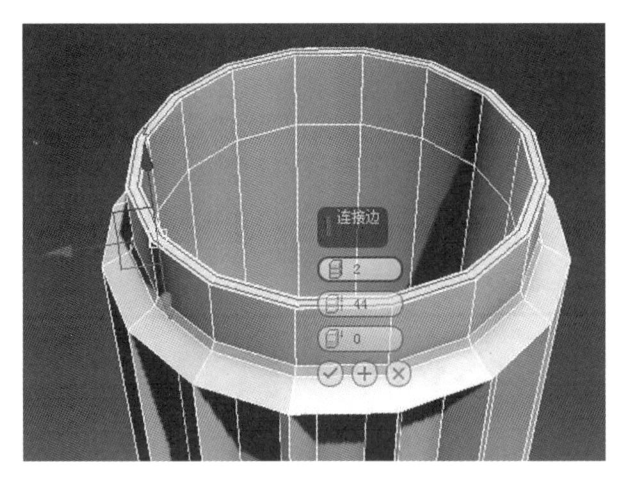

图 4-46　连接边操作

(16)选择底面边,对底面边做切角操作,如图 4-47 所示。

(17)退出多边形编辑,保存文件,最终效果如图 4-48 所示。

图 4-47　底面边切角效果

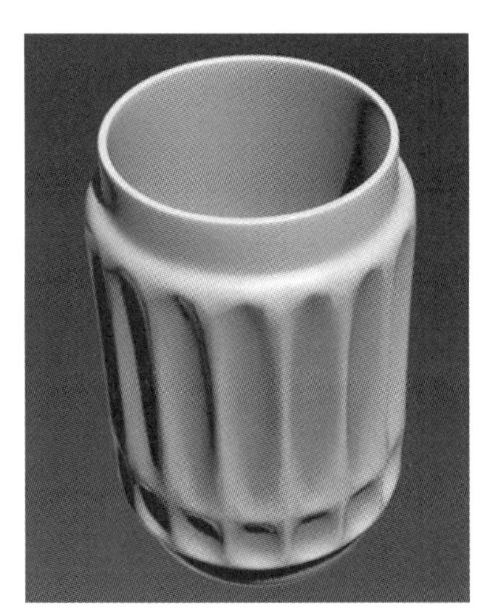

图 4-48　最终效果

任务 3 墙面软包、门把手的绘制

任务目的

通过墙面软包、门把手的绘制,掌握多边形的编辑方法,掌握切角、挤出、对象分离、网格平滑等命令的用法。

一、知识点讲解

利用网格平滑命令可以给物体添加更多的点和线，使物体表面更光滑，如对图 4-49 所示的长方体，点一次“网格平滑”按钮，长方体的形状会发生变化，开始变得平滑；再多点几次，它会变得更加平滑，成为一个椭球状结构，如图 4-50 所示。

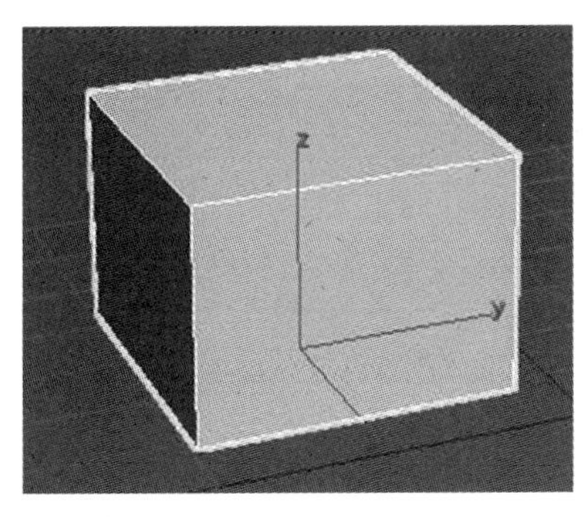

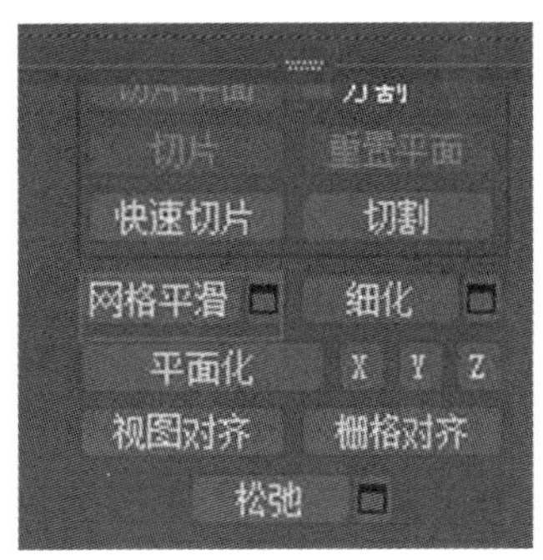

图 4-49　网格平滑示例

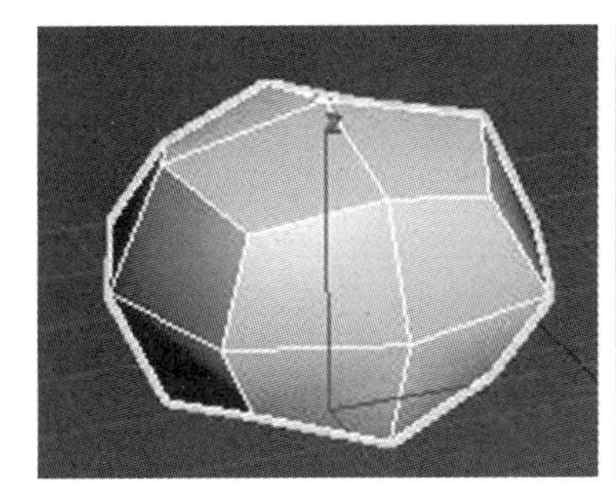

图 4-50　网格平滑效果

也可以选择物体的部分进行平滑，比如在多边形层级下，选择了长方形的四个面。单击三次“网格平滑”按钮，就会得到图 4-51 所示的效果，选中的面会越来越密。

一般直接使用“网格平滑”按钮操作次数多了就无法恢复原始效果。可以使用网格平滑修改器，然后更改迭代次数，如图 4-52 所示，这样效果不好时便可直接删除网格平滑效果。

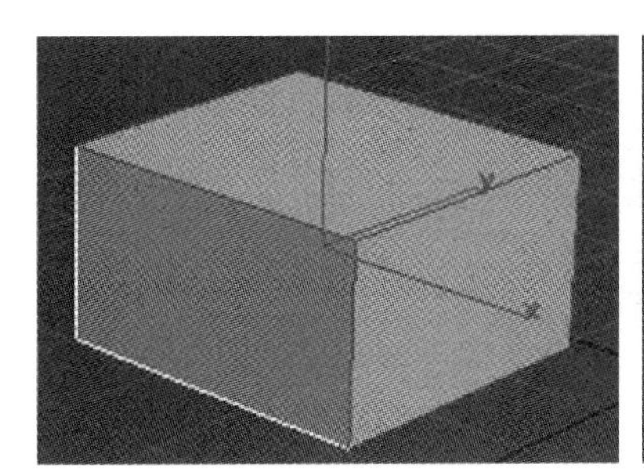

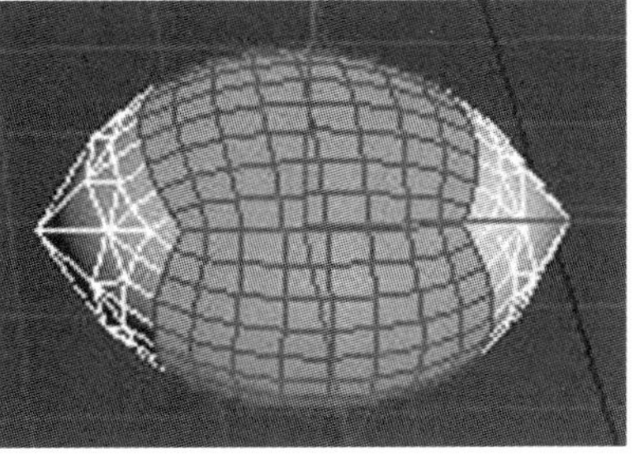

图 4-51　选择长方体的面进行网格平滑的效果

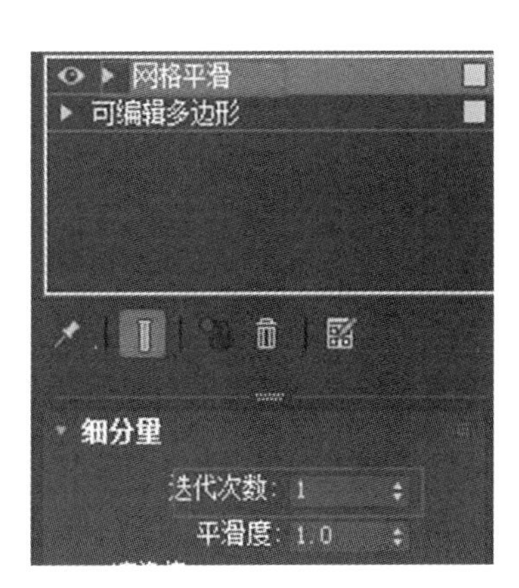

图 4-52　网格平滑修改器

二、墙面软包的绘制

墙面软包的主要绘制步骤如下：

(1)在前视图中创建一个平面，参数如图4-53所示。

(2)转换为可编辑多边形，在边层级选择两条边，如图4-54所示。

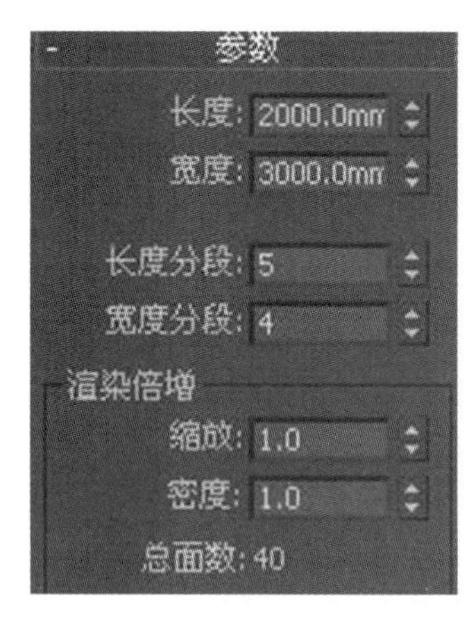

图4-53　创建平面的参数

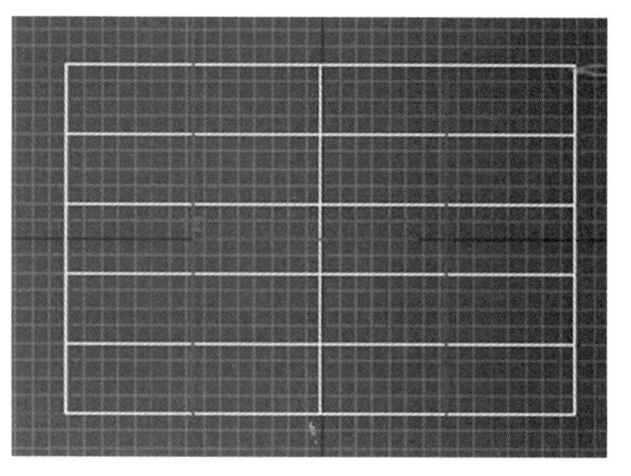

图4-54　选择边

(3)利用缩放工具调整边的位置，如图4-55所示。

(4)在顶点层级选点进行切角操作，参数设置为“120”，效果如图4-56所示。

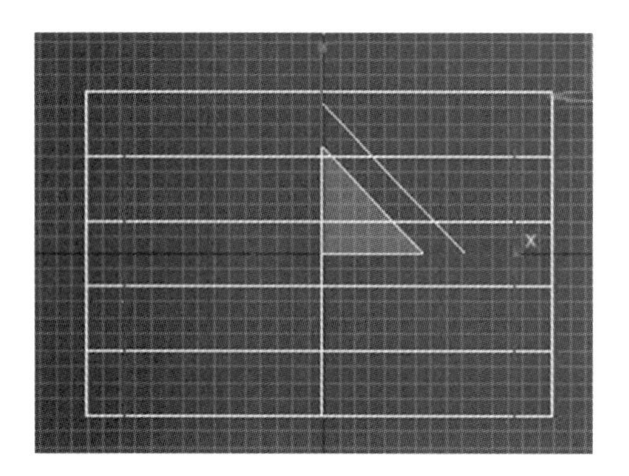

图4-55　缩放边效果

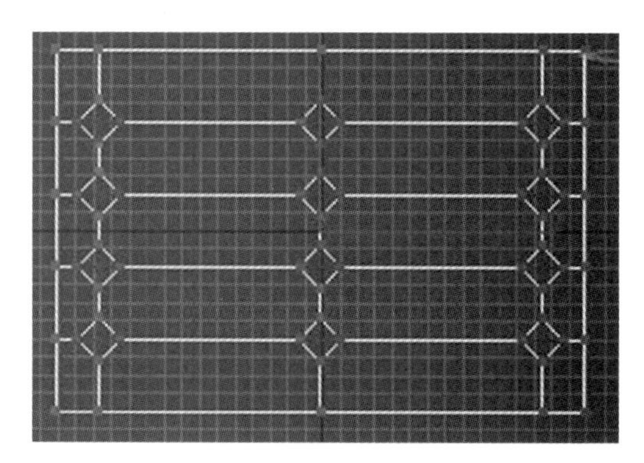

图4-56　点切角效果

(5)在多边形子对象层级，选择所有的面，执行倒角命名，如图4-57所示。

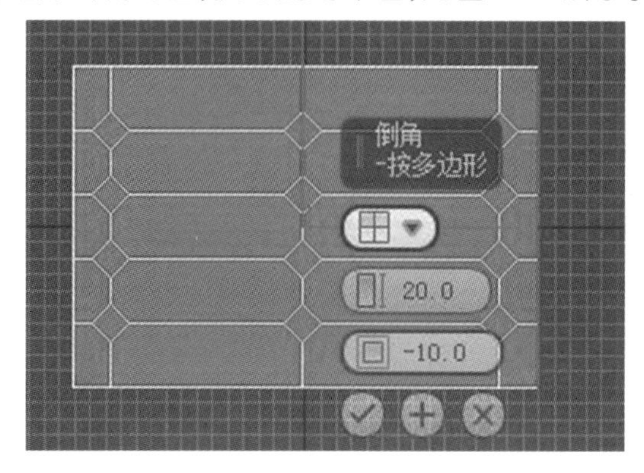

图4-57　倒角

(6)在边子对象层级,按住“Ctrl+A”键全选边,在顶视图中减选背面后切角,如图4-58所示。

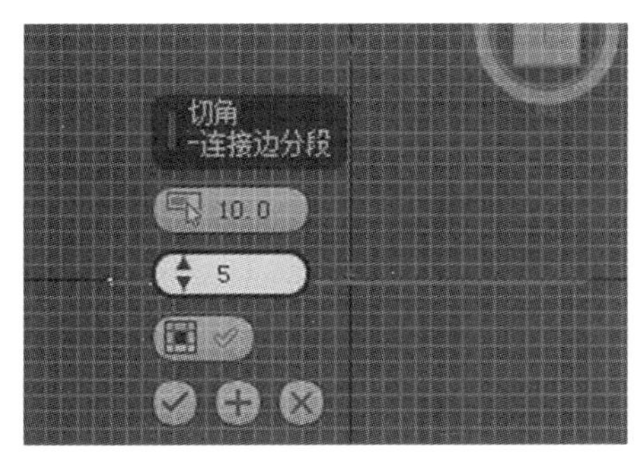

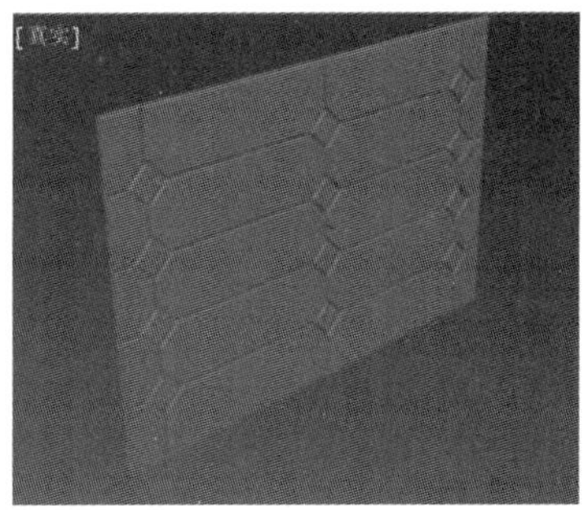

图 4-58　边切角效果

(7)在多边形子对象层级选择面,扩大选择,如图4-59所示。

(8)做分离操作,分离名称设置成“红色”,单击“确定”按钮,如图4-60所示。

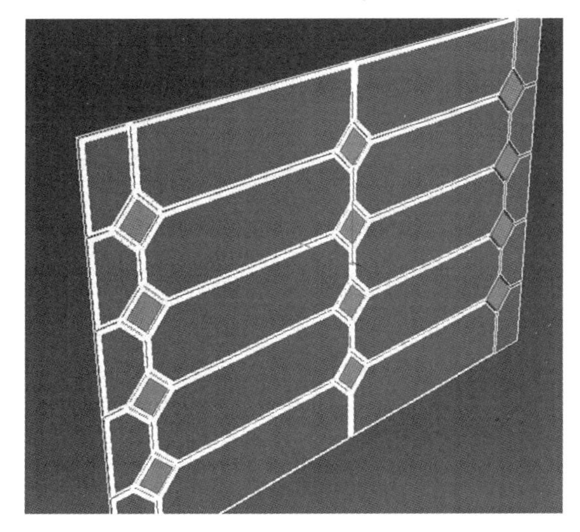

图 4-59　选择面并扩大

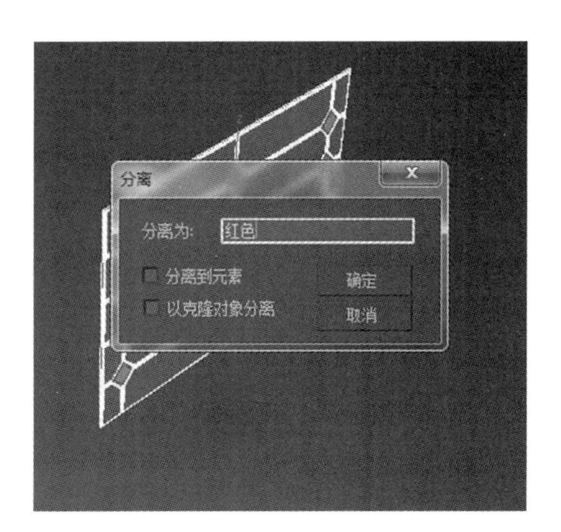

图 4-60　分离面

(9)选择分离的对象,赋予颜色;反选,赋予大背景颜色。最终效果如图4-61所示。

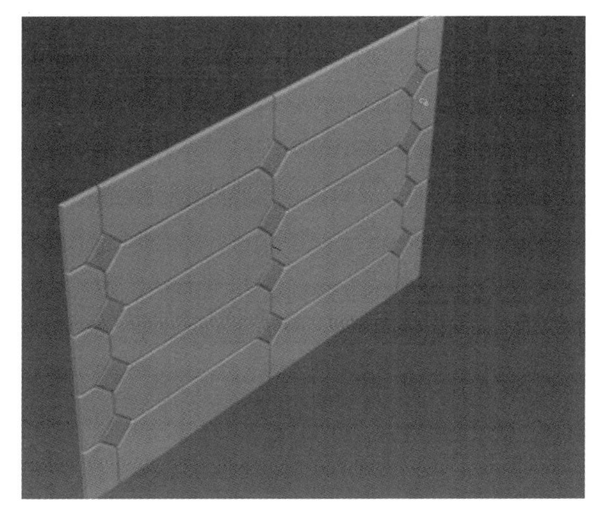

图 4-61　最终效果

(10)保存文件,命名为“墙面软包”,退出。

三、门把手的绘制

门把手的主要绘制步骤如下:

(1)启动 3ds Max 2020 软件,将显示单位设置成毫米,单击“系统单位设置”按钮,设置系统单位为毫米,如图 4-62 所示。

(2)在前视图中创建一个长方体,参数如图 4-63 所示。

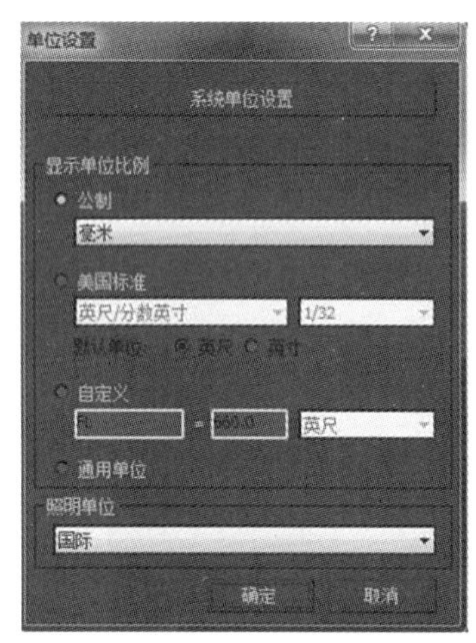
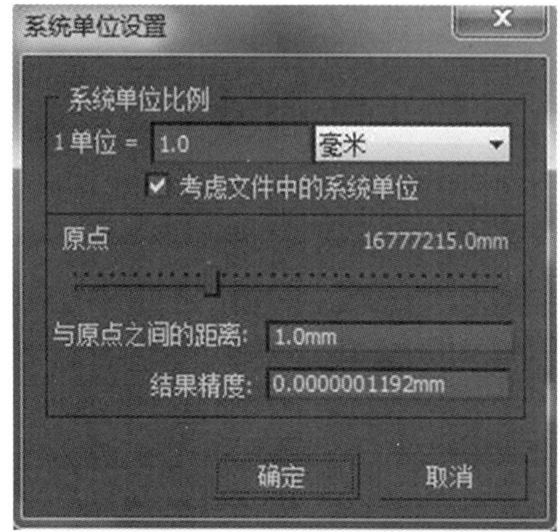

图 4-62 单位设置

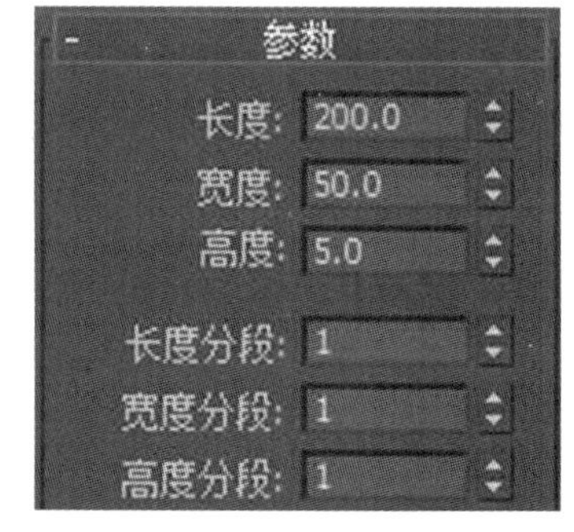

图 4-63 创建长方体的参数

(3)将长方体转换为可编辑多边形,在前视图中,按 4 键进入多边形层级,选长方体的前面做倒角操作,参数设置如图 4-64 所示。

(4)在多边形子对象层级,在倒角的面上,执行插入面操作,值为 10 mm,如图 4-65 所示。

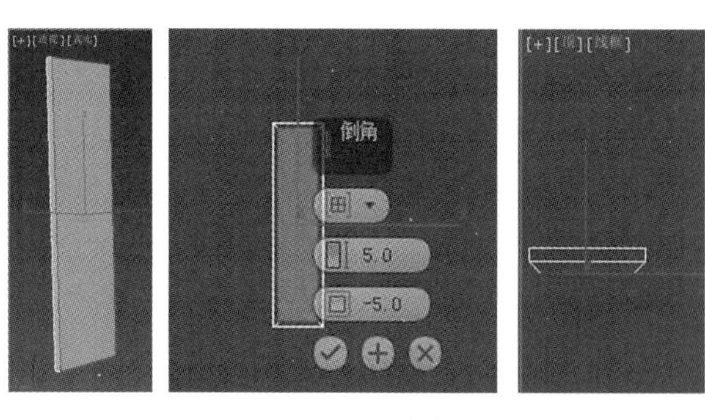

图 4-64 面倒角

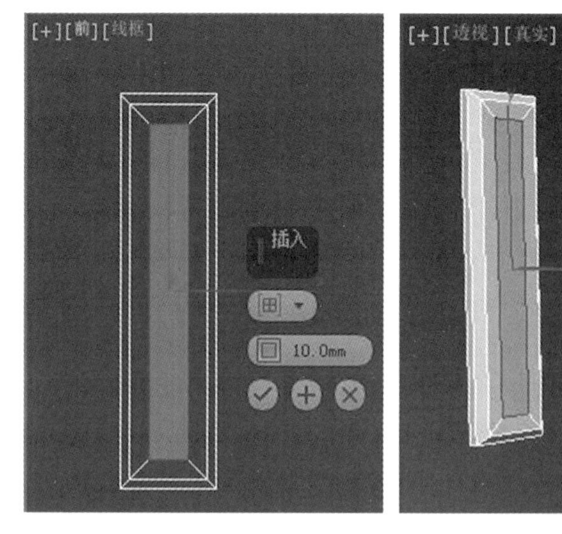

图 4-65 插入面

(5)对插入的面做挤出操作,如图 4-66 所示。

(6)按下 2 键,在边子对象层级,选择左右两边,进行连接边操作,如图 4-67 所示。

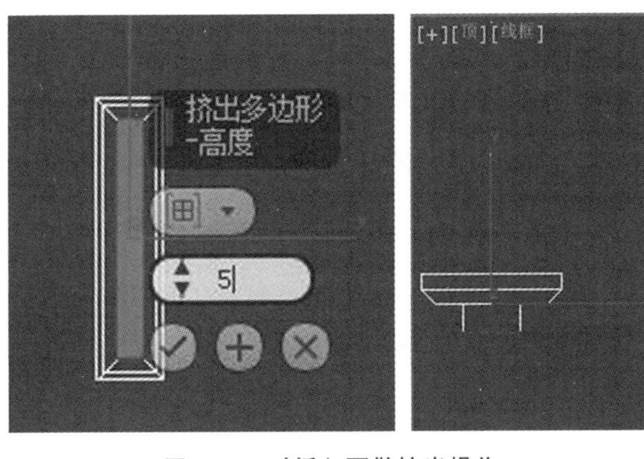

图 4-66 对插入面做挤出操作

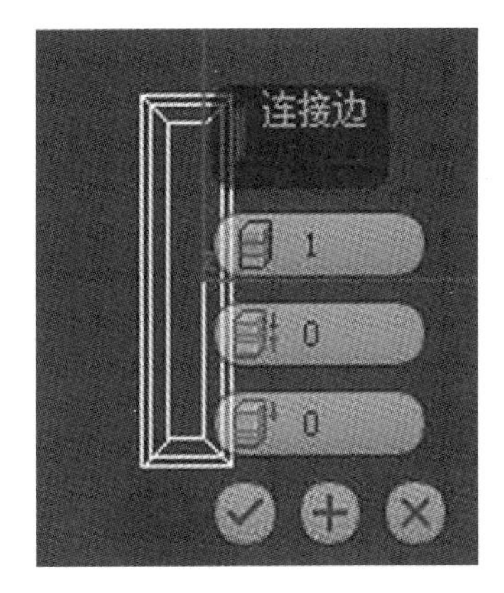

图 4-67 连接边

(7)选择连接边,做切角操作,数量值设为 10,使得两条边相距 20 mm,如图 4-68 所示。

(8)使用移动工具,将两条边向上移动到合适位置,如图 4-69 所示。

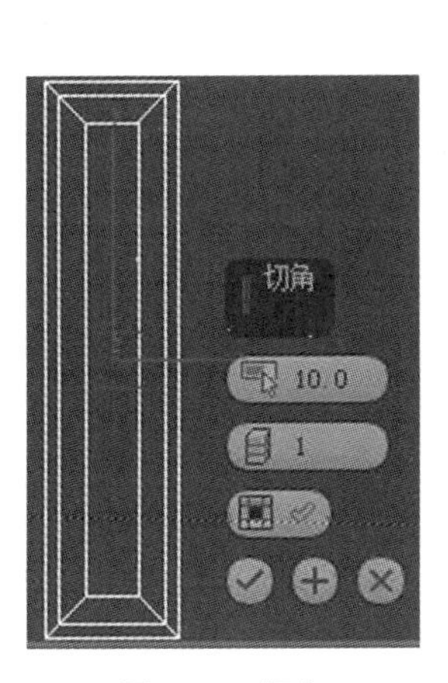

图 4-68 切角

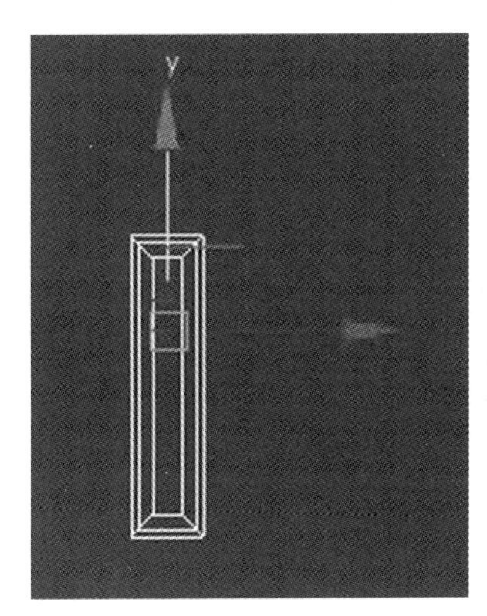

图 4-69 移动两条边

(9)按 4 键进入多边形子对象层级,选择面,做挤出操作,先挤出 40 mm,单击加号再挤出 10 mm,效果如图 4-70 所示。

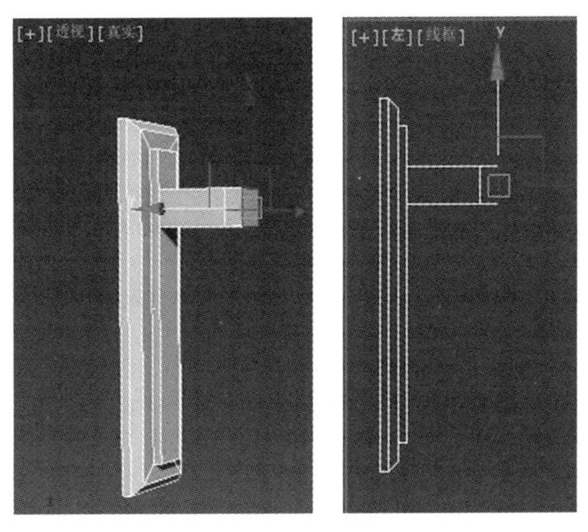

图 4-70 面挤出效果

(10)保持在多边形子对象层级,选侧面做挤出操作,效果如图 4-71 所示,形成把手。

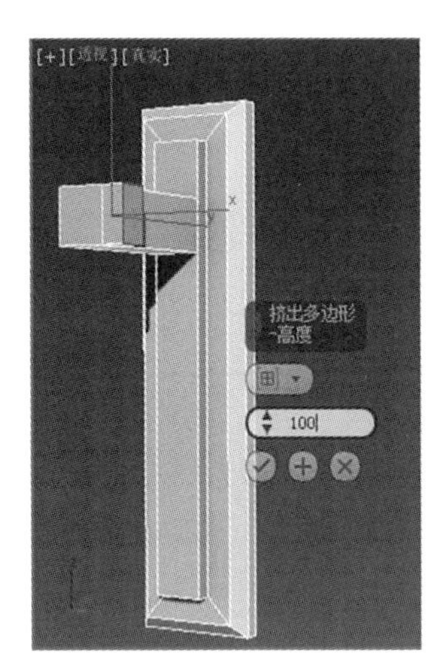

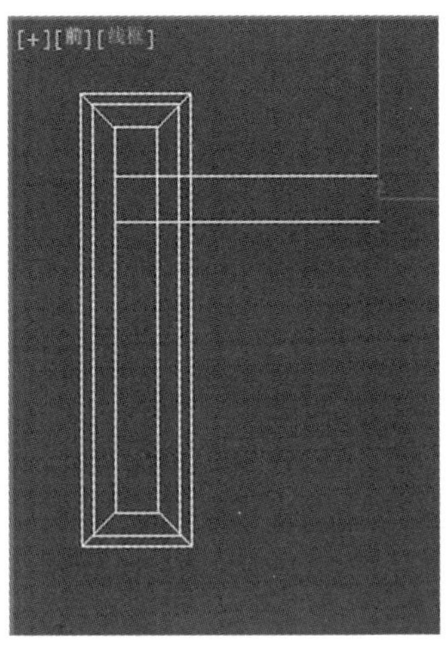

图 4-71　挤出效果

(11)在前视图中,按 2 键进入边子对象层级,选择把手上水平的两条边,做连接操作,参数设置如图 4-72 所示,单击“√”按钮。

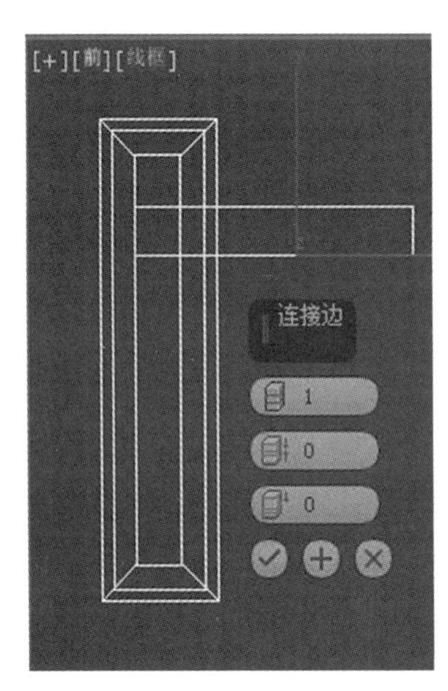

图 4-72　连接边

(12)在前视图中,利用选择并移动工具向上移动边,效果如图 4-73 所示。

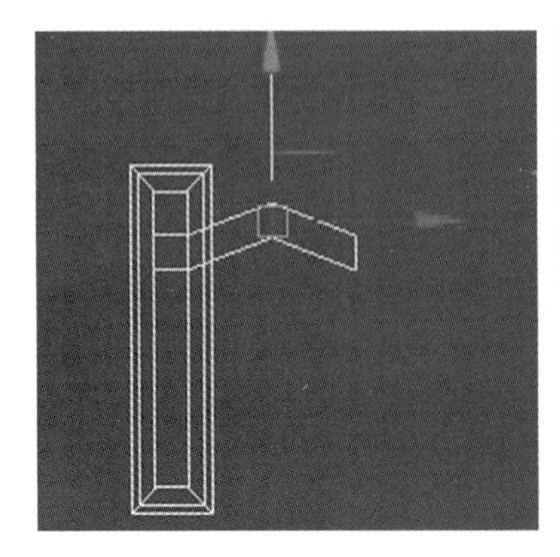
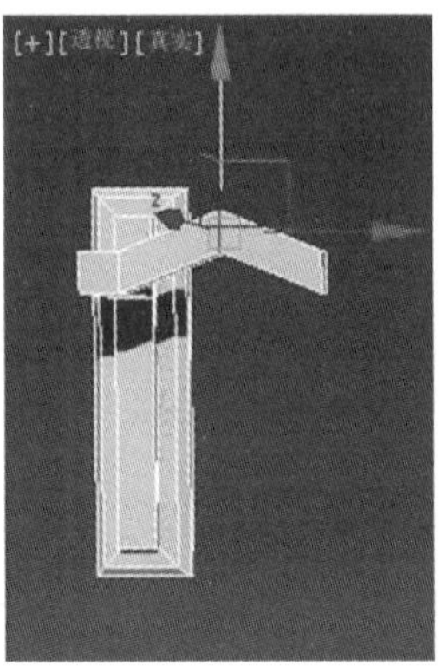

图 4-73　移动边

(13)选择侧边,做旋转操作,如图 4-74 所示。

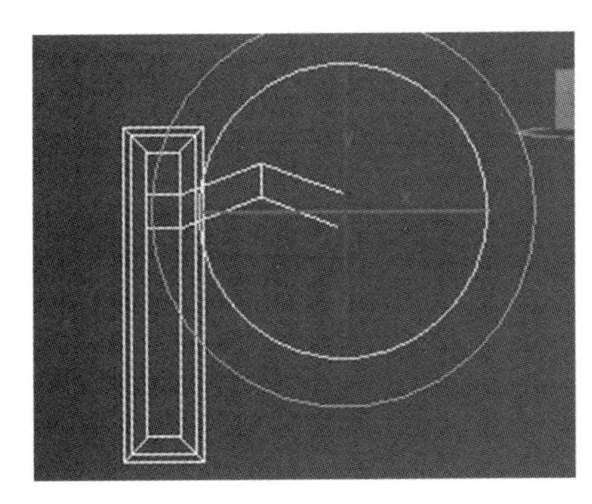
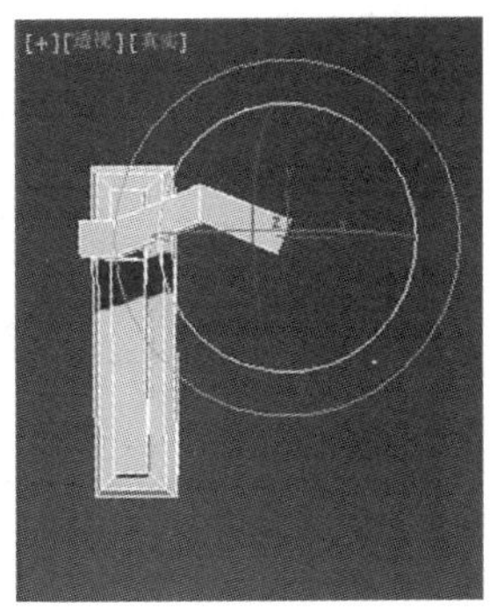

图 4-74 旋转侧边

(14)在顶视图中,按 4 键进入多边形子对象层级,做把手分离,如图 4-75 所示,单击“确定”按钮。

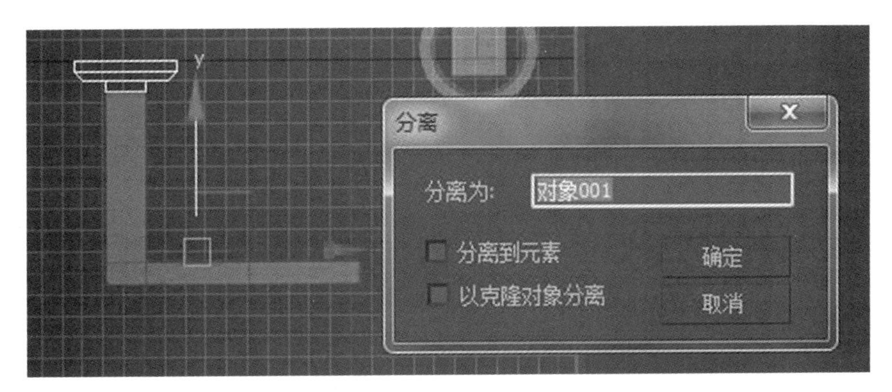

图 4-75 分离对象

(15)按下 2 键进入边子对象层级,按住“Ctrl+A”键全选边,对边进行切角操作,切角参数设置如图 4-76 所示。

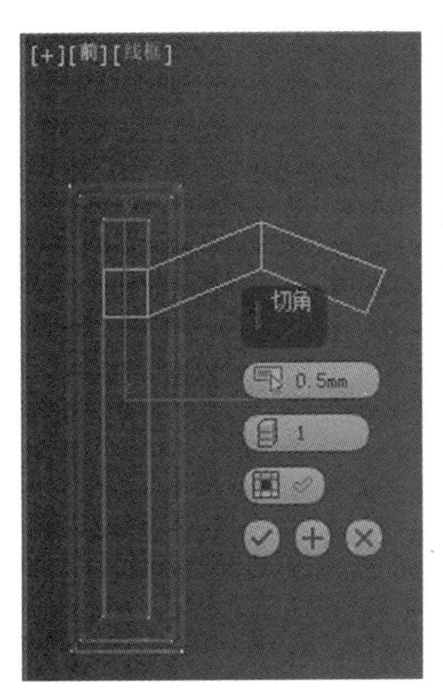

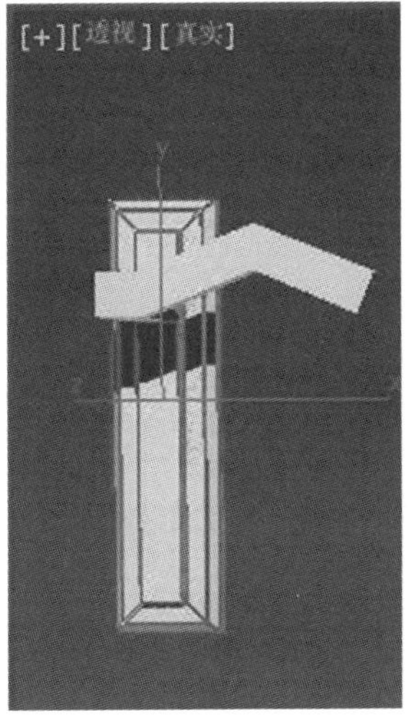

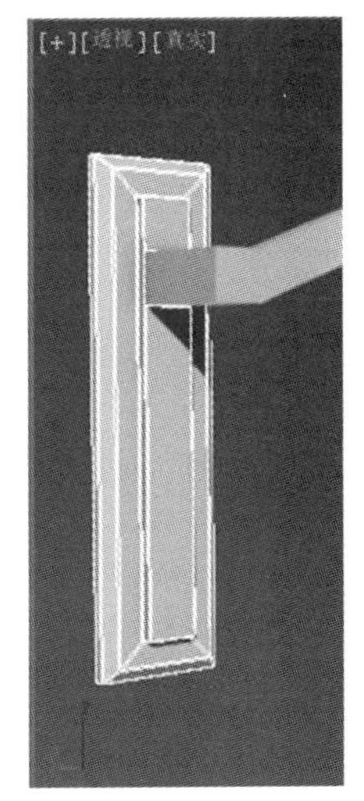

图 4-76 切角

(16)选择分离对象,按 2 键进入边子对象层级,按住“Ctrl+A”键全选边,对接触边进行减选,对边进行切角操作,切角参数设置如图 4-77 所示。

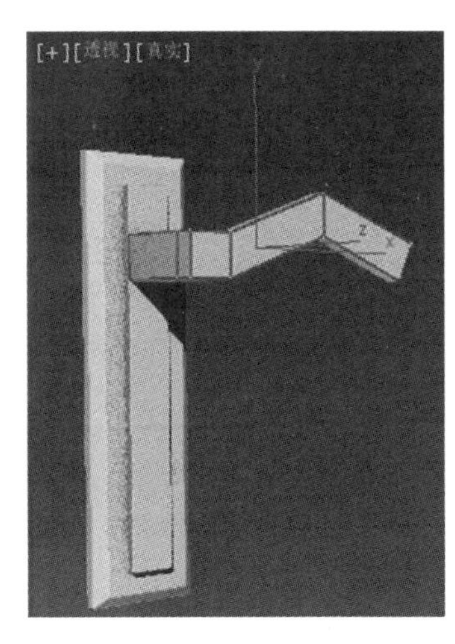

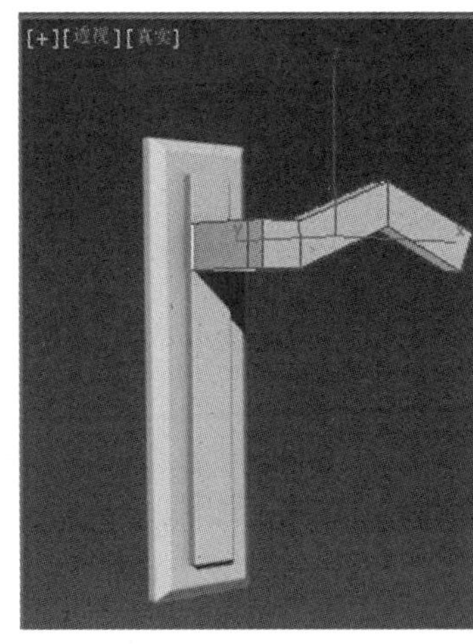

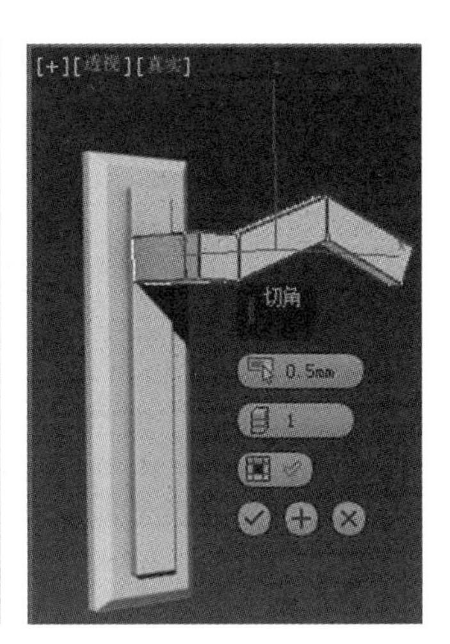

图 4-77 对分离对象的边进行切角

(17)单击命令面板"修改"标签,在修改器列表中选涡轮平滑修改器,对把手做涡轮平滑操作,如图 4-78 所示。

图 4-78 涡轮平滑效果

(18)保存文件,命名为"门把手",退出。

任务 4
室内房型模型的创建

任务目的

通过室内房型模型的创建,掌握背面消隐、法线修改器等的用法,学会多边形建模过程中插入、连接、分离、翻转、切割命令的使用,熟练掌握施工图的导入和设置方法。

一、知识点讲解

1. 分离

分离操作可用于多边形、边、顶点或元素层级。比如在多边形层级,我们可选中一些多边形,单击“分离”按钮。如果想要复制一份,可在单击“分离”按钮后,勾选“以克隆对象分离”;如果希望分离成为对象中的另一个元素,而不是新对象,可勾选“分离到元素”,且不需要输入名称了。(见图 4-79)

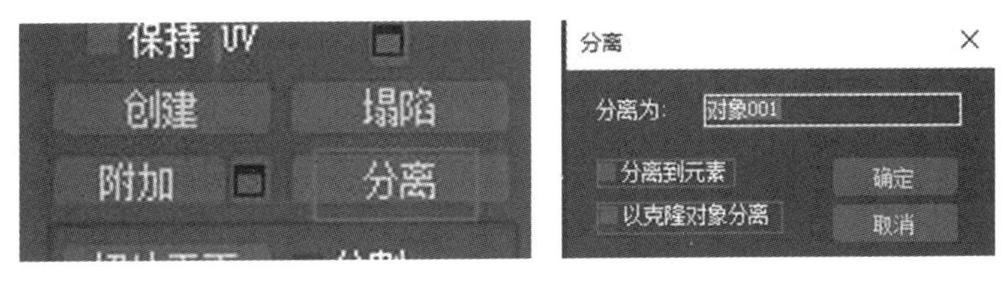

图 4-79 分离操作选项

2. 翻转

在多边形层级下,选择对象上的多边形后单击 翻转 按钮,即可实现选择的多边形法线的翻转。

将模型转换为可编辑多边形后,在多边形层级单击“编辑多边形”下的“翻转”按钮,即可翻转选择的多边形的法线。在元素层级,选择模型,单击“编辑元素”下的“翻转”按钮,也可以翻转法线。

对模型添加法线修改器,实现的是对整个模型的法线翻转。

3. 切割

在 3ds Max 中进行多边形建模时,要表达一个物体的形体,如果线不够,需要给物体重新画线。切割 命令就起到给物体画线的作用。点选切割命令,然后单击两下(起点和终点),即可切出一条新的线。

4. 背面消隐

在 3ds Max 中若模型有背面消隐效果,要去除该效果有两个步骤:一是使模型面法线背对摄影机;二是设置模型背面消隐属性。具体方法如下:

(1)选择模型,在可编辑多边形模式下,选择“元素”或“多边形”级别,选择需要背面消隐的面,单击修改面板里的“翻转”按钮,模型法线就被翻转,背对摄影机或视图。(见图 4-80)

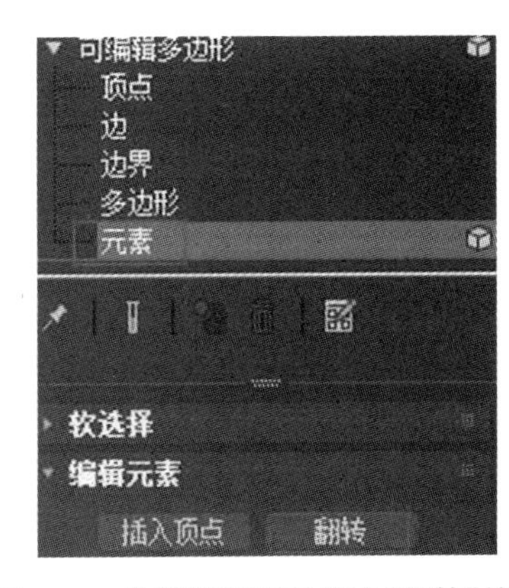

图 4-80 选择“元素”后单击“翻转”按钮

(2)选择模型,单击鼠标右键→“对象属性”→“常规”→“显示属性”,取消勾选“背面消隐”选项,如图 4-81 所示。

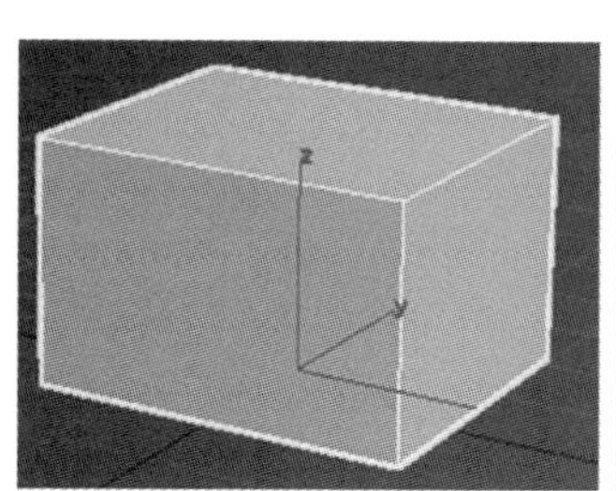
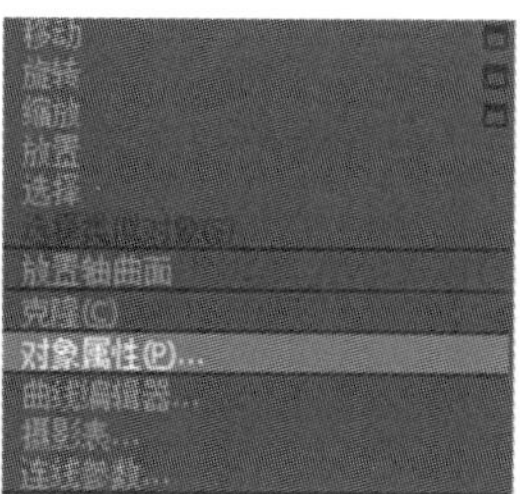

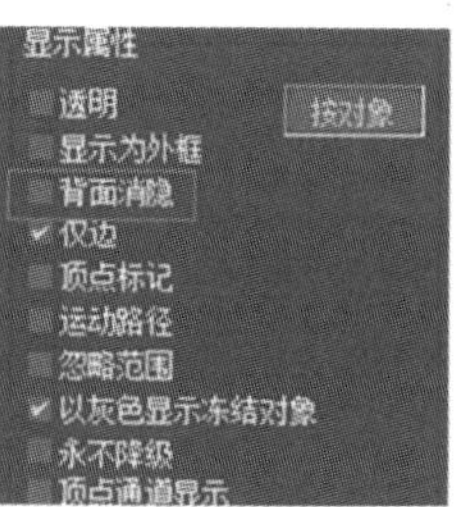

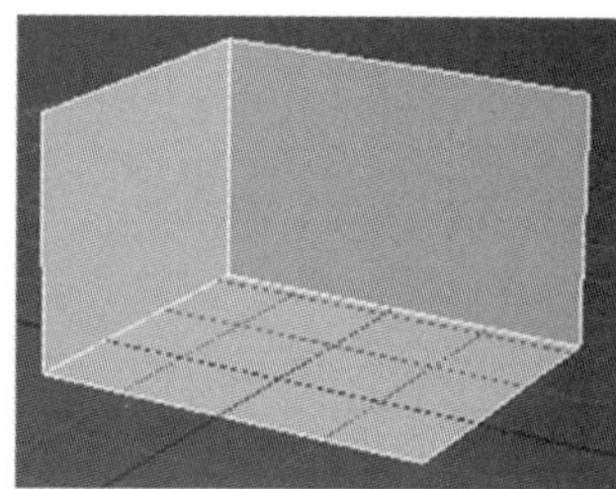

图 4-81　设置模型背面消隐属性

二、创建室内房型 A 模型

创建室内房型 A 模型的主要步骤如下:

(1)启动 3ds Max 2020 软件,将显示单位设置成毫米,单击"系统单位设置"按钮,设置系统单位为毫米,如图 4-82 所示。

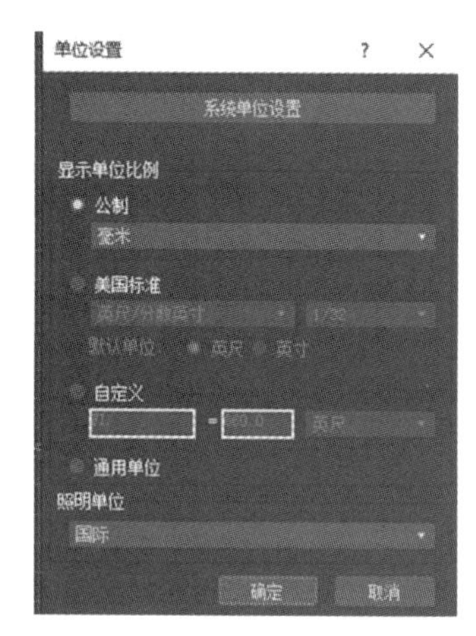

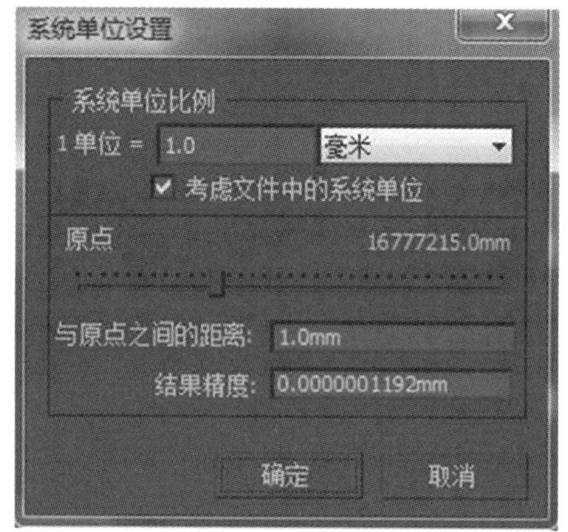

图 4-82　单位设置

(2)在顶视图中创建一个长方体,如图 4-83 所示。

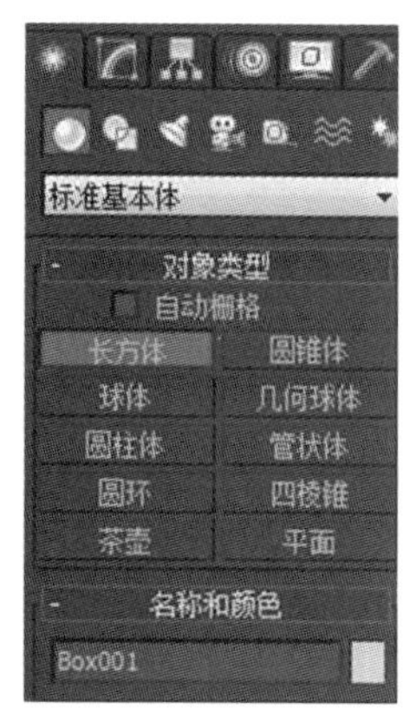

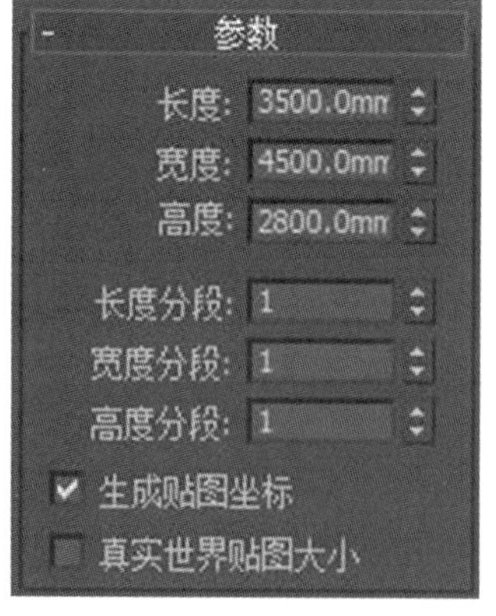

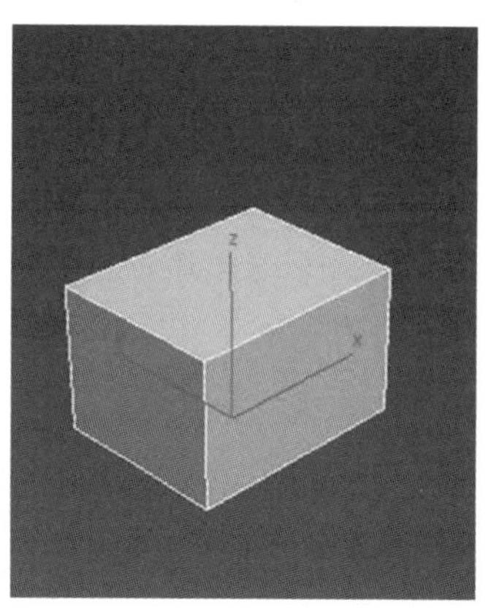

图 4-83　创建长方体

(3)转换为可编辑多边形,按 5 键进入元素子对象层级,单击"翻转"按钮,如图 4-84 所示。

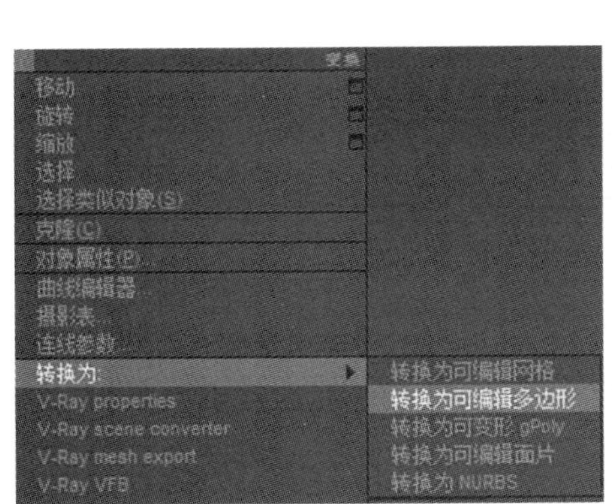

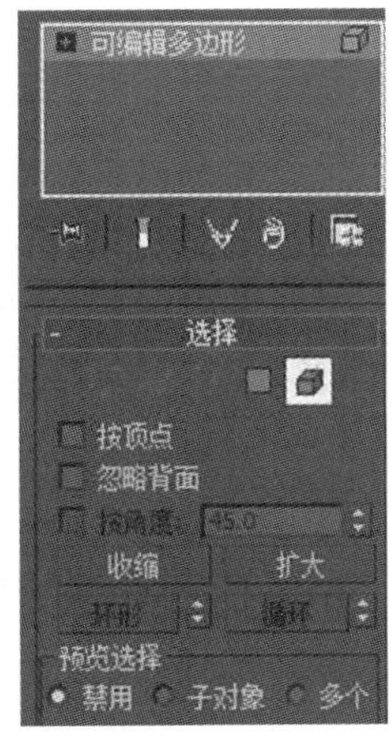

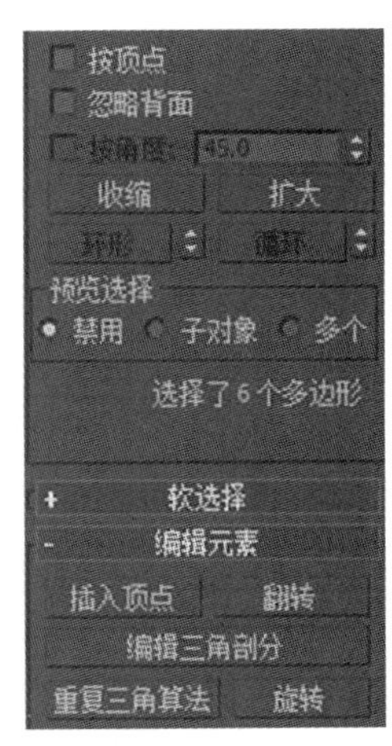

图 4-84　转换为可编辑多边形并选择元素翻转法线

(4)选中长方体,单击鼠标右键选择“对象属性”,弹出“对象属性”对话框,勾选“背面消隐”,如图 4-85 所示。

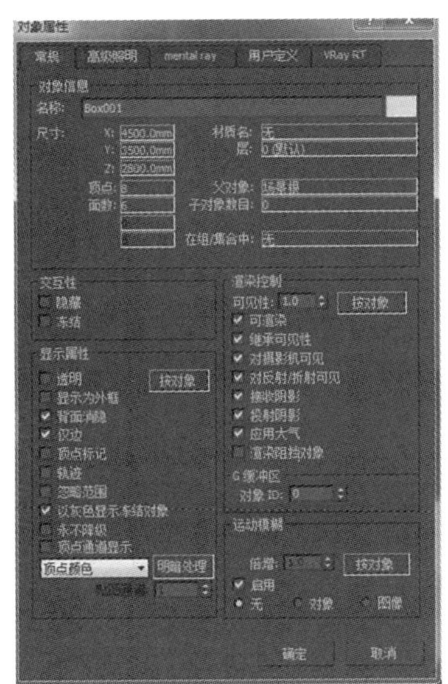
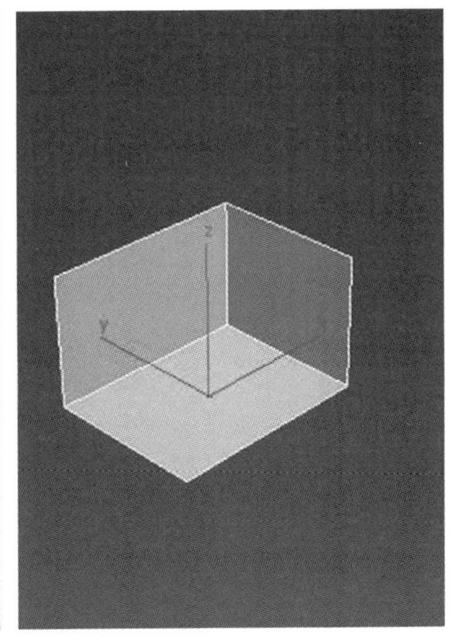

图 4-85　勾选“背面消隐”

(5)按下 4 键,进入多边形子对象层级,选择即将制作窗洞的墙面,按 F2 键以确保该面以大红色显示,如图 4-86 所示。

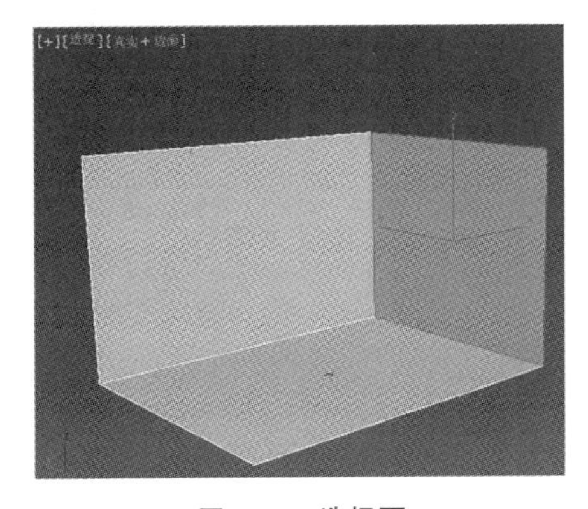

图 4-86　选择面

(6)单击“编辑几何体”卷展栏中的“分离”按钮，在弹出的“分离”对话框中设置分离对象的名称为“窗面墙”，单击“确定”按钮，将选中的表面分离出来，如图 4-87 所示。

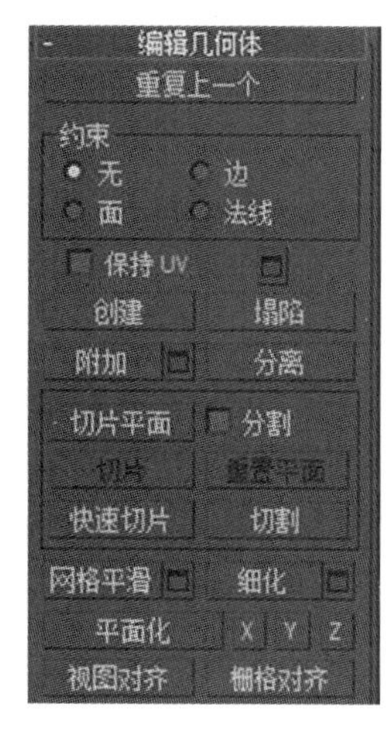

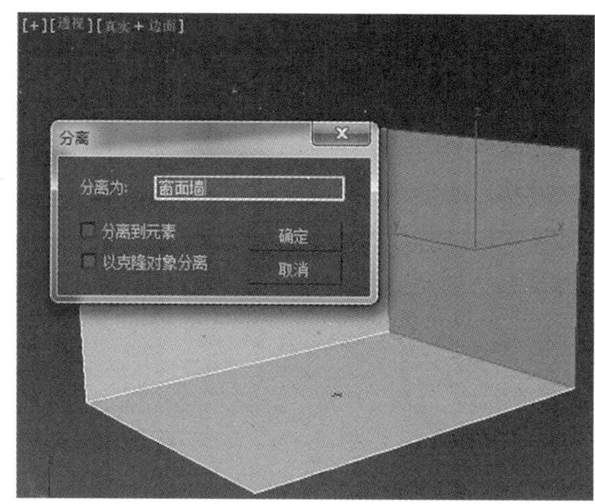

图 4-87　执行分离操作

(7)在透视图中右击，在弹出的快捷菜单中选择“隐藏未选定对象”，将窗面墙单独显示，如图 4-88 所示。

(8)按下 2 键，在左视图中选择左右两条边，选择“编辑边”卷展栏中“连接”按钮，设置连接参数；选择水平两条边再次执行连接操作，如图 4-89 所示。

图 4-88　单独显示面

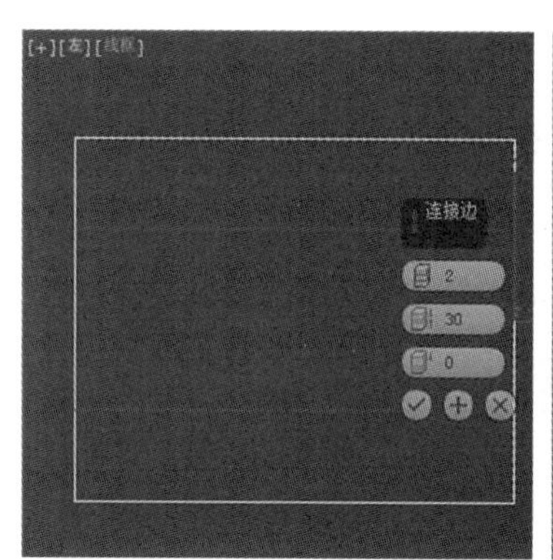

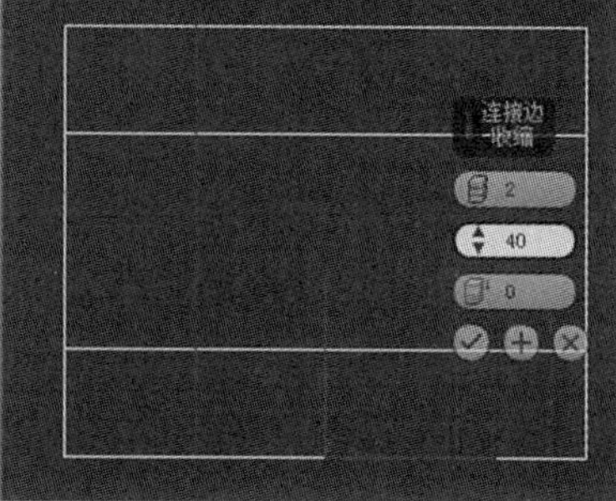

图 4-89　连接

(9)按下 4 键，在多边形子对象层级，选择中间面，单击鼠标右键，执行插入操作，如图 4-90 所示。

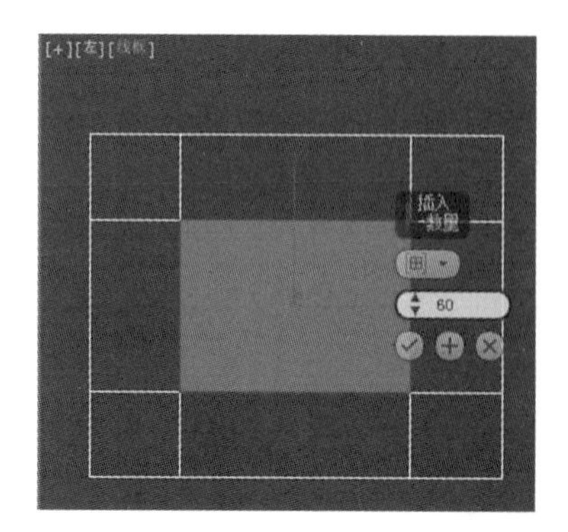

图 4-90　执行插入操作

(10)选择中间小的面,执行挤出命令,如图 4-91 所示。

(11)按下 2 键,进入边子对象层级,选择刚被挤出生成面(对应内窗框)的上下两条边,执行连接命令,从而将挤出面分为三个连续等分面,如图 4-92 所示。

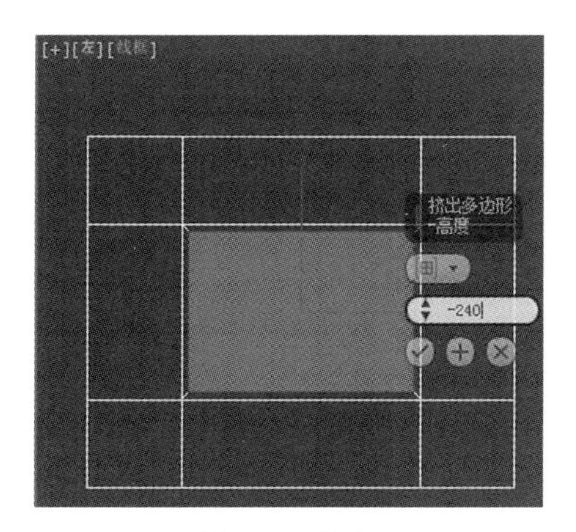

图 4-91　挤出

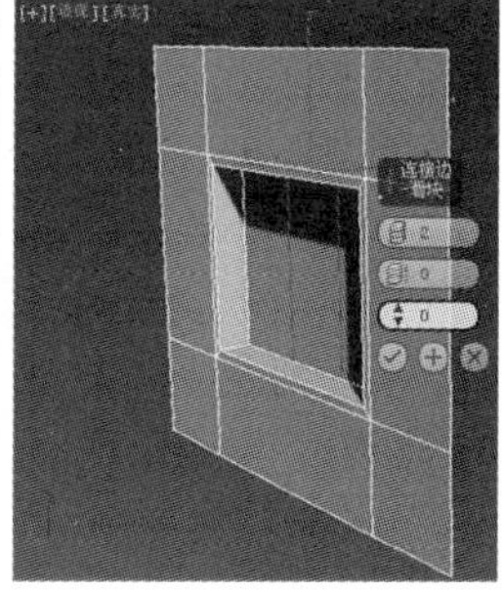

图 4-92　执行连接命令

(12)按下 4 键,进入多边形子对象层级,选中三个等分面,执行插入操作,插入形式选择为按多边形,插入量为 50 mm,如图 4-93 所示。

(13)对上面插入后形成的 3 个面执行挤出操作,挤出值设为“−50.0 mm”,如图 4-94 所示。

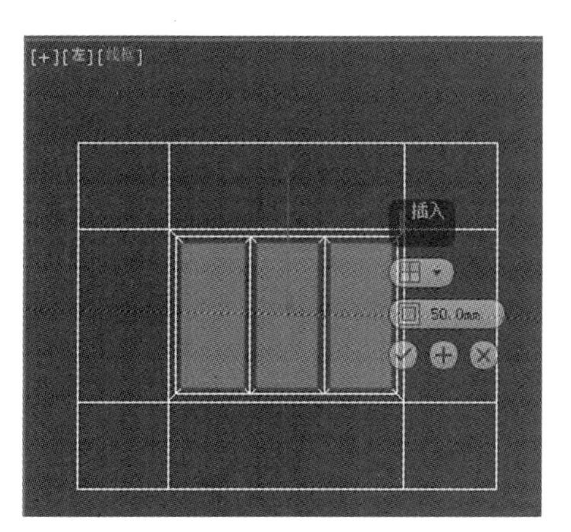

图 4-93　插入面

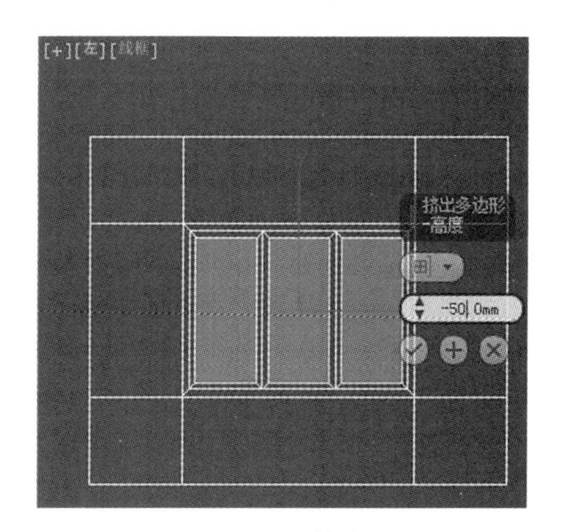

图 4-94　挤出

(14)做窗套。选中窗口的 4 个面执行挤出操作,挤出值设为 20 mm,如图 4-95 所示。

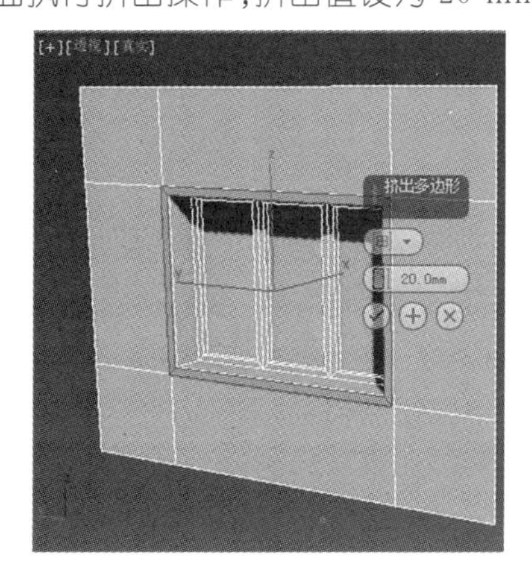

图 4-95　挤出窗口的 4 个面

(15)绘制灯槽。在透视图空白处,单击鼠标右键,在弹出的信息中选择取消隐藏,单击“墙体”物体,按下 4 键,进入多边形子对象层级,在前视图中框选顶面,注意将“忽略背面”取消勾选,如图 4-96 所示。

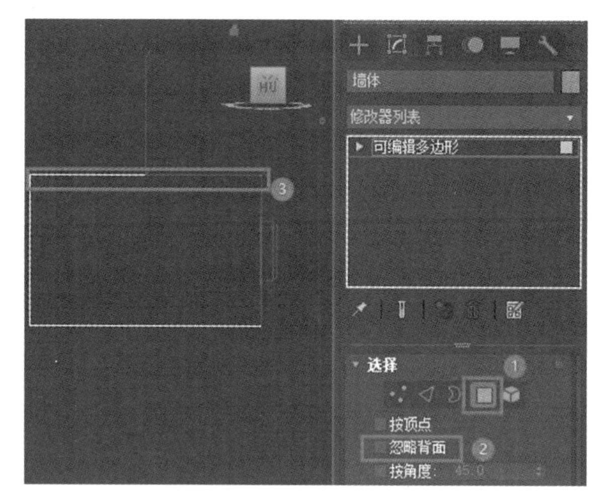

图 4-96　选择顶面操作

(16)执行插入操作,插入值为 400 mm,产生一个内嵌面,如图 4-97 所示。

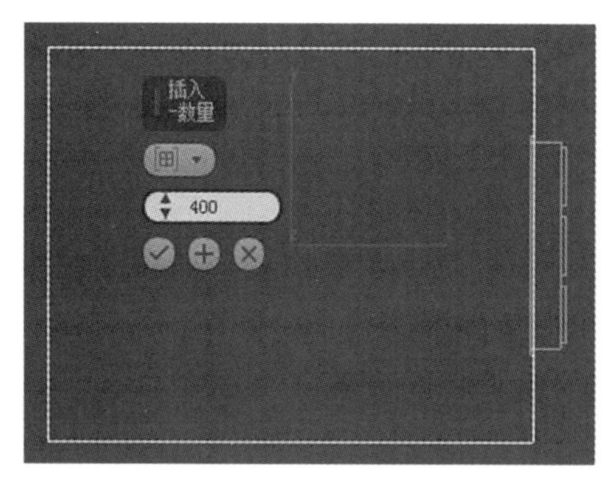

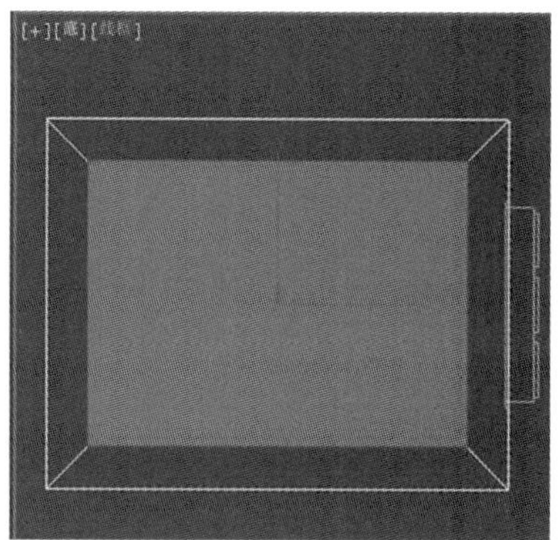

图 4-97　顶面插入操作

(17)选择刚刚插入形成的内嵌面,执行挤出操作,挤出值为 200 mm,单击“+”按钮,然后单击“√”按钮,执行两次挤出,如图 4-98 所示。

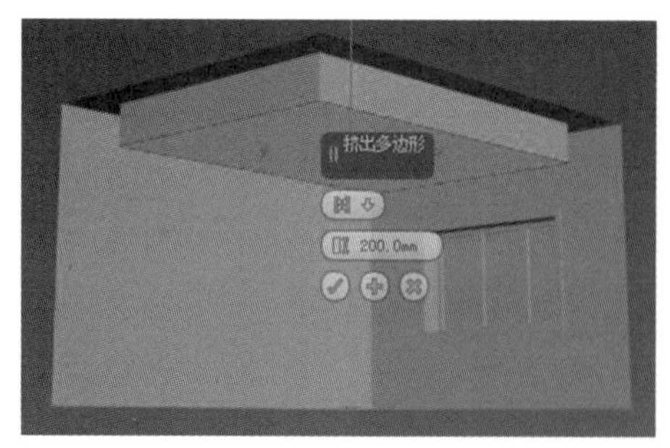

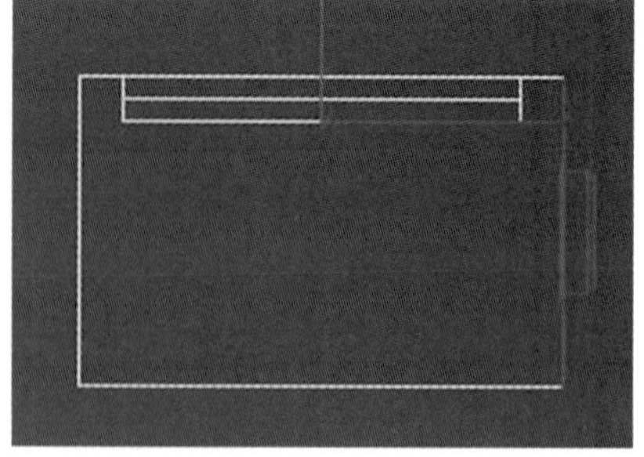

图 4-98　对内嵌面执行两次挤出操作

(18)在前视图中,选择刚刚挤出生成的下面的 4 个面,执行挤出操作,挤出值为 200 mm,挤出类型为局部法线,如图 4-99 所示。

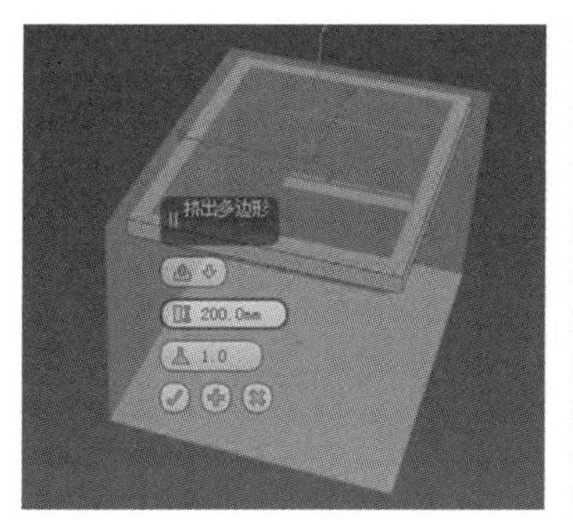

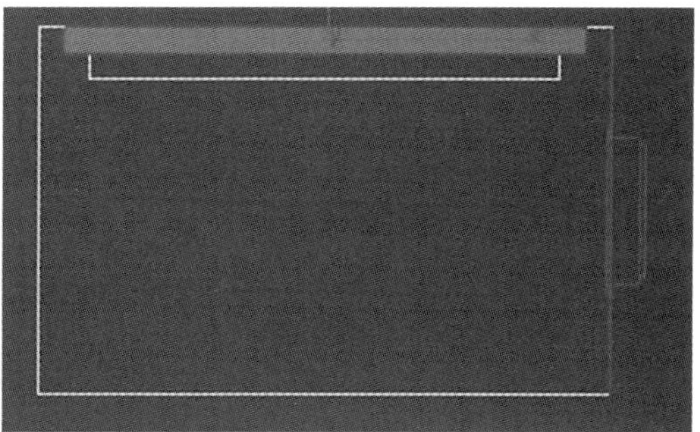

图 4-99 执行挤出操作

(19)删掉挤出生成的底面,打开三维捕捉,在顶视图中创建一个平面封顶,如图 4-100 所示。

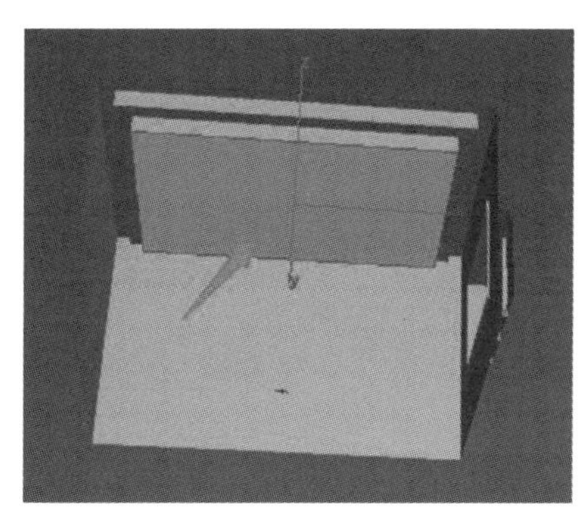

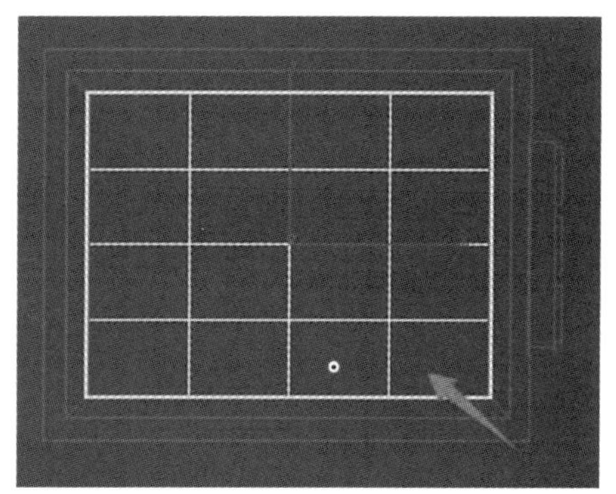

图 4-100 删底与补顶

(20)单击“墙体”,关闭该物体的所有子集,单击“编辑几何体”栏中的“附加”按钮,单击窗面墙和所补顶面,执行附加操作,将两者合并为一个整体,如图 4-101 所示。

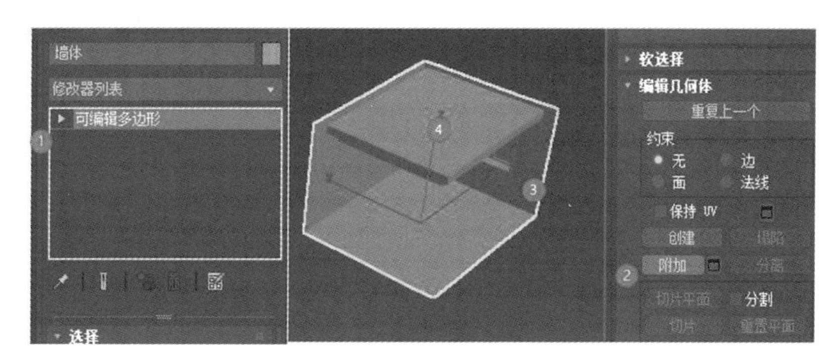

图 4-101 执行附加操作

(21)开门洞。在多边形层级,选择墙面做分离操作,如图 4-102 所示。

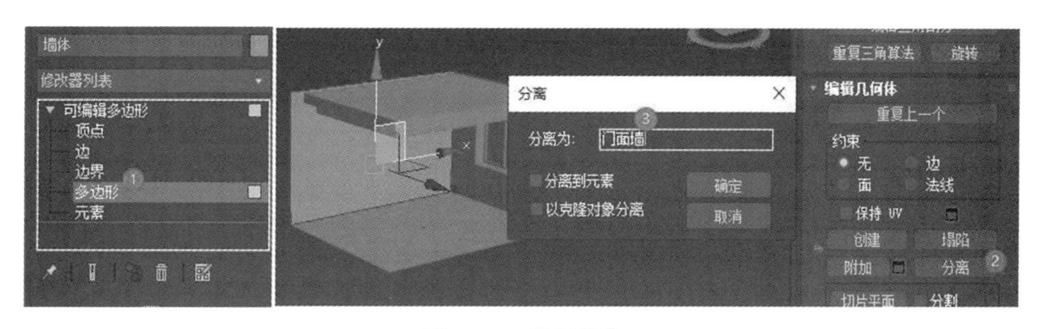

图 4-102 墙面分离

(22)在视图区空白处单击，退出可编辑多边形模式，再选择刚刚分离出的“门面墙”，按“Alt+Q”键进行孤立显示，如图 4-103 所示。

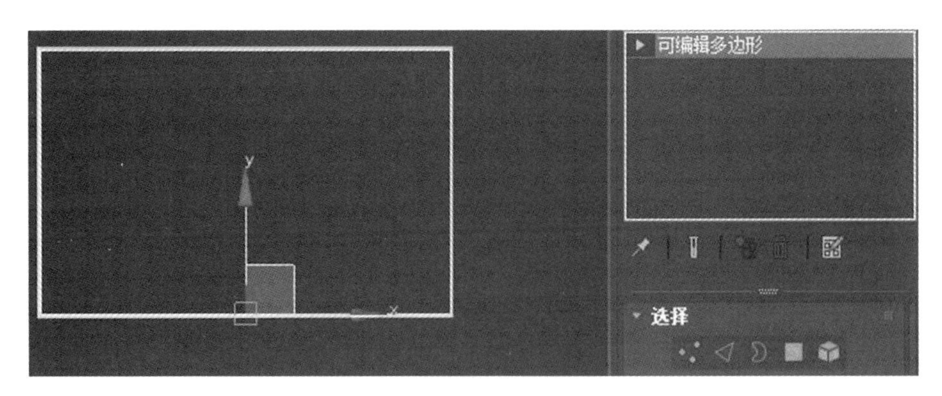

图 4-103　孤立显示

(23)在边层级选择上下两条边，做连接操作，如图 4-104 所示。

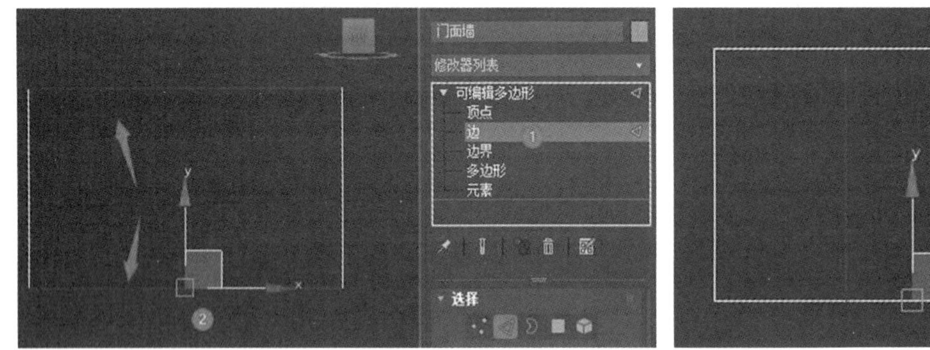

图 4-104　连接操作

(24)开启二维捕捉，勾选“顶点”，执行移动操作并对齐到左端，如图 4-105 所示。

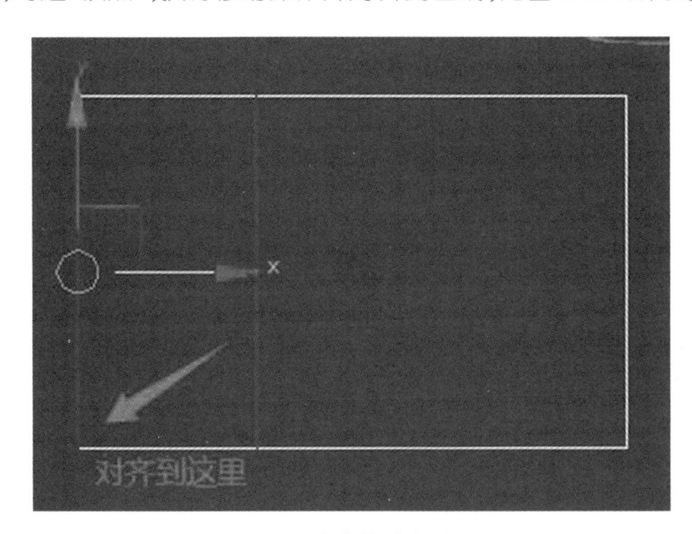

图 4-105　移动并对齐到左端

(25)根据实际尺寸情况，假设需要向右移动 350 mm 则在选择并移动工具图标上单击鼠标右键，在“移动变换输入”对话框中“X”方向输入“350”，按回车键，如图 4-106、图 4-107 所示。

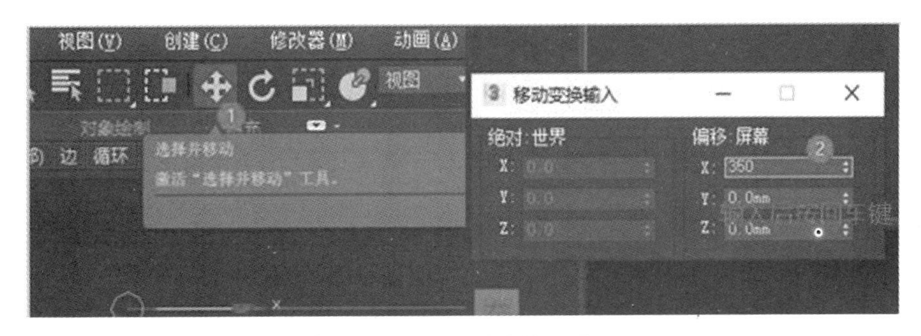

图 4-106　移动变换设置

图 4-107　移动变换结果

(26)执行移动命令,打开捕捉,将右侧线拖曳到左侧线下端点对齐,使得右侧线和左侧线重合,如图 4-108 所示。

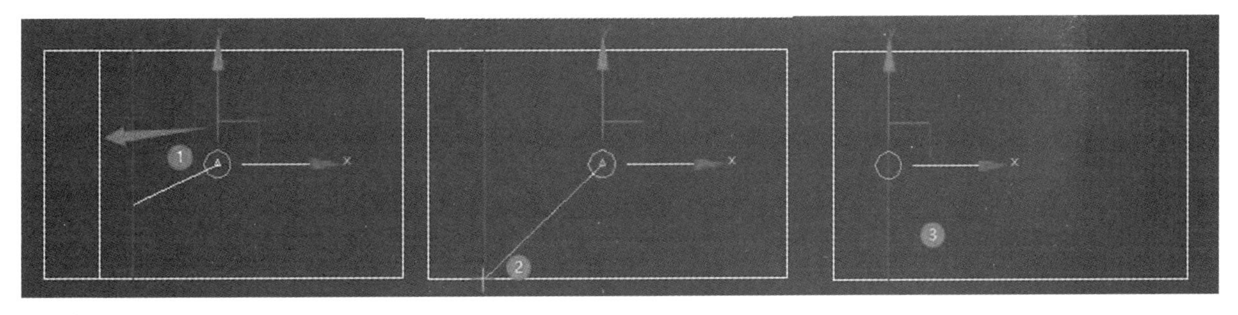

图 4-108　对齐操作

(27)重复步骤(25),在移动变换"X"方向输入"1000",按回车键,如图 4-109 所示,对应宽度作为所开门洞宽度。

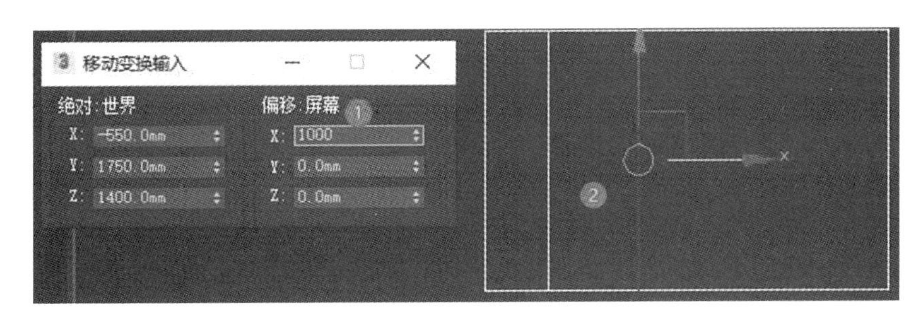

图 4-109　移动变换设置

(28)开门洞上沿。选择门洞两侧线,做连接操作,生成一条线,如图 4-110 所示。

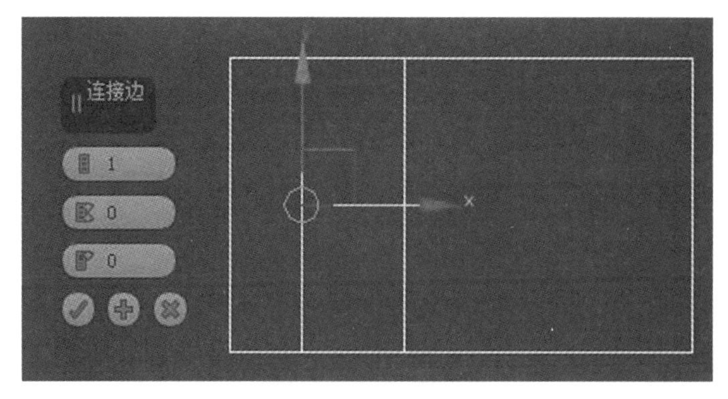

图 4-110 连接操作

(29)将线移动到底边,选中该线,打开二维捕捉,移动对齐到底边任意点,如图 4-111 所示。

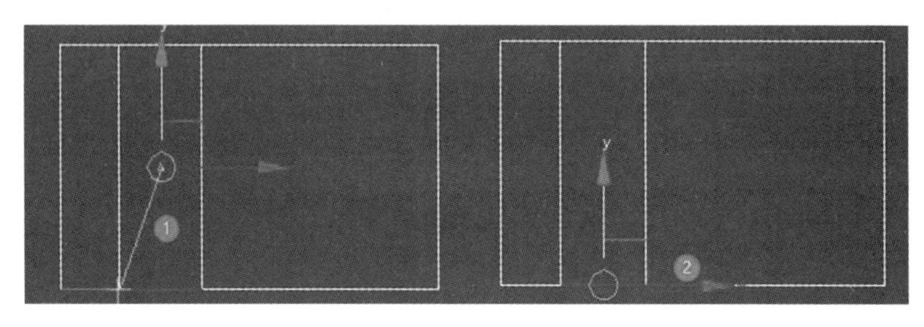

图 4-111 移动对齐

(30)重复步骤(25),在移动变换“Y”方向输入“2200”后按回车键,如图 4-112 所示。

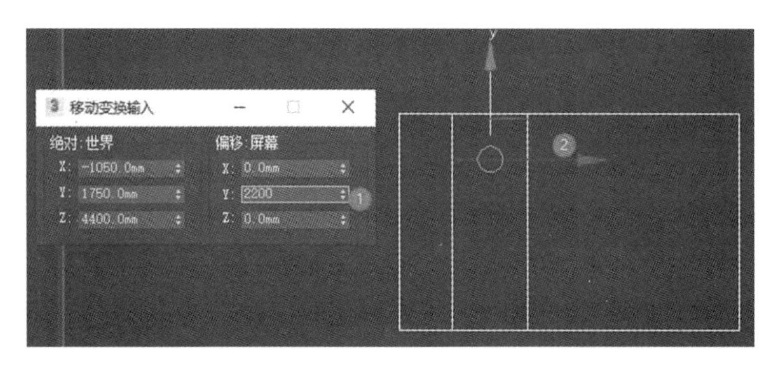

图 4-112 偏移线

(31)在多边形层级,插入一个面,插入量为 60 mm,单击“√”按钮,如图 4-113 所示。

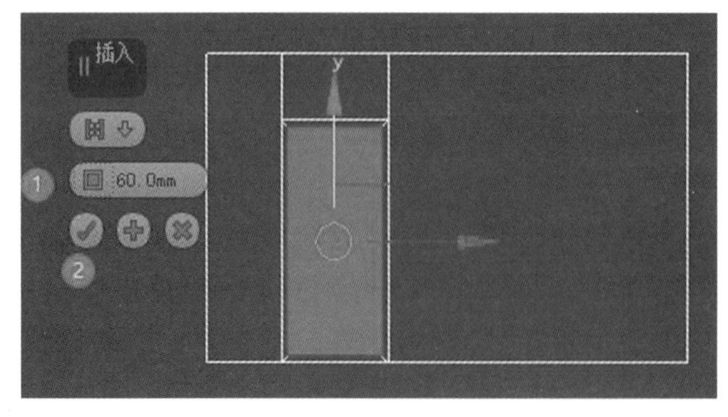

图 4-113 插入面

(32)在边层级，打开二维捕捉，执行移动对齐操作，将图 4-114 所示的边 1 移动到与底边对齐重合。

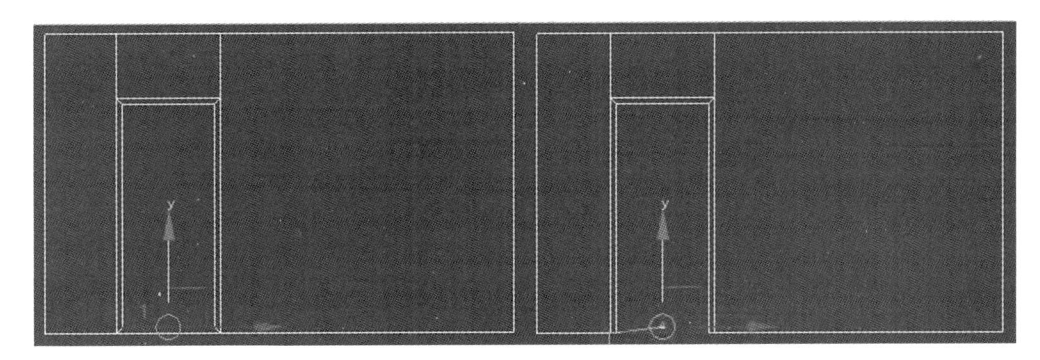

图 4-114　移动到底

(33)在多边形层级，选中插入面，做挤出操作，挤出量设为“－240.0 mm”，如图 4-115 所示，形成门洞。

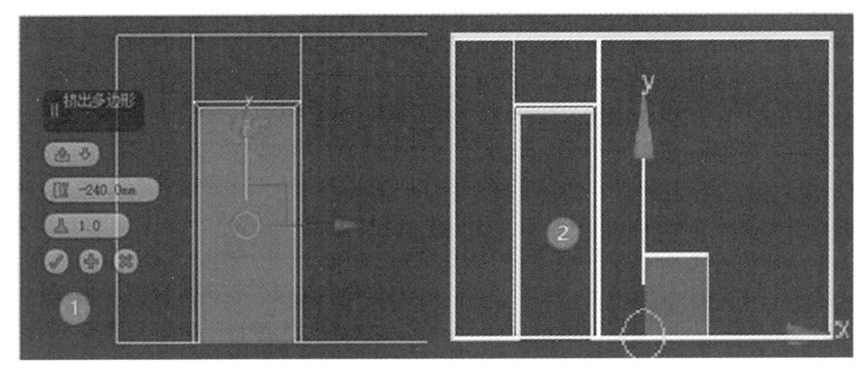

图 4-115　挤出形成门洞

(34)在视图区空白处单击鼠标右键选择“全部取消隐藏”，选中“墙体”，在可编辑多边形根层级，做附加操作，如图 4-116 所示。

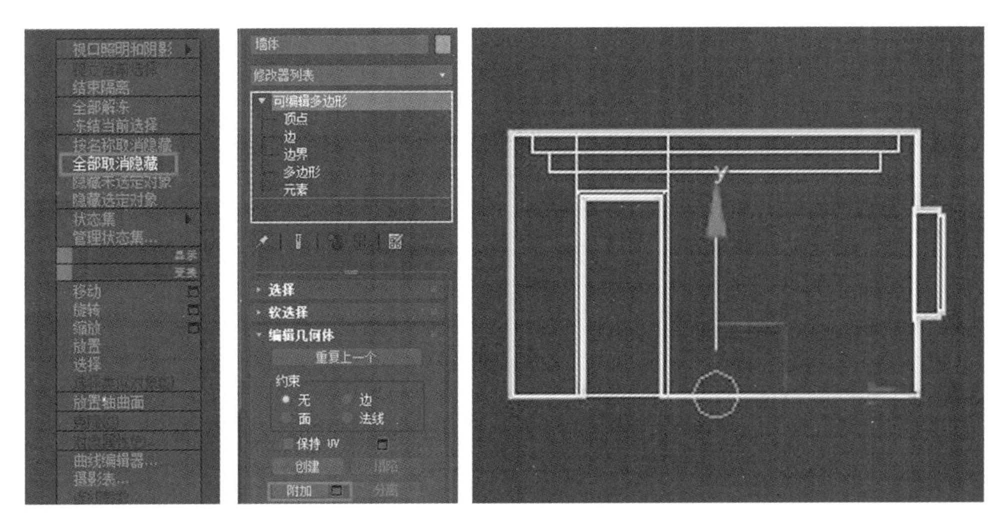

图 4-116　全部取消隐藏及附加操作

(35)在可编辑多边形顶点层级，执行快速切片操作，打开三维捕捉，在前视图中捕捉墙体靠下两个顶点，如图 4-117 所示。

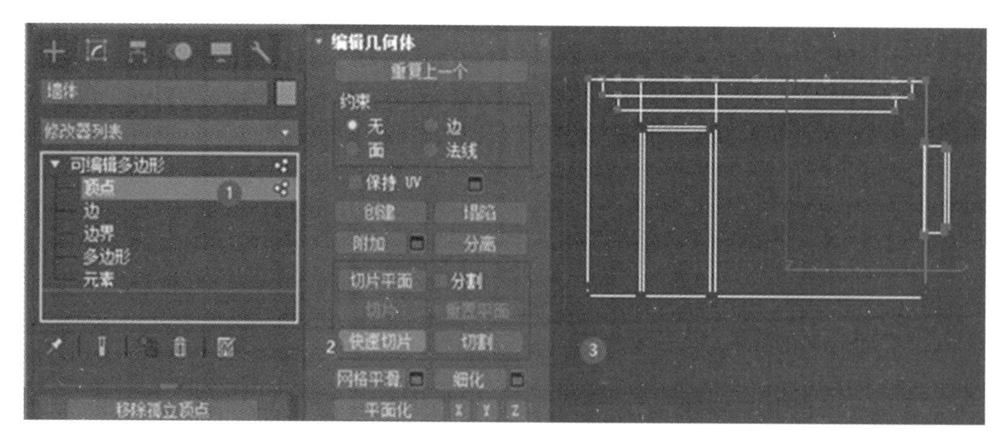

图 4-117 快速切片操作

(36)在可编辑多边形边层级,在前视图中单击“编辑几何体”卷展栏“切片平面”按钮,坐标模式切换为相对输入模式,在“Y”方向输入“100”,如图 4-118 所示,切片平面沿着 y 方向正向移动。

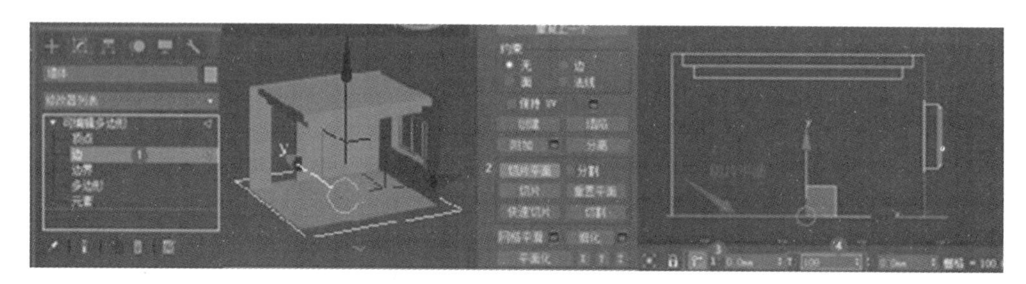

图 4-118 切片平面操作

(37)单击“切片”按钮,切出距离底面高度为 100 mm 的线,如图 4-119 所示。

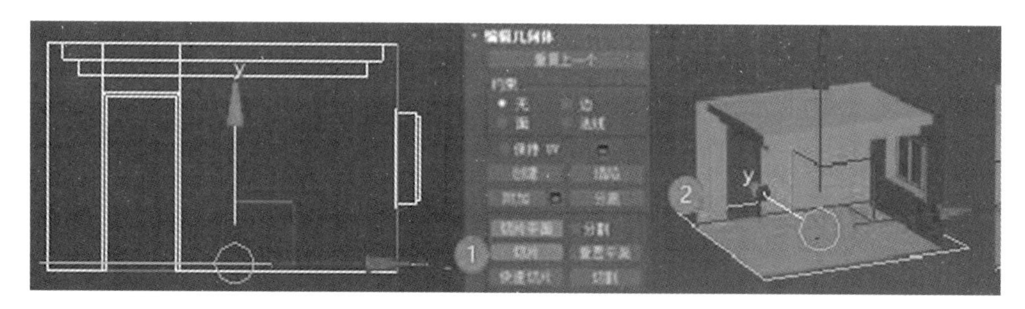

图 4-119 切片

(38)按下 4 键,进入多边形子对象层级,选择切片和底面之间的面,门套不选,执行挤出操作,挤出高度为 10 mm,制作踢脚线,如图 4-120 所示。

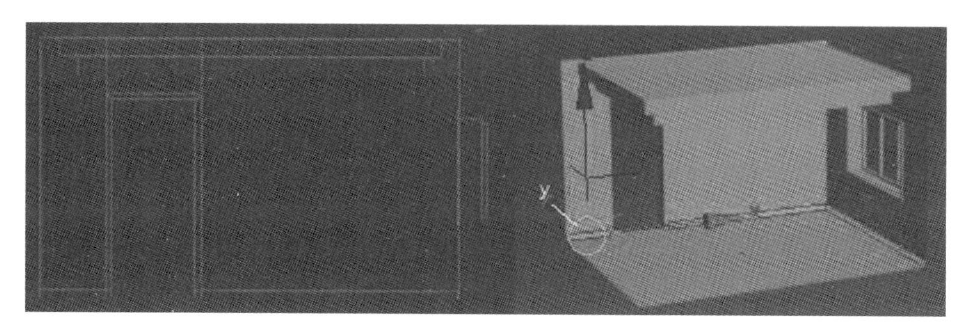

图 4-120 挤出操作生成踢脚线

(39)门套挤出操作。在多边形层级,选择门套,做挤出操作,挤出 20 mm,如图 4-121 所示。

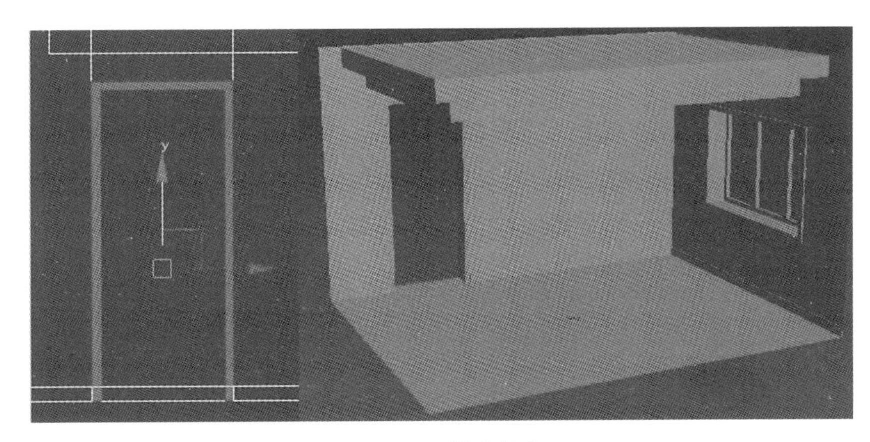

图 4-121 挤出门套

(40)在多边形层级,选择吊顶的最低面并将其删除,如图 4-122 所示。

图 4-122 删除吊顶最低面

(41)在视图区空白处单击鼠标,退出墙体可编辑多边形模式,在顶视图中创建一个平面,打开三维捕捉,如图 4-123 所示。

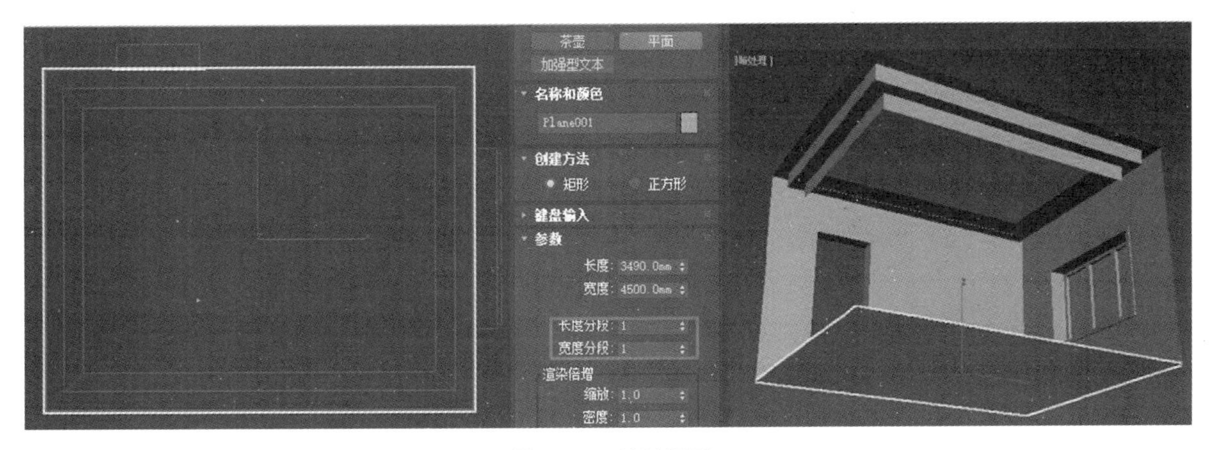

图 4-123 绘制平面

(42)将上述平面转换为可编辑多边形,在多边形层级插入一个面,插入量为"400",删除插入后生成的面,如图 4-124 所示。

图 4-124　插入面后删除面

(43)在前视图中,在可编辑多边形根层级,打开三维捕捉,将步骤(42)得到的多边形捕捉移动到吊顶底面,如图 4-125 所示。

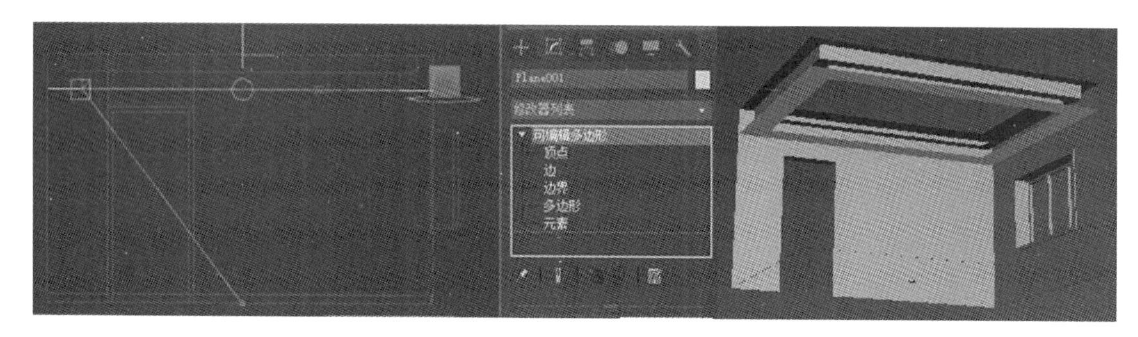

图 4-125　捕捉移动到吊顶底面

(44)选中墙体,执行附加操作,将上面的平面附加给墙体,如图 4-126 所示。

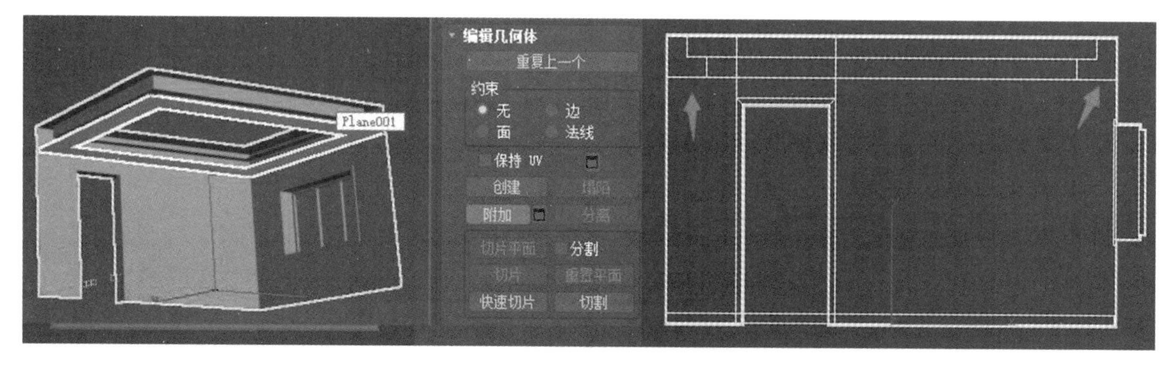

图 4-126　附加操作

(45)命名文件为"室内房型 A",存盘退出。

三、创建室内房型 B 模型

创建室内房型 B 模型的主要步骤如下:

(1)施工图信息整理。根据施工图中的墙体拆改图(见图 4-127)获取门窗和梁高度等信息,删除一些不必要的信息。

(2)导入施工图。打开 3ds Max 软件,选择菜单"文件"→"导入"→"导入",找到施工图文件位置,选中施工图,单击"打开"按钮,在弹出的导入选项窗口中,单击"确定"按钮,如图 4-128 所示,完成施工图的导入。

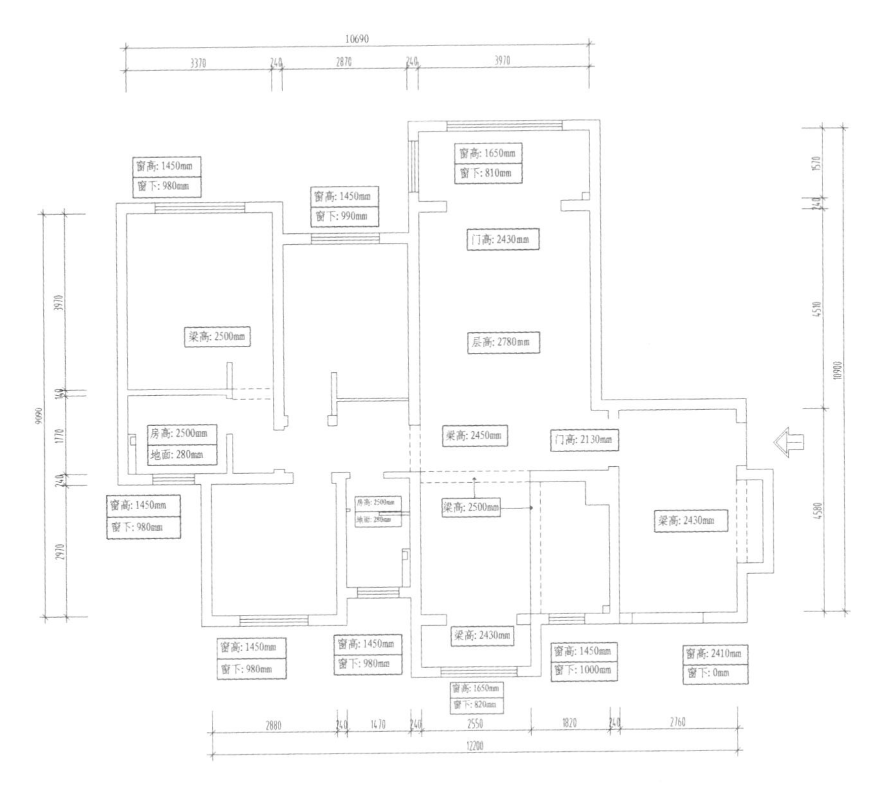

图 4-127 墙体拆改图

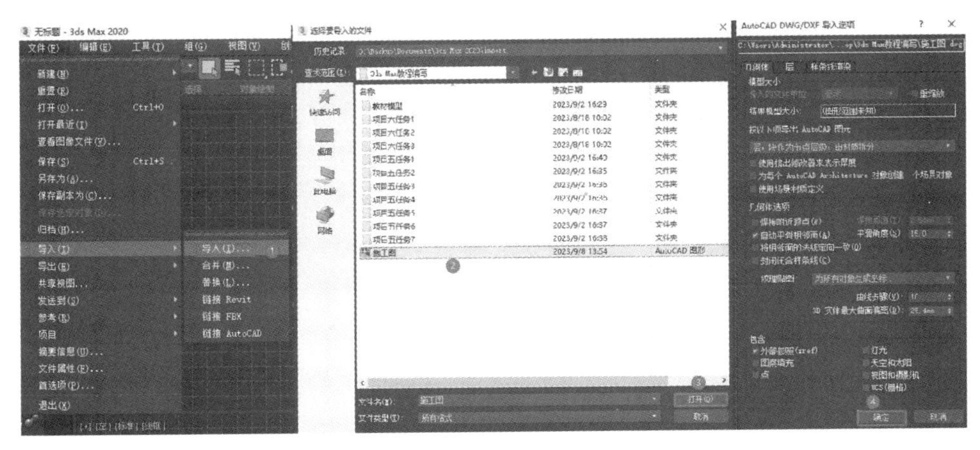

图 4-128 导入施工图

(3)初步设置。在顶视图中选中导入的图形,单击鼠标右键,在弹出的菜单中选择“冻结当前选择”,打开栅格和捕捉设置,勾选“捕捉到冻结对象”,如图 4-129 所示。

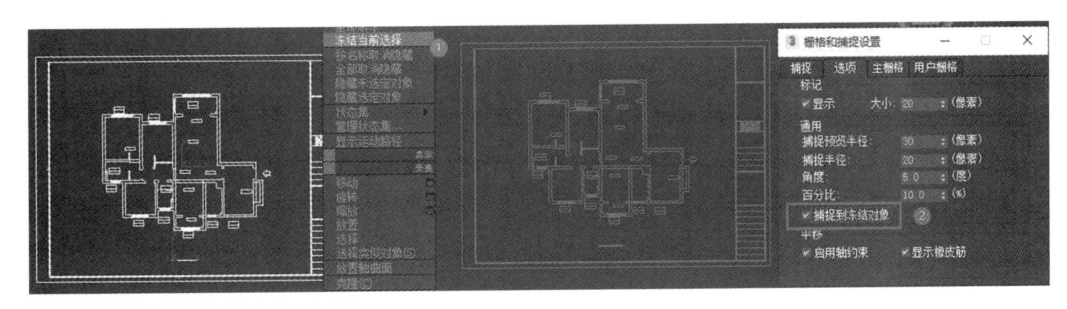

图 4-129 初步设置

(4)描线。单击创建命令面板中的“线”按钮,以绘制客餐厅房型为例,单击窗台处作为起始点,沿着逆时针方向不断拾取点,一直拾取到起始点位置,在弹出的窗口询问是否要闭合样条线时单击“是”按钮。在此过程中门窗等相交处都要点取,为后面的建模做准备。(见图 4-130)

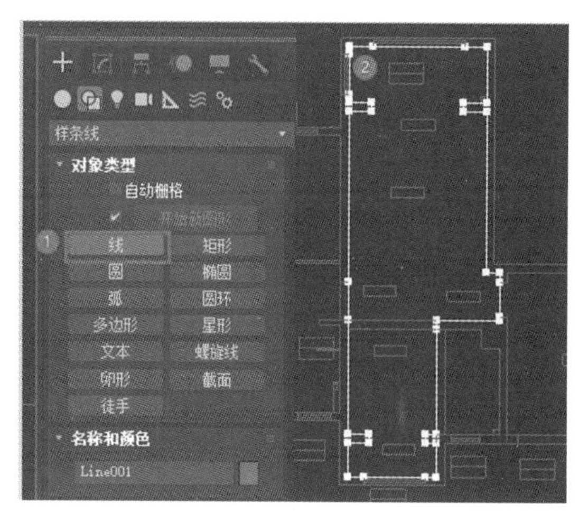

图 4-130 描线

(5)挤出墙体。执行挤出操作,挤出高度与施工图中的层高一致,本例是 2780 mm,如图 4-131 所示。

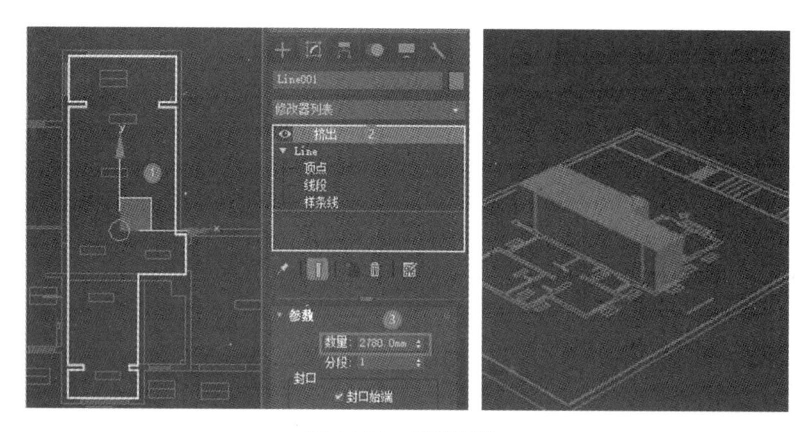

图 4-131 挤出墙体

(6)创建内墙体。将挤出的墙体转换为可编辑多边形,在多边形层级选择顶面,按 Delete 键删除。为使内墙体区别于外墙体,添加法线修改器,翻转法线,再转换为可编辑多边形,即可创建内墙体,便于后续编辑,如图 4-132 所示。

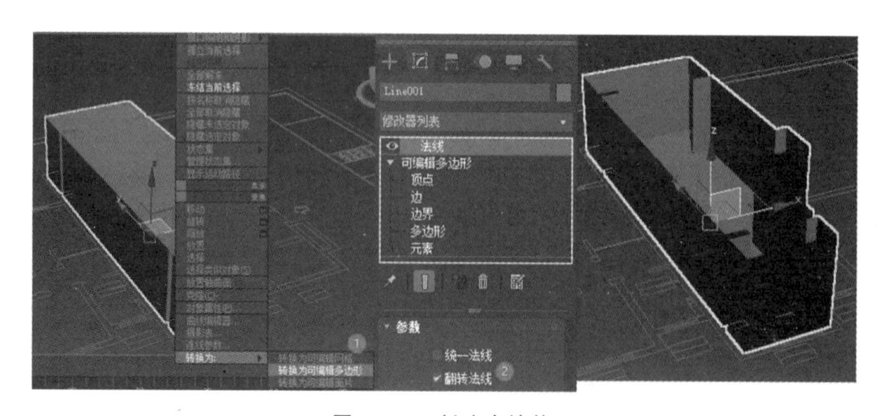

图 4-132 创建内墙体

(7)创建梁下沿。以通往阳台的门洞上的梁为例,选择门洞左边两条竖线做连接操作生成一条线,坐标输入方式设为绝对输入,在“Z”方向输入门洞梁下沿高度 2430 mm,如图 4-133 所示。

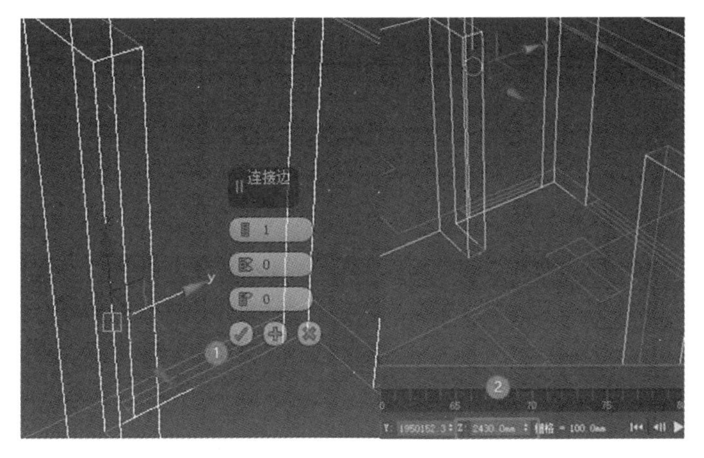

图 4-133　创建梁下沿

(8)创建梁。在门洞右侧选择两条竖线做连接操作,和步骤(7)相同;在多边形层级执行桥接操作,完成梁的创建,如图 4-134 所示。

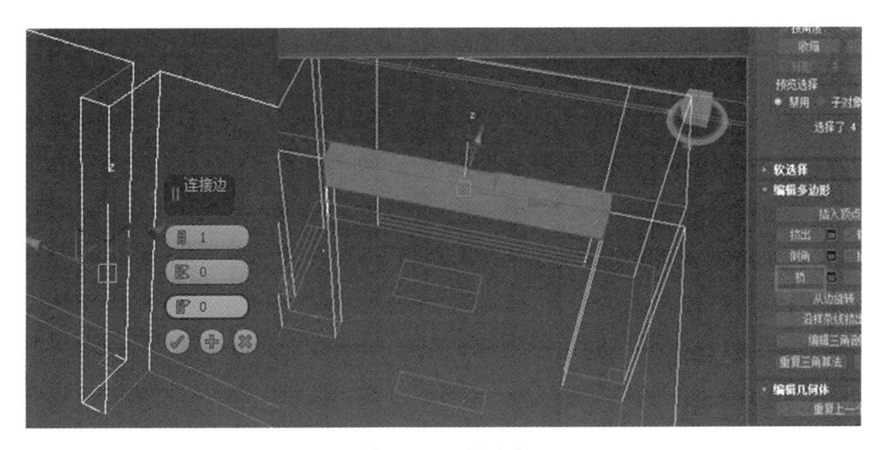

图 4-134　创建梁

(9)创建阳台窗洞(窗洞样式仅为示例)。在边层级选择窗洞两侧竖线,做连接操作,连接段数设为 2;查看施工图,查找窗下沿高和上沿高,在绝对坐标输入模式下设置坐标输入框中的值与其一致;调整边的高度,在多边形层级选择窗面,挤出值设为“－240.0 mm”后删除挤出面,如图 4-135 所示。

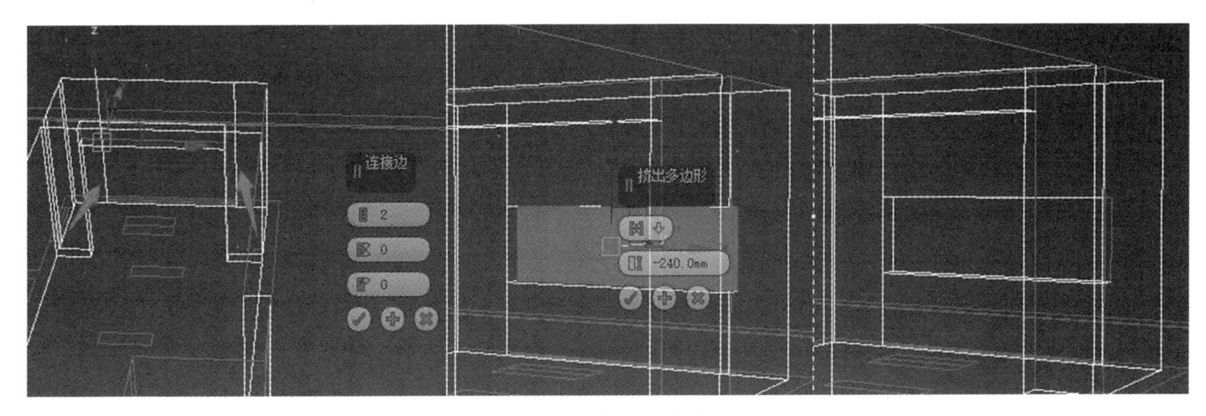

图 4-135　创建阳台窗洞

(10)其他位置的门洞、梁、窗洞也用前面的方法创建,完成的客餐厅模型效果如图 4-136 所示。其余部分模型创建方法类似。

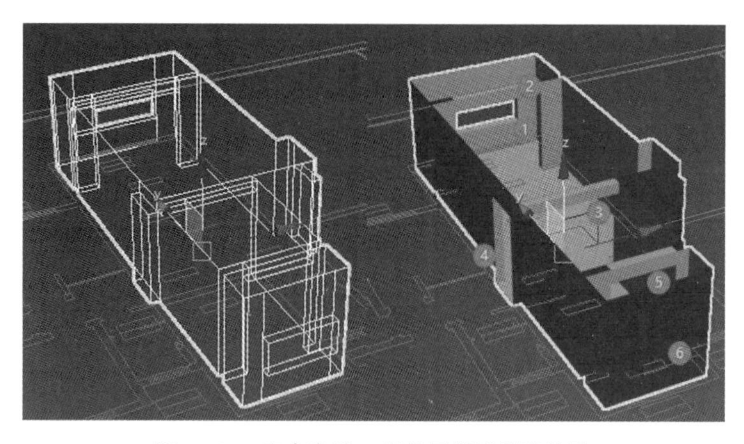

图 4-136　室内房型 B 客餐厅模型创建效果

项目五

材质表现

任务 1
漫反射材质表现

任务目的

掌握 VRay 渲染器的指定和标准材质的转换方法;掌握漫反射材质表现过程中调节物体固有色的操作方法;掌握漫反射贴图通道、纹理位图的选择、更换和裁剪操作方法;掌握将材质指定给对象的操作方法;掌握纹理位图偏移、铺贴和角度的调节方法。

一、知识点讲解

1. 材质

3ds Max 中材质用来表示一个模型是用什么做的,主要是用来表现物体对光的交互(反射、折射等)性质的。例如金属对光的反射和液体对光的反射是不一样的,渲染时可根据材质的不同计算出不同的颜色来表现。实际上,材质是一个数据集,主要功能是给渲染器提供数据和光照算法。材质是模型质感和效果是否恰当的关键所在,不同材质(如金属、大理石、玻璃、木材等)物体的纹理、透明性、光滑性、反光性等各不相同。VRay 渲染器就是通过模拟物体的各种特性,从而逼真地表现各种物体。

2. 贴图

贴图就是把位图通过 UV 坐标映射到 3D 物体表面,用来表现物体的"纹理"。贴图包含了 UV 坐标、贴图输入输出控制等操作。根据用途的不同,贴图分为 diffuse map、specular map、normal map 和 gloss map 等。注意,贴图不是图,是一种纹理映射技术,是三维模型的 UV 和纹理图片的对应关系,如图 5-1 所示。

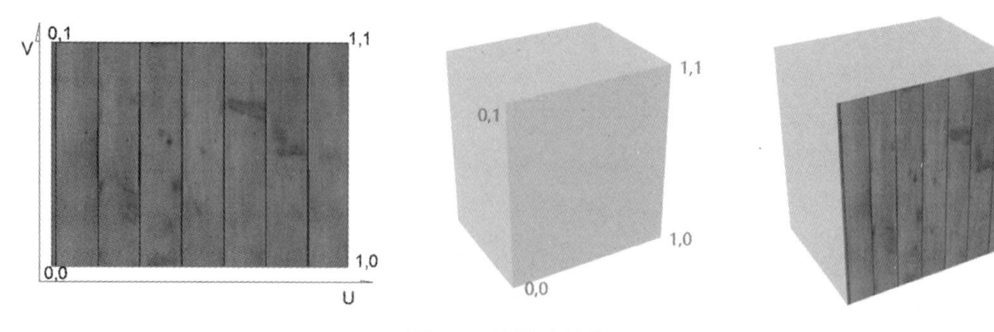

图 5-1 贴图映射关系

3. 纹理

3ds Max 中纹理就是一段有规律、可重复的图像。利用纹理,可以让三维物体看起来更真实,每个物体表面呈现出不同的样子，如让木头表面呈木纹状，就是利用一张纹理图，且通常是位图。

4. 漫反射

当一束平行的入射光线射到粗糙的表面上时，表面会把光线向着四面八方反射，所以入射光线虽然互相平行，但由于各点的法线方向不一致，反射光线向不同的方向无规则地反射，这种反射的现象称之为漫反射或漫射，这种反射的光称为漫射光。现实生活中，乳胶漆、布料、石板、砖墙、塑料等属于漫反射材质，常呈现物体的固有色（物体表面的颜色或者纹理是由漫反射来决定的）。在 VRay 渲染器中漫反射材质是通过色块或者贴图来调节的。

5. 粗糙度

3ds Max 中粗糙度用来描述对象表面细微的颗粒程度。“粗糙度”选项数值越大，粗糙效果越明显；可以用该选项来模拟绒布的效果。

二、漫反射材质表现操作步骤

（1）安装 VRay 渲染器。本教程渲染器用的是 VRay 5.0 版本。

（2）3ds Max 软件有自带的扫描线等渲染器，安装好的 VRay 渲染器需要进行指定。按 F10 键或者单击工具条中的按钮，可进行渲染设置，如图 5-2 所示。

（3）在弹出的渲染设置对话框中指定 V-Ray 5，hotfix 2 渲染器，完成指定渲染器操作，如图 5-3 所示。

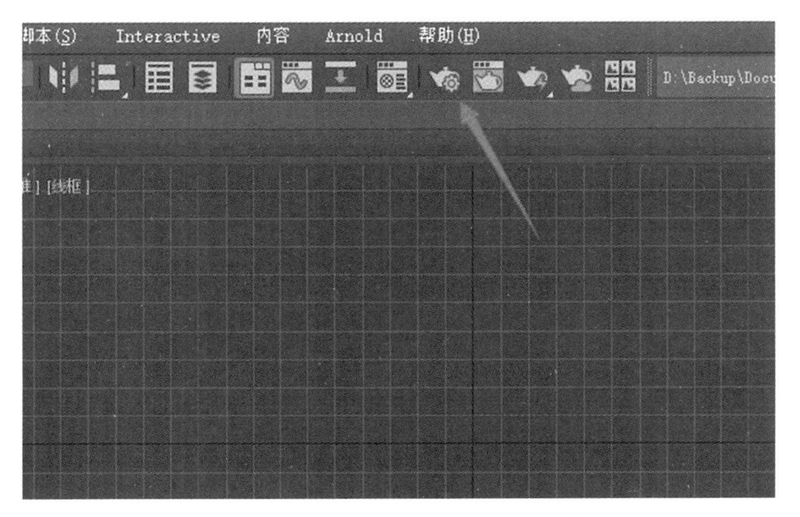

图 5-2 渲染设置按钮

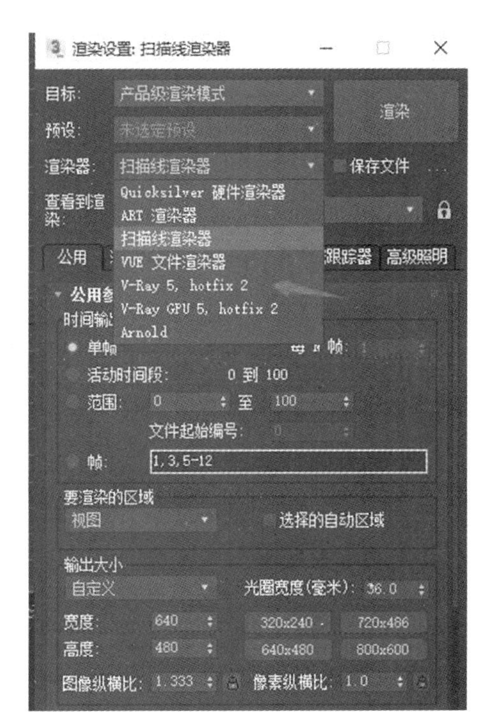

图 5-3 指定渲染器

（4）转换 VRay 标准材质。按材质编辑器快捷键 M 或者单击材质编辑器工具按钮，弹出材质编辑器对话框，选择一个空白的材质球，单击 Standard 按钮，如图 5-4 所示。

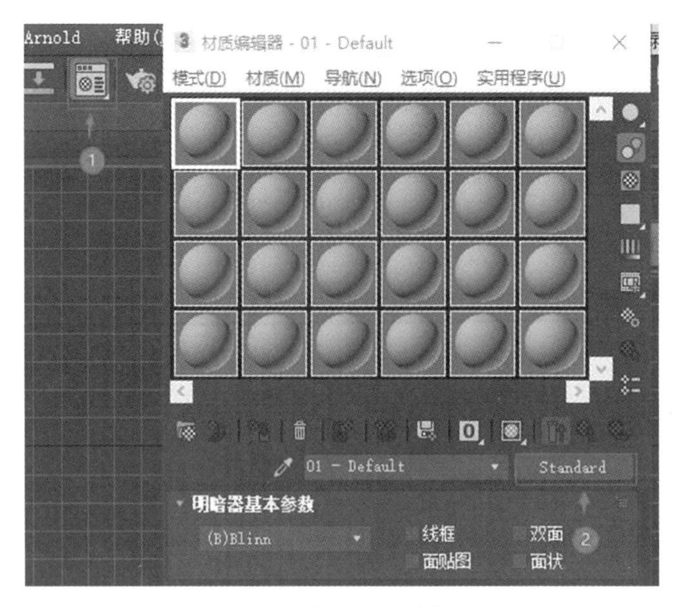

图 5-4　标准材质编辑

（5）在材质/贴图浏览器中把“V-Ray”左面的＋号单击展开，选择 VRayMtl，如图 5-5、图 5-6 所示。

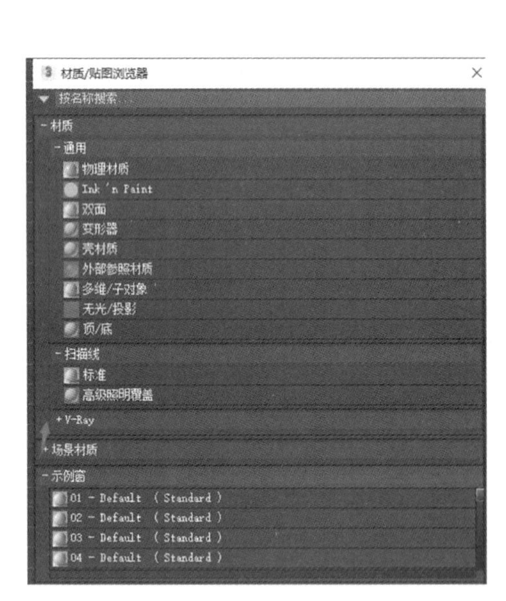

图 5-5　展开“V-Ray”材质列表

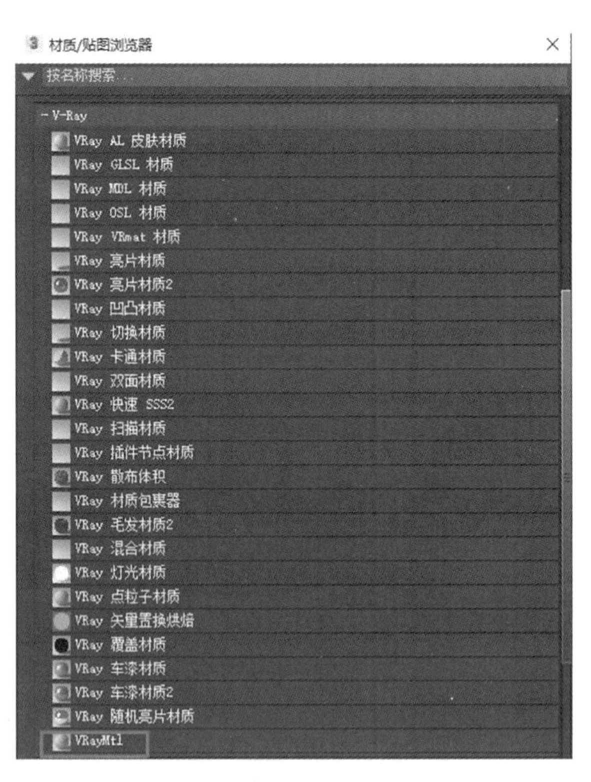

图 5-6　选择 VRayMtl 材质

（6）出现的材质编辑器和 3ds Max 自带的标准材质编辑器相比，上半部分没有多大变化，下半部分的基本参数发生变化，出现“漫反射”“反射”等项，如图 5-7 所示。

（7）选择一个材质球，命名材质为“布料”，单击“漫反射”右侧颜色区域，弹出颜色选择器，如图 5-8、图 5-9 所示。

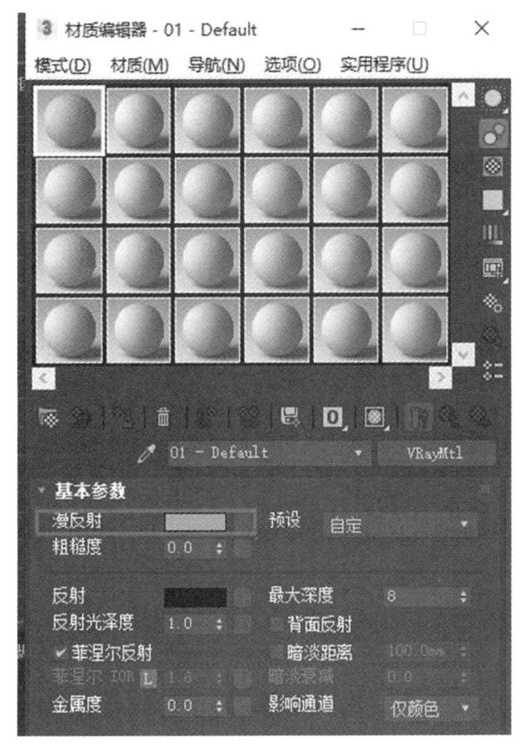

图 5-7 材质编辑器

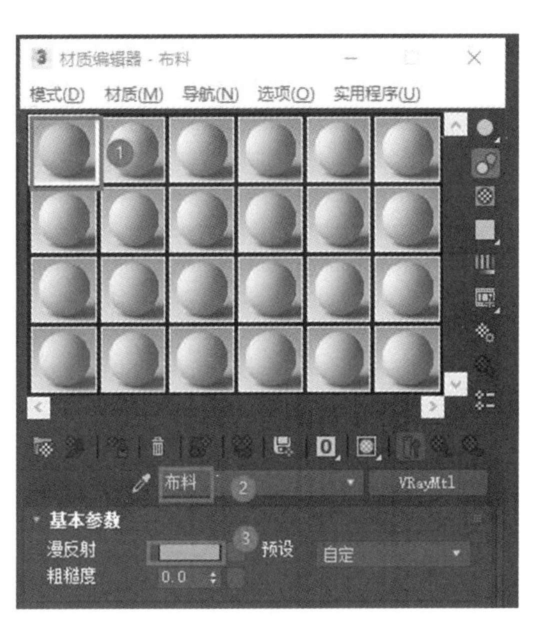

图 5-8 命名材质

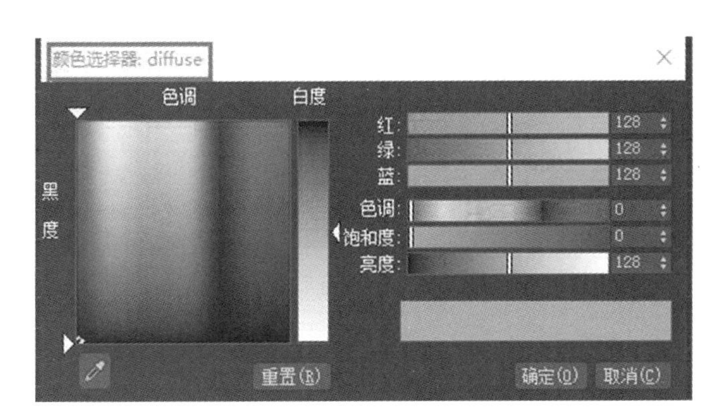

图 5-9 颜色选择器

(8)调颜色,如图 5-10 所示。可以通过三种方式设置颜色:一是在颜色板上单击改变位置调颜色;二是设定红(R)、绿(G)、蓝(B)值调颜色;三是单击吸管图标在屏幕上采样调颜色。

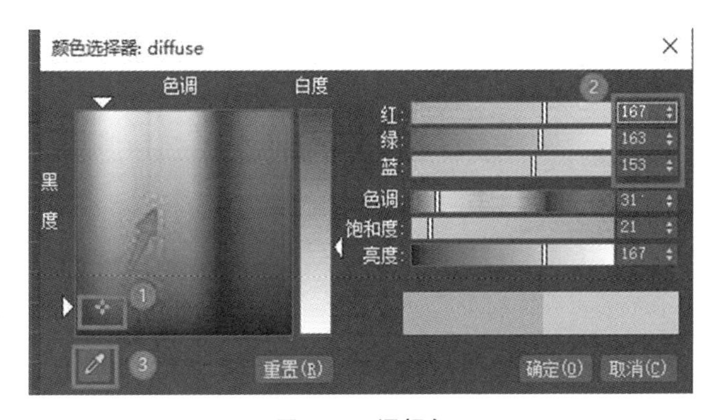

图 5-10 调颜色

(9)选定调好的颜色,在材质球和“漫反射”右边的区域会同步显示更新,如图 5-11 所示。

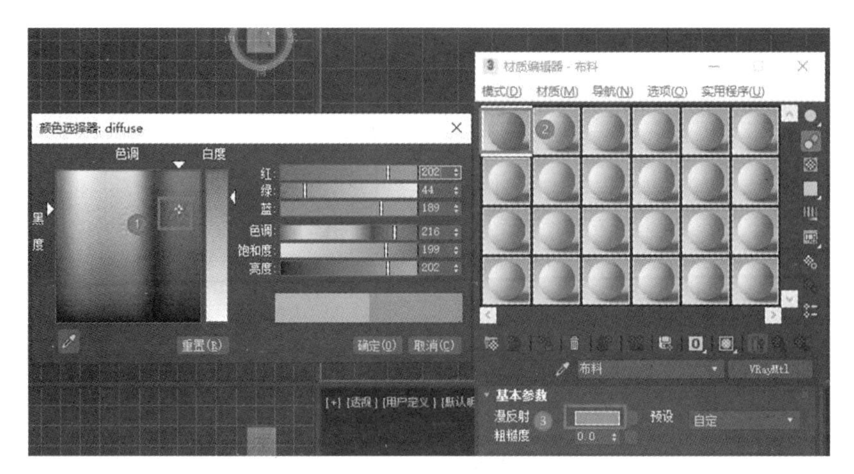

图 5-11 颜色同步显示

(10)单击颜色选择器中的“确定”按钮完成颜色设置,如图 5-12 所示。

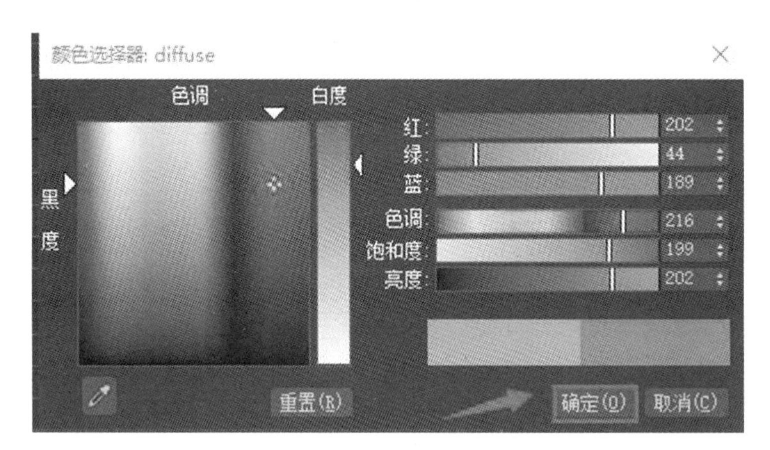

图 5-12 完成颜色设置

(11)选择透视图中的抱枕,单击“将材质指定给选定对象”按钮,如图 5-13 所示。

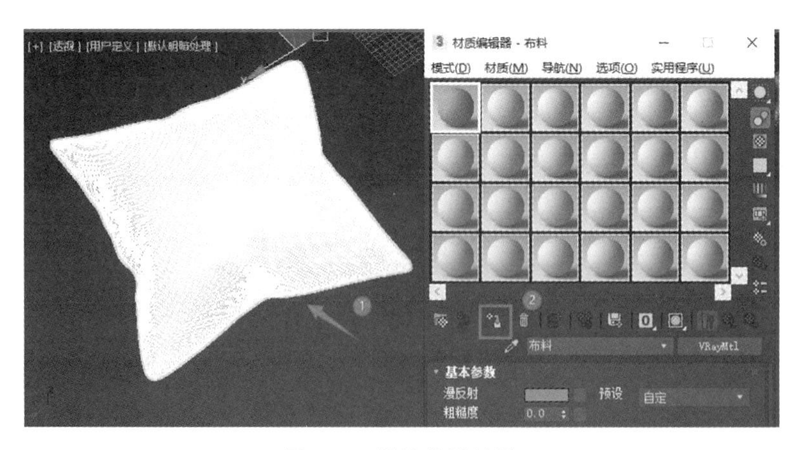

图 5-13 给抱枕赋材质

完成材质指定的效果如图 5-14 所示。

(12)选择位图操作,单击“漫反射”右侧正方形按钮(这个按钮用于添加表面纹理),弹出材质/贴图浏览器,如图 5-15、图 5-16 所示。

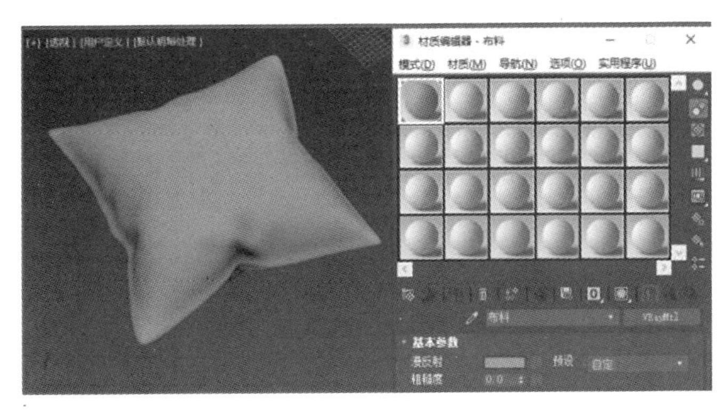

图 5-14　完成效果

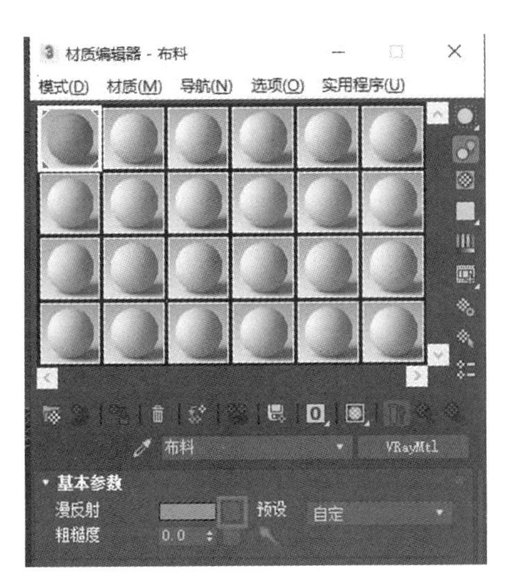

图 5-15　单击贴图按钮

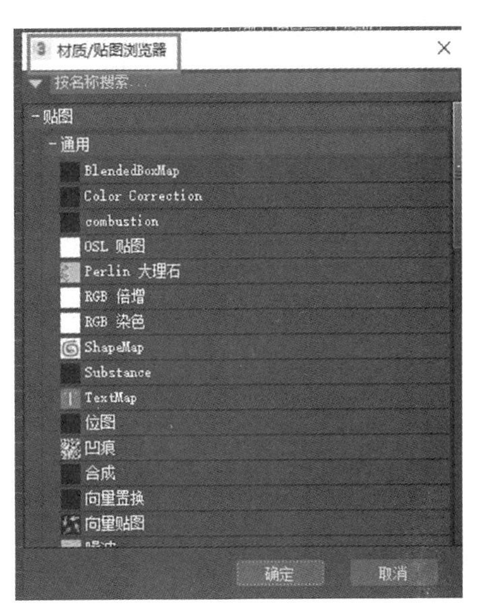

图 5-16　材质/贴图浏览器

(13)双击材质/贴图浏览器中的“位图”，弹出“选择位图图像文件”对话框，如图 5-17、图 5-18 所示。

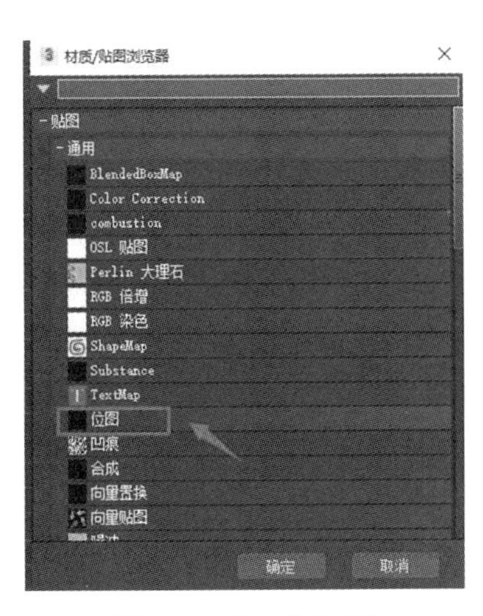

图 5-17　双击“位图”

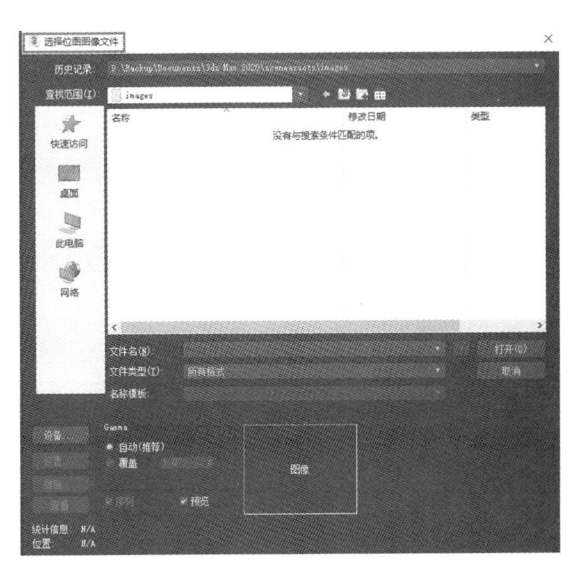

图 5-18　“选择位图图像文件”对话框

(14)通过路径选择找到存放在某个位置的位图文件“条纹布纹 2”,单击“打开”按钮,如图 5-19 所示,注意要检查“序列”前面方框,不勾选。

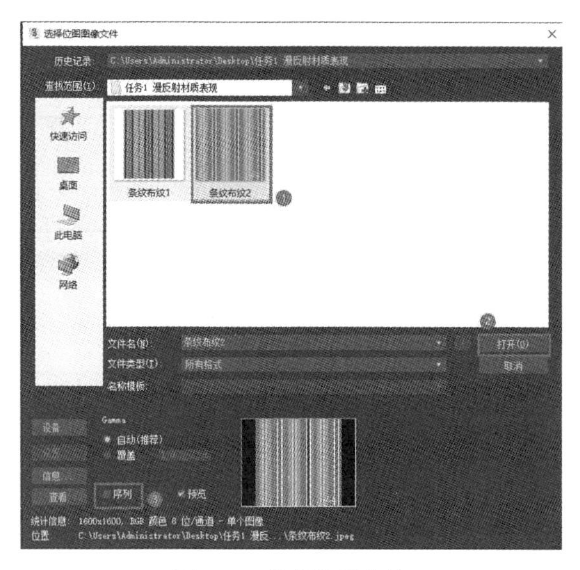

图 5-19　选择位图文件

此时材质编辑器进入漫反射贴图层级,如需要返回,单击图 5-20 所示①处可回到父对象,返回上一个层级,如图 5-21 所示。

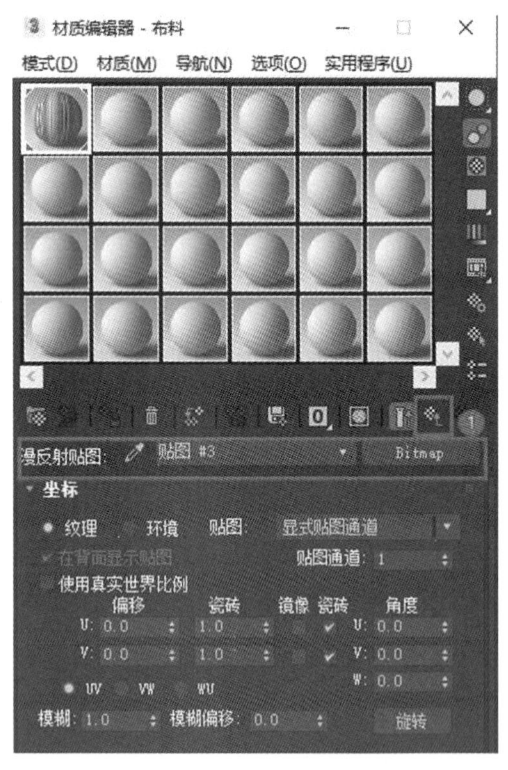

图 5-20　漫反射贴图层级

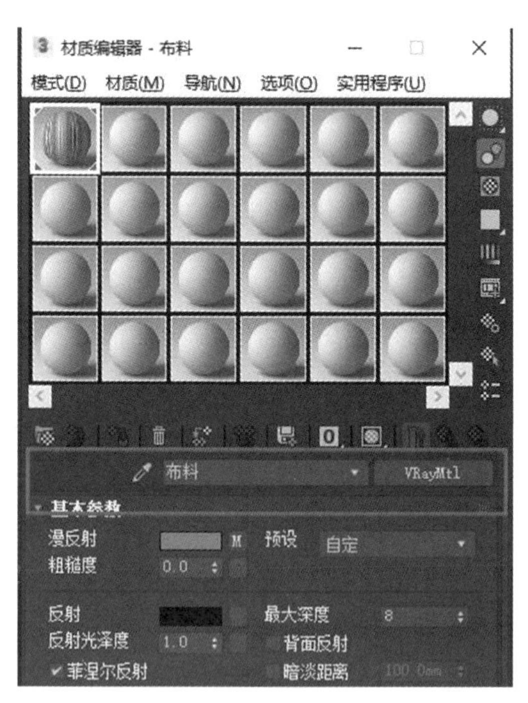

图 5-21　父对象层级

(15)显示纹理操作。透视图中的场景物体并没有把纹理显示出来(见图 5-22),需要在贴图层级单击图 5-22 中①处按钮,在视口中显示明暗材质才可显示纹理,如图 5-23 所示。

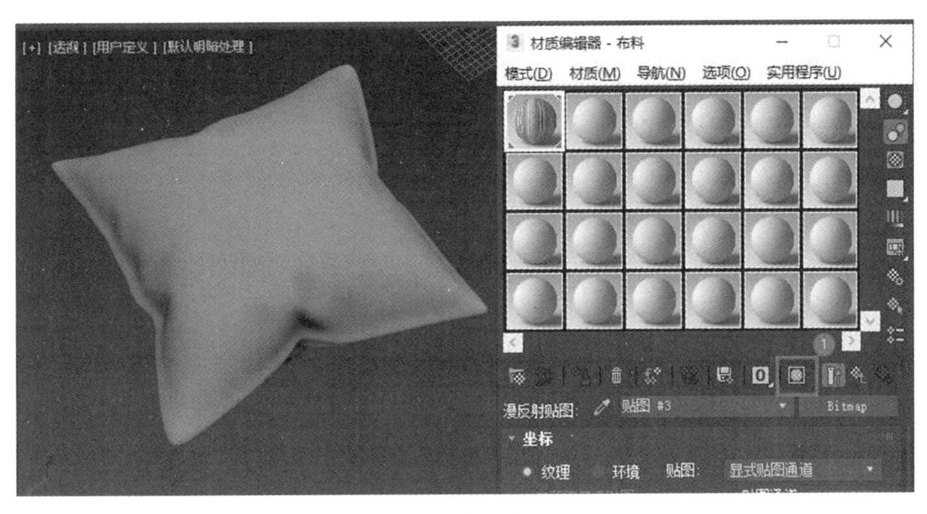

图 5-22　纹理未显示

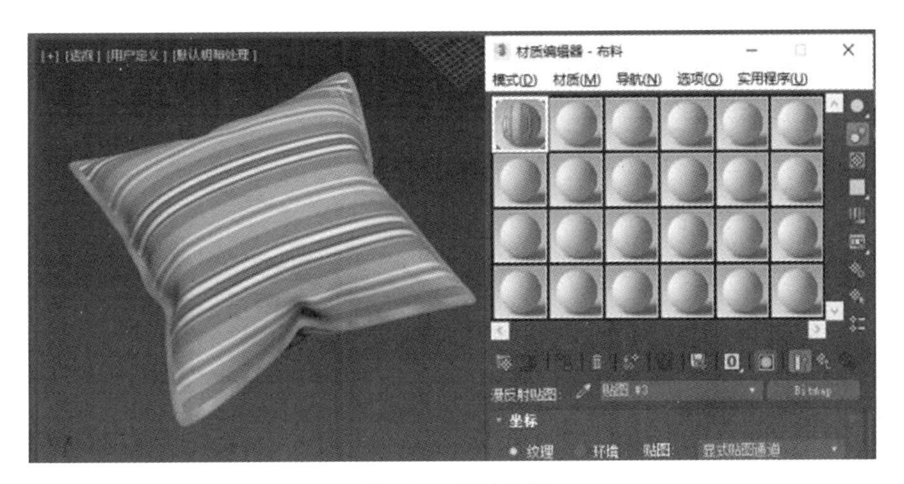

图 5-23　显示纹理

(16)更换位图文件操作。在漫反射贴图层级单击图 5-24 所示红色框内区域,弹出“选择位图图像文件”对话框,选择要更换的位图文件,如图 5-25 所示。

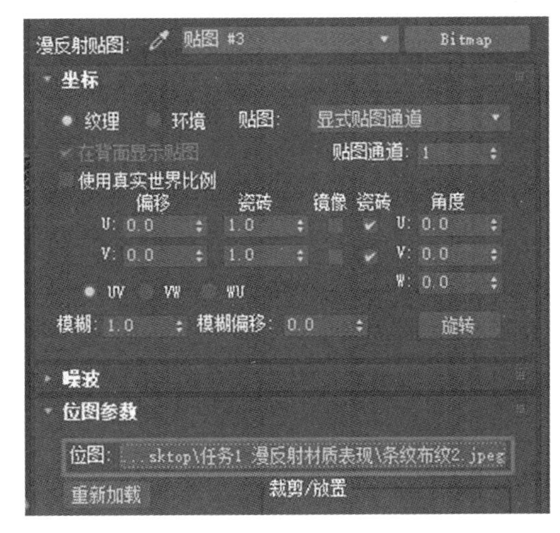

图 5-24　单击位图存放路径区域

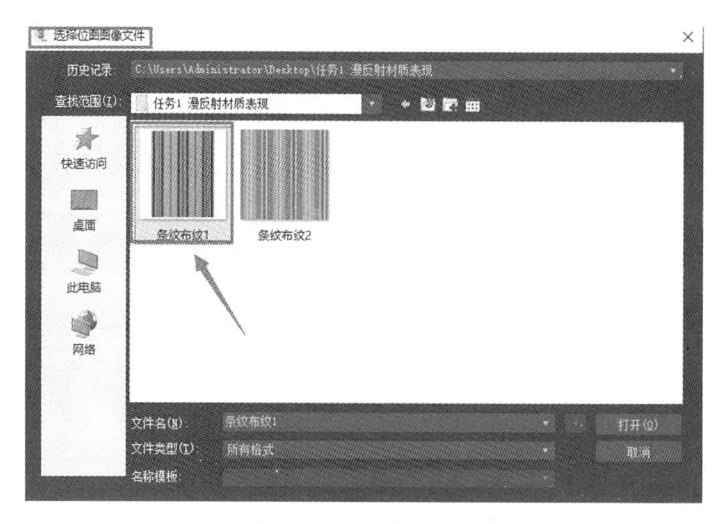

图 5-25　更换位图文件

(17)单击“打开”按钮,完成位图更换,效果如图 5-26 所示,有一部分是空白区域,如图 5-26 中箭头所指,需要裁剪操作。

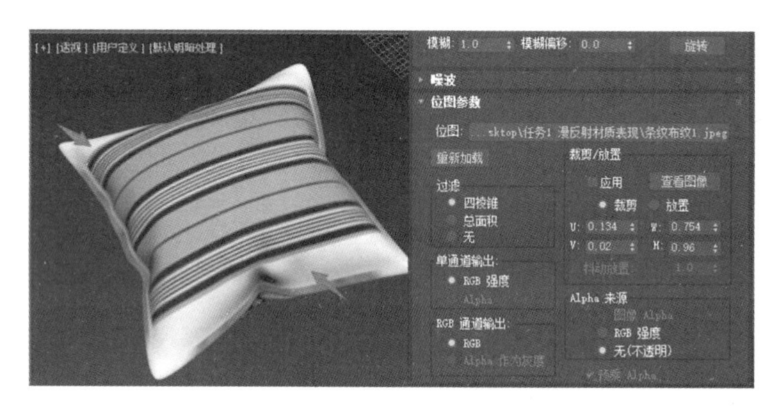

图 5-26　更换后的效果

(18)裁剪操作。单击“查看图像”按钮,拖动纹理位图锚点,勾选“应用”,如图 5-27 所示。效果如图 5-28 所示。

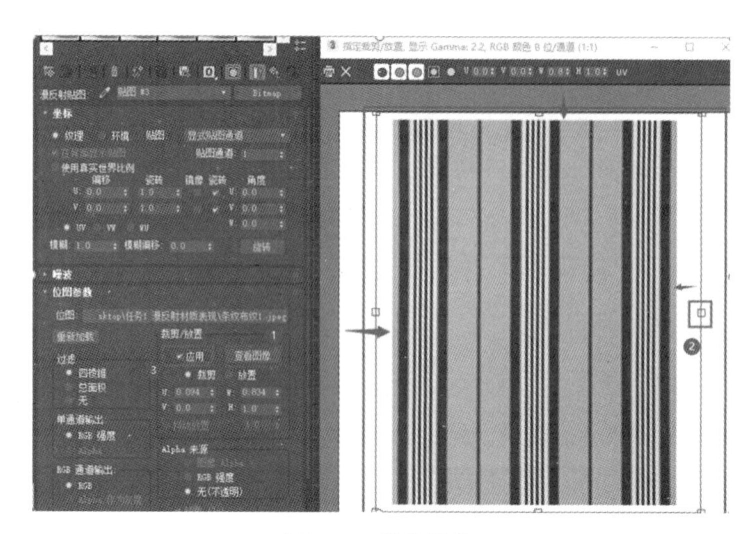

图 5-27　裁剪操作

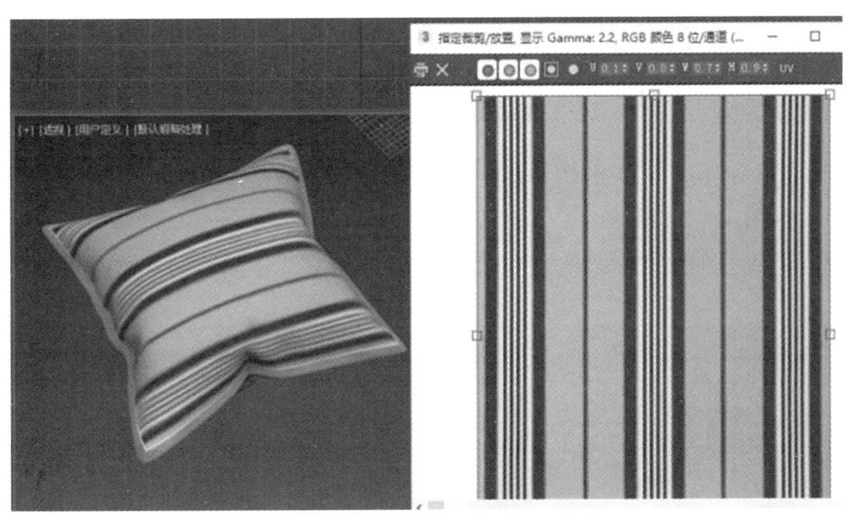

图 5-28　裁剪后的效果

(19)微调纹理密度操作。在贴图层级,设置“偏移”、“瓷砖”(铺贴)、“角度”中的参数可以达到微调纹理的目的。图 5-29 所示为默认参数情况,图 5-30 所示为调整后的部分参数情况。调大铺贴参数,纹理变得更密;调整“W”向角度值为“90.0”,纹理图旋转 90°。

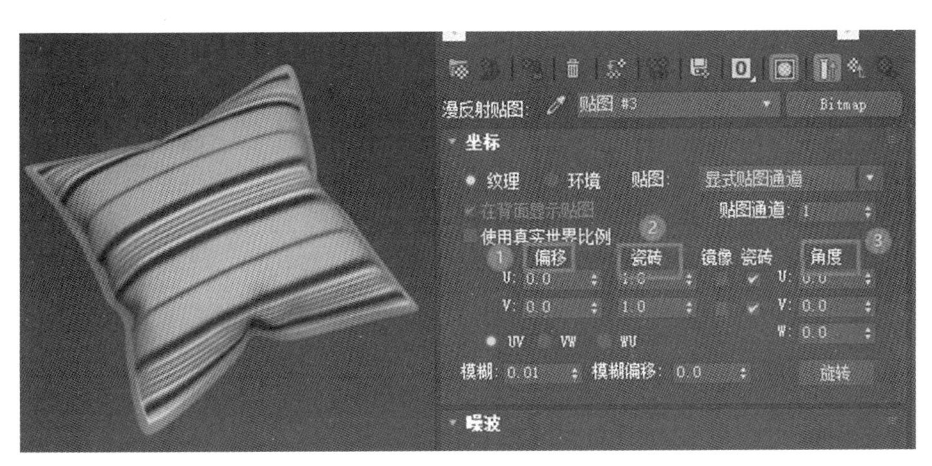

图 5-29　默认参数

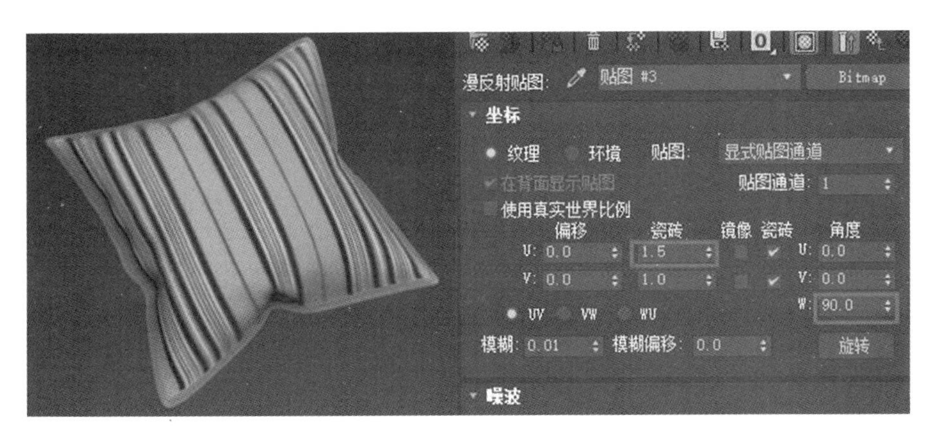

图 5-30　调整后的部分参数

任务 2
金属材质表现

任务目的

掌握镜面不锈钢材质设置方法;掌握亚光不锈钢材质设置方法;掌握油漆金属材质设置方法。

一、知识点讲解

1. 金属材质

当光线照射到物体表面上时,一部分光线被直接反弹,另一部分光线则是直接被金属吸收,不会再散射出去。VRay 金属材质的主要特点是反射强度高,反光面光滑,且具有明显的环境反射效果。

2. 光泽度

光泽度指的是镜面反射光泽。光泽是物体重要的外观性质,光泽的强弱主要取决于材料对光的反射情况。光线照射到材料的表面上时,会产生镜面反射和漫反射。光照射在光滑的平面上发生的反射现象是镜面反射;光照射在不平的面上发生的反射现象是漫反射。光泽度就是用物体产生镜面反射的能力来表示的。

3. 反射调节方法

反射是靠颜色的灰度来控制的,颜色越白反射越亮,越黑反射越弱。单击"反射"右边的色块,可通过明度调整反射强度,明度越高反射越强;单击"反射"右侧正方形按钮,可以使用贴图的灰度来控制反射的强弱,如图 5-31 所示。

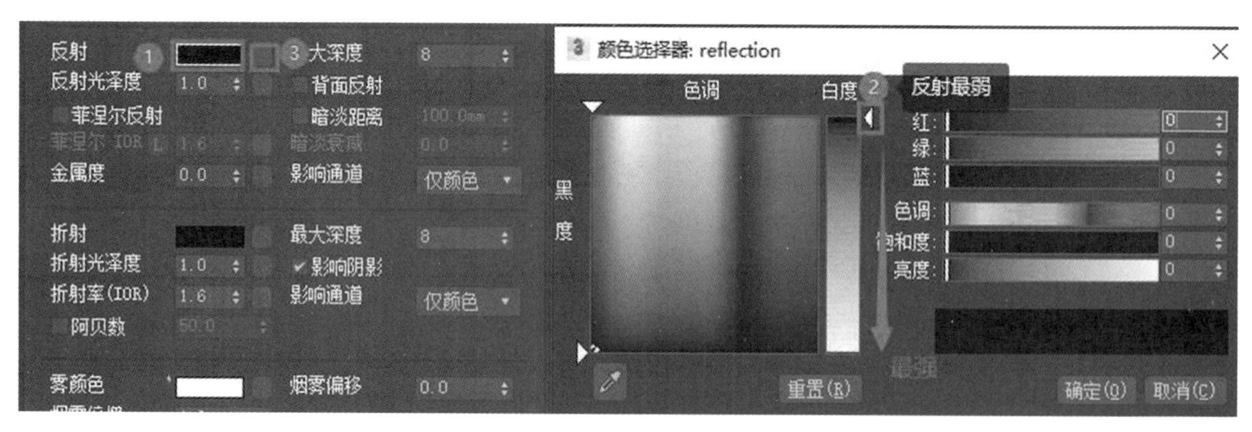

图 5-31　反射强度调节方法

4. 主要反射参数

(1)反射光泽度:通常也被称为“反射模糊”。物理世界中所有的物体都有反射光泽度,只是或多或少而已。该选项默认值 1 表示没有模糊效果;值越小表示模糊效果越强烈。单击选项右边的按钮,可以通过贴图的灰度来控制反射模糊的强弱。

(2)最大深度:反射的次数。数值越大,效果越真实,但渲染时间也越长。

(3)背面反射:强制 VRay 在物体的两面都反射。

(4)暗淡距离:勾选该选项后,可以手动设置参与反射计算的对象间的距离,与产生反射的对象的距离大于设定数值的对象就不会参与反射计算。

(5)暗淡衰减:通过数值设定对象在反射效果中的衰减强度。

(6)影响通道:

· 仅颜色:仅在颜色通道中计算反射效果。

· 颜色+阿尔法通道:在颜色和阿尔法通道中计算反射效果。

· 所有通道:在所有通道中都计算反射效果。

(7)金属度:值为 1 就是金属导体,值为 0 就是绝缘体。调节金属时会用到 1;大多数绝缘体材质调节,如水(纯净水)、玻璃、陶瓷、木材,使用默认值 0 即可。

(8)菲涅尔反射:勾选该选项后,反射强度会与物体的入射角度有关系,入射角度越小,反射越强烈。垂直入射的时候,反射强度最弱。当“菲涅尔 IOR”为 0 或 100 时,将产生完全反射。金属材质不勾选该选项。

当设置成“菲涅尔反射”类型时,反射将具有真实世界的玻璃反射效果。这意味着当光线几乎平行于表面时,反射可见性最大,否则反射将衰减;当光线垂直于表面时几乎没有反射发生。也就是说,在具有反射的条件下正面对着我们视线的物体反射弱,侧边的物体反射强。

5. 材质“双向反射分布函数”卷展栏

双向反射分布函数通过指定从一个方向入射并相对于曲面法线反射到另一个方向的辐射量来描述曲面的反射特性。“双向反射分布函数”卷展栏如图 5-32 所示。

当“反射”的颜色不为黑色且“反射光泽度”不为 1 时双向反射分布函数有效,类型有冯氏算法、布林材质、沃德和微面 GTR(GGX)。

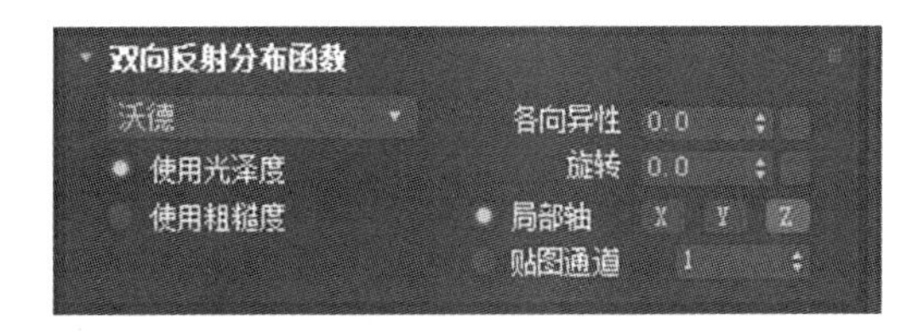

图 5-32 “双向反射分布函数”卷展栏

· 冯氏算法:非物理光照模型,其两个属性是高光颜色和光亮度。

· 布林材质:具有标准的高光反射质感特点,适合表现大多种类的材质。

· 沃德:适合表面柔软或粗糙的物体,高光区较大。

· 微面 GTR(GGX):VRay 3.2 以上版本渲染器新增的类型,适合金属类材质表现。

各向异性:控制高光异性,通过值的大小来改变高光趋向。取值范围为-1 到 1。

旋转:调节高光异性旋转角度。

局部轴:有“X”“Y”“Z”这 3 个轴可供选择。

贴图通道:可以使用不同的贴图通道与 UVW 贴图进行关联,从而使一个物体可在多个贴图通道中使用不同的 UVW 贴图，这样可以得到各自相对应的贴图坐标。

二、金属材质表现步骤

1. 布置环境

(1)打开文件“EX-5-1. max”，按“Ctrl+C”键加入摄影机，进入前视图，添加 VRay 灯光(见图 5-33)，“倍增器”值为 5，其他参数如图 5-34 所示。

图 5-33　VRay 灯光布置

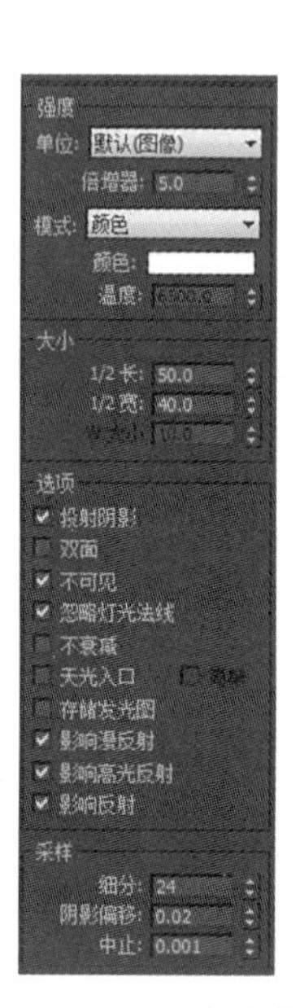

图 5-34　VRay 灯光参数

(2)在顶视图中创建一个目标聚光灯作为辅助光源，调整至与第一个灯光相差 45°角位置，启用阴影，选择 VRay 阴影，“倍增”值为 0.5，并调节聚光灯参数，再到前视图中将聚光灯抬高到一定的高度，如图 5-35、图 5-36 所示。

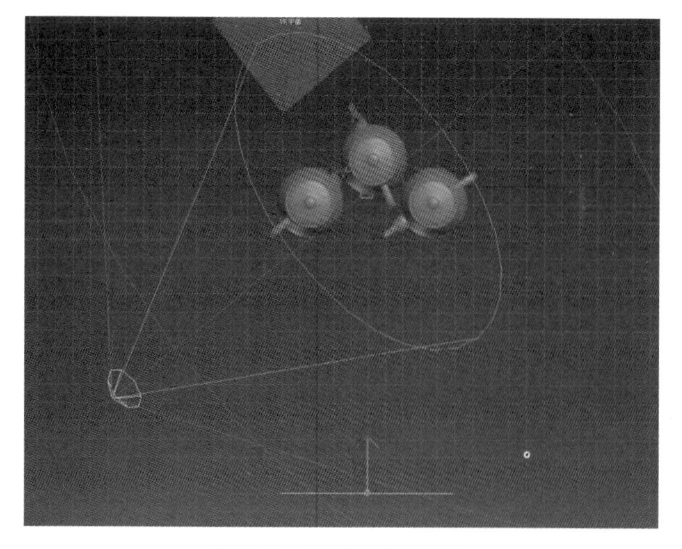

图 5-35　目标聚光灯布置

图 5-36　目标聚光灯参数

(3)按数字键 8,打开环境与效果对话框,单击“环境贴图”下的按钮,双击 VRayHDRI 贴图,按 M 键,打开材质编辑器对话框,将环境贴图拖曳至材质球,选择实例方式,单击位图浏览按钮,选择“hdri001. jpg”图片文件,贴图类型选择“球形”。至此,完成环境光布置。(见图 5-37)

图 5-37　环境光布置

2. 设置金属材质

按 C 键进入摄影机视图。

1)镜面不锈钢材质表现

设置左侧壶为镜面不锈钢金属材质。镜面不锈钢金属材质反光很强,高光集中,表面光滑,是一种简单材质。

根据特点,选择 VRayMtl 材质,设置反射颜色亮度为 240,反射光泽度为 0. 98。渲染效果如图 5-38 所示。

图 5-38　镜面不锈钢材质渲染效果

2)亚光不锈钢材质表现

设置中间壶为亚光不锈钢金属材质。亚光不锈钢金属材质反光较强但模糊,高光集中,表面光滑,另外,一般有双折射或更多折射现象,即存在各向异性特征。

根据特点,选择 VRayMtl 材质,设置反射颜色亮度为 180,光泽度为 0.8,同时,在"双向反射分布函数"卷展栏中选择"沃德"类型,"各向异性"设置为"-0.7"。渲染效果如图 5-39 所示。

图 5-39　亚光不锈钢材质渲染效果

3)油漆金属材质表现

设置右侧壶为油漆金属材质。油漆金属材质带有色彩,反光较弱,高光集中,表面光滑,是一种简单材质。

根据特点,选择 VRayMtl 材质,设置漫反射颜色的 R、G、B 值分别为 10、50、115,反射颜色亮度为 15,反射光泽度为 0.90。渲染效果如图 5-40 所示。

图 5-40　油漆金属材质渲染效果

任务 3
玻璃材质表现

任务目的

掌握清玻璃材质设置方法;掌握磨砂玻璃材质设置方法;掌握有色玻璃材质设置方法。

一、知识点讲解

1. VRayMtl 材质折射参数

VRayMtl 材质折射参数设置面板如图 5-41 所示。

折射:和反射的原理一样,颜色越白,物体越透明,进入物体内部产生折射的光线也就越多;颜色越黑,物体越不透明。

折射光泽度:折射效果的清晰度,数值越小,折射效果越模糊。

折射率:不同材料有不同的折射率,如真空为 1,水为 1.33,玻璃为 1.5 左右,宝石为 1.8,水晶为 2.0,钻石为 2.4。

烟雾颜色:透明物体内部颜色。部分版本无此选项。

阿贝数:用于控制色散的强度,数值越小,色散现象越强烈。

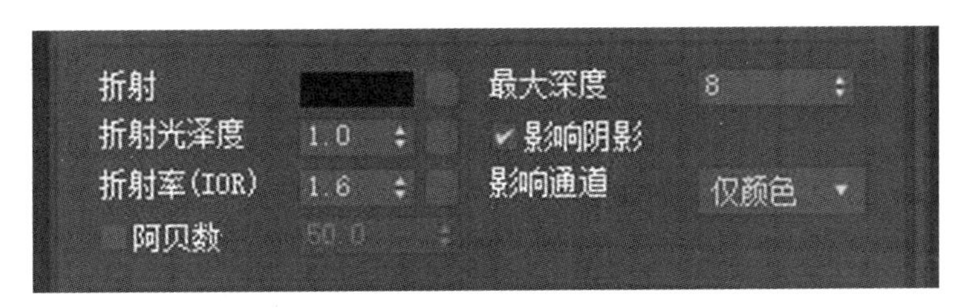

图 5-41　VRayMtl 材质折射参数设置面板

2. VRay 渲染设置“焦散”卷展栏

焦散是指当光线穿过一个透明物体时,由于物体表面的不平整,光线折射并没有平行发生,出现漫反射,投影出现不均匀现象,形成光斑等。

“焦散”卷展栏如图 5-42 所示。

搜索半径:光子追踪撞击到物体表面后,以撞击光子为中心的圆形的自动搜索区域的半径值就是“搜索半径”。该选项设置较小的数值会产生斑点,设置较大的数值会产生模糊焦散效果。

最大光子数:定义单位区域内的光子数量。这个区域内的光子会进行均匀照明。该选项设置较小的数值不容易得到焦散效果,设置较大的数值会产生模糊焦散效果。

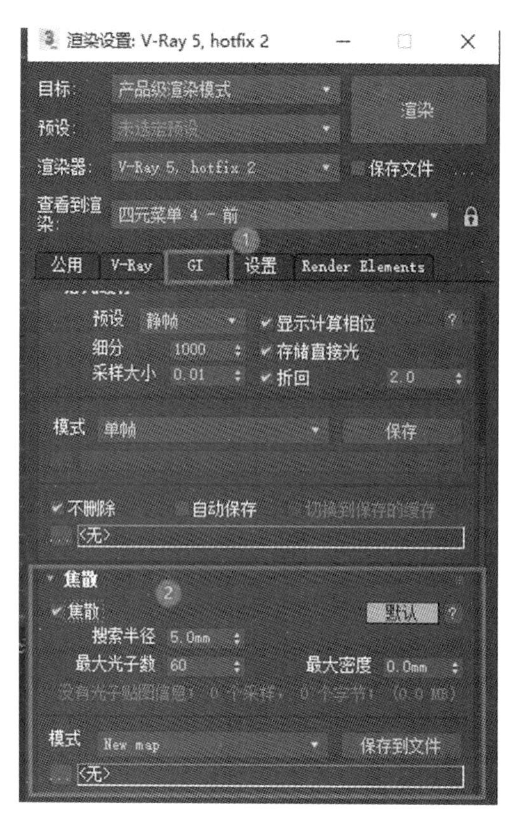

图 5-42 “焦散”卷展栏

最大密度:控制光子的最大密度,默认值 0 表示使用 VR 内部确定的密度;设为较小的数值会让焦散效果比较锐利。

二、玻璃材质表现案例

1. 清玻璃材质

同项目五任务 2 打开文件、布置环境,设置左侧壶为清玻璃材质。清玻璃材质一般无色,反光性适中,高光集中,表面光滑,透明度较高,渲染主体造型有弧面时焦散现象效果更好。

根据特点,选择 VRayMtl 材质,反射颜色亮度为 255,勾选“菲涅尔反射”,反射光泽度设为 0.99,折射颜色亮度设为 255,折射率设为 1.53。渲染效果如图 5-43 所示。

2. 磨砂玻璃材质

设置中间壶为磨砂玻璃材质。磨砂玻璃材质一般无色,反光性适中,透明度较高,但由于表面较粗糙,光线通过会产生漫反射。

根据特点,选择 VRayMtl 材质,反射颜色亮度为 255,勾选“菲涅尔反射”,反射光泽度为 0.99,折射颜色亮度设为 255,折射率设为 1.53,折射光泽度为 0.85,设置烟雾颜色 R、G、B 为 255、240、240,“烟雾倍增”值为 0.1。渲染效果如图 5-44 所示。

图 5-43 清玻璃材质渲染效果

图 5-44 磨砂玻璃材质渲染效果

3. 有色玻璃材质

设置右侧壶为有色玻璃材质。有色玻璃材质有鲜艳的颜色，反光性适中，透明度较高。

根据特点，选择 VRayMtl 材质，反射颜色亮度为 255，勾选“菲涅尔反射”，反射光泽度设为 0.99；折射颜色亮度设为 255，折射率设为 1.53，设置烟雾颜色 R、G、B 为 0、200、0，“烟雾倍增”值为 0.1。渲染效果如图 5-45 所示。

图 5-45　有色玻璃材质渲染效果

任务 4
陶瓷材质表现

任务目的

掌握紫砂陶瓷材质设置方法;掌握乳白陶瓷材质设置方法;掌握彩绘陶瓷材质设置方法。

一、知识点讲解

1. VRayMtl 材质贴图卷展栏

贴图卷展栏(见图 5-46)提供了 26 个通道按钮,包括漫反射、漫反射粗糙度、自发光、反射、光泽层光泽度、反射光泽度、菲涅尔 IOR、各向异性、各向异性旋转、折射、折射光泽度、IOR、半透明、雾颜色、凹凸、置换、不透明度、环境等。以漫反射为例,当材质表面不是单色时,用户可利用这个通道按钮通过贴图控制材质的漫反射颜色;如果用户仅仅需要一个简单的颜色倍增器,那么可以不使用这个通道按钮,而使用基本参数栏里的漫反射色块来替代。

凹凸贴图常被用来模拟材质表面的凹凸不平,用户不用在场景中真的添加很多的几何体模型来模拟表面的粗糙感。该通道贴图被设为白色、负值则下凹,设为黑色、正值则上凸;贴图越亮,凹凸越明显,边缘越清晰。白色和黑色的中间色产生过渡状态,凹凸部分不会产生阴影,在物体边界上也看不到真正的凹凸,用于一般砖墙、石板路面模型可产生真实的效果。

图 5-46 贴图卷展栏

2. 多维/子对象材质

利用多维/子对象材质可以通过材质 ID 号给一个物体分配不同的材质，而 ID 一般按多边形或元素分配。该材质使用的前提是物体不可分割。单击 VRayMtl 材质按钮，弹出材质/贴图浏览器，可找到“多维/子对象”，如图 5-47 所示。

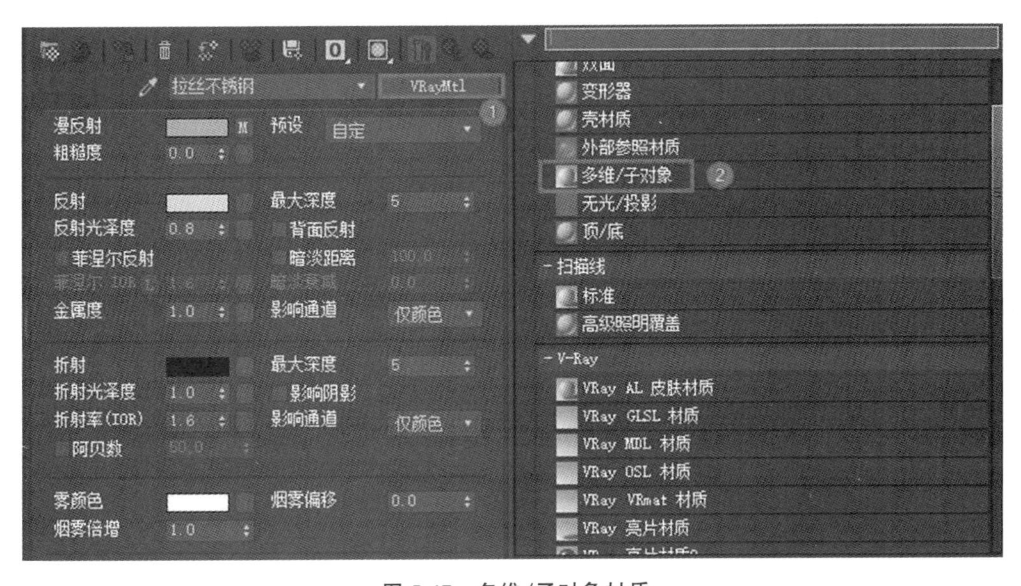

图 5-47 多维/子对象材质

二、陶瓷材质表现案例

1. 紫砂陶瓷材质

同项目五任务2打开文件、布置环境，设置左侧壶为紫砂陶瓷材质。紫砂陶瓷材质一般表现为深棕色，反光性较弱，高光分散，表面纹理细腻，视觉上有亚光的效果，有众多分布均匀、细小、具有类似金属光泽的颗粒。

根据特点，选择 VRayMtl 材质，漫反射颜色 R、G、B 为 48、18、15；反射颜色亮度为 255，勾选“菲涅尔反射”，反射光泽度为 0.85；打开“双向反射分布函数”卷展栏，类型为“沃德”；打开贴图卷展栏，“凹凸”设置为 50，单击凹凸通道加载噪波贴图，噪波类型为分形，“大小”值为 0.03。渲染效果如图 5-48 所示。

图 5-48　紫砂陶瓷材质渲染效果

2. 乳白陶瓷材质

设置中间壶为乳白陶瓷材质。乳白陶瓷材质反光性适中，高光集中，表面光滑。

根据特点，选择 VRayMtl 材质，漫反射颜色亮度为 175(本场景亮度较高，容易曝光过度，所以漫反射颜色亮度值设置得较低)，反射通道选择衰减贴图，衰减类型为“Fresnel”(菲涅尔)，光泽度设为 0.95。渲染效果如图 5-49 所示。

3. 彩绘陶瓷材质

设置右侧壶为彩绘陶瓷材质。彩绘陶瓷材质表现分为陶瓷本身和彩绘内容表现，利用多维/子对象材质可以模拟这种效果，其中彩绘内容可以通过漫反射贴图通道加载位图实现。

根据特点，选择一个空白材质球，点选 Standard 材质，选择多维/子对象材质，单击“确定”按钮，如图 5-50 所示。

图 5-49 乳白陶瓷材质渲染效果

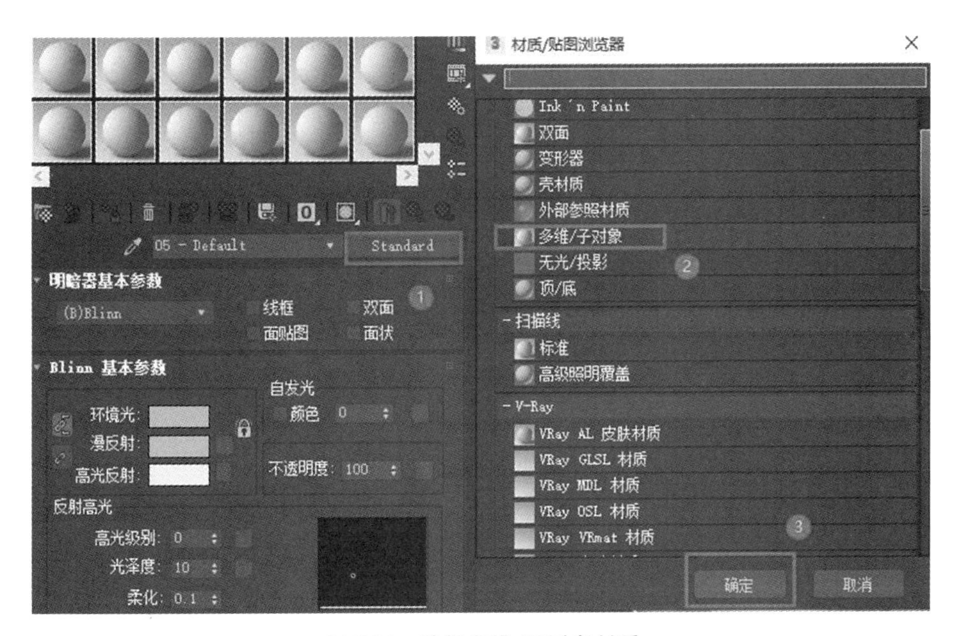

图 5-50 选择多维/子对象材质

点选“丢弃旧材质”,单击“设置数量”按钮,设置材质数量为 2,如图 5-51 所示。

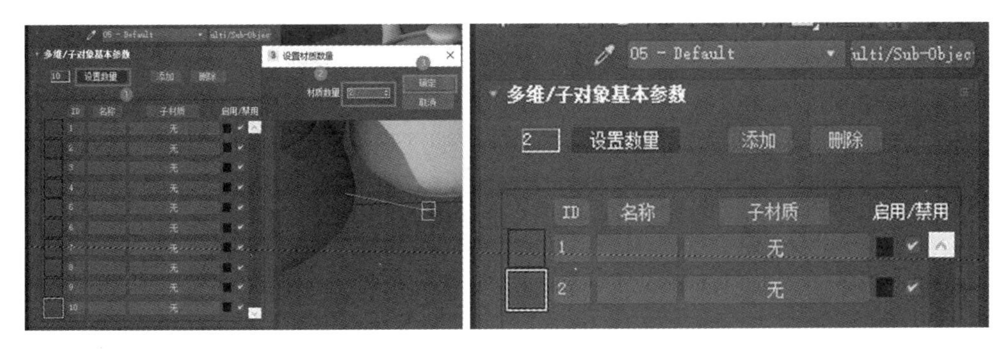

图 5-51 设置多维/子对象材质数量

将乳白陶瓷材质球拖曳至1号ID子材质通道；单击2号ID子材质通道按钮，选择VRayMtl材质，漫反射通道添加位图“横幅.jpg”；反射通道选择衰减贴图，衰减类型为“Fresnel”，光泽度设为0.95，如图5-52所示。

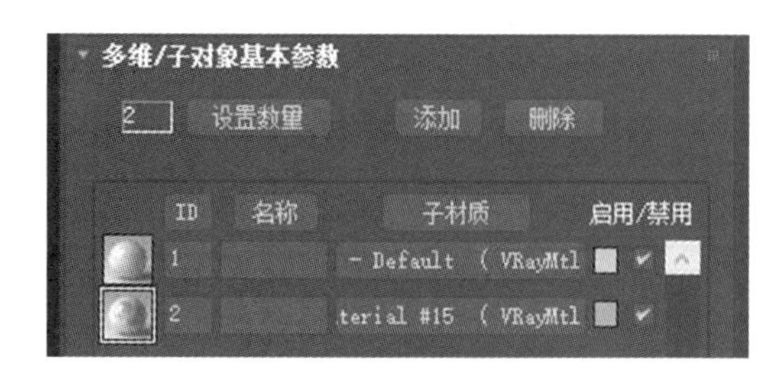

图5-52　设置材质参数

然后选择右侧壶，并孤立显示，将此壶转换为可编辑多边形，在多边形层级选中所有的面，在“设置ID”处输入1，按回车键结束1号ID的设置，如图5-53所示。

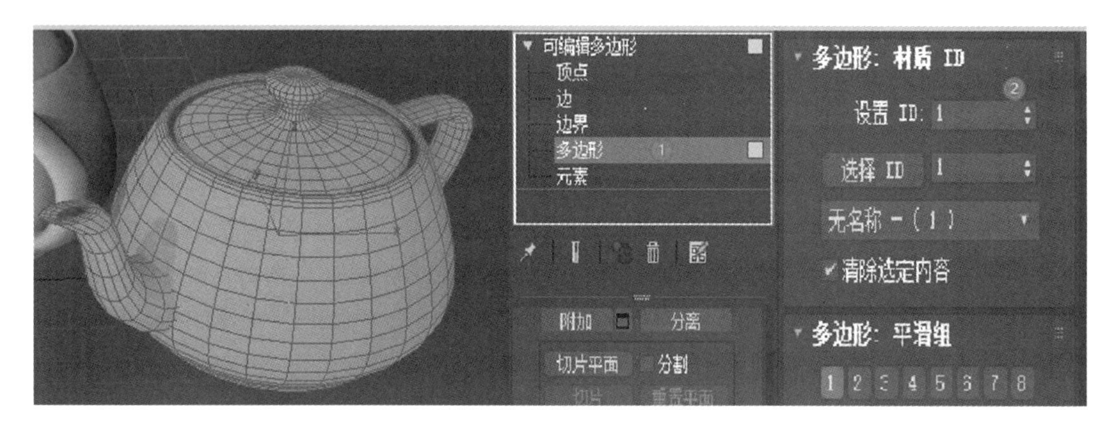

图5-53　设置1号ID

在元素层级选择壶身元素，单击“隐藏未选定对象”按钮，再转到多边形层级，框选图5-54所示的面，设置材质ID为2。

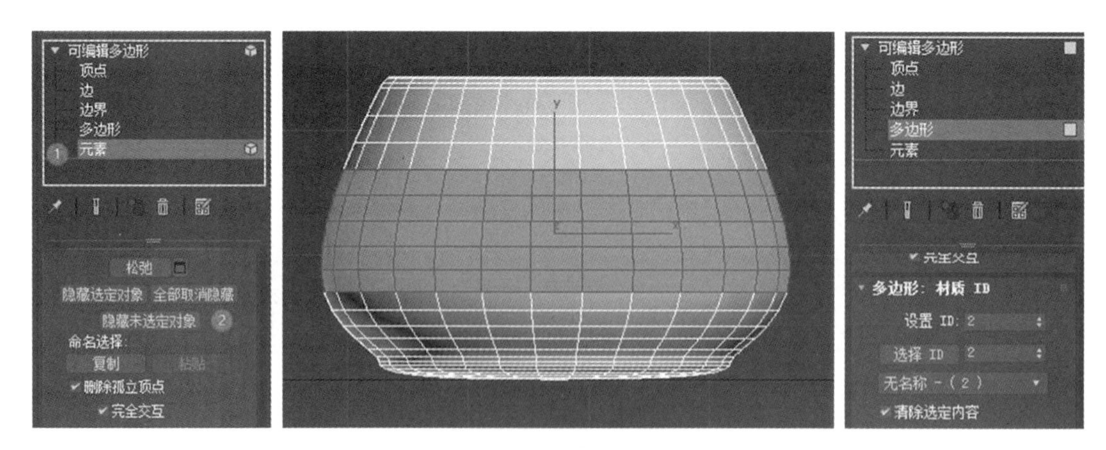

图5-54　设置2号ID

再单击“全部取消隐藏”按钮。将之前设置的多维/子对象材质赋予此壶，此时渲染曝光严重，按F10键打开渲染设置，进入“颜色映射”卷展栏，“类型”选择“线性倍增”，“亮度倍增”调节为0.8，“伽玛”值设置为1，如图5-55所示。最终渲染效果如图5-56所示。

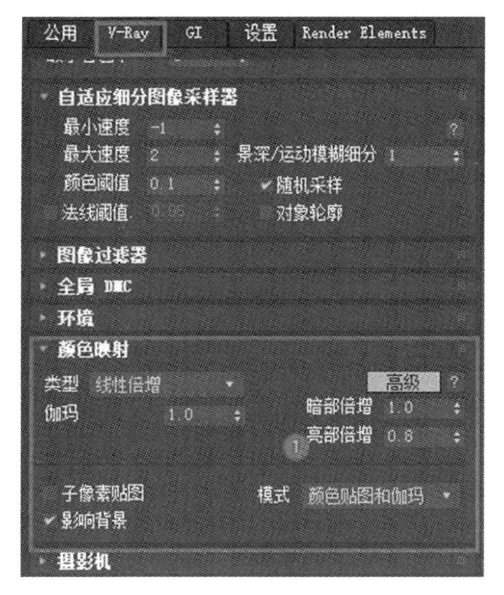

图 5-55 颜色映射参数设置

图 5-56 彩绘陶瓷材质渲染效果

任务 5
木纹材质表现

任务目的

掌握木纹地板材质设置方法;掌握原色木纹材质设置方法;掌握高光木纹材质设置方法。

一、知识点讲解

1. 位图贴图

位图贴图一般用作通道贴图,以其像素亮度描述相关参数。其常用参数设置面板如图 5-57 所示。

瓷砖(平铺):通常在应用位图特别是纹理图案的时候需要重复该图案,就需要设置平铺。值为 1 则不改变大小显示;值为 0.5 则放大一倍显示。

角度:利用它可以围绕 U、V、W 三个轴向旋转贴图。

模糊:主要是用来消除锯齿的,值越大越模糊,默认值为 1。

位图:指定贴图的路径,或者是更换位图。

裁剪/放置:利用此组中的控件可以裁剪位图或减小其尺寸用于自定义放置。

“输出”卷展栏:应用贴图并且设置内部参数之后,可以通过调整它的输出参数来确定贴图的最终显示情况。“输出”卷展栏上的大部分控制是针对颜色输出的。

· 启用颜色贴图:勾选“启用颜色贴图”之后,其下面的颜色贴图控制组就可以使用了。使用该控制组我们可对图像的色调范围进行一个调整。它有两种选择方式:一种是 RGB,可以将贴图曲线分别指定给每个 RGB 过滤通道;一种是单色,将贴图曲线指定给合成通道。

· 输出量:对贴图中的饱和度和 Alpha 值产生影响。值越大,贴图越亮。

· RGB 偏移:这个值会对贴图的色调产生影响,值过大时贴图会变为白色并带有自发光效果;降低这个值会减少贴图色调并使贴图向黑色进行转变。

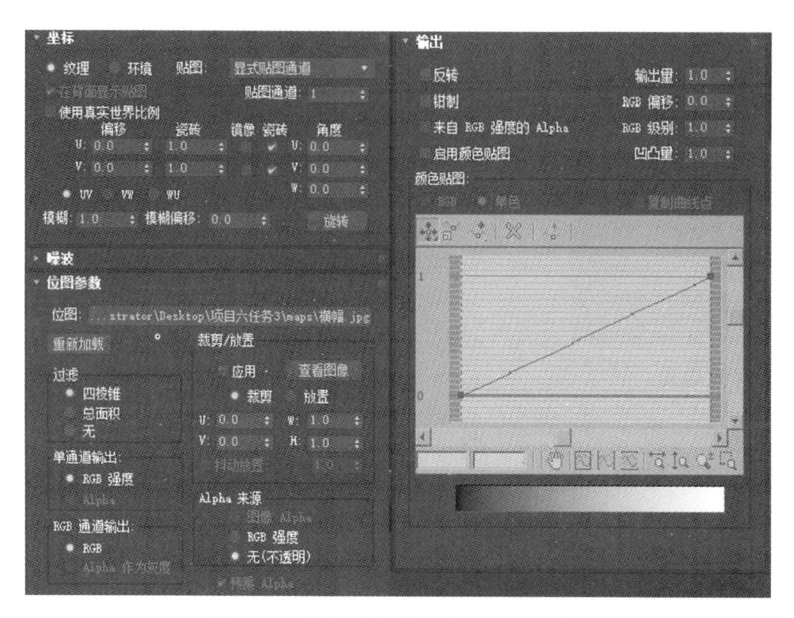

图 5-57 位图贴图常用参数设置面板

2. UVW 贴图修改器

UVW 贴图修改器的作用是控制在对象曲面上如何显示贴图材质等。贴图坐标指定如何将位图投影到对象上。UVW 坐标系与 xyz 坐标系相似。位图的 U 和 V 轴对应于 x 和 y 轴。若模型加载贴图后发生扭曲、拉扯现象就需要添加 UVW 贴图修改器,甚至要加载 UVW 展开修改器,进行更细致的调整。相关修改器列表及参数设置面板如图 5-58 所示。

图 5-58 UVW 贴图相关修改器列表及参数设置面板

二、木纹材质表现案例

1. 木纹地板材质

打开素材文件，布置好环境，设置地面为木纹地板材质。木纹地板保留着天然树木的木纹，表面光滑，木板与木板之间有接缝，装饰性能强，种类繁多，反光表现为明显的菲涅尔现象。

根据特点，选择 VRayMtl 材质，漫反射通道加载位图“木地板 008. jpg”，瓷砖（平铺）选项下 U、V 为 0. 5、0. 5，角度 W 为 90；反射通道加载衰减贴图，衰减类型选择“Fresnel”，光泽度设为 0. 95；打开贴图卷展栏，加 15%的凹凸效果（凹凸通道后数值设为 15），单击凹凸通道右侧按钮加载位图“木地板 008x. jpg”。渲染效果如图 5-59 所示。

图 5-59　木纹地板材质渲染效果

2. 原色木纹材质

设置柜子为原色木纹材质。原色木纹材质保留着天然树木的木纹，反光微弱，高光发散，表面光滑；把手则用镜面不锈钢金属材质。

首先，对模型加载 UVW 贴图修改器，类型为长方体；然后，根据其特点，选择 VRayMtl 材质，漫反射通道加载位图“木纹 099. jpg”，模糊值为 0. 1；反射通道加载衰减贴图，衰减类型为“Fresnel”，光泽度设为 0. 95；打开“双向反射分布函数”卷展栏，类型为“沃德”。渲染效果如图 5-60 所示。

3. 高光木纹材质

设置沙发为高光木纹材质。高光木纹材质保留着天然树木的木纹，表面有一层反光很强的漆，同时很光滑，具有较强的视觉冲击力。

根据特点，选择 VRayMtl 材质，漫反射通道加载位图“木纹 02. jpg”，模糊值为 0. 1，输出量为 0. 8，RGB

图 5-60　原色木纹材质渲染效果

偏移为 0.2，勾选“启用颜色贴图”，单击选择 R 通道右端节点，设置为 0.9；反射通道加载衰减贴图，衰减类型为“Fresnel”，高光光泽度为 0.6，反射光泽度为 0.95，细分设为 20。渲染效果如图 5-61 所示。

图 5-61　高光木纹材质渲染效果

任务 6
VRay 石材表现

任务目的

掌握大理石材质设置方法；掌握大理石瓷砖地面材质设置方法；掌握玉石材质设置方法。

一、知识点讲解

1. 平铺贴图

平铺贴图是 3ds Max 的一种程序贴图，使用平铺贴图，可以创建上下连续的平铺图案，制作地板、瓦、砖墙等材质贴图。平铺贴图常用参数面板如图 5-62 所示。

预设类型：可以选择八种不同类型的堆砌方式。

平铺设置：设置主体图案内容，可以直接用颜色选择器设置单色，也可以通过通道加载贴图；水平数和垂直数用来设置主体分割数量；颜色变化控制每个分块的颜色饱和度变化程度。

砖缝设置：设置砖缝内容，可以直接用颜色选择器设置单色，也可以通过通道加载贴图；水平间距、垂直间距用来设置砖缝水平、垂直的宽度；粗糙度参数控制砖缝边缘的粗糙度。

2. 噪波贴图

噪波贴图也是 3ds Max 的一种程序贴图，使用噪波贴图，可以创建不规则云图案，制作云效果、细毛效果和水波效果等。噪波贴图常用参数面板如图 5-63 所示。

噪波类型：有规则、分形、湍流三种，这三种类型颜色过渡逐渐尖锐。

大小：贴图图形比例大小、尺寸。

颜色＃1 和颜色＃2：显示颜色选择器，以便从两个主要噪波颜色中进行选择。将通过所选的两种颜色生成中间颜色值。

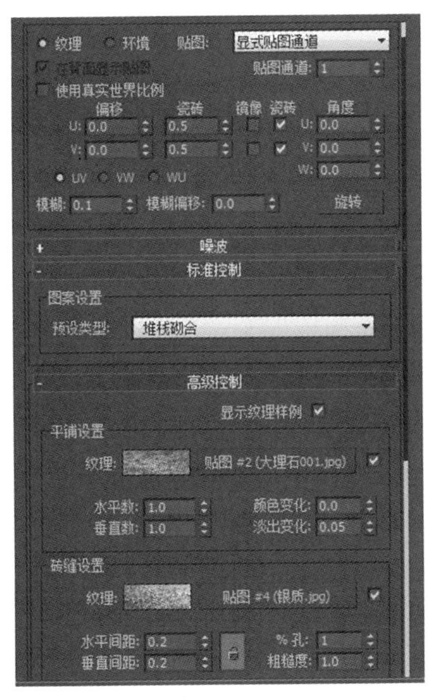

图 5-62 平铺贴图常用参数面板

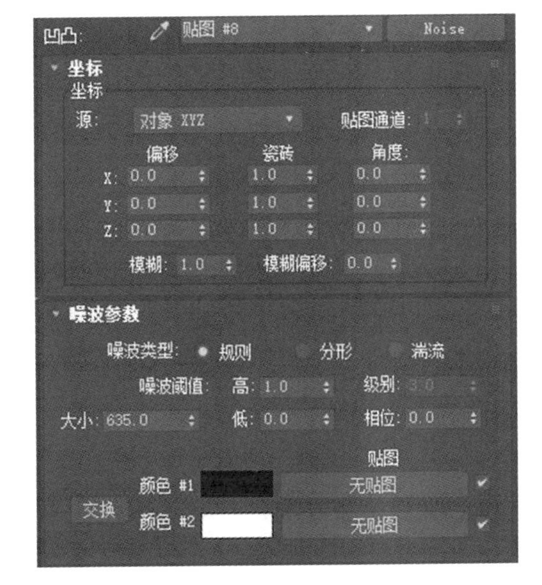

图 5-63 噪波贴图常用参数面板

3. VRayMtl 材质半透明参数

VRayMtl 材质半透明参数面板如图 5-64 所示。

半透明:主要制作半透明物体,要配合上面的参数进行调整。硬质(蜡)模型主要用于制作蜡烛硬质模型;柔软(水)模型主要用于制作水或皮肤等软质模型。

背面颜色:用来控制次表面散射的颜色。

厚度:这个值确定半透明层的厚度。当光线跟踪深度达到这个值时,VRay 不会跟踪光线更下面的面;该选项设置为较大的值会让整个物体都被光线穿透,设为较小的值会让物体较薄的地方产生次表面散射现象。

散布系数:这个值控制在半透明物体的表面下散射光线的方向。值为 0.0 意味着在表面下的光线将向各个方向散射;值为 1.0 时,光线跟初始光线的方向一致,同向来散射穿过物体。

正/背面系数(向前/向后控制):这个值控制在半透明物体表面下的散射光线有多少将相对于初始光线向前或向后传播穿过这个物体。值为 1.0 意味着所有的光线将向前传播;值为 0.0 时,所有的光线将向后传播;值为 0.5 时,光线在向前/向后方向上平均分配。

灯光倍增:灯光分摊用的倍增器,用它来描述穿过材质表面的被反射、折射的光的数量。值越大,散射效果越强。

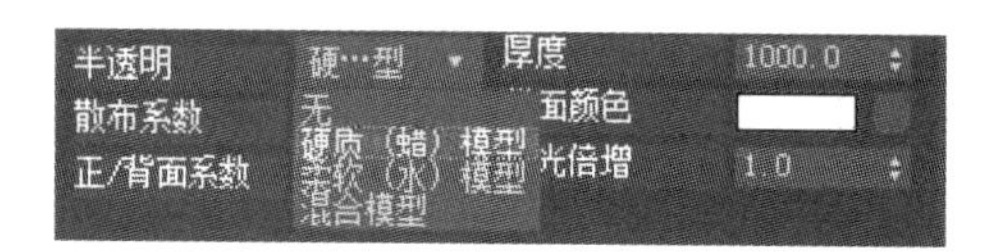

图 5-64 VRayMtl 材质半透明参数面板

二、石材表现案例

1. 大理石材质

打开素材文件,布置好环境,设置茶杯为大理石材质。大理石材质保留着天然大理石纹理,反光微弱,高光发散,表面光滑。

根据特点,选择 VRayMtl 材质,漫反射通道加载位图“大理石 003.jpg”;反射通道加载衰减贴图,衰减类型为“Fresnel”,光泽度设为 0.9。渲染效果如图 5-65 所示。

图 5-65 大理石材质渲染效果

2. 大理石瓷砖地面材质

设置地面为大理石瓷砖材质。大理石瓷砖保留着天然大理石的纹理，装饰性能强，反光表现为明显的菲涅尔现象，且反光比天然大理石更强，表面光滑，瓷砖与瓷砖之间有接缝，接缝用美缝工艺美化。

根据特点，选择 VRayMtl 材质，漫反射通道加载平铺贴图，瓷砖(平铺)选项下 U、V 为 0.5、0.5，"模糊"值为 0.1，噪波预设类型为堆栈砌合，纹理通道加载位图"大理石 001.jpg"，水平数、垂直数都为 1，砖缝通道加载位图"银质.jpg"，水平、垂直间距均为 0.2；反射通道加载衰减贴图，衰减类型选择"Fresnel"，其中前端亮度调节为 75，光泽度为 0.99；打开贴图卷展栏，添加 20%的凹凸效果，将漫反射通道贴图拖曳复制至凹凸通道，去除纹理通道位图贴图，改为上黑下白。渲染效果如图 5-66 所示。

3. 玉石材质

设置高脚杯为玉石材质。部分玉石材质有云雾的纹理，反光适中，表面圆润光滑，具备半透明质感。

根据特点，选择 VRayMtl 材质，漫反射通道加载噪波贴图，噪波类型为分形，噪波阈值低端设置为 0.3，级别为 10，大小为 10，颜色♯1 的 R、G、B 为 0、45、20，颜色♯2 的 R、G、B 为 160、210、175；反射通道加载衰减贴图，衰减类型为"Fresnel"，高光光泽度为 0.8，反射光泽度为 0.95；折射颜色亮度为 80，烟雾颜色 R、G、B 为 40、120、50，烟雾倍增为 0.1，勾选"影响阴影"；半透明类型选择硬质(蜡)模型，正/背面系数为 0.5；打开选项卷展栏，将雾系统单位比例取消勾选。渲染效果如图 5-67 所示。

图 5-66 大理石瓷砖地面材质渲染效果

图 5-67 玉石材质渲染效果

任务 7
VRay 织物材质表现

任务目的

掌握高光布料材质设置方法；掌握绒布材质设置方法；掌握透明窗纱材质设置方法。

一、知识点讲解

1. VRay 混合材质

VRay 混合材质参数面板如图 5-68 所示。

混合材质是指将两种及以上材质以百分比的形式混合在曲面物体的单个面上。

基础材质:可以理解为底层的材质。

涂层材质:和基础材质混合的材质。

混合量:决定基础材质和涂层材质的百分比,基础材质(或称为第一层材质)和涂层材质(或称为第二层材质)各自在混合后最终材质效果中占的比重由混合量选项中的颜色来决定,当颜色为白色时,基础材质被涂层材质完全覆盖,如果为黑色则相反。

贴图通道:加入一张贴图,混合量选项中的颜色的变化对材质的混合效果将不会具有决定性作用,这时材质的混合效果主要由加入的贴图来决定。

如果加入了一张黑白花纹贴图,花纹的黑色部分将显示的是基础材质,白色部分显示的是涂层材质。如果将混合量选项中最右端的数值改为 20,花纹贴图对材质混合的效果只会影响 20%,另外 80%还是由混合量选项中的颜色决定。

下面的涂层材质 2 等若被勾选相当于又加了一个材质层参加混合,道理从上面可以推出。

2. RGB 倍增贴图

RGB 倍增参数面板(见图 5-69)主要用于将两个贴图的 RGB 值相乘组合。对于每个像素,贴图的亮度将从 1 到 255 换算成 0 到 1 参与相乘运算,结果再转为 1 到 255 的亮度显示。如颜色 #1 亮度为 128,换算为 0.5,颜色 #2 亮度为 255,换算为 1,计算结果为 0.5,最终输出亮度还是 128(灰)。

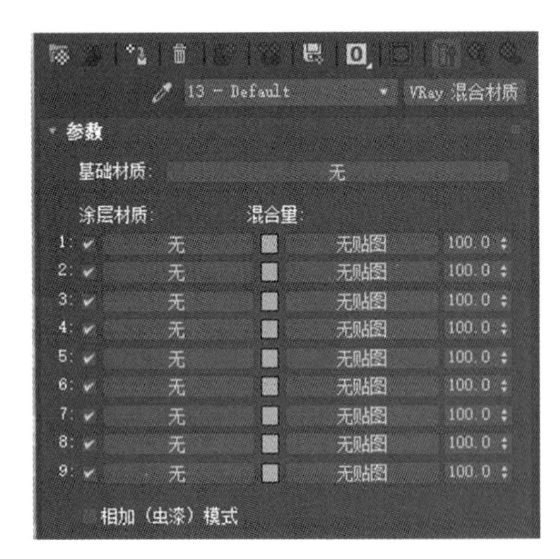

图 5-68 VRay 混合材质参数面板

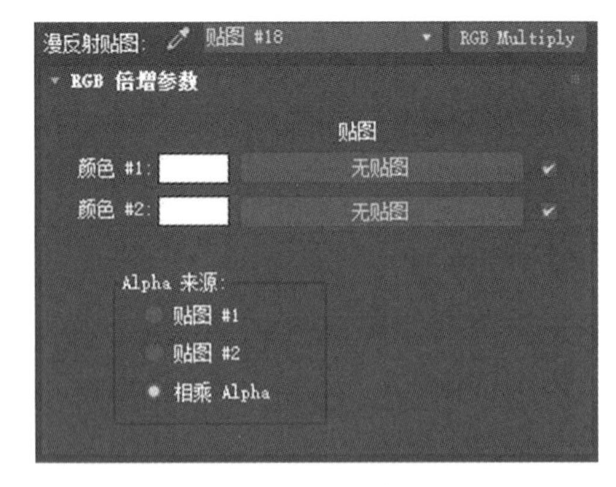

图 5-69 RGB 倍增参数面板

3. VRay 灯光材质

VRay 灯光材质是一种自发光的材质,通过设置不同的倍增值可以在场景中产生不同的明暗效果,可以用来做自发光的物件模型，比如灯带、电视机屏幕、灯箱等。VRay 灯光材质是材质，不是灯光，但是它具有灯光的特性。其参数面板如图 5-70 所示。

颜色色块用来调节在有贴图的情况下贴图的明暗程度；色块右边的是灯光材质的倍增值，数值越大贴图越亮。

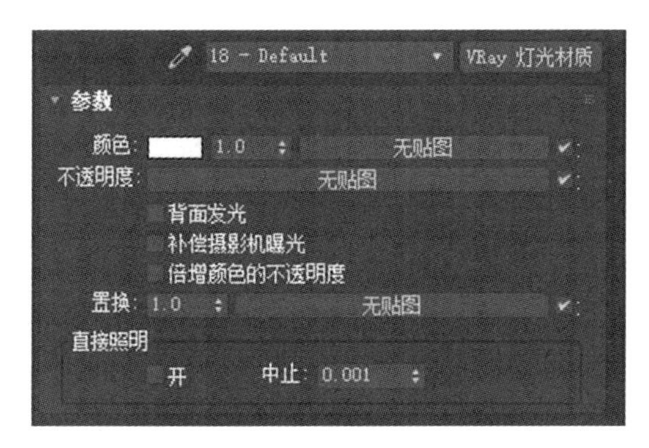

图 5-70 VRay 灯光材质参数面板

二、织物材质表现案例

打开素材文件，布置好环境，准备添加窗外的风景。

在窗外创建一个比窗户大的矩形然后挤出，或者直接创建一个长方体等，添加 UVW 贴图。选择一个空白材质球，将 Standard 材质转换为 VRay 灯光材质，在贴图通道添加“外景.jpg”，如图 5-71 所示，效果如图 5-72 所示。如果看不到贴图效果，需要在修改器列表查找添加法线修改器，翻转法线。

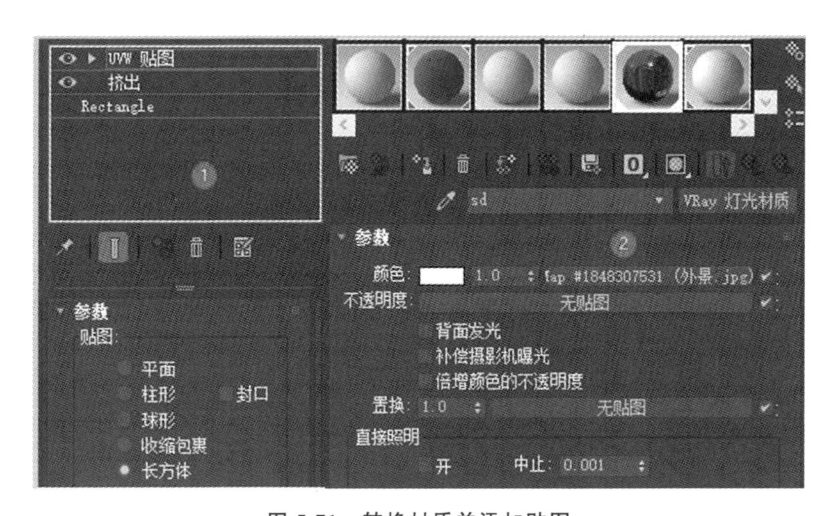

图 5-71 转换材质并添加贴图

图 5-72 添加窗外风景的效果

1. 高光布料材质

设置窗帘模型为高光布料材质。布料材质应该有布料纹理，但在一般的室内效果图制作中，窗帘布纹效果不明显，所以有时可以忽略布纹。如果布纹比较深或者是特写镜头，则在漫反射和凹凸通道加载布纹贴图。高光布料材质反光明显，高光较发散，表面较光滑，不透明。

根据特点，选择 VRayMtl 材质，漫反射通道加载衰减贴图，前端颜色 R、G、B 为 30、15、5，侧端颜色 R、

G、B为65、50、45,衰减类型为"垂直/平行";反射颜色亮度为35,反射光泽度为0.75。渲染效果如图5-73所示。

图5-73 高光布料材质渲染效果

2. 绒布材质

设置抱枕和飘窗垫模型为绒布材质。绒布材质表面有细毛,反光表现为明显的菲涅尔现象,但反光较弱,表面光泽模糊,反射具有各向异性。

根据特点,选择VRayMtl材质,漫反射通道加载衰减贴图,衰减类型为"垂直/平行",其前端通道加载噪波贴图(表现细毛),"模糊"值为0.1,噪波类型为分形,大小为1,颜色#1的R、G、B为20、10、3,颜色#2的R、G、B为40、29、26;其侧端颜色的R、G、B为120、100、90;反射通道加载衰减贴图,衰减类型选择"Fresnel",其中前端颜色亮度为0,侧端颜色亮度为100,光泽度为0.5;打开"双向反射分布函数"卷展栏,"各向异性"设置为0.5,"旋转"值为45;打开贴图卷展栏,添加20%的凹凸效果,将漫反射通道的噪波贴图复制至凹凸通道,颜色改为上黑下白。渲染效果如图5-74所示。

图5-74 绒布材质渲染效果

3. 窗纱材质

设置窗纱模型为窗纱材质。窗纱材质色白、透明，部分有纹理，反光适中，表面光滑，有微弱高光。

根据特点，先调窗纱材质。方法一：选择 VRayMtl 材质，漫反射颜色亮度为 255；反射颜色亮度为 15，反射光泽度为 0.5；打开贴图卷展栏，在不透明度通道上加载 RGB 倍增贴图，颜色＃1 亮度为 150。方法二：选择 VRayMtl 材质，漫反射颜色亮度为 255；反射颜色亮度为 15，反射光泽度为 0.5；调折射，折射率为 1，折射通道添加衰减贴图，前端颜色白度为 255，侧端颜色白度为 30。选择窗纱对象，单击鼠标右键，选择 VRay 属性，设置接收 GI 为 2。

再调窗纱纹理。单击 Standard 按钮，选择 VRay 混合材质，再选择将旧材质保存为子材质，确定后材质变为混合材质，刚才设置的材质成为基础材质；涂层材质 1 转换为 VRayMtl 材质，在漫反射贴图通道添加位图“贴图 1.jpg”，U 向瓷砖(平铺)值为 1.5。在不透明度通道上加载 RGB 倍增贴图，颜色＃1 亮度为 100，如图 5-75 所示。

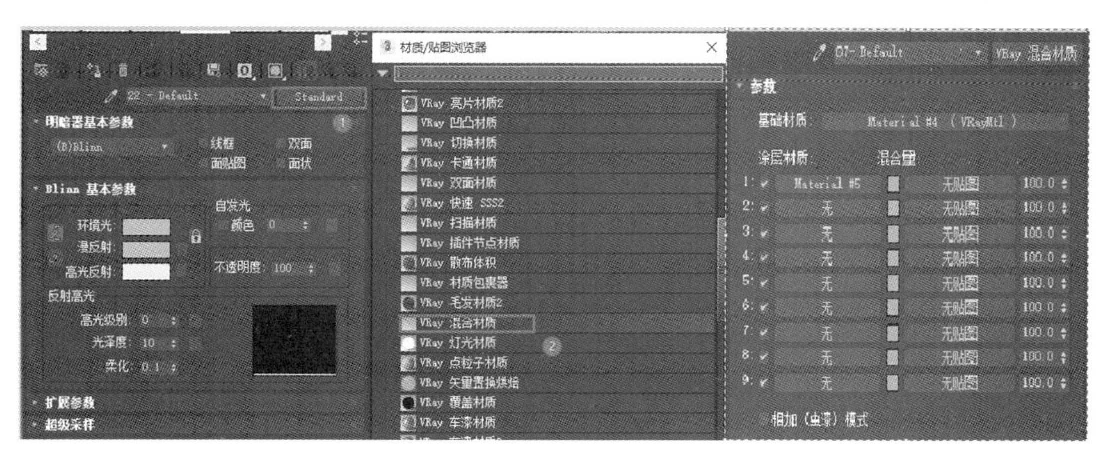

图 5-75　混合材质设置

最终的窗纱渲染效果如图 5-76 所示。

图 5-76　窗纱材质渲染效果

4. 地毯材质

创建一个平面，在修改器列表中添加 VRay 置换修改器，在贴图处添加“ditan. jpg”位图，参数设置如图 5-77 所示，效果如图 5-78 所示。

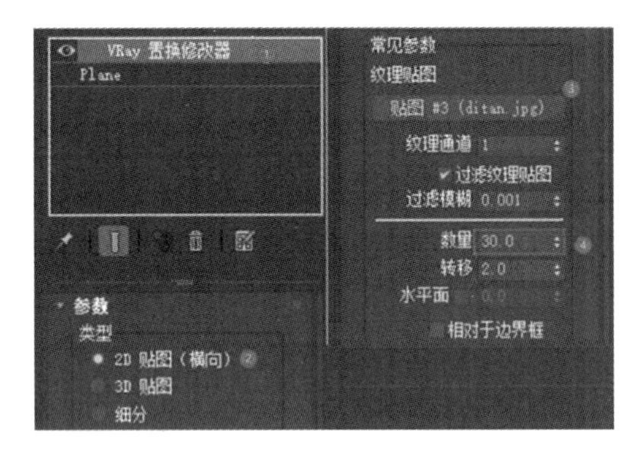

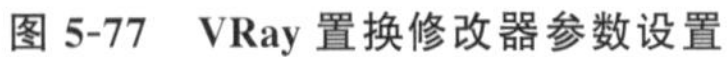

图 5-77　VRay 置换修改器参数设置

图 5-78　效果

选择一个空白材质球，转换为 VRayMtl 材质，在漫反射贴图添加“地毯图案. jpg”位图，赋予创建的平面，将 VRay 置换修改器中的数量 30 改为 15，将图案贴图拖曳到一个空白材质球上，选择实例。最终效果如图 5-79 所示。

图 5-79　地毯材质最终效果

项目六

布光与出图

任务 1
草渲参数设置

任务目的

了解 VRay 渲染器;理解 VRay 测试环境配置意义;掌握 VRay 测试渲染环境配置方法。

一、知识点讲解

1. VRay 渲染器

VRay 渲染器是由 Chaos Group 和 ASGVIS 公司出品的一款高质量渲染软件,使用者可以利用它将模型渲染成各种图片和动画。VRay 渲染器包括摄影机技术、材质模拟和照明技术等,具有以下三个特点:

(1)表现真实:可以达到照片级别、电影级别的渲染质量,像《指环王》中的某些场景就是利用它渲染的。

(2)应用广泛:它支持像 3ds Max、Maya、SketchUp、Rhino 等许多的三维软件,因此深受广大设计师的喜爱,也因此应用到了室内、室外、产品、景观设计表现及影视动画、建筑环游动画等诸多领域。

(3)适应性强:它自身有很多的参数可供使用者根据实际情况控制渲染的时间(渲染的速度)等,从而制作出不同效果与质量的图片。

2. VRay 的出图流程

(1)创建或者打开一个场景。

(2)指定 VRay 渲染器。

(3)设置材质。

(4)根据场景布置相应的灯光。

(5)把渲染器选项设置成测试阶段的参数。

(6)根据实际的情况再次调整场景的灯光和材质。

(7)选择渲染光子文件。

(8)正式渲染大图。

3. VRay 全局光照(GI)

全局光照(GI)的英文全称是 global illumination,又称间接光照,是一种高级照明技术,它能模拟真实世界的光线反弹照射的现象。一束光线投射到物体后被打散成 n 条不同方向、带有该物体不同信息的光线,继续传递、反射、照射其他物体,当再次照射到物体时,每一条光线再次被打散成 n 条光线继续传递光能信息,照射其他物体,如此循环,直至实现用户所设定的效果,或者说,最终效果达到用户要求时,光线将终止传递,而这一传递过程就是光能传递,也就是全局光照。GI 设置页面如图 6-1 所示。

4. 发光贴图

发光贴图是基于发光缓存的计算方式，仅计算场景中我们能看得见的面，而其他的不去计算，计算速度较快，尤其适合有大量平坦表面的场景。对比其他几种模式，它产生的噪点也很少，并且其设置可以被保存以便下次渲染时调用(在渲染完光子图保存后想更换其他材质就不需要重新计算 GI)，对面光源产生的直接漫反射有加速的效果；当然缺点也是有的，在更换角度后可能会有模糊、丢失的情况，参数设得低的话还可能导致动画闪烁，也就是丢帧。设置页面如图 6-2 所示。

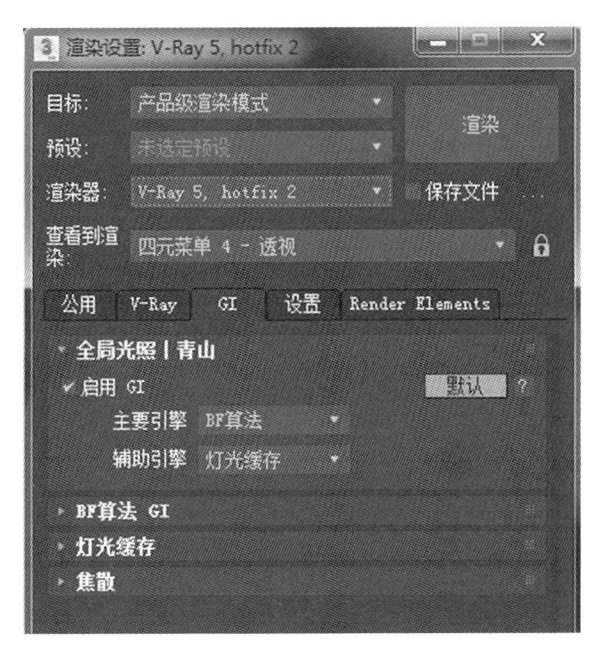

图 6-1 GI 设置页面

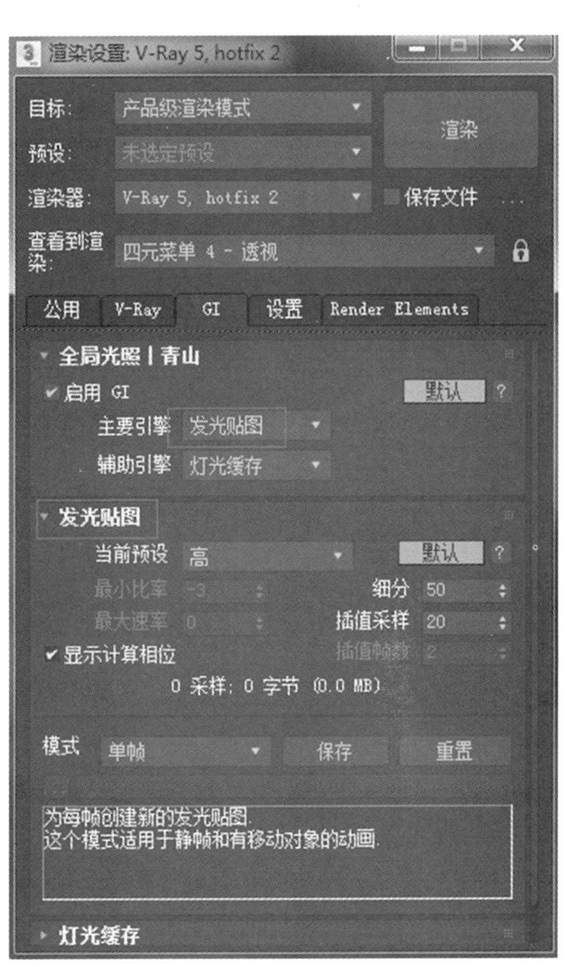

图 6-2 发光贴图设置页面

5. 灯光缓存

灯光缓存建立在追踪摄影机可见的许多光线路径的基础上，和发光贴图正好是相反的，是逆向的。它对灯光没什么限制，在进行预览时很快。利用它可以单独完成整个场景的 GI，也可以配合别的贴图做二次反射。设置页面如图 6-3 所示。

6. 图像采样器

图像采样器有渐进式和渲染块两种。

渐进式图像采样器用于一次处理整张图像。

渲染块图像采样器使用矩形区域(称之为“块”)渲染图像。渲染块图像采样器内存效率更高,更适合分布式渲染,可以迅速得到整张图片的反馈,在指定时间内渲染整张图片,或者一直渲染到图片足够好为止。

最小细分:控制着图像的每一个像素收到的采样数量的下限。实际的采样数量是细分值的平方。

最大细分:控制着图像的每一个像素收到的采样数量的上限。实际的采样数量是细分值的平方。

噪点阈值:想要图像达到的噪点级别。如果设置为 0.0,整张图片会均匀采样直到达到最大细分数值或者达到渲染时间上限。如果设置为某级别,则渲染到达此级别时停止。

图像采样器设置页面如图 6-4 所示。

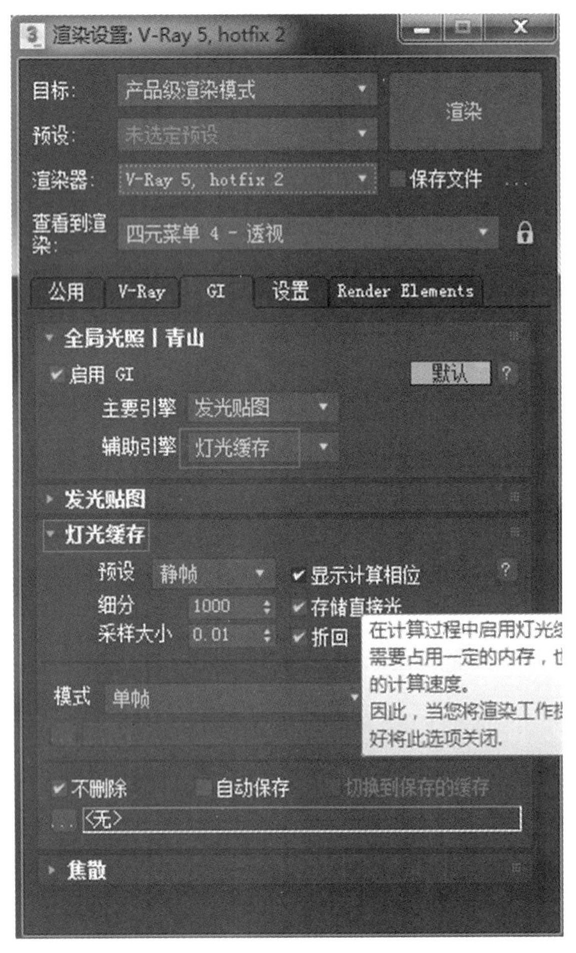

图 6-3　灯光缓存设置页面

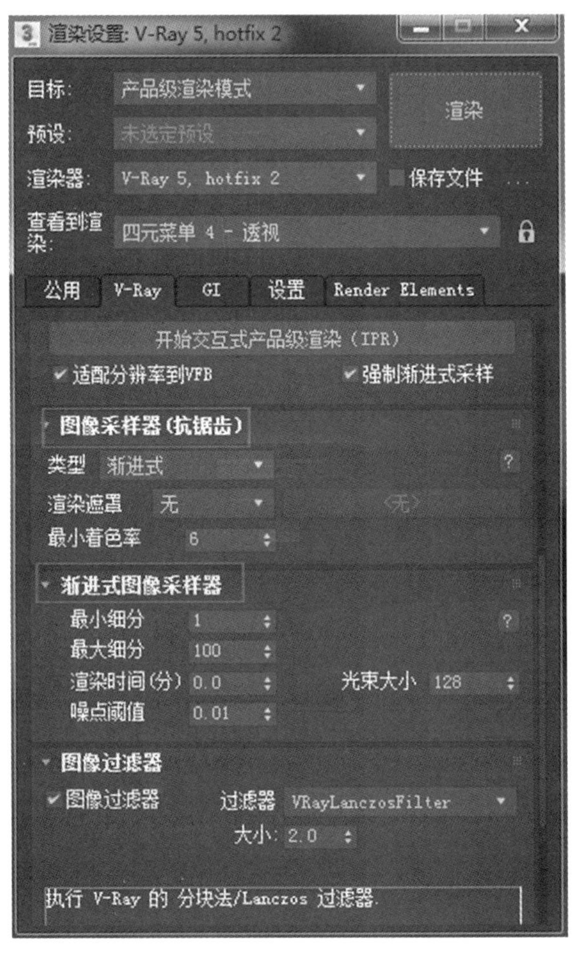

图 6-4　图像采样器设置页面

7. 图像过滤器

图像过滤器主要是对图像的纹理以及物体的边缘进行柔化处理。

图像过滤器又叫抗锯齿过滤器,有很多的类型,常用的过滤器有三种:区域、Catmull-Rom、Mitchell-Netravali。区域过滤器通常运用在草图阶段;Catmull-Rom 过滤器通过增强边缘的效果提高整体的渲染效果;Mitchell-Netravali 过滤器通过使边缘模糊或者圆弧化来进行处理,从而增强边缘的处理效果。Catmull-Rom 过滤器能够使用较少的时间达到清晰的效果,边缘感比较强,平常可以选择使用它。利用 Mitchell-Netravali 过滤器能够得到更清晰的图像效果,但是它要花很长的时间。图像过滤器设置页面如图 6-5 所示。

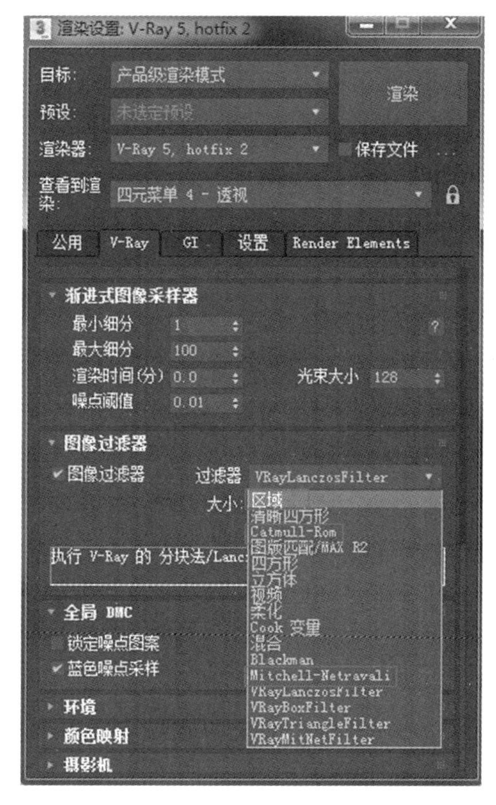

图 6-5 图像过滤器设置页面

二、草渲参数设置

VRay 渲染设置对话框分为五个部分:公用参数设置、VRay 参数设置、GI 参数设置、其他设置及渲染元素设置。在测试渲染阶段,因为我们要反复调试灯光和材质,所以必须尽可能地提高渲染速度。我们可通过降低渲染参数来提高速度,当然,渲染效果也会随之下降;在最后出图阶段还要将参数调至合适的值。

打开文件“EX-6-1. max”。

1. 准备工作

(1)安装 VRay 渲染器,本教程渲染器用的是 VRay 5.0 版本。

(2)3ds Max 软件有自带的扫描线等渲染器,安装好的 VRay 渲染器需要进行指定。按 F10 键或者单击工具条中的渲染设置按钮,如图 6-6 所示,进行渲染设置。

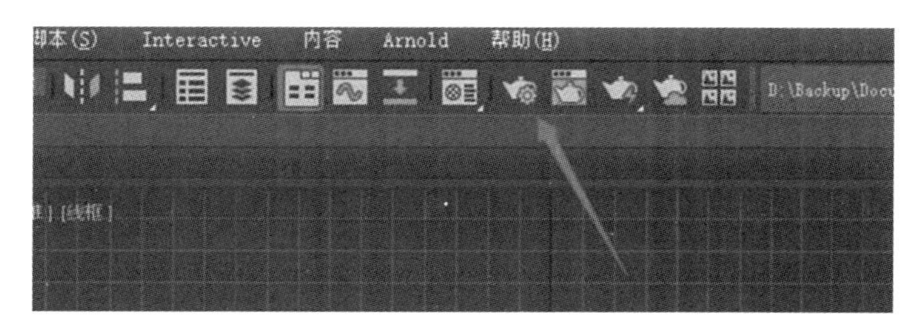

图 6-6 渲染设置按钮

(3)在弹出的渲染设置对话框中指定 V-Ray 5,hotfix 2 渲染器,完成指定渲染器操作,如图 6-7 所示。

2. 公用参数设置

在"公用"标签页可设置公用参数。输出大小是主要设置内容。在渲染测试阶段,图像尺寸尽可能设置得小一些,因为尺寸越小,速度越快。(见图 6-8)

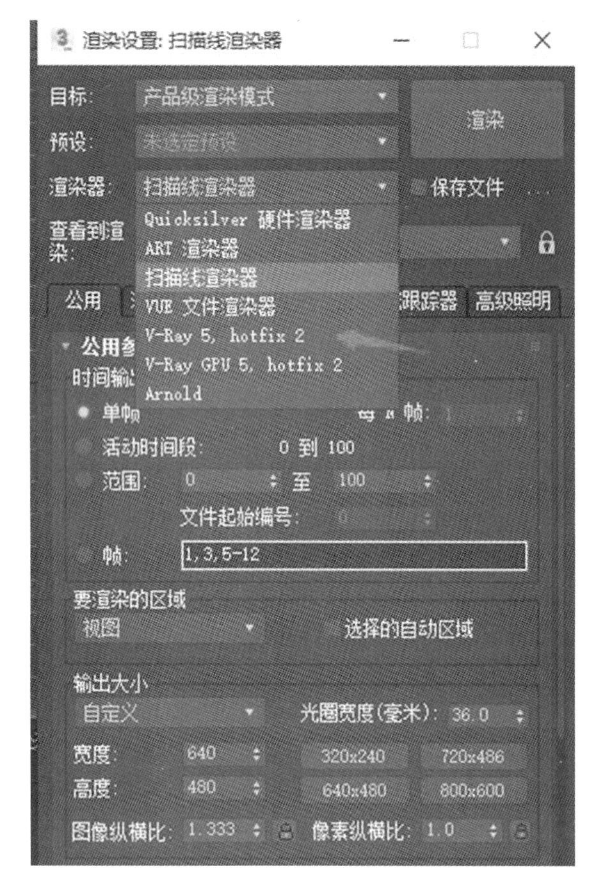

图 6-7 指定渲染器

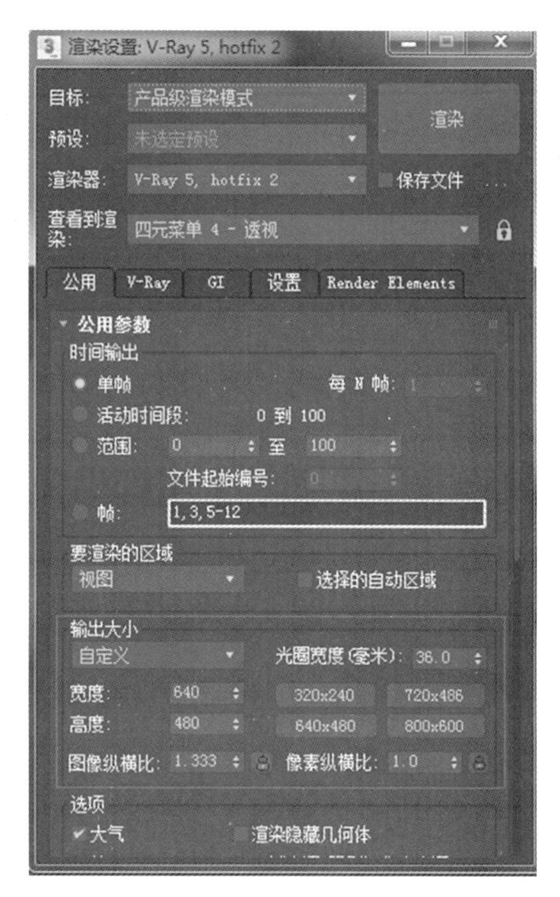

图 6-8 公用参数设置

3. VRay 参数设置

在"V-Ray"标签页中可对 VRay 参数进行设置,如图 6-9 所示。图像采样器类型采用渲染块,并关闭图像过滤器。

在"环境"卷展栏中设置模拟环境天光效果,在还没有布置其他灯光的情况下,可以用此处设置模拟环境光源,展现真实效果,如图 6-10 所示。

4. GI 参数设置

(1)在"GI"(间接照明)标签页勾选"启用 GI",主要引擎采用发光贴图,辅助引擎采用灯光缓存,如图 6-11 所示。

(2)进行 GI 参数设置。"发光贴图"部分,"当前预设"设置为"低"。"灯光缓存"部分,"细分"设置为 200,"采样大小"设置为 0.2,如图 6-12 所示。

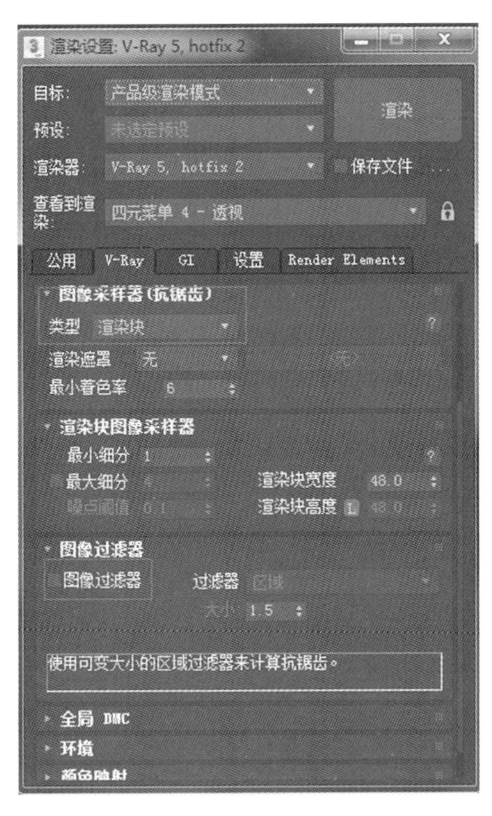

图 6-9　VRay 参数设置

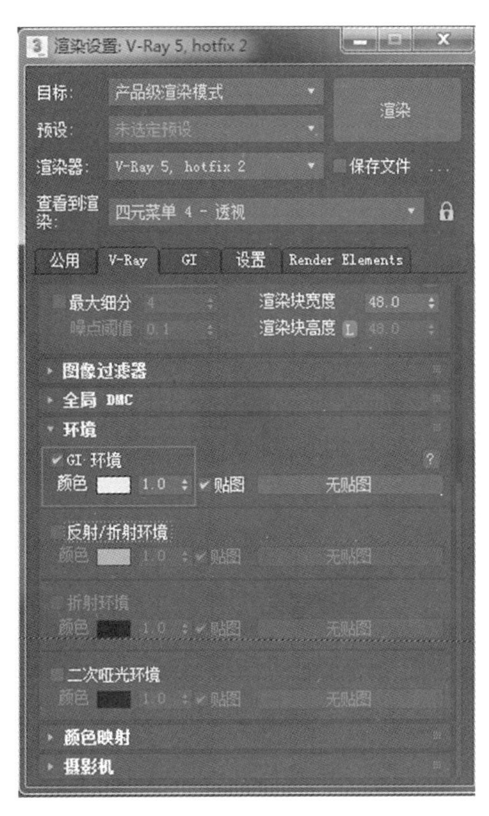

图 6-10　环境天光设置

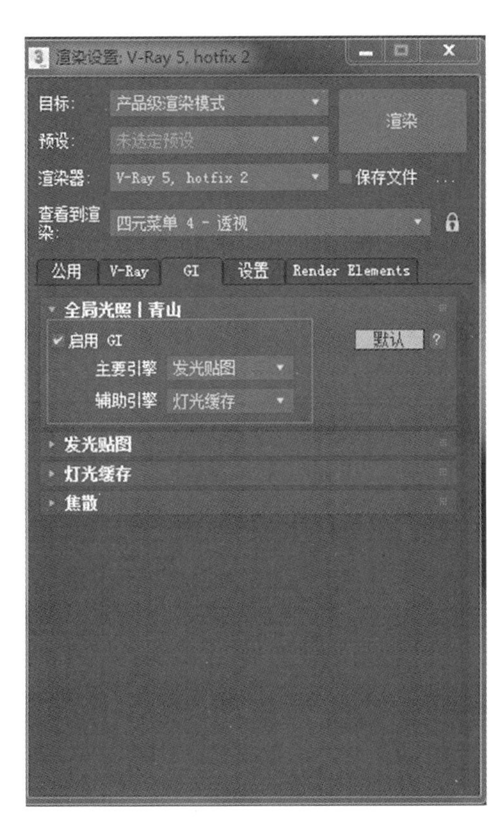

图 6-11　启用 GI 等设置

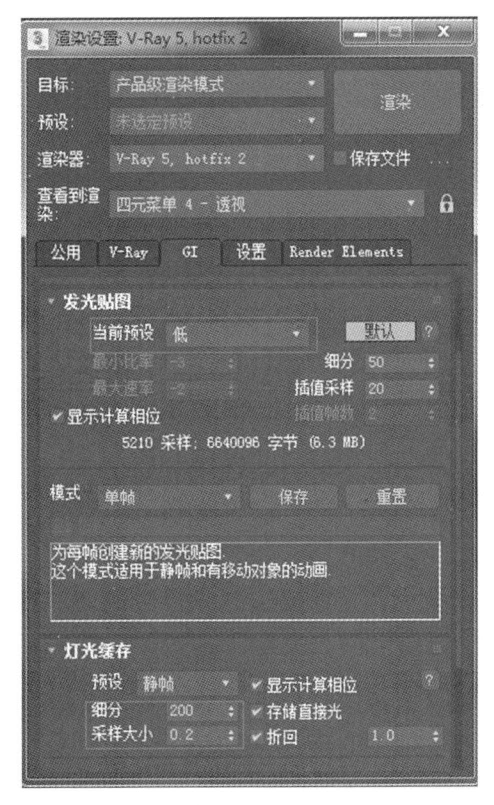

图 6-12　GI 参数设置

将当前设置保存为预设设置，如图 6-13 所示，以便于下次调用；调用时选择加载预设即可。

单击“渲染”按钮，渲染时间仅为 2 秒钟，达到快速渲染的目的，如图 6-14 所示。

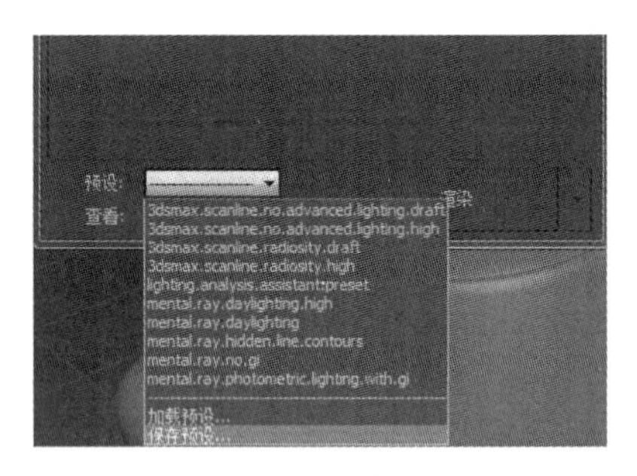

图 6-13 保存预设

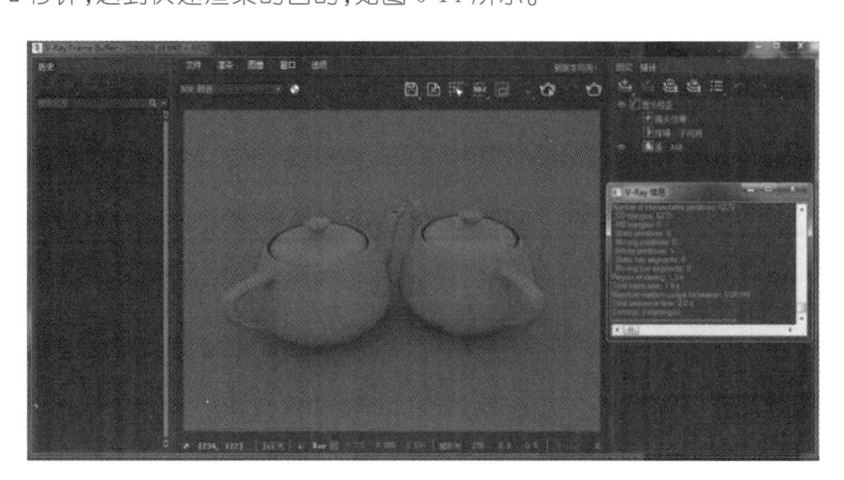

图 6-14 快速渲染效果

任务 2
摄影机布置

任务目的

掌握目标摄影机的架设步骤、位置调整方法；学习设置剪切平面参数。

一、知识点讲解

1. 摄影机

3ds Max 中摄影机主要作用是固定视角，以便于视口转变后再次进入最初设置的最佳视角。3ds Max 中有自带的摄影机，较为简单，加载了 VRay 渲染器后还可以使用 VRay 摄影机，VRay 摄影机可以模拟真实摄影机功能，参数较多，功能强大。本教程主要学习使用目标摄影机。

2. 镜头

45～55 mm 的镜头一般叫“人眼视角”，为常见的拍摄镜头；35 mm 或者 40 mm 以下的镜头都属于广角镜头，适合大空间或者大场景的表达；而 55 mm 以上的镜头都叫长焦镜头，适合特写。镜头参数面板如图 6-15 所示。

3. 剪切平面

当勾选“手动剪切”时，摄影机视口只显示近距剪切范围和远距剪切范围之间的内容。在用广角镜头时，摄影机一般显示室外，这时开启“手动剪切”剪切平面可显示室内。剪切平面参数面板如图 6-16 所示。

4. 景深

在聚焦完成后，焦点前后的范围内会呈现清晰的图像，这一前一后的距离范围，便叫作景深。在此之外的内容表现为模糊影像。景深参数面板如图 6-17 所示。

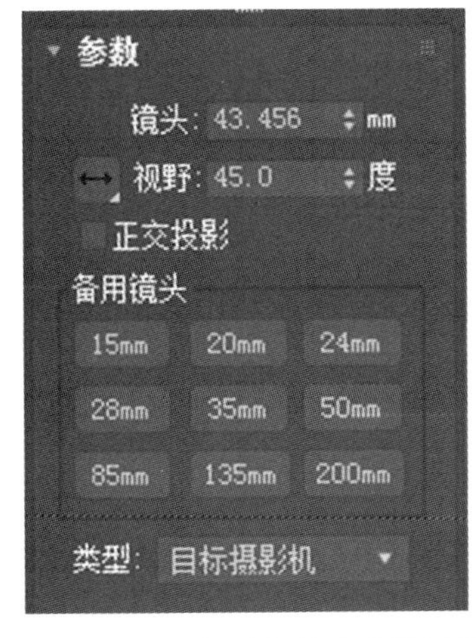

图 6-15 目标摄影机镜头参数面板

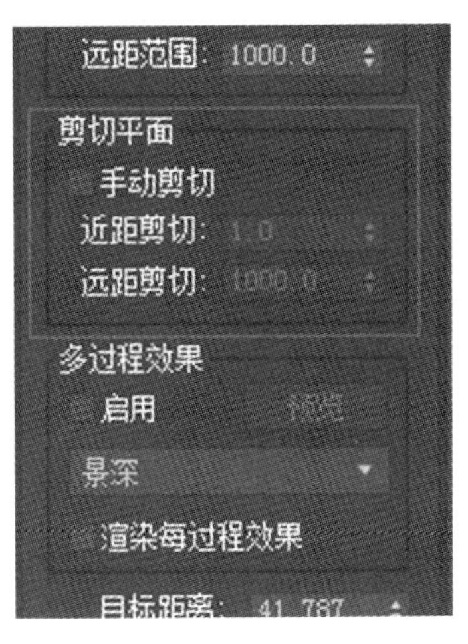

图 6-16 目标摄影机剪切平面参数面板

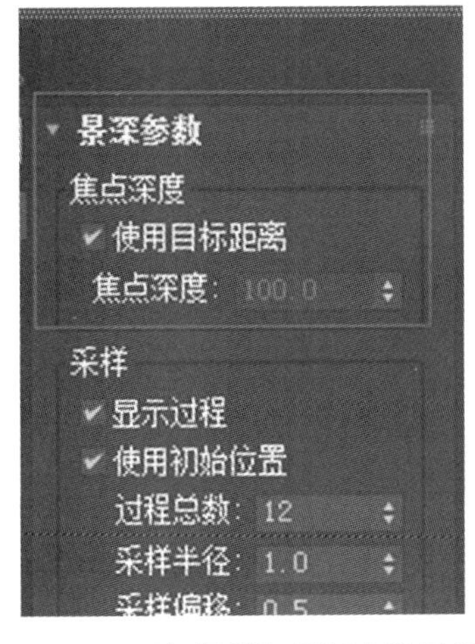

图 6-17 目标摄影机景深参数面板

5.“Ctrl＋C”快捷键

“Ctrl＋C”快捷键的功能是设置当前视口为摄影机视图。

设置当前视口为摄影机视图一般在单独表现物品时使用，再通过软件右下角的八个摄影机微调按钮适当调节。

二、摄影机布置案例

室内摄影机布置一般以一点透视为主，辅以两点透视，避免三点透视。打开“EX-6-2. max”文件，以客厅为例，布置四个摄影机。

1. 布置 1 号、2 号摄影机

(1)在顶视图中布置目标摄影机。

选择 15 mm 的镜头，切换至顶视图，拖曳创建两个目标摄影机：1 号摄影机与目标视图保持一致(竖直)，摄影机视图为一点透视视图；2 号摄影机相对目标视图倾斜，摄影机视图属于两点透视视图，如图 6-18 所示。

(2)调节摄影机高度。

单击“按名称选择”按钮，选择两个摄影机及摄影机目标，在世界坐标“Z”值处输入 1000，使摄影机视线具备一定高度。为了使室内显得高大宽敞，镜头采用了广角镜头，高度也比人的视线略低。前视图如图 6-19 所示。

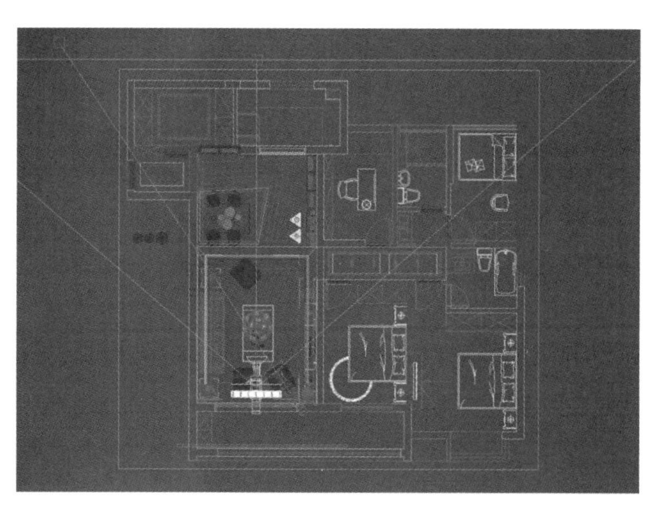

图 6-18　在顶视图中添加 1 号、2 号摄影机

图 6-19　调节摄影机高度(前视图)

(3)微调摄影机。

按 C 键进入各摄影机视角,配合右下角八个摄影机视口微调按钮适当调节。最终摄影机视图如图 6-20、图 6-21 所示。

图 6-20　1 号摄影机视图

图 6-21　2 号摄影机视图

2. 布置 3 号、4 号摄影机

(1)在顶视图中布置目标摄影机。

选择 15 mm 的镜头,切换至顶视图,拖曳创建 3 号、4 号两个目标摄影机,如图 6-22 所示,并在左视图中抬高至 1000 mm 高度处。

(2)设置剪切平面。

由于摄影机原点在客厅之外,视线被遮挡,需要设置剪切平面,控制显示范围。勾选“手动剪切”,设置近距剪切为 1000 mm,远距剪切为 11 000 mm。

(3)微调摄影机。

按 C 键进入各摄影机视角,配合右下角八个摄影机视口微调按钮适当调节。最终摄影机视图如图 6-23、图 6-24 所示。

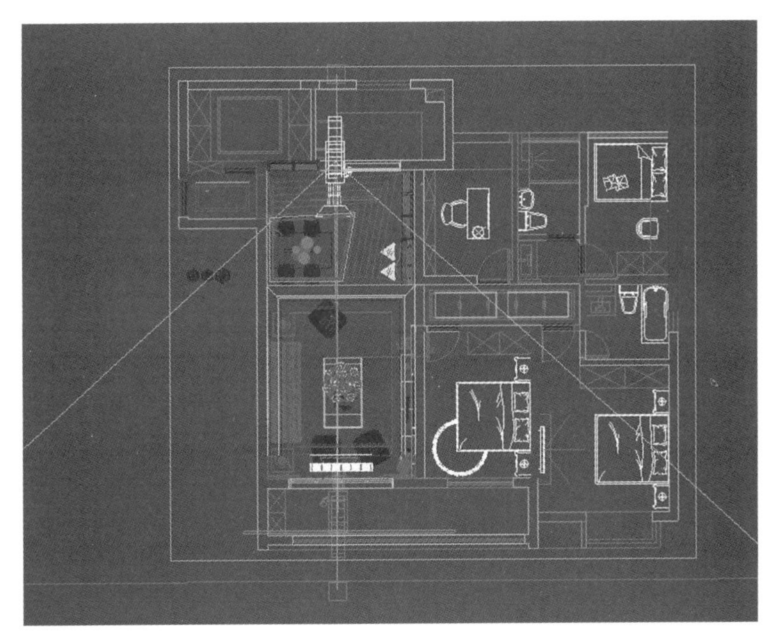

图 6-22 在顶视图中添加 3 号、4 号摄影机

图 6-23 3 号摄影机视图

图 6-24 4 号摄影机视图

任务3
灯 光 布 置

任务目的

掌握3ds Max灯光模拟原理;掌握3ds Max各种灯光特性和参数设置方法;掌握室内常见灯光基本布置方法。

一、知识点讲解

1. 3ds Max灯光简介

我们之所以能够看到这个丰富多彩的世界,是因为有光线的存在,利用3ds Max软件表现设计中的效果时,同样需要光线的支持。3ds Max中的灯光模拟现实世界真实的光源对象,如天光、吸顶灯、灯带、射灯等。3ds Max中自带标准灯光和光度学灯光两种类型灯光,另外,VRay渲染器也提供了一套优秀的灯光渲染工具。此外我们主要学习VRay灯光和光度学目标灯光。

2. VRay灯光

VRay灯光可以模拟面光源(平面类型)和点光源(球体)。VRay灯光通常用来模拟现实中窗外天光、吸顶灯光、灯带、墙面漫反射和台灯光源等。VRay灯光参数面板如图6-25所示。

倍增:控制光照强度。

颜色:光线色彩。

长度/宽度:面光灯尺寸,同时也影响光照强度。基于同样倍增值,面积越大,光照越强。

3. 光度学目标灯光

光度学灯光主要通过设置灯光的光度学数值来模拟现实中的灯光效果;还可以导入特定的光度学文件,从而获得更为精确和逼真的光照效果。光度学灯光主要用于模拟射灯效果。

光度学目标灯光参数面板如图6-26所示。

阴影:VRay渲染器下,灯光阴影一般采用VRay阴影。

灯光分布:灯光分布形式。可以导入光度学文件,按文件分布灯光。

过滤颜色:灯光颜色。

强度:灯光照射强度。

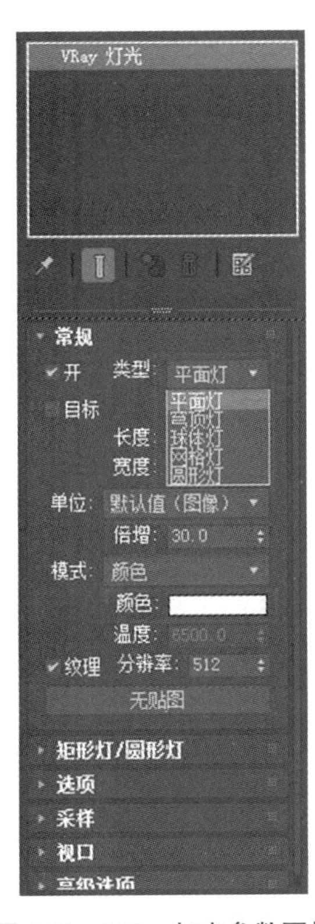

图 6-25 VRay 灯光参数面板

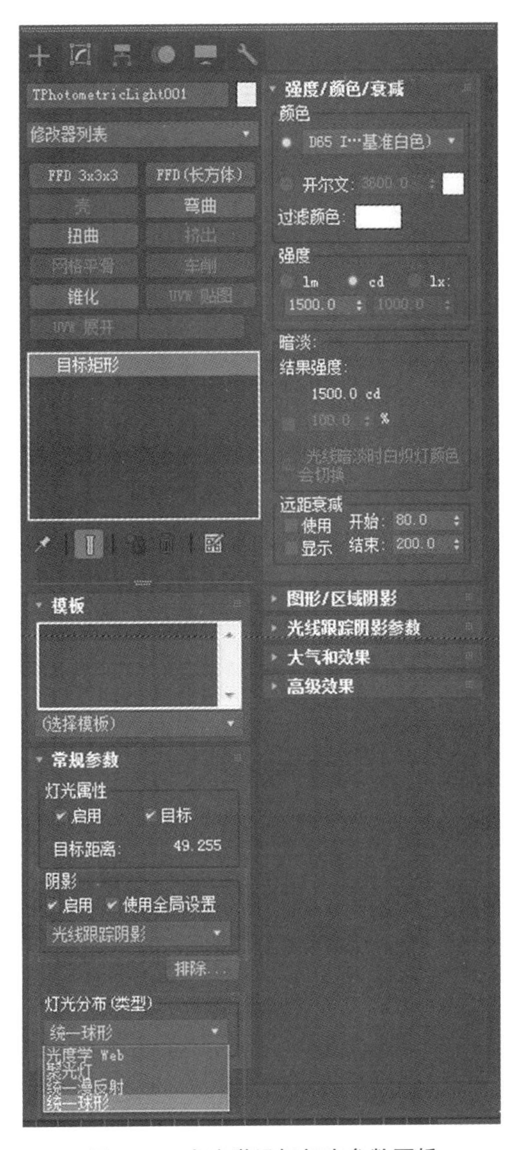

图 6-26 光度学目标灯光参数面板

二、灯光布置案例

一般家居室内场景渲染主要有以下灯光类型：室外天光、室外风景、吸顶灯灯光、灯带灯光、射灯灯光等。

打开文件“EX-3. max”。首先注意，灯光布置时，可灵活选择过滤器为“L-灯光”，这样鼠标点选时只能选择灯光对象，从而可以在复杂的模型环境中自如操作；其次，因为场景中部分模型还没有被赋予材质，所以场景比较昏暗，灯光的亮度不要设置过高，可在赋完材质后，根据实际效果再微调灯光。

1. 室外天光

室外天光一般用 VRay 面光灯来模拟。在前视图中对比推拉门，拖曳创建出 VRay 面光灯（见图 6-27），切换至顶视图，移至合适位置，如图 6-28 所示。颜色选用浅蓝色，面光灯尺寸要大于或等于窗或推拉门面积，倍增值为 2，勾选“不可见”。

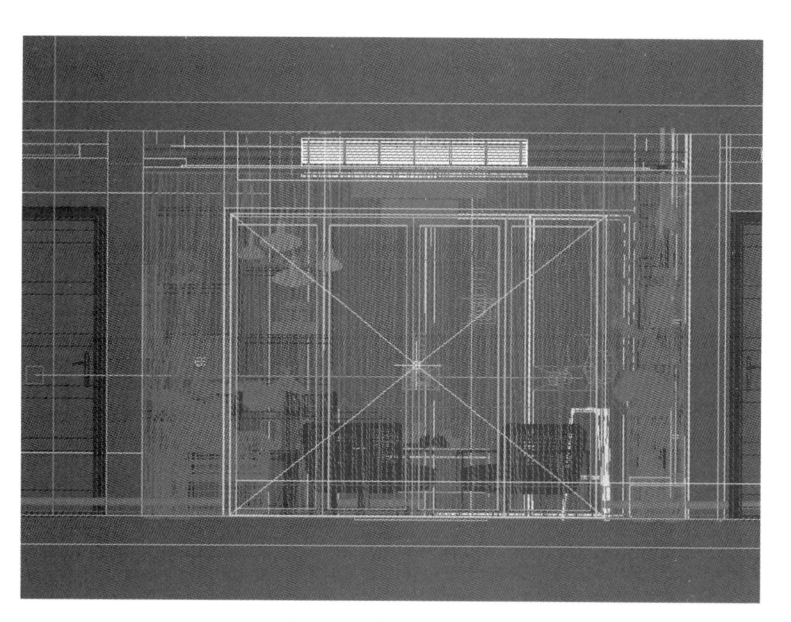

图 6-27　在前视图中拖曳创建出 VRay 面光灯

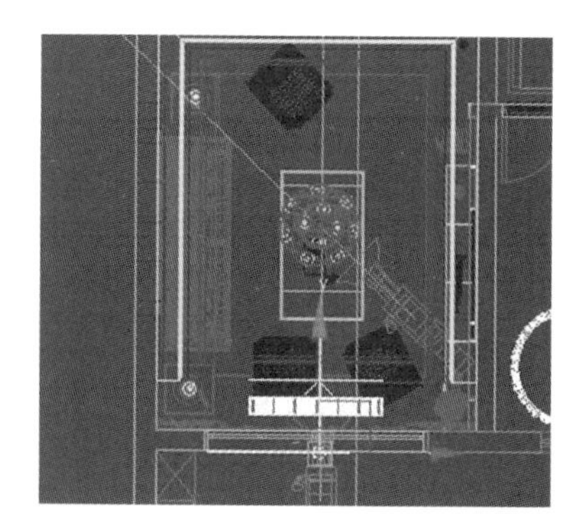

图 6-28　在顶视图中调节 VRay 面光灯位置

然后调节倍增值为 3，颜色为浅蓝色，勾选“投射阴影”和“不可见”。按 C 键切换至 2 号摄影机(同项目六任务 2 中摄影机布置)，渲染效果如图 6-29 所示。

图 6-29　添加室外天光渲染效果

2. 室外风景

室外风景一般通过在面或长方体上设置发光材质并贴图来实现。按 M 键打开材质编辑器，选择一个材质球，单击“获取材质”按钮，在打开的对话框中选择“VR 灯光材质”，倍增值设置为 1，单击右面的贴图按钮，选择位图“Fengjing. jpg”，如图 6-30 所示，完成材质设置。选中对应模型，再单击材质编辑器中的“将材质指定给选定对象”按钮。渲染效果如图 6-31 所示。

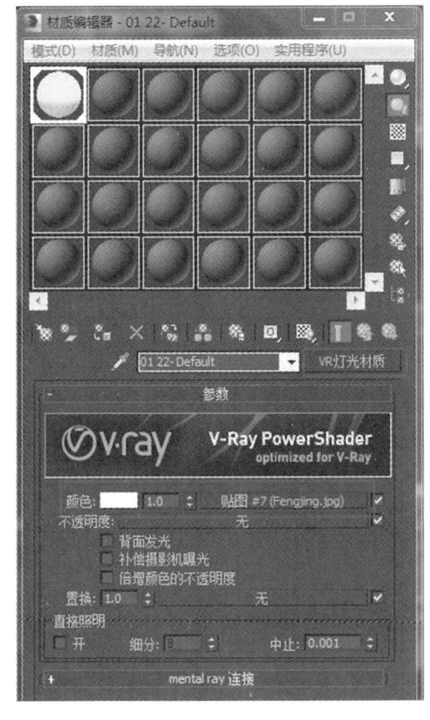

图 6-30 灯光材质设置

图 6-31 添加室外风景渲染效果

3. 吸顶灯灯光

此处主要布置两个灯光，一个是客厅大灯灯光，一个是餐厅灯灯光。需要注意的是，这两处的灯光和灯本身要分开布置，灯本身用发光材质或 VRay 球体灯来模拟，而灯光分布用 VRay 面光灯模拟，所以 VRay 面光灯只要影响漫反射即可。灯光的具体位置则是在灯模型之下，如图 6-32 所示。

图 6-32 客厅和餐厅灯光位置

两个灯光的参数设置如图 6-33、图 6-34 所示。

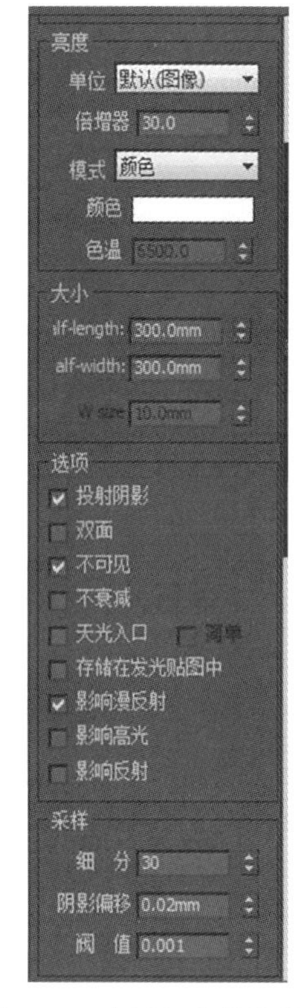

图 6-33 客厅灯光参数设置

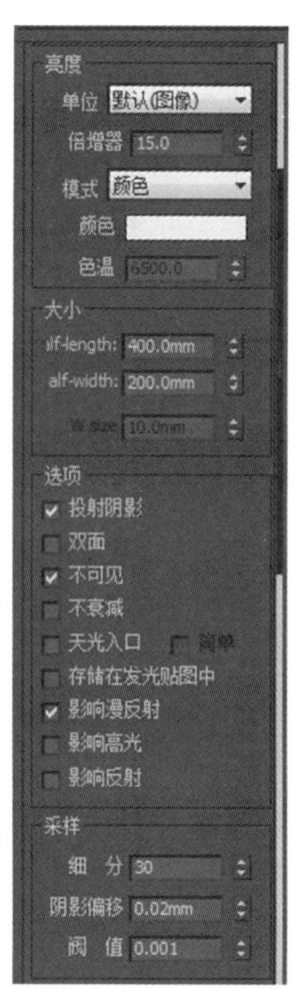

图 6-34 餐厅灯光参数设置

渲染效果如图 6-35 所示。

图 6-35 客厅和餐厅灯光渲染效果

4. 灯带灯光

灯带灯光属于装饰性灯光，一般用 VRay 面光灯模拟效果最好。

(1)客厅灯带。

选择客厅吊顶模型,按“Alt+Q”键孤立显示,在图 6-36 所示位置创建 VRay 面光灯,方向向上,参数如图 6-37 所示。

图 6-36 客厅灯带位置

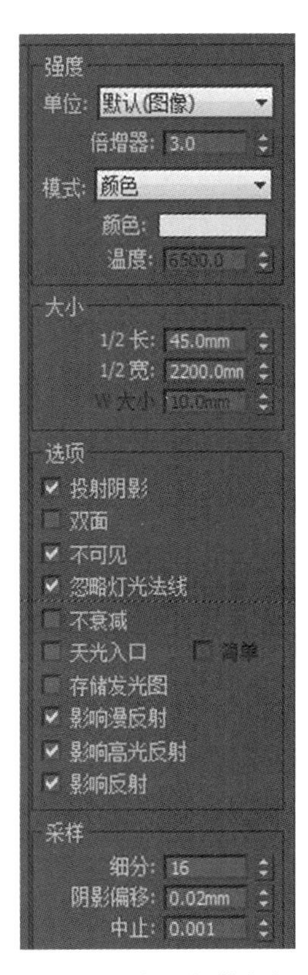

图 6-37 客厅灯带参数

(2)餐厅灯带。

选择餐厅吊顶模型,按“Alt+Q”键孤立显示,在图 6-38 所示位置创建 VRay 面光灯,方向向上。

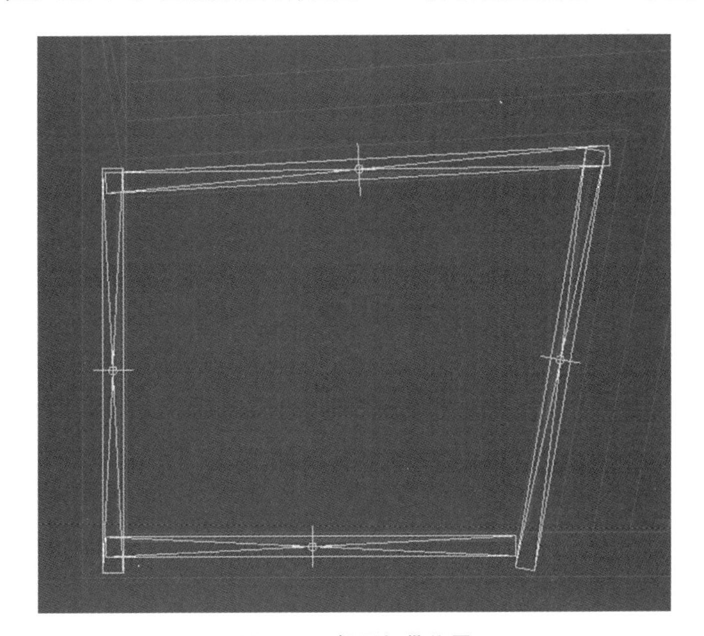

图 6-38 餐厅灯带位置

客厅和餐厅灯带渲染效果如图 6-39 所示。

图 6-39　客厅和餐厅灯带渲染效果

(3)橱柜灯带。

选择橱柜模型,按"Alt+Q"键孤立显示,在顶视图中图 6-40 所示位置创建三个 VRay 面光灯,方向向下,再转到左视图中进行实例复制,并移动至图 6-41 所示位置。

图 6-40　顶视图中橱柜灯带位置

图 6-41　左视图中橱柜灯带位置

橱柜灯带渲染效果如图 6-42 所示。

图 6-42 橱柜灯带渲染效果

5. 射灯灯光

射灯效果的制作也分成两部分:一是射灯本体模型制作;二是灯光布置。

(1)打开射灯模型组 Group01,如图 6-43 所示,对中间圆柱体赋“VR 灯光材质”。

图 6-43 射灯模型组

选择射灯模型组 Group01,实例复制出足够射灯,放置在合适位置,可参照图 6-44 所示的白点进行分布。

(2)制作射灯光效。

射灯光效利用光度学目标灯光制作。以客厅射灯为例,在前视图中拖曳出一个目标灯光,然后切换至修改栏修改参数。启用阴影,选择 VRayShadow;选择光度学 Web 灯光,导入光度学文件“冷风小射灯. ies”;过滤颜色设置得微暖;强度为 10 000 cd。(见图 6-45、图 6-46)

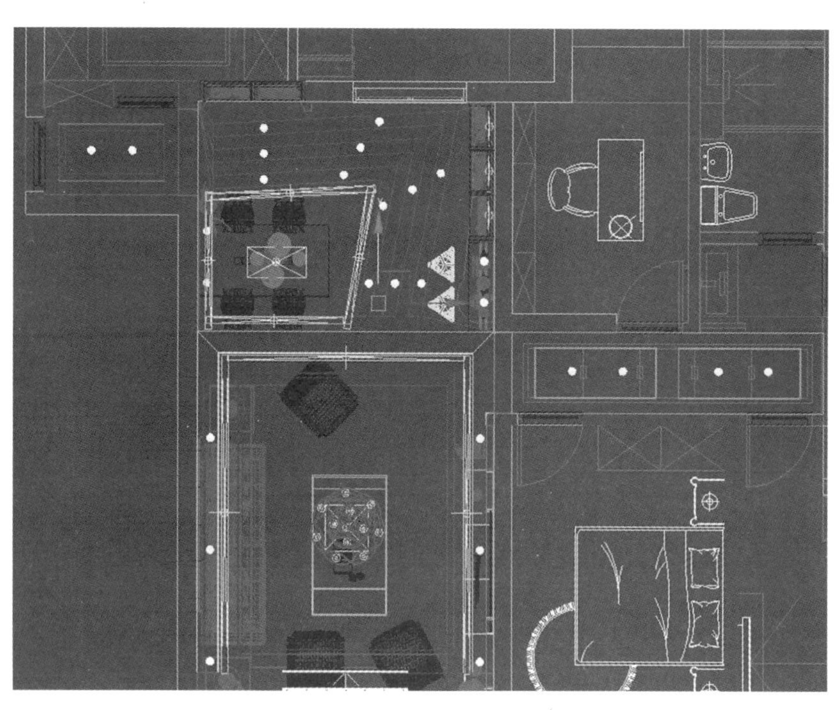

图 6-44　射灯模型组分布图

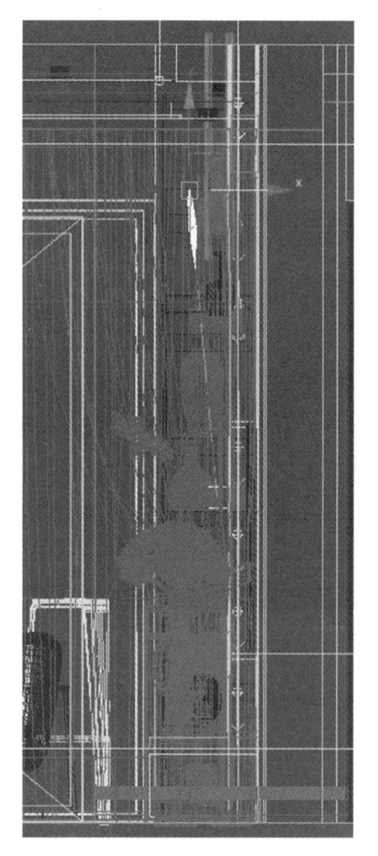

图 6-45　前视图中客厅射灯灯光位置

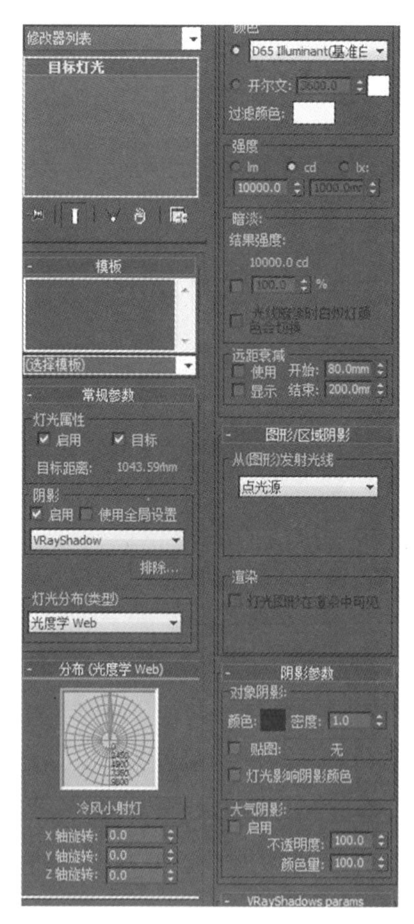

图 6-46　客厅射灯灯光参数

利用按名称选择功能，选中射灯和目标灯光，移到合适位置，再复制至每一个射灯模型组之下(可根据实际情况调整)。餐厅顶上射灯用光度学文件“5. ies”，强度为 2000 cd。渲染效果如图 6-47 所示。

图 6-47 射灯灯光渲染效果

6. 电视及厨房推拉门光效

电视、厨房推拉门灯光效果的制作与室外风景的制作一样，利用“VR 灯光材质”模拟实现。切换至摄影机视口，渲染效果如图 6-48 所示。

图 6-48 添加电视、厨房推拉门光效渲染效果

7. 补光

室内效果图一般要求高动态范围图像效果，简单来说就是让整个室内都亮起来，表现出所有细节，不能出现明显阴暗区域。本例中客厅较为阴暗，所以要适当补光。本例中用三个 VRay 面光灯补光，分布及参数如图 6-49、图 6-50 所示。

在台灯处创建两个 VRay 球体灯，参数如图 6-51 所示。

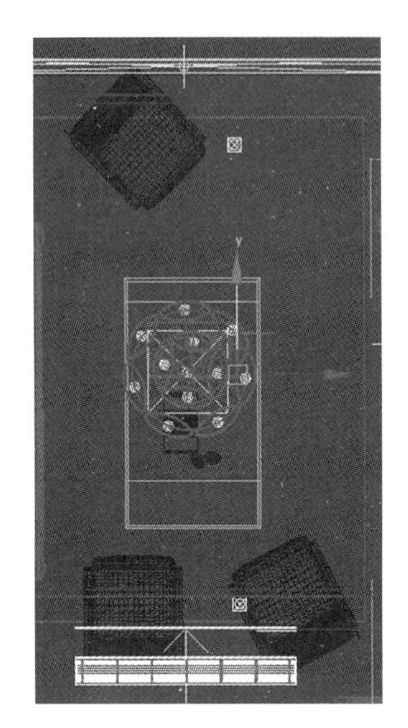

图 6-49　补光 VRay 面光灯分布

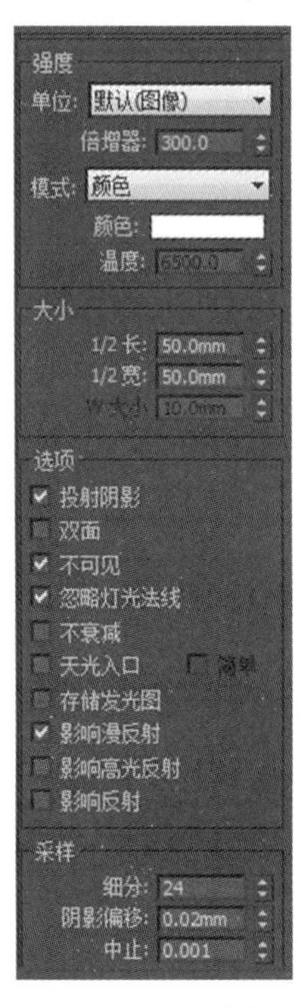

图 6-50　VRay 面光灯参数

图 6-51　VRay 球体灯参数

补光后渲染效果如图 6-52、图 6-53 所示。

图 6-52　补光后场景渲染效果 1

图 6-53 补光后场景渲染效果 2

任务 4
渲染出图设置

任务目的

掌握 VRay 渲染大图设置方法。

一、知识点讲解

1. 出图

当 3ds Max 文件模型、灯光、摄影机、材质都没问题时，我们可以对渲染设置各项参数进行修改，渲染得到高清晰度的大图。

2. 光子图

光子图表示 3ds Max 中渲染窗口中光的分布，3ds Max 中光是依点来计算的，渲染光子贴图就是把场景中的光子分布情况计算一遍，并以图片的形式渲染出来，使渲染出来的画面效果更丰富、更真实。在 3ds Max 中渲染光子图是为了在不影响渲染效果的情况下更快地渲染大图，渲染出来的图可以放大 4 倍(对渲染效果影响不大)，所以，我们可以在渲染大图的时候先渲染光子图(一般是大图尺寸的 1/4)，保存起来，然后再渲染得到大图，这样我们可以节省很多时间。

二、渲染大图案例

打开“EX-6-1. max”文件，先渲染光子图。

1. 渲染光子图设置

在测试参数的基础上修改渲染设置。

(1)输出大小设置。

在“公用”标签页，设置宽度、高度为 320 mm、240 mm，如图 6-54 所示。

(2)全局开关设置。

在“V-Ray”标签页，展开“全局开关”卷展栏，先转至专家模式，将“反射/折射”“贴图”“光泽效果”取消勾选，再勾选“不渲染最终图像”，如图 6-55 所示。

(3)图像采样器设置。

图像采样器类型选择渐进式，并开启图像过滤器，选择 Catmull-Rom 过滤器，如图 6-56 所示。

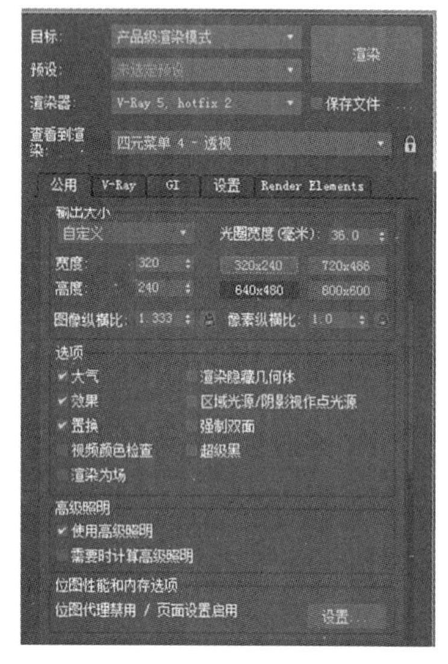

图 6-54 输出大小设置

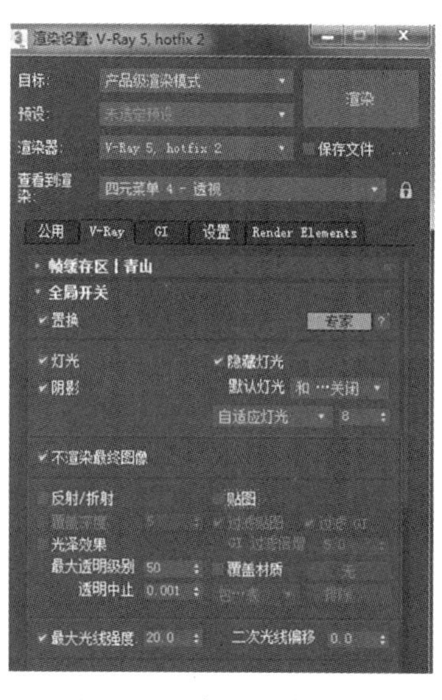

图 6-55 全局开关设置

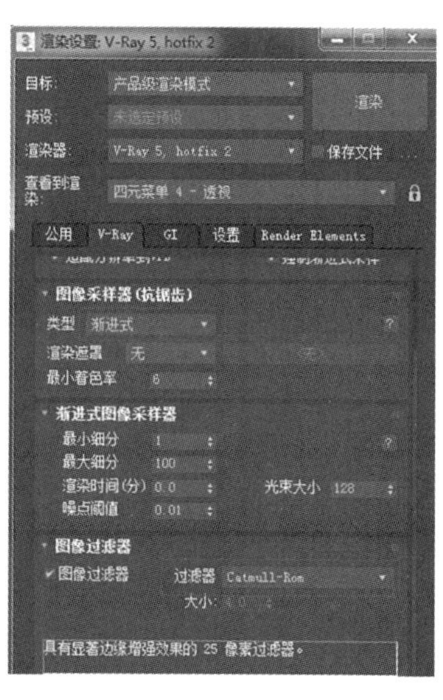

图 6-56 图像采样器设置

(4)环境阻光设置。

在“GI”标签页，展开“全局光照”卷展栏，开启环境阻光，“环境阻光”右侧数值为 0.8，半径设置为 15 mm，如图 6-57 所示。环境阻光能让我们得到更加准确和平滑的阴影，能够在许多方面改进渲染图片的最终效果，让场景产生深度，为模型增加更多的细节，防止造型乳胶漆墙等出现断线的情况。

(5)发光贴图设置。

展开“发光贴图”卷展栏，在高级模式下，将“当前预设”设置为“中”，半球“细分”为“100”，“插值采样”为“50”；勾选“自动保存”，单击按钮设置保存路径为桌面，命名为“EX01”，如图 6-58 所示。

(6)灯光缓存设置。

展开“灯光缓存”卷展栏，将“细分”值设置为“1200”，“采样大小”为“0.01”；勾选“自动保存”，单击按钮设置保存路径为桌面，命名为“EX02”，如图 6-59 所示。

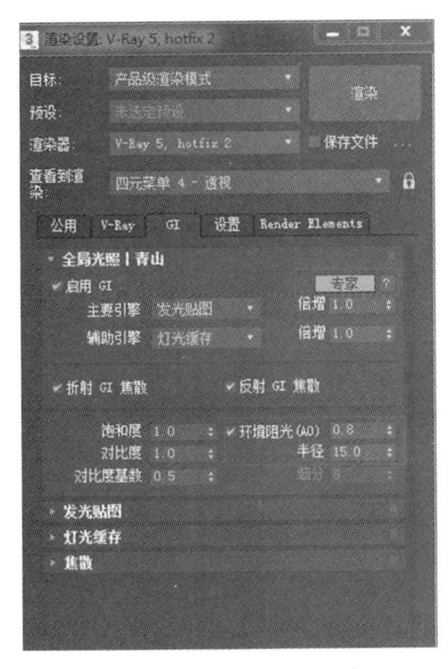

图 6-57 环境阻光设置

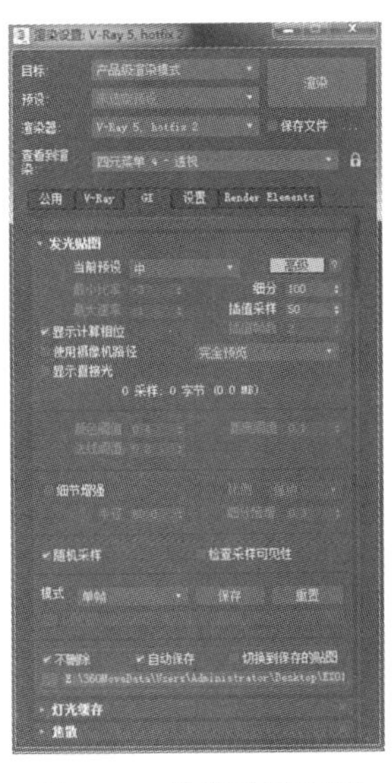

图 6-58 发光贴图设置

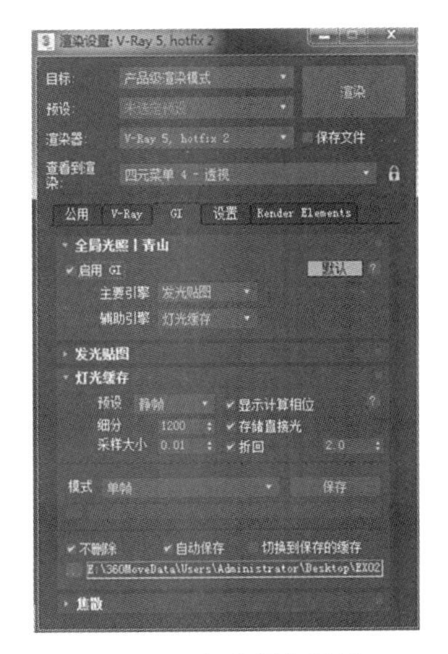

图 6-59 灯光缓存设置

2. 光子图

渲染结束后，在桌面上会生成两个文件(EX01. vrmap 与 EX02. vrlmap)，EX01. vrmap 为发光贴图生成的光子图，EX02. vrlmap 为灯光缓存生成的光子图。

3. 出大图设置

在渲染光子图参数的基础上修改渲染设置。

(1)输出大小设置。

为节省时间，出图尺寸可设置为 800 mm×600 mm 大小，如图 6-60 所示。

(2)全局开关设置。

在“V-Ray”标签页，展开“全局开关”卷展栏，重新勾选“反射/折射”“贴图”“光泽效果”，将“不渲染最终图像”取消勾选，如图 6-61 所示。

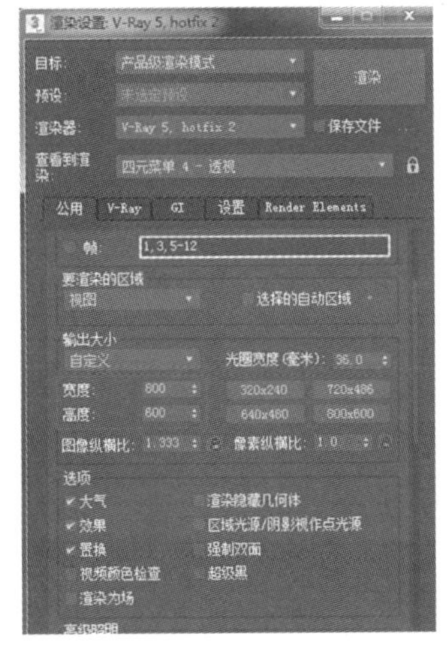

图 6-60 输出大小(出图尺寸)设置

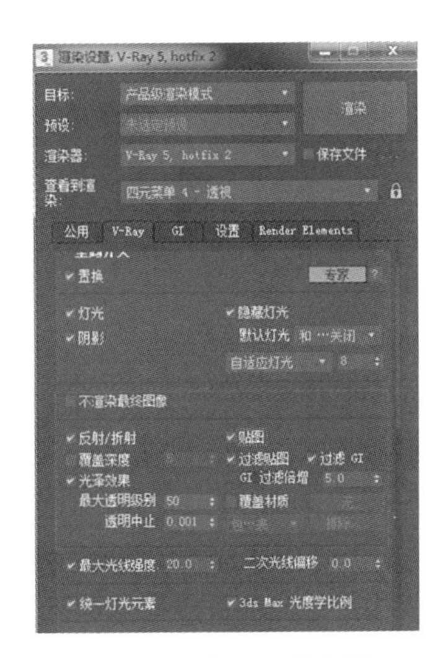

图 6-61 全局开关设置

(3)发光贴图设置。

转至“GI”标签页，展开“发光贴图”卷展栏，在“模式”处选择“从文件”，单击浏览按钮，选择生成的光子图文件“EX01. vrmap”，如图 6-62 所示。

(4)灯光缓存设置。

展开“灯光缓存”卷展栏，在“模式”处选择“从文件”，如图 6-63 所示，单击浏览按钮，选择生成的光子图文件“EX02. vrlmap”。

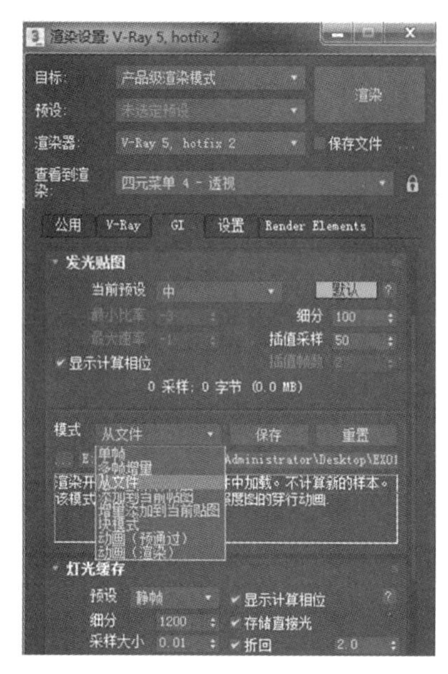

图 6-62 发光贴图设置

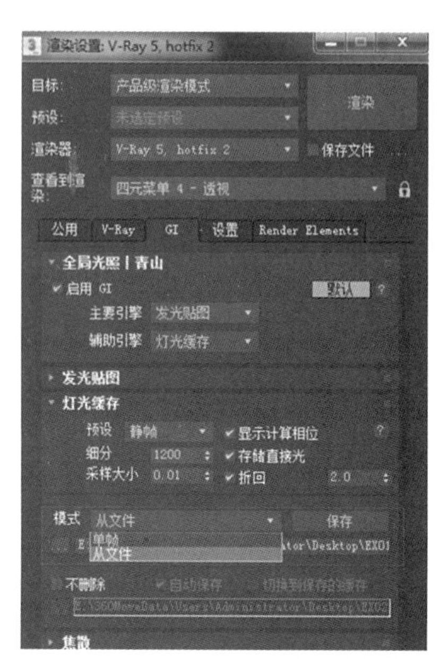

图 6-63 灯光缓存设置

4. 渲染出图

渲染结束后，生成的高清效果图如图 6-64 所示。

图 6-64 高清效果图

任务5
效果图后期处理

任务目的

掌握效果图后期处理流程和常用方法。

一、知识点讲解

1. 后期处理

3ds Max效果图出图质量跟画图者的场景布光、场景材质表现及渲染设置等有关。如果效果图出图质量不理想,或者有缺陷,重新渲染又太浪费时间了,这个时候我们可以通过Photoshop来进行快速的后期处理,来提升效果图的质量。

2. 通道图

在3ds Max中渲染通道图的目的是在后期能够便捷地处理效果图,弥补成图的不足。我们渲染得到的成图难免有出问题的时候,这些问题出现可能是因为材质没调好而导致成图溢色或者是忘记给材质高光,等等。3ds Max支持单独渲染各种元素,如高光、阴影、漫反射、Alpha通道等,用于后期图像合成,初学者掌握按材质渲染彩色通道图的方法即可,彩色通道图可以用3ds Max渲染元素功能实现,也可以使用通道插件辅助渲染。

二、效果图后期处理案例

打开项目六任务4最终文件“EX-6-4CT.max”,另存为“EX-6-4TD.max”。

(1)导入莫莫多维材质通道转换插件。

拖曳莫莫多维材质通道转换插件至3ds Max软件中,在弹出的对话框中勾选“转换通道时自动删除场景所有灯光”,单击“开始转换场景中的多维材质及非多维材质”按钮,如图6-65所示。

(2)关闭GI。

打开渲染设置对话框,关闭间接照明(取消勾选“启用GI”),如图6-66所示。

(3)渲染得到彩色通道图,如图6-67所示,备用。

图 6-65　莫莫多维材质通道转换插件对话框

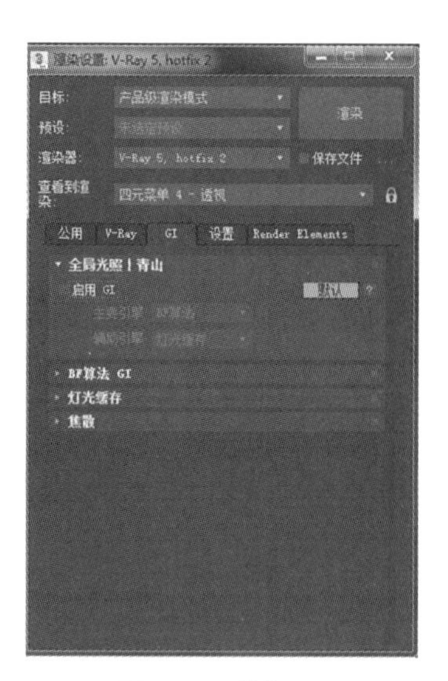

图 6-66　关闭 GI

图 6-67　材质彩色通道图

(4)将项目六任务 4 生成的效果图用 Photoshop 软件打开。

(5)选用选框工具，羽化值设置为 240 px，框选整个图像区域，单击曲线调整图层，如图 6-68 所示，着重加亮中间区域。

图 6-68　加亮中间区域

(6)复制调整图层,将图层蒙版取反,并调整曲线形状,如图 6-69 所示,着重减暗四周。

图 6-69　减暗四周区域

(7)添加曲线调整图层,如图 6-70 所示,提高整体亮度。

图 6-70　提高整体亮度

(8)复制背景图层,图层混合模式调整为柔光,并且调整不透明度为 36%,使图像整体色彩更为柔和,对比增强,如图 6-71 所示。

图 6-71　设置柔光图层

(9)导入彩色通道图图层,用魔棒工具选择彩色通道图层木材质地部分,再切换至背景图层暗淡的木材质地部分,并复制图层,然后调整色相/饱和度,如图 6-72 所示,使木质鲜艳明亮。

图 6-72　调整木质部分的色泽和亮度等

(10)借助彩色通道图图层,用魔棒工具选择背景图层窗帘部分,并复制图层,然后调整亮度/对比度,如图 6-73 所示,使窗帘部分变亮。

图 6-73　窗帘部分调整

(11)选中并复制椅垫部分,用减淡工具涂抹,如图 6-74 所示,添加高光。

图 6-74　为椅垫添加高光

(12)对其他需要调整的细节进行调整,后期处理的效果对比如图 6-75 所示。

以上是常用 Photoshop 后期处理方法,还有很多其他情况下的处理手段,这里不一一阐述,感兴趣的读者可以自己学习提高。

图 6-75 处理前效果(左)与处理后效果(右)

项目七

包装盒的绘制

任务 1
展 UV 操作

任务目的

掌握 UV 展开的操作方法，学习 UV 展开的点线面操作，掌握 UV 展开对象的拆开方法，掌握 UV 展开物体的移动、选择与缩放方法。

一、知识点讲解

1. 展 UV 的定义

展 UV 就是把建好的 3D 模型展开成平面 2D 图片，在平面上添加材质纹理等，使模型的贴图效果更真实。

2. 展 UV 的目的

在 3ds Max 里，展 UV 的用处是非常大的，除简单、形状规则的模型外，其他模型都需要展 UV 来做贴图，这些贴图仅针对原始形状而制作，模型越复杂，UV 的拉伸和变形就越大。创建 3D 模型时，软件本身都会为其生成自动 UV 贴图以展现模型的细节，不会出现贴图的拉伸、模糊等问题。一般的顺序是：先建模，再根据模型需要展 UV 贴图。

3. 展 UV 的重要性

UV 贴图常充当 3D 模型和实际纹理之间的桥梁，展 UV 可以实现正确的纹理投影，从而获得更好的整体效果。

二、展 UV 操作步骤

(1)打开材质编辑器，在 VRayMtl 材质下单击“漫反射”右面的小方框，添加“棋盘格”贴图，如图 7-1 所示。

(2)把设置好的材质球赋予花瓶，如图 7-2 所示。

(3)花瓶中部分棋盘格已经变形，需要对花瓶进行展 UV 操作。在修改器列表里，单击添加“UVW 展开”修改器，如图 7-3 所示。单击“打开 UV 编辑器”按钮，打开编辑 UVW 界面，如图 7-4 所示。

(4)运用点线面元素命令，全部选中，单击下方的“快速平面”按钮，对花瓶进行拍平，如图 7-5 所示。

(5)系统会自动对花瓶进行 UV 展开，但展开不是很准确，需要重新展开。单击“重置剥”图标，效果如图 7-6 所示。

图 7-1 添加“棋盘格”贴图

图 7-2 把材质球赋予花瓶

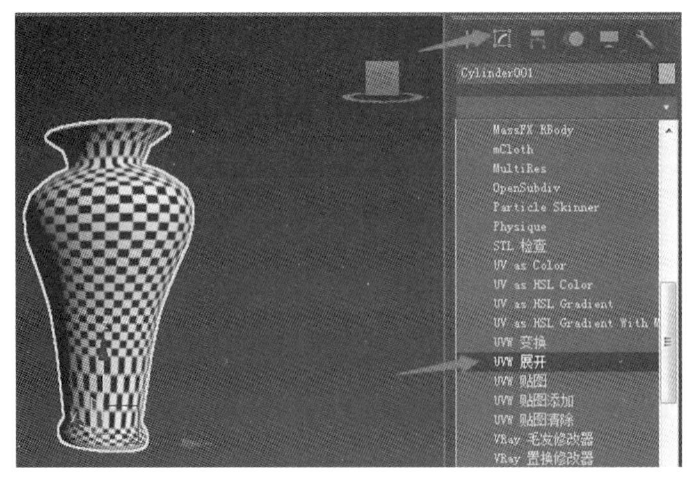

图 7-3 添加“UVW 展开”修改器

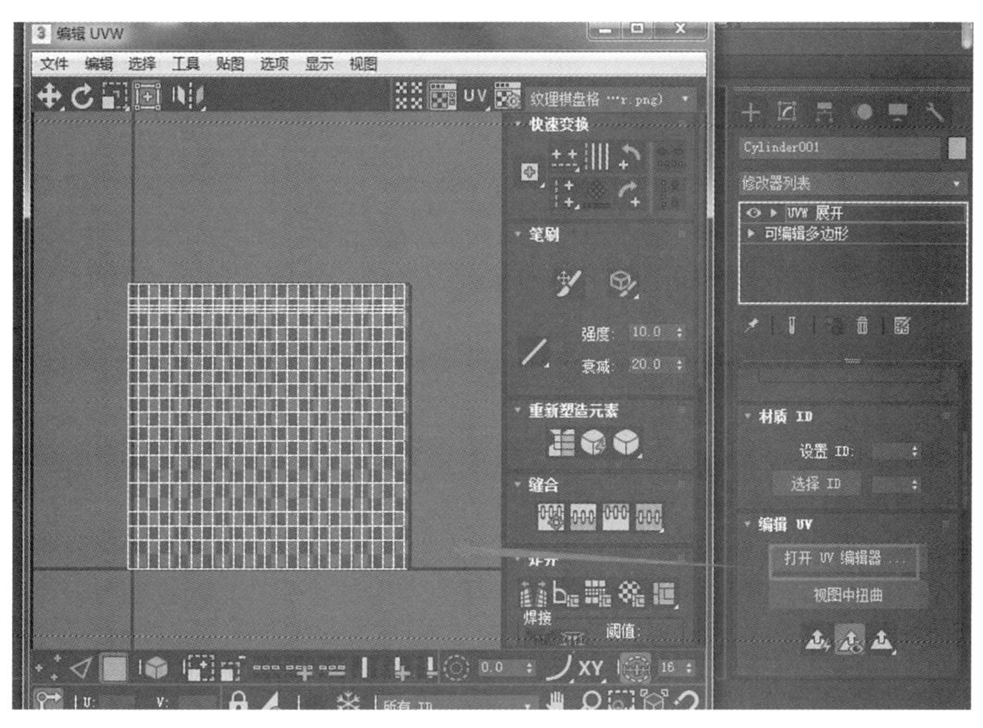

图 7-4 打开编辑 UVW 界面

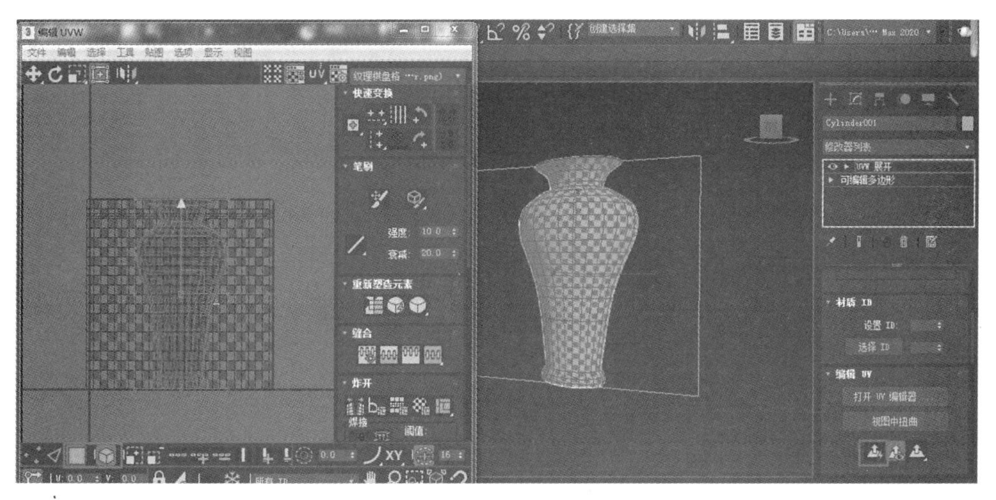

图 7-5 快速拍平花瓶

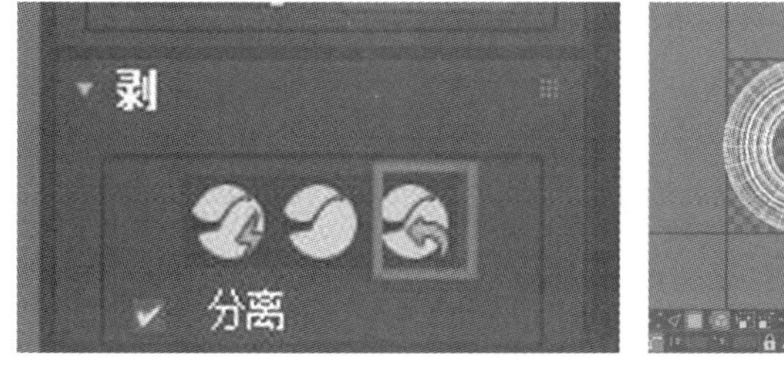

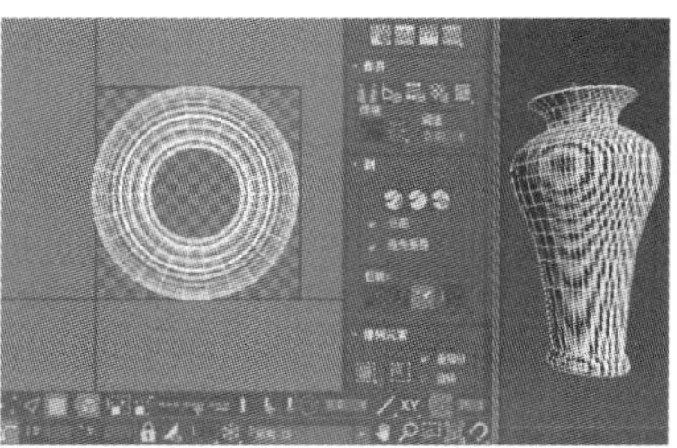

图 7-6 “重置剥”图标及效果

(6)展开这个花瓶，找到转折处，选好相应的边断开，如图 7-7 所示。

(7)单击“炸开”按钮，转折处的边呈现绿色，说明已经被炸开了，如图 7-8 所示。

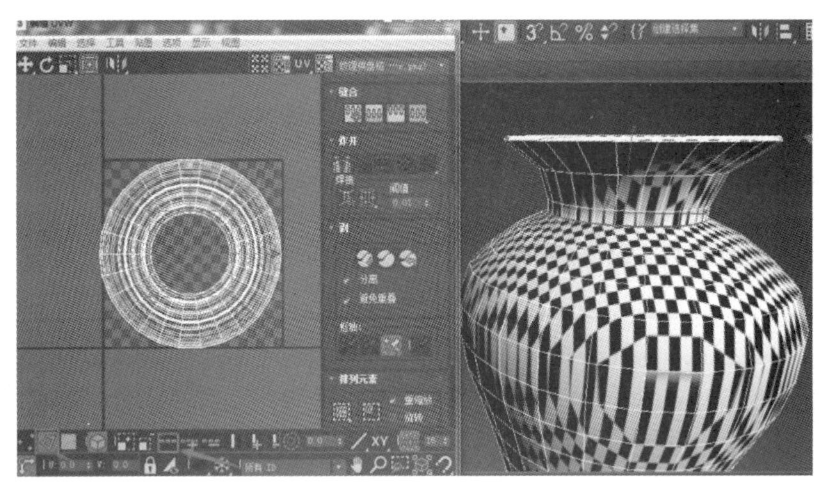

图 7-7　选中边进行断开

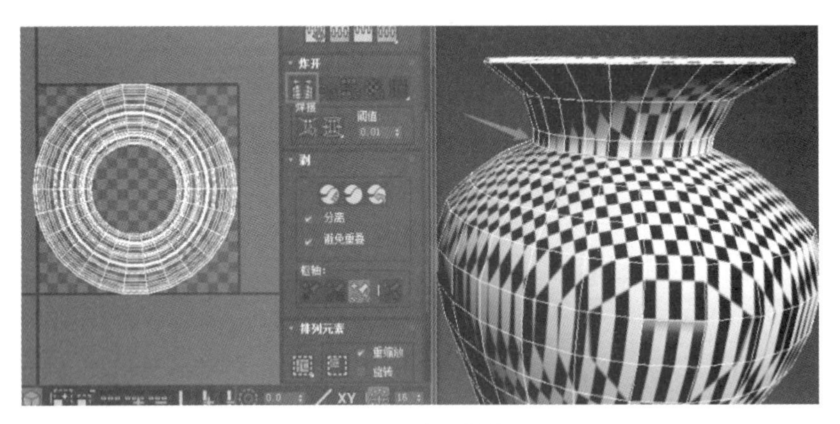

图 7-8　炸开的边

(8)用同样的方法找到其他的转折处,断开转折线,如图 7-9 所示。

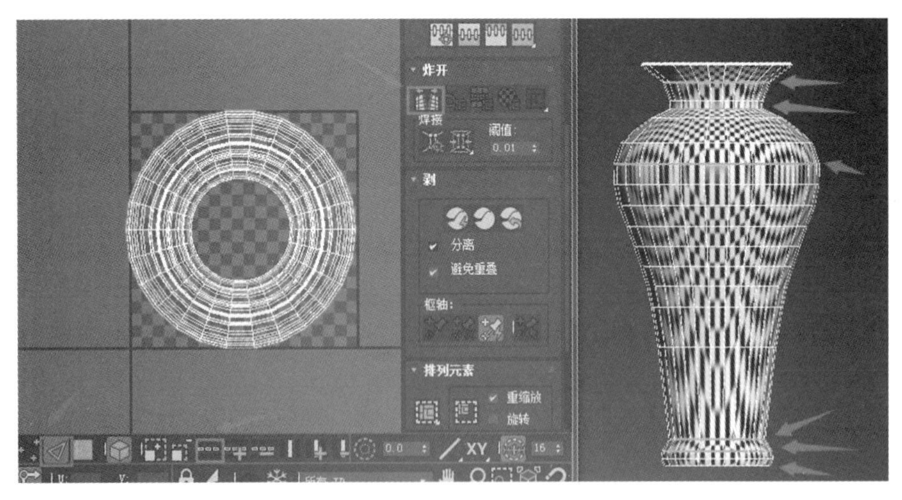

图 7-9　断开转折线

(9)除了水平方向转折面外,垂直面转折线也需要进行断开。需要在背面不显眼的地方进行断开,这样接缝处不会太明显,不影响美观,如图 7-10 所示。

(10)单击“快速剥”按钮,呈现出展开的图形,如图 7-11 所示。

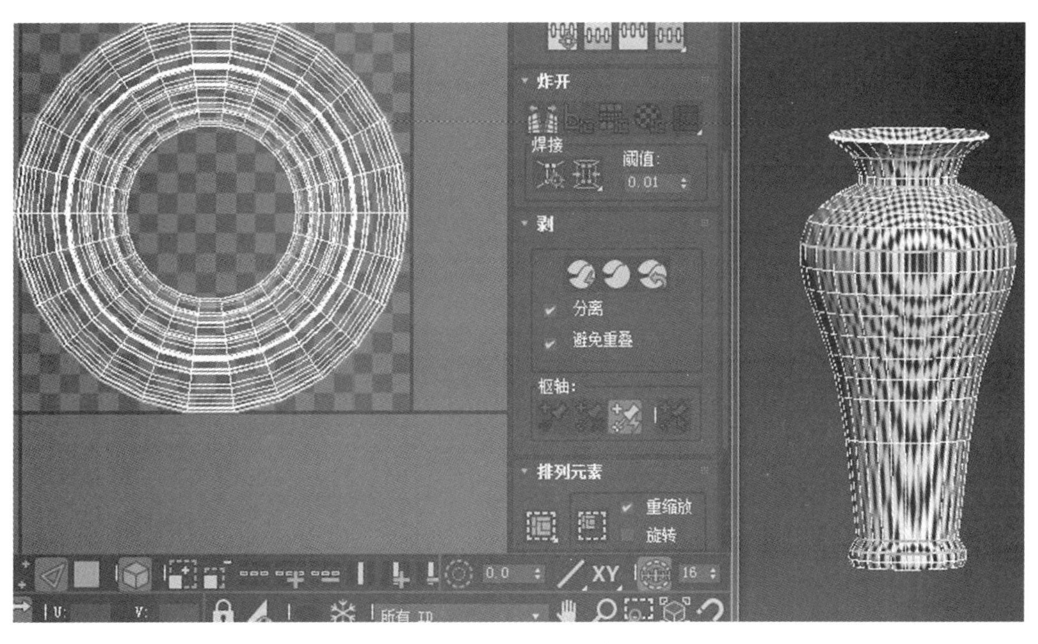

图 7-10　垂直面断开转折线

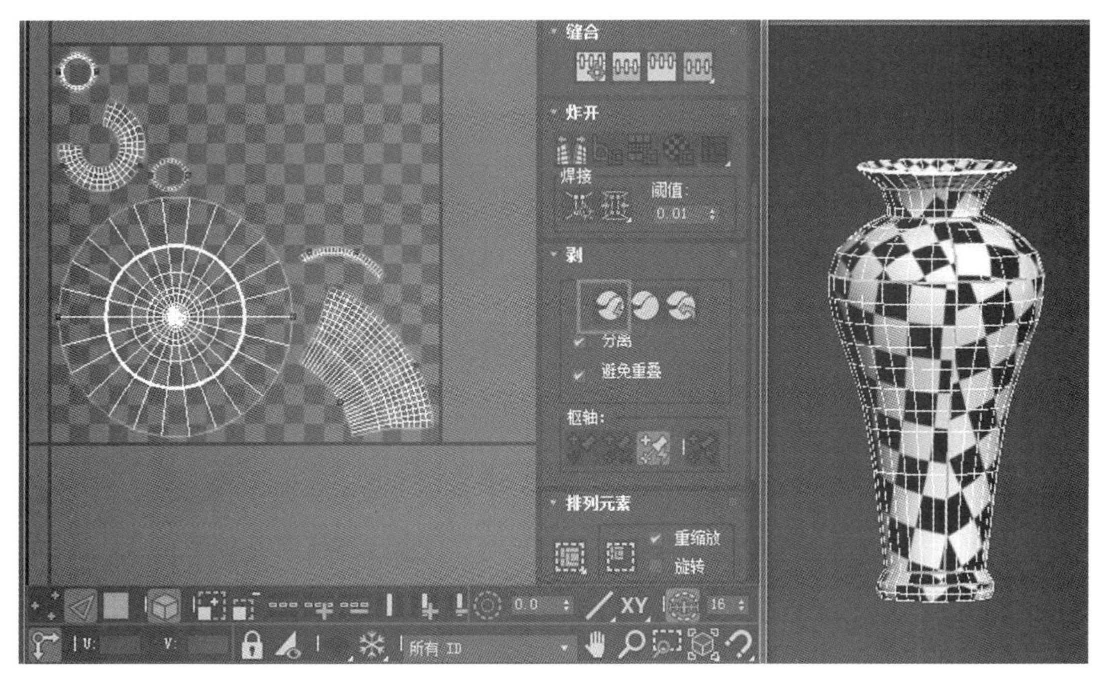

图 7-11　快速剥开花瓶(展 UV)

(11)单击“排列元素”按钮,它的作用是把模型“圈”到黑白方格的范围内。黑白方格的范围指的是贴图所能呈现的像素格,也就是说,展开的模型要在这个方框内,不然无法呈现 UV。同时,对话框左上角的几个按钮分别是移动、旋转、缩放等功能按钮,利用它们可把 UV 放正,调整到合适的大小比例,如图 7-12 所示。

(12)有时展开的线不是很理想,可以用“工具”菜单里的松弛工具调整,如图 7-13 所示。

提醒:排列元素图形时,图形与图形不能直接重叠,不能超出展开图形的方框。使用松弛工具需要单击“开始松弛”按钮,实现所需效果后应单击停止,否则电脑会一直运行,最终崩溃。

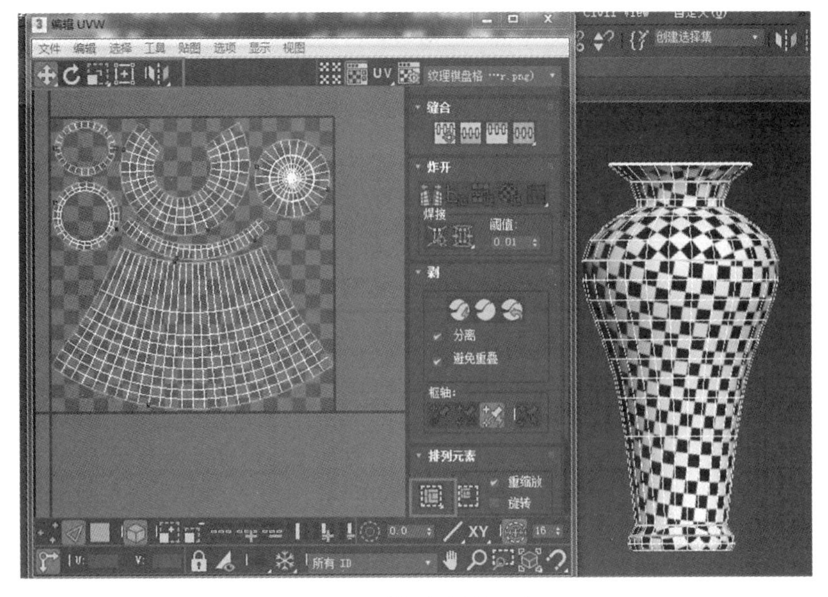

图 7-12 排列、调整元素

图 7-13 松弛工具

任务 2
包装盒建模

任务目的

掌握包装盒模型的创建方法，掌握二维线的绘制方法，掌握二维线转三维立体的方法，掌握可编辑多边形的修改方法。

包装盒的建模步骤如下：

(1)在左视图中绘制一个矩形，尺寸为 290 mm×120 mm，右击下方的坐标轴，使其归零，如图 7-14 所示。

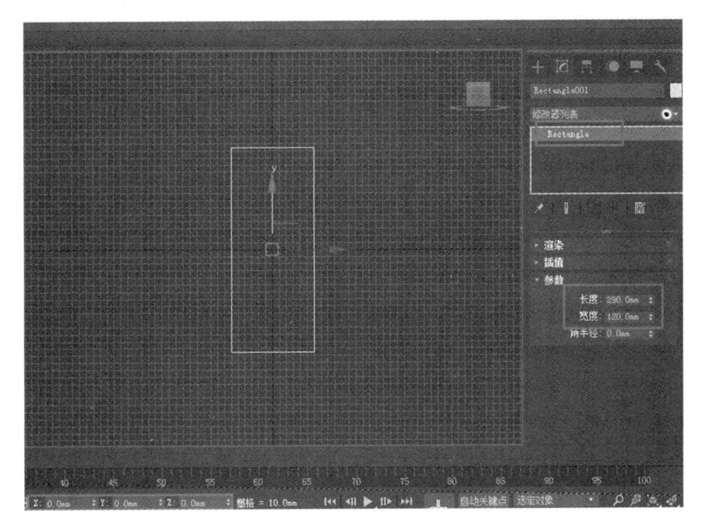

图 7-14　创建矩形

(2)绘制 70 mm×120 mm 的小矩形，并进行对齐，如图 7-15 所示。

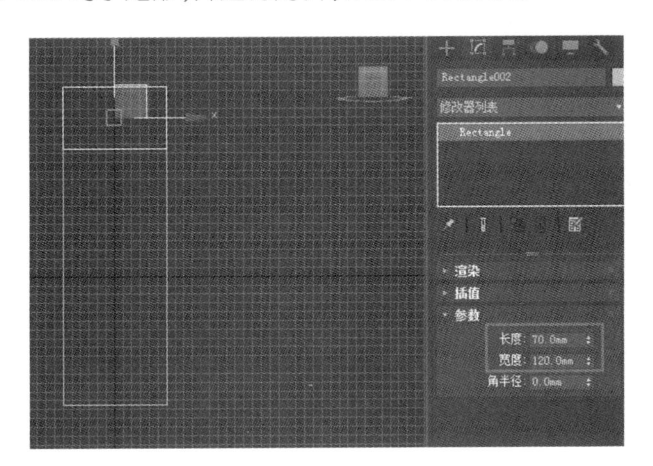

图 7-15　绘制小矩形并对齐

(3)打开捕捉，在小矩形的中心点绘制一条直线，如图 7-16 所示。

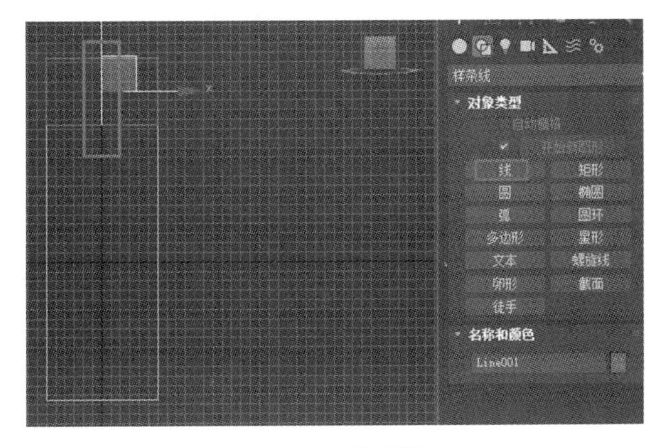

图 7-16　绘制线

(4)绘制一个 70 mm×30 mm 的矩形,如图 7-17 所示。

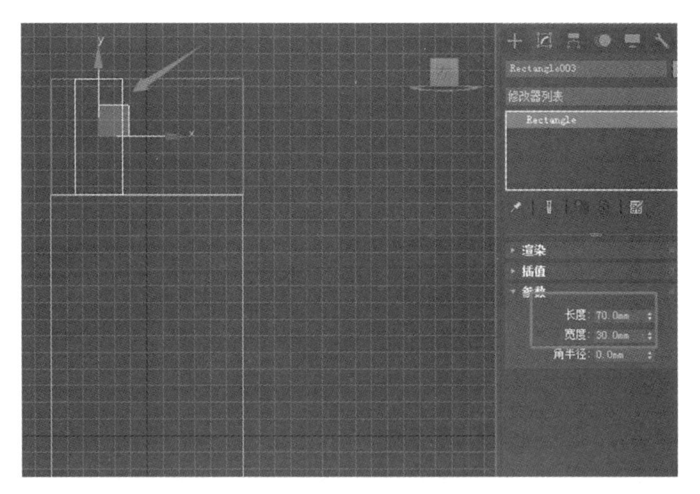

图 7-17　绘制矩形

(5)将该矩形和第(2)步中绘制的矩形进行对齐,如图 7-18 所示。

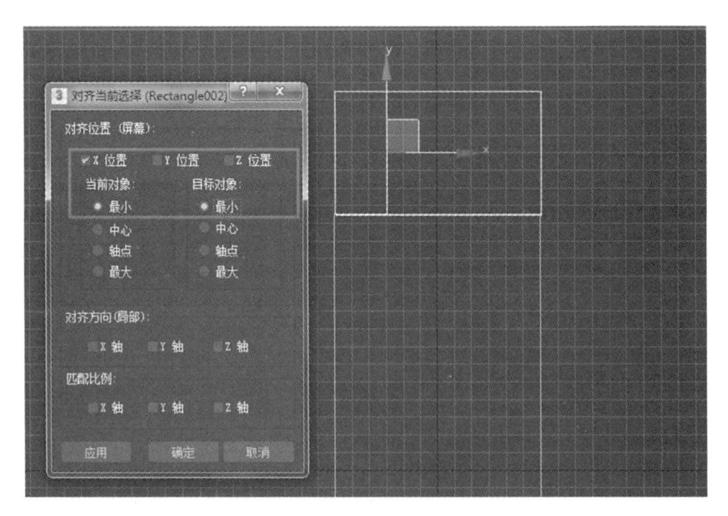

图 7-18　对齐矩形

(6)移动复制第(4)步中绘制的矩形,并对齐右边,如图 7-19 所示。

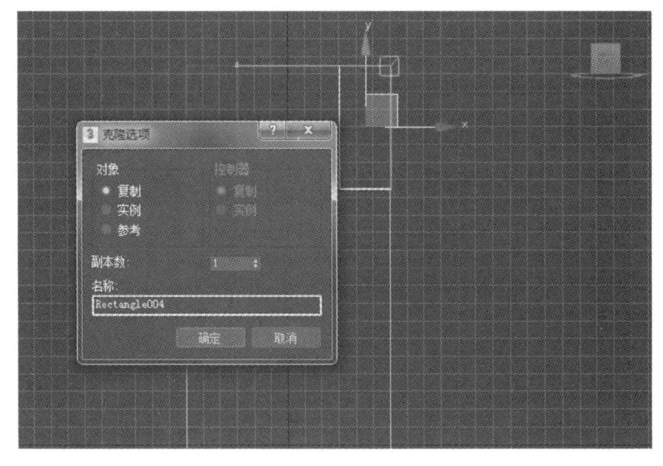

图 7-19　对齐矩形

(7)打开捕捉,绘制二维线,并闭合,如图 7-20 所示。

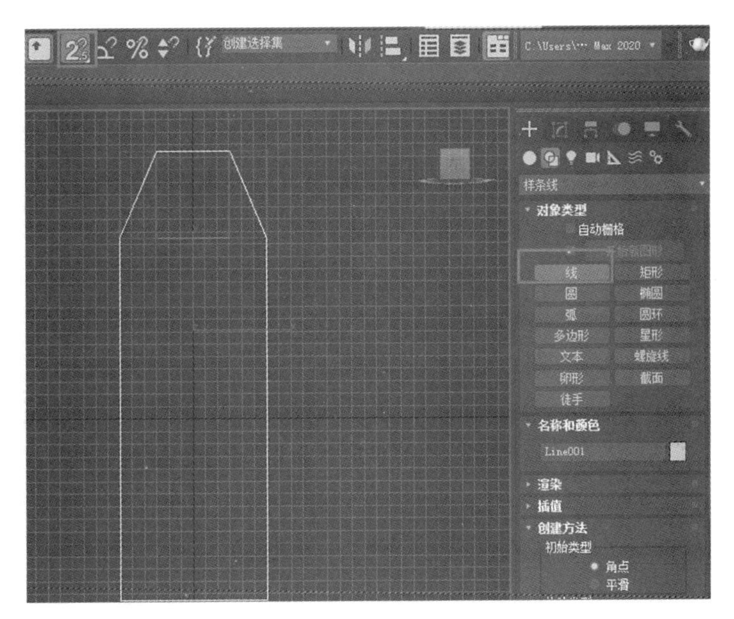

图 7-20 绘制二维线

(8)在顶点层级,选中第二层转折处的两点,进行圆角操作,如图 7-21 所示。

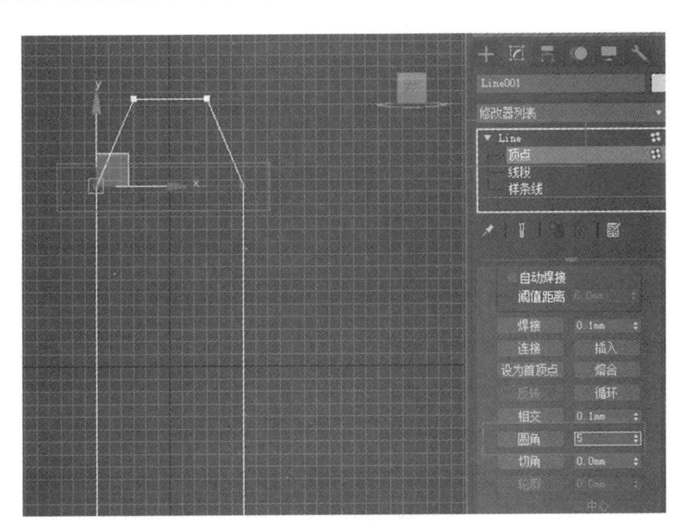

图 7-21 选中顶点进行圆角操作

(9)添加挤出修改器,“数量”为 400 mm,“分段”为 10,如图 7-22 所示。

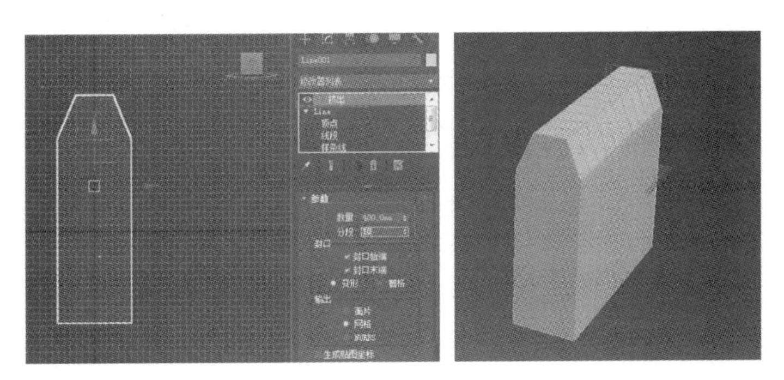

图 7-22 添加挤出修改器

(10)在前视图中绘制二维线,如图 7-23 所示。

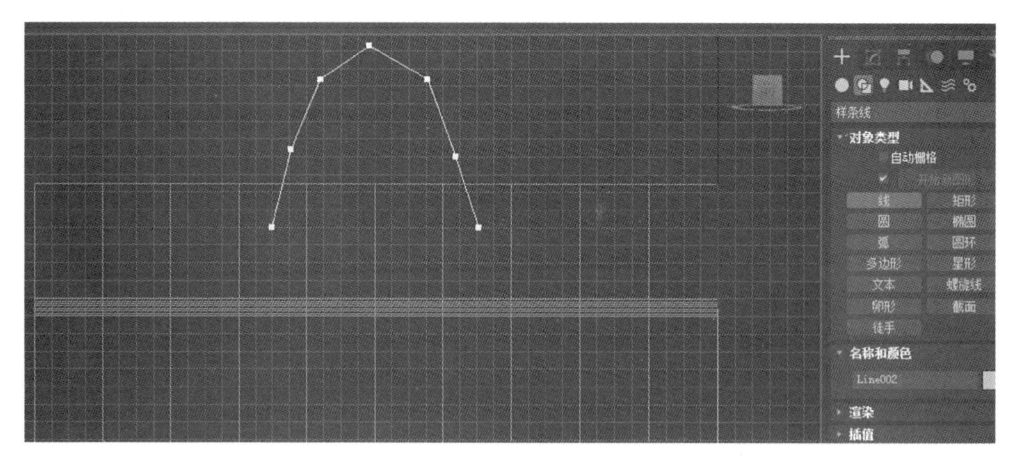

图 7-23　绘制二维线

(11)对线条进行调整,如图 7-24 所示。

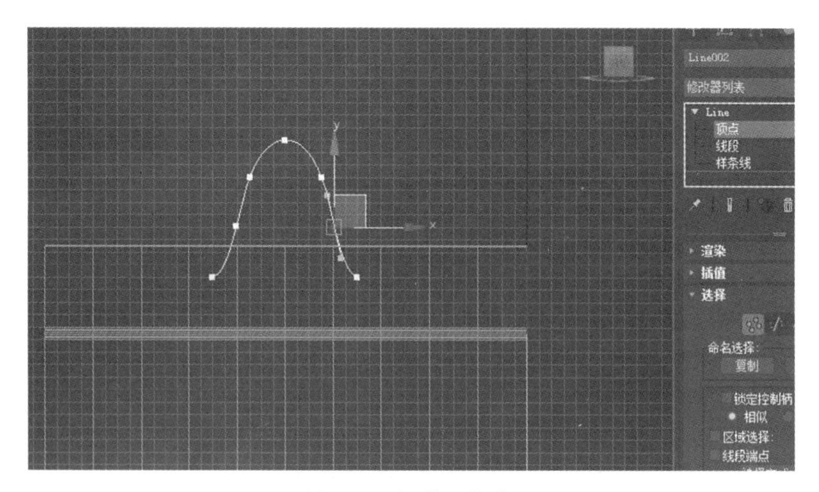

图 7-24　调整二维线

(12)对二维线进行设置,如图 7-25 所示,作为包装盒提绳。

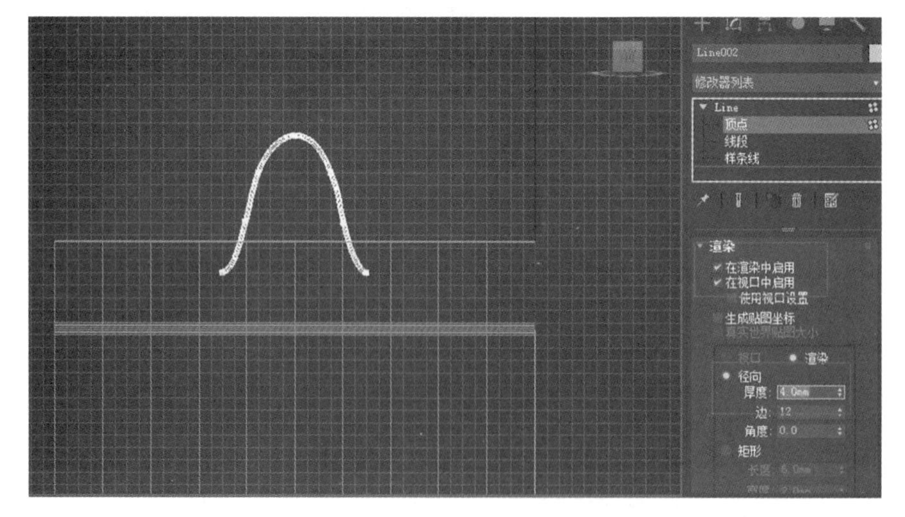

图 7-25　对二维线进行设置

(13)在前视图中绘制一个圆环,如图 7-26 所示。

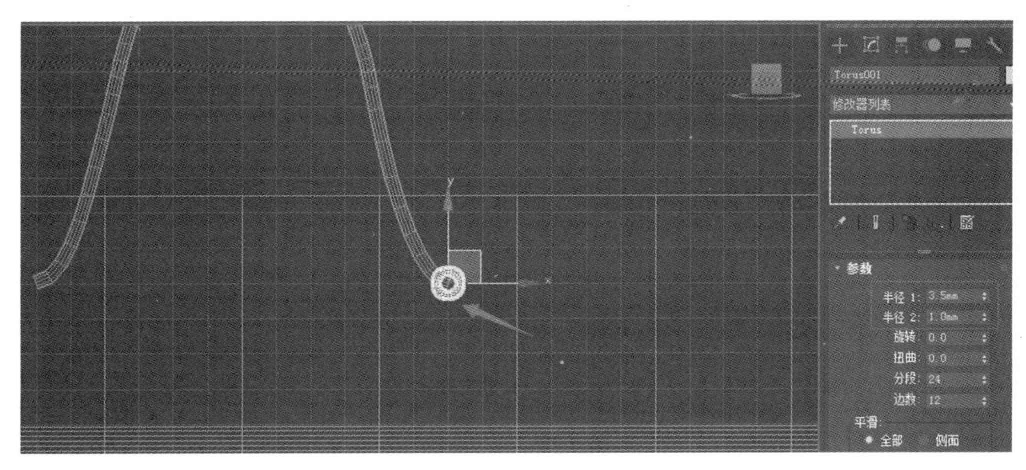

图 7-26 绘制圆环

(14)在左视图中通过移动和旋转进行位置调整,如图 7-27 所示。

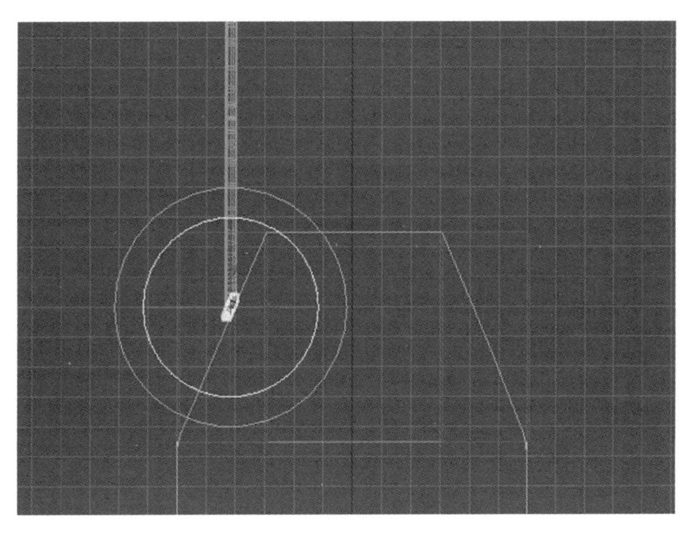

图 7-27 调整圆环位置

(15)在顶视图中,在顶点层级调整提绳的线条弧度,如图 7-28 所示。

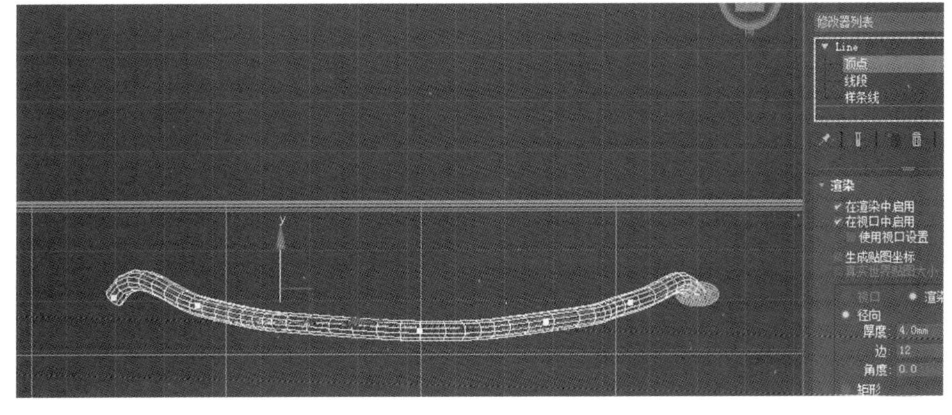

图 7-28 调整线条弧度

(16)在前视图中,复制出一个圆环,如图 7-29 所示。

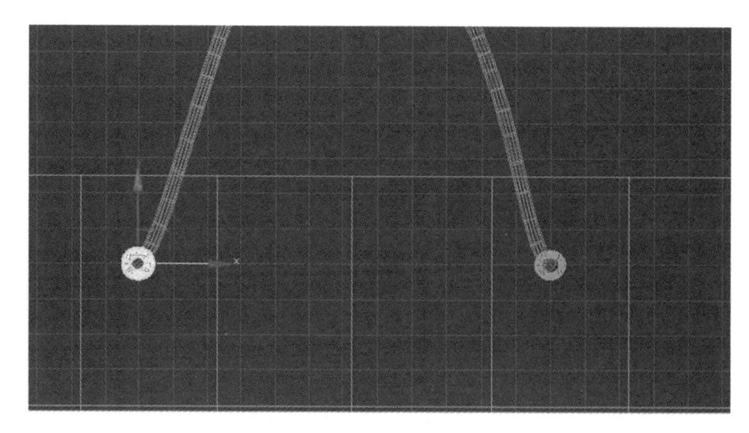

图 7-29　复制圆环

(17)在左视图中,把提绳和圆环进行镜像,如图 7-30 所示。

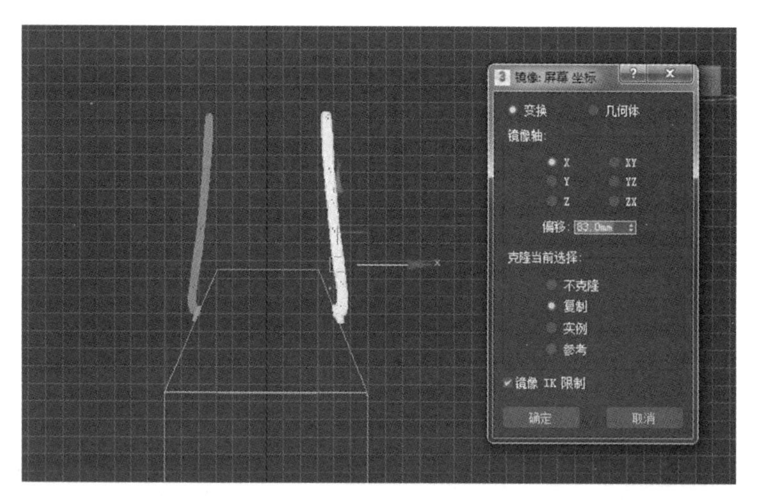

图 7-30　镜像提绳和圆环

(18)在左视图中,用线绘制图形,如图 7-31 所示,形成闭合样条线。

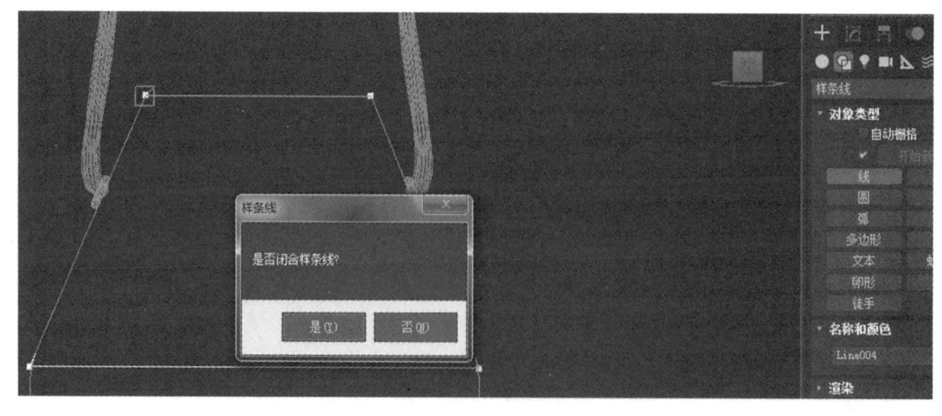

图 7-31　绘制图形

(19)在样条线层级,执行轮廓命令,数值为“−1”,如图 7-32 所示。

(20)删除外面的样条线,如图 7-33 所示。

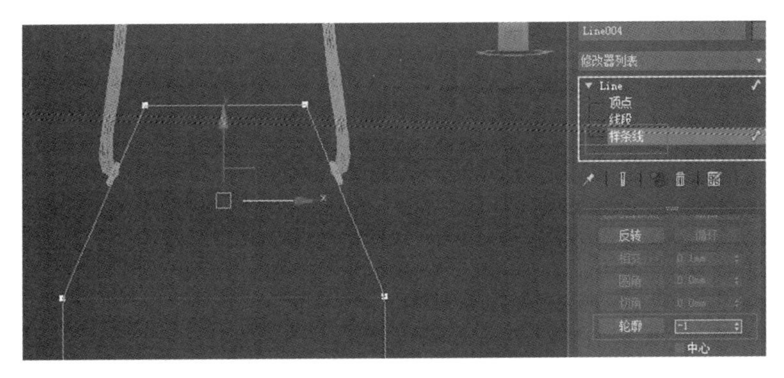

图 7-32 对样条线进行轮廓操作

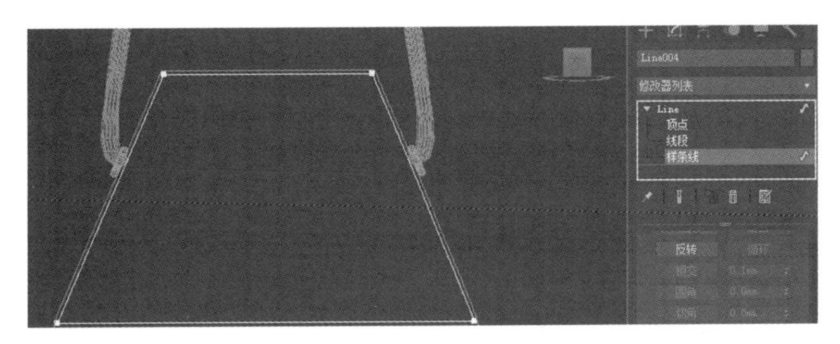

图 7-33 删除外面的样条线

(21)对二维线进行挤出操作,“数量”为 20 mm,如图 7-34 所示。

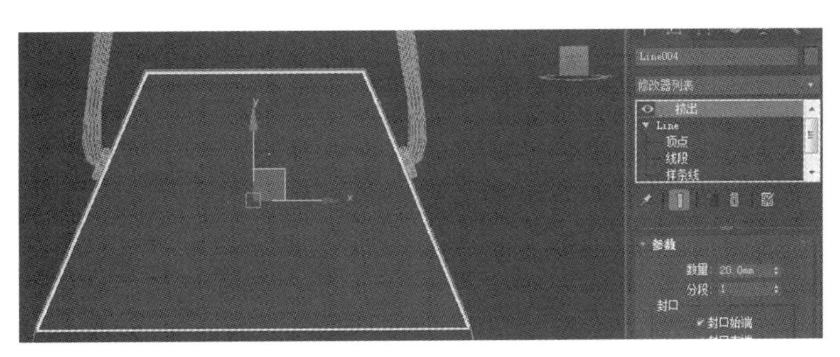

图 7-34 挤出二维线

(22)在前视图中,单击鼠标右键,选择“转换为”→“转换为可编辑多边形”,如图 7-35 所示。

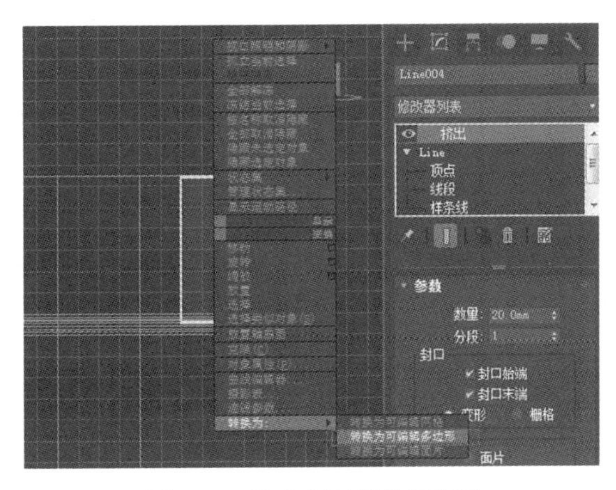

图 7-35 转换为可编辑多边形

(23)在顶点层级，将右边的两个点偏移 10 mm，如图 7-36 所示。

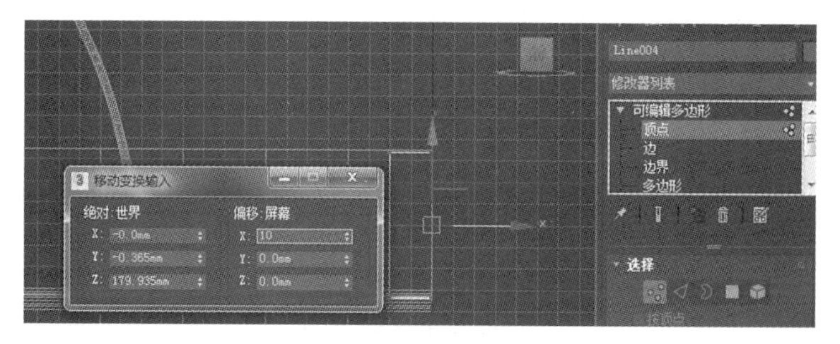

图 7-36　对点进行偏移

(24)框选右下角的点，偏移 20 mm，如图 7-37 所示。

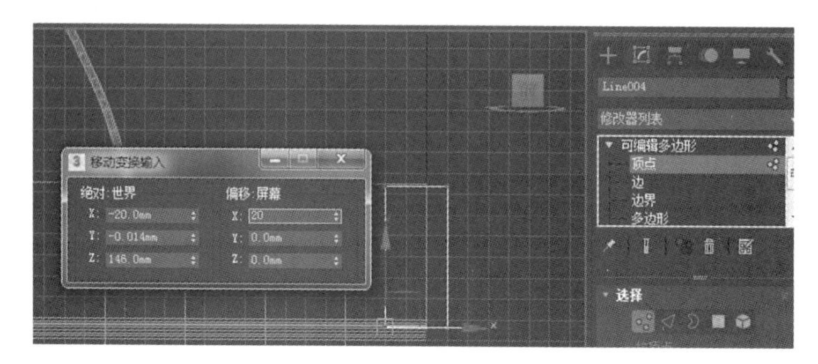

图 7-37　右下角点偏移

(25)在前视图中，进行镜像，偏移数值为－400 mm，如图 7-38 所示。

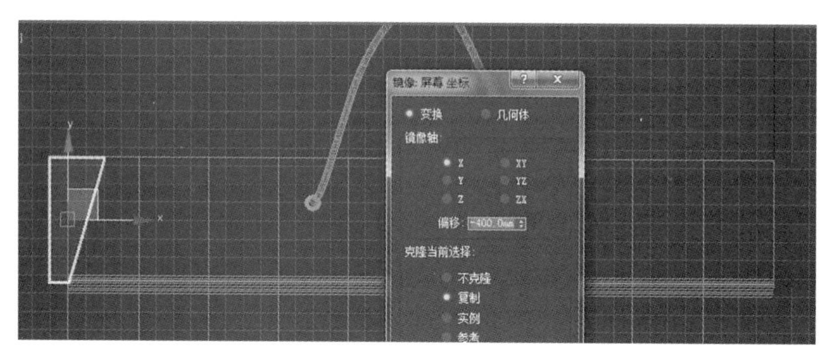

图 7-38　镜像操作

(26)选中主体物(复合对象)，执行布尔差集运算，如图 7-39 所示。

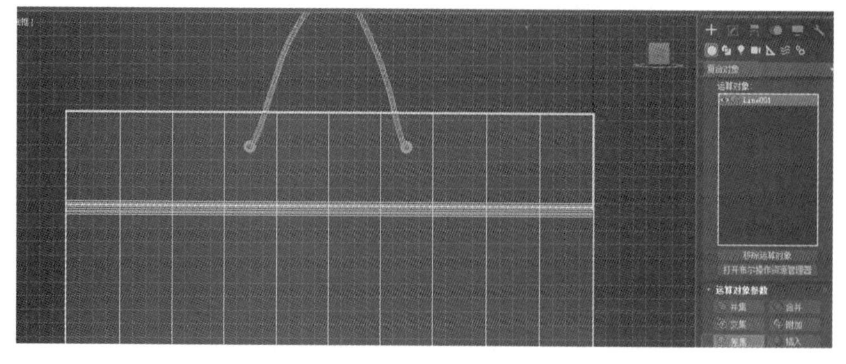

图 7-39　布尔差集运算

(27)两边都进行差集运算,如图 7-40 所示。

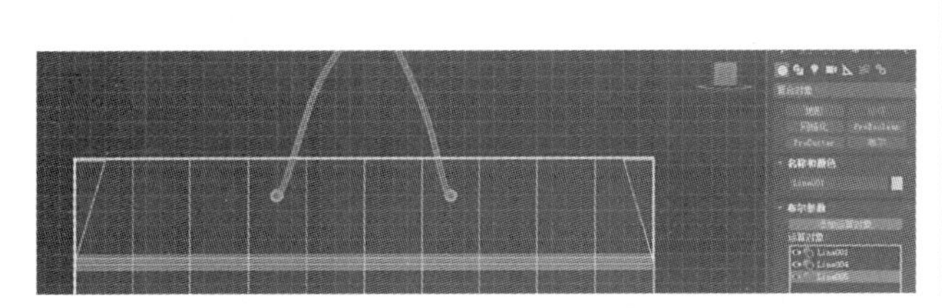

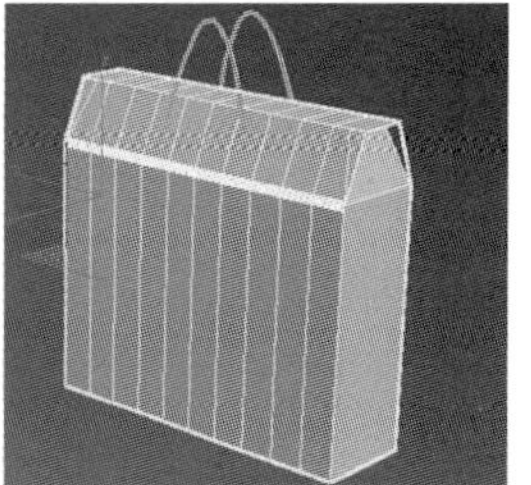

图 7-40　差集运算及其效果

(28)在前视图中,绘制一个 20 mm×410 mm 的矩形,并进行顶对齐,如图 7-41 所示。

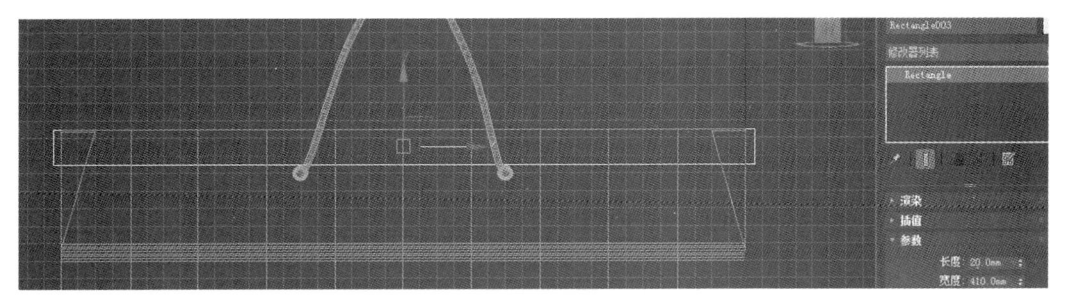

图 7-41　绘制矩形并对齐

(29)在左视图中,挤出 1 mm,如图 7-42 所示。

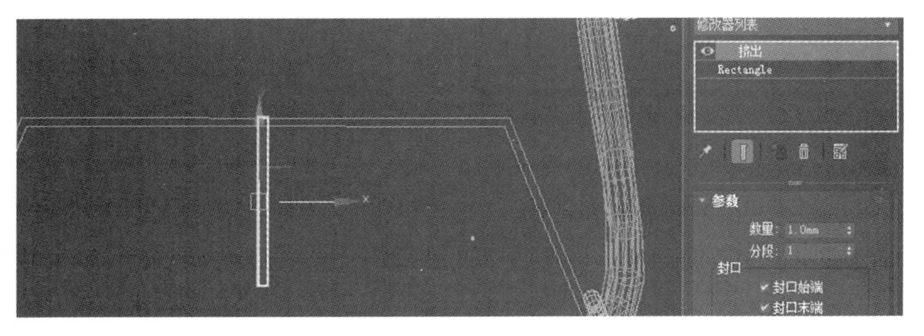

图 7-42　挤出操作

(30)和主体物对齐,如图 7-43 所示。

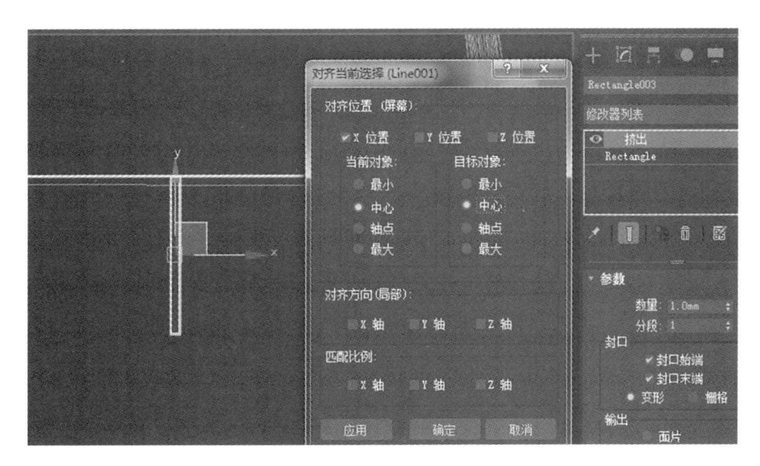

图 7-43　对齐主体物

(31)沿“Y”轴往上偏移 10 mm,如图 7-44 所示。

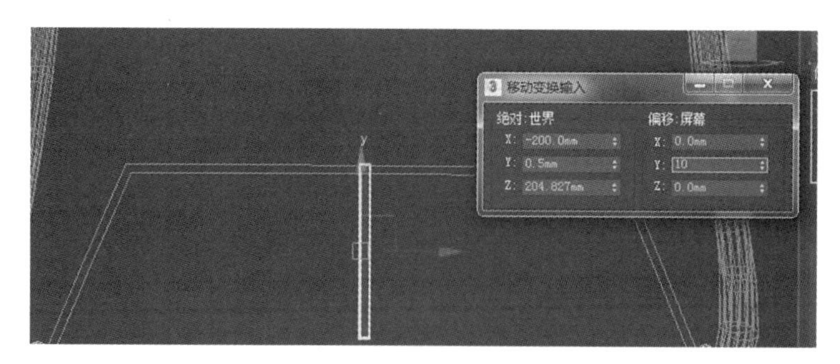

图 7-44　偏移操作

(32)选中主体物,然后进行布尔差集运算,如图 7-45 所示。

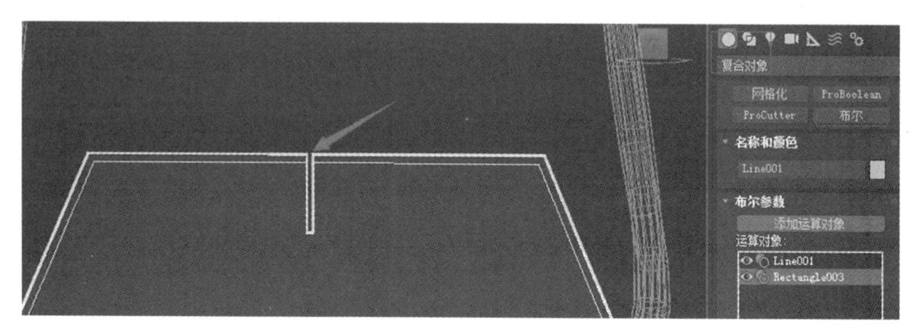

图 7-45　差集运算

(33)在前视图中绘制一个 9 mm×400 mm 的矩形,并和主体物对齐,如图 7-46 所示。

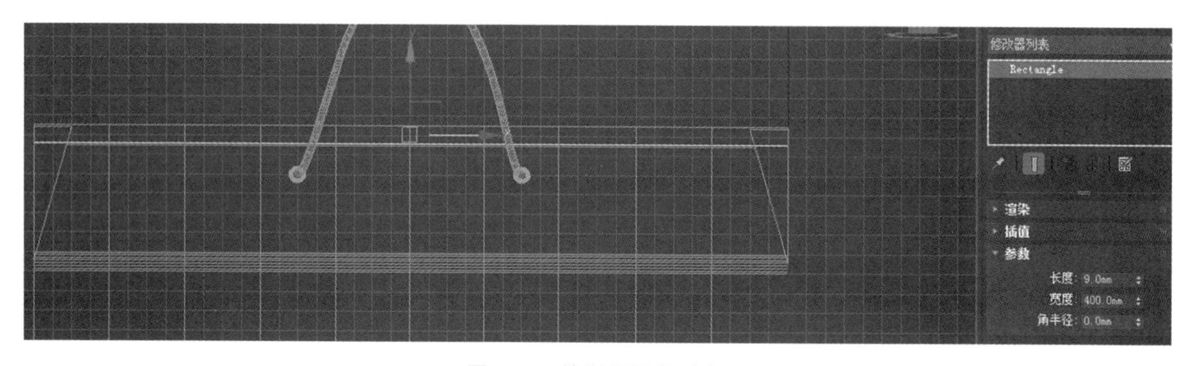

图 7-46　绘制矩形并对齐

(34)转换为可编辑样条线,并在顶点层级,选中下面的 2 个顶点进行圆角操作,再进行挤出操作,如图 7-47 所示。

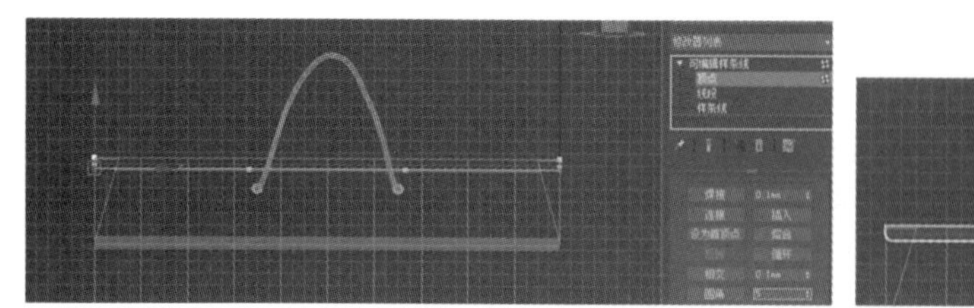
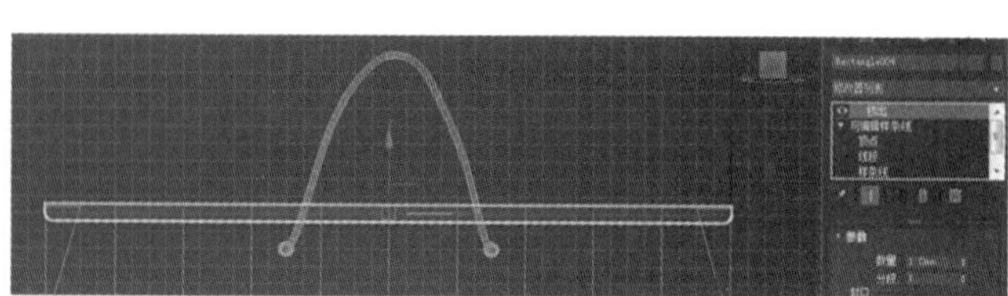

图 7-47　圆角及挤出操作

(35)在左视图中,复制出一个,并进行对齐,如图 7-48 所示。

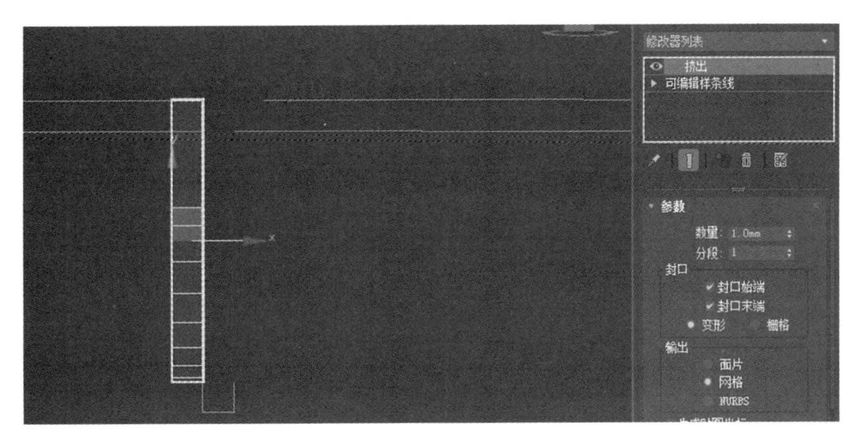

图 7-48　复制操作

(36)在透视图中创建一个长方体,如图 7-49 所示。

(37)调整颜色,完成模型创建,如图 7-50 所示。

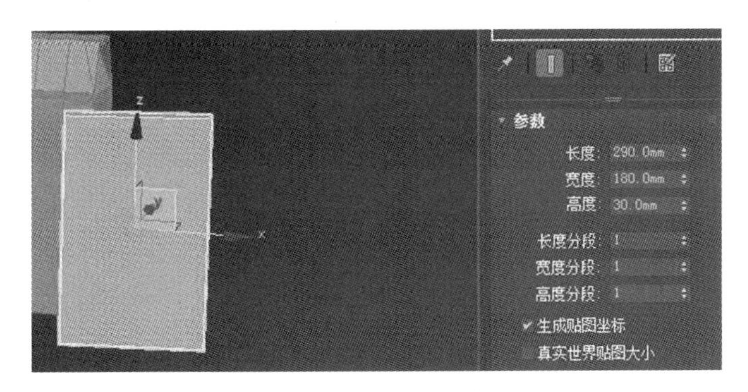

图 7-49　创建长方体

图 7-50　完成包装盒模型创建

任务 3
包装盒的 UV 展开

任务目的

掌握包装盒的 UV 展开方法,掌握包装盒的 UV 拆分方法,掌握包装盒 UV 展开中的点线面运用方法,掌握 UV 展开中的快速剥离方法。

包装盒的 UV 展开步骤如下:

(1)把主体物转换为可编辑多边形,并孤立显示当前选择,如图 7-51 所示。

(2)因为展 UV 过程中不能出现多边面,所以在顶点层级添加一些线,如图 7-52 所示。

(3)另一边同样添加线。

(4)对包装盒主体物添加材质球,添加棋盘格贴图,这时显示图形有拉伸的情况,如图 7-53 所示。

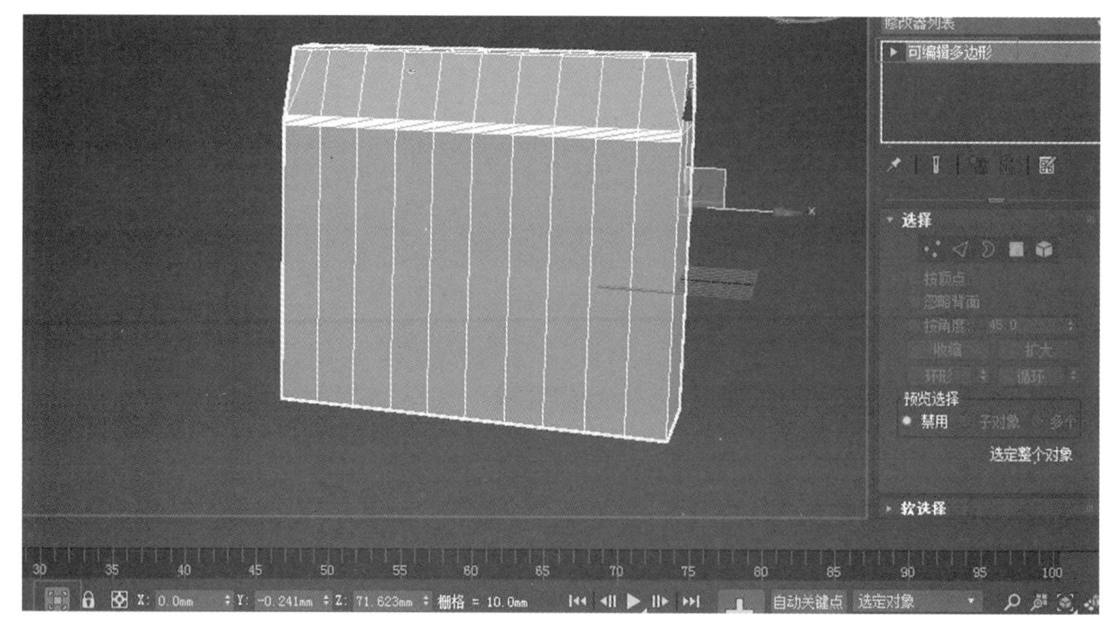

图 7-51　孤立显示包装盒主体物

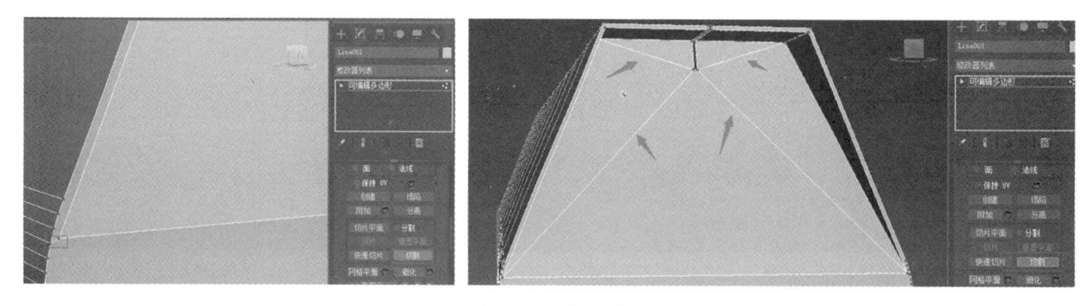

图 7-52　添加线

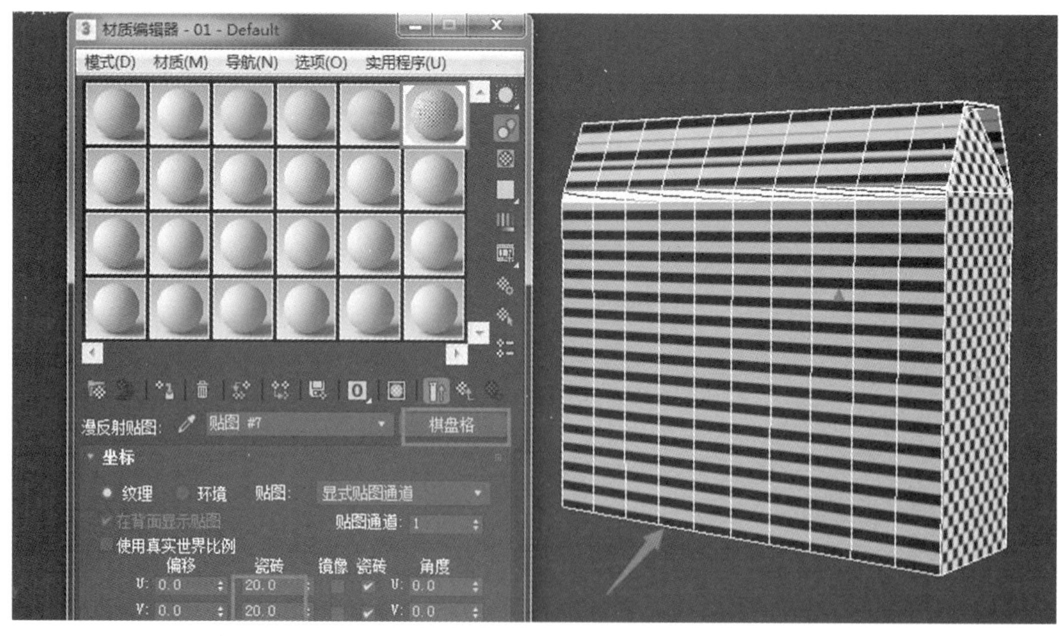

图 7-53　添加棋盘格贴图

(5)添加“UVW 展开”修改器,并打开 UV 编辑器界面,如图 7-54 所示。

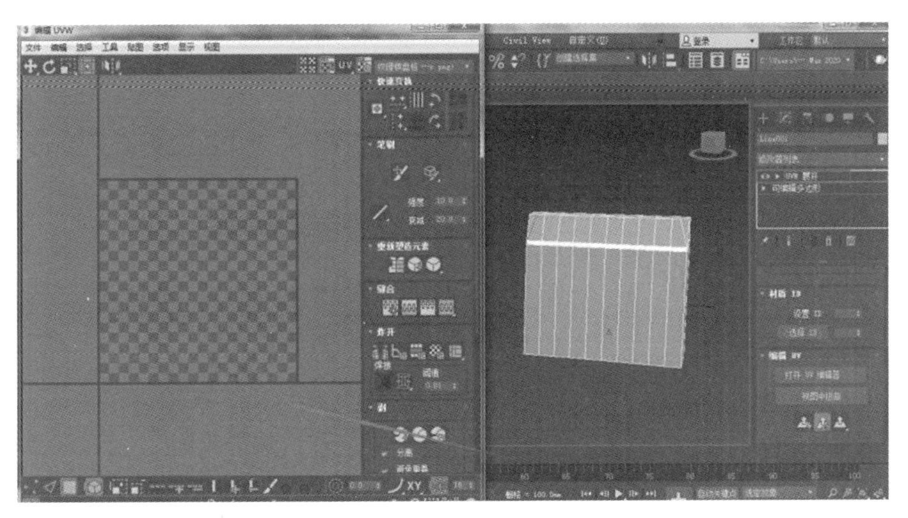

图 7-54　UV 编辑器界面

(6)按“Ctrl+A”键全选主体物,拍平,并单击“重置剥”按钮,如图 7-55 所示。

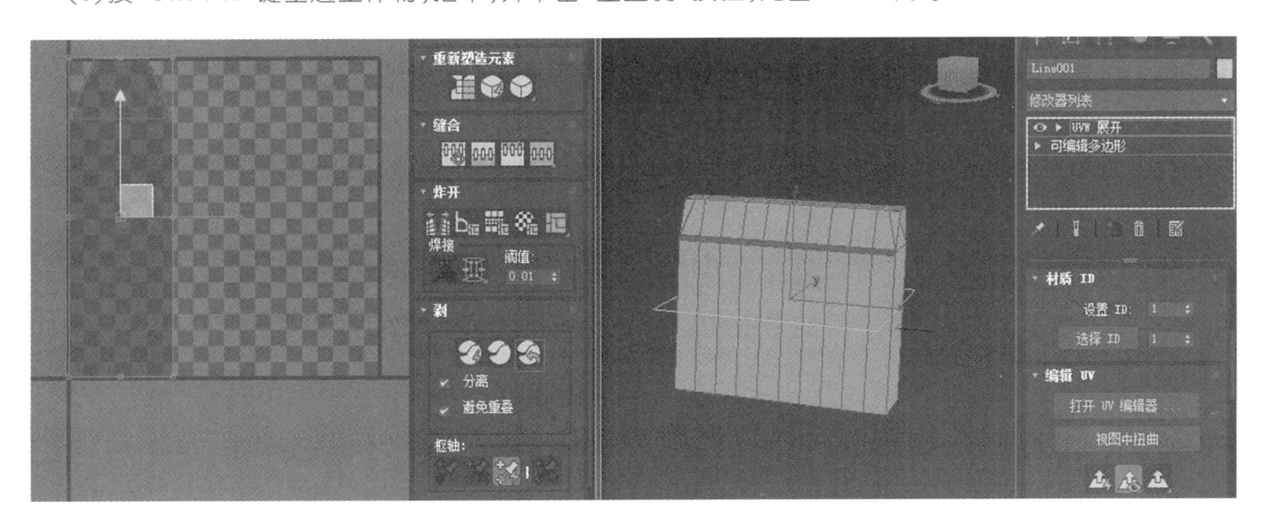

图 7-55　重置剥操作

(7)在边层级,选中转折处的边,两边一样的选择,如图 7-56 所示。

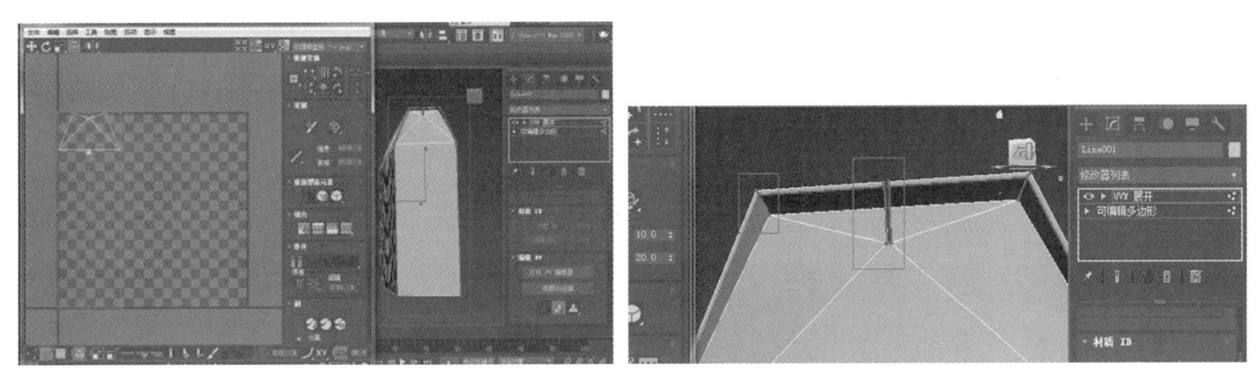

图 7-56　选中边

(8)单击“炸开”按钮,这时边线变成绿色,如图 7-57 所示。

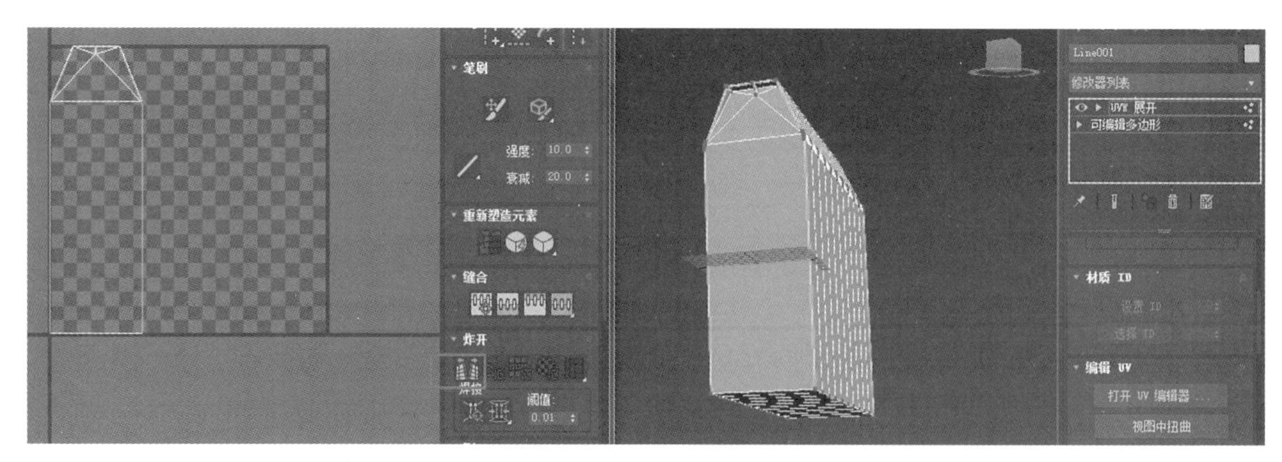

图 7-57　炸开后的显示

(9)选中顶部的线,然后炸开,如图 7-58 所示。

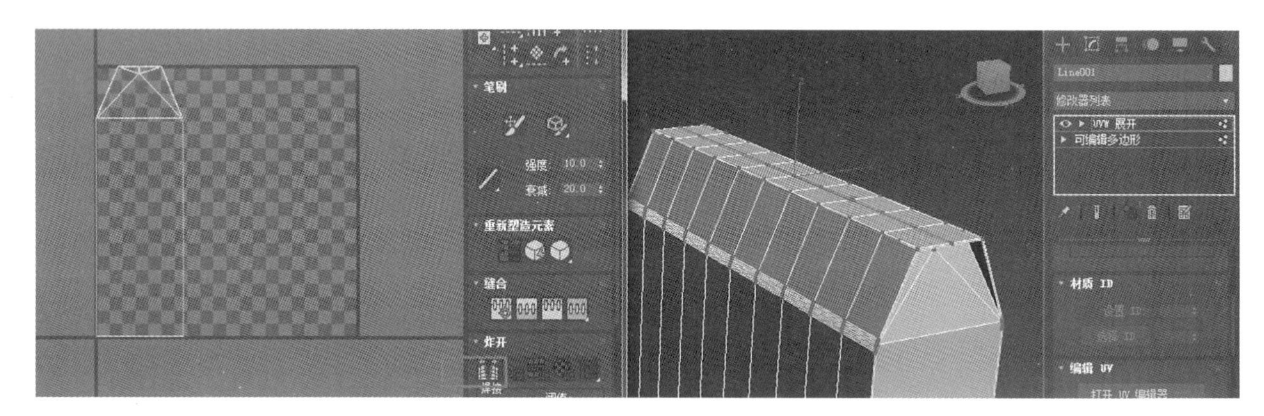

图 7-58　炸开顶部的线

(10)单击“快速剥”按钮,查看拆分情况,如图 7-59 所示。

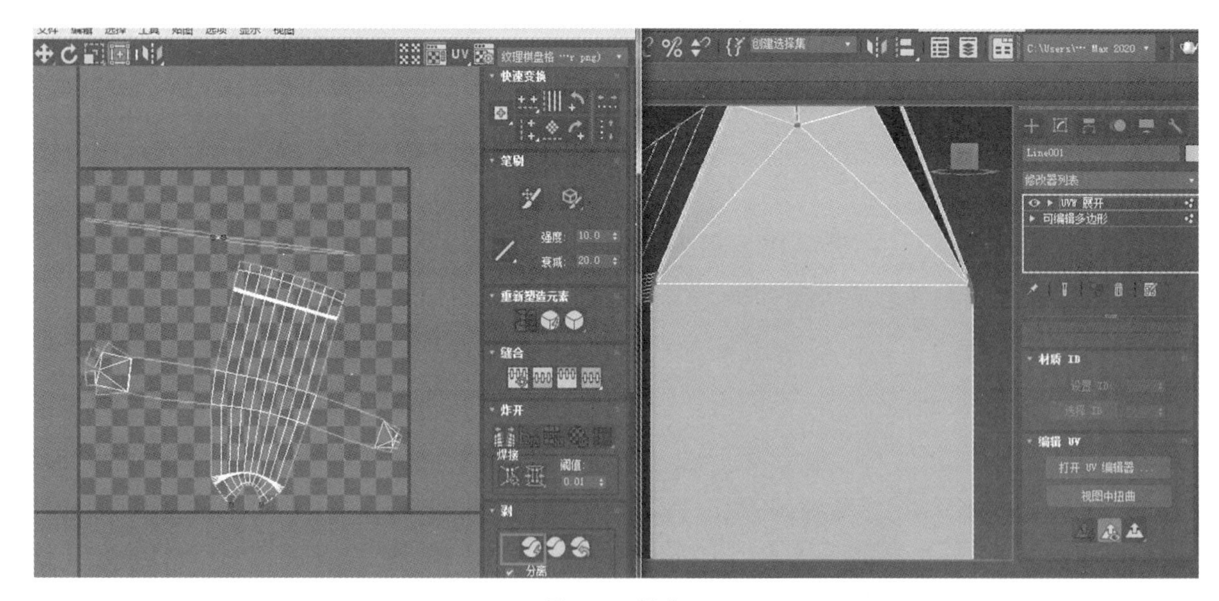

图 7-59　拆分

(11)如果形状不是太理想,可以用“工具”→“松弛”,设置好后单击“开始松弛”按钮,如图 7-60 所示。

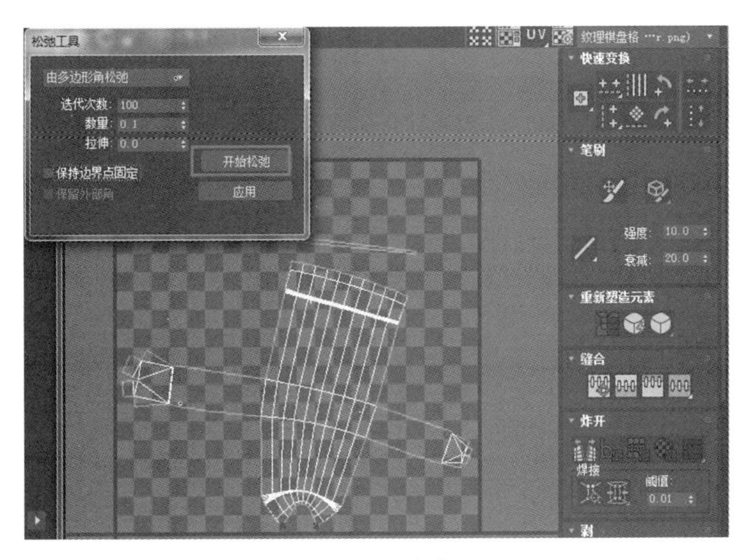

图 7-60　松弛

(12)单击“排列元素”按钮,得到展开图形,如图 7-61 所示。

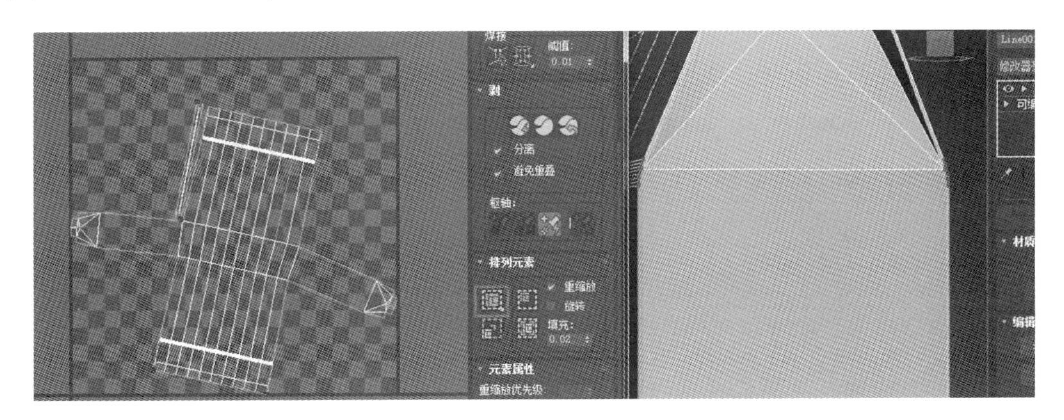

图 7-61　展开图形

(13)旋转图形,摆正,如图 7-62 所示。

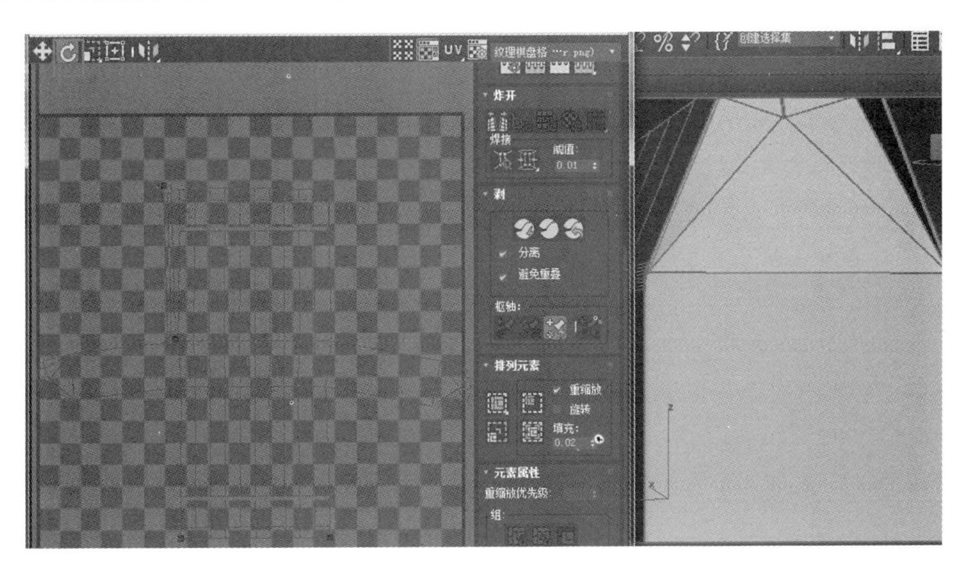

图 7-62　旋转图形

(14)利用棋盘格命令查看展 UV 情况,如图 7-63 所示。

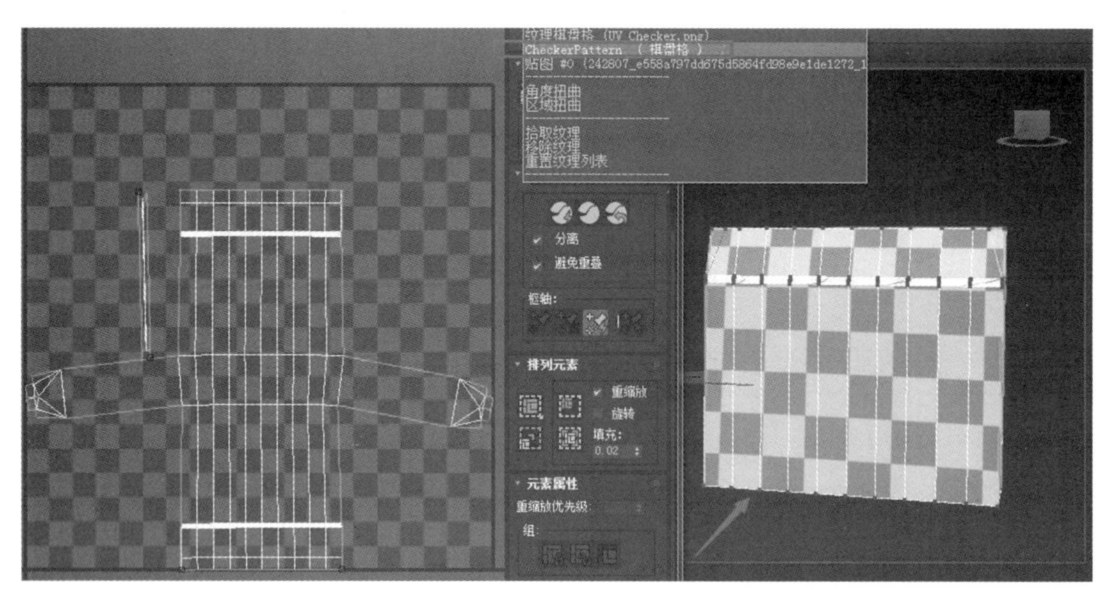

图 7-63　查看 UV 展开情况

(15)把底边炸开,继续利用"快速剥"命令展开 UV,如图 7-64 所示。

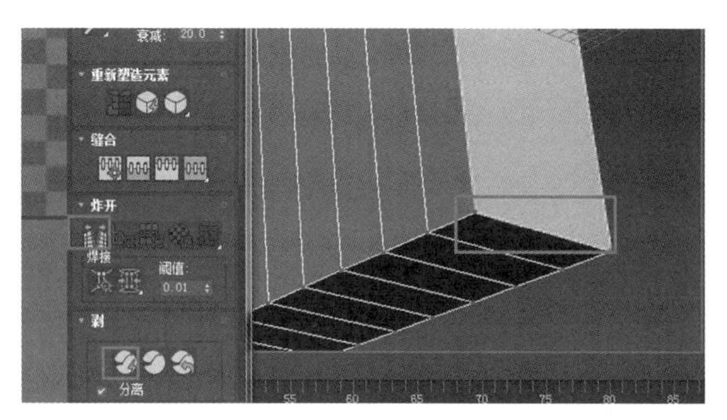

图 7-64　底部展 UV

(16)旋转得到的展开图形,调整方向,如图 7-65 所示。

图 7-65　旋转图形

(17)退出孤立显示。将另一个包装盒主体物转换为可编辑多边形,如图 7-66 所示。

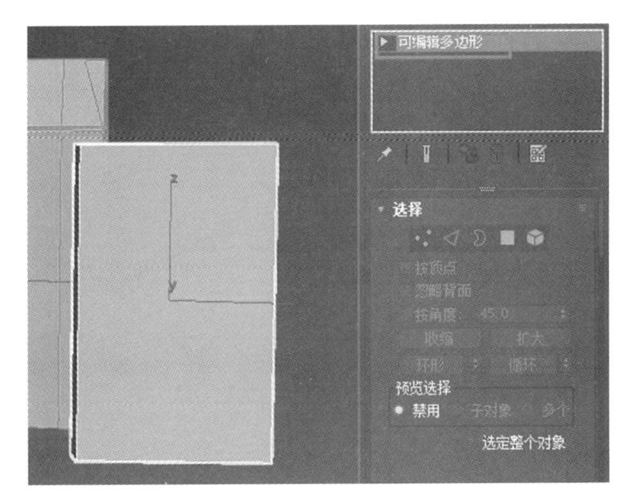

图 7-66　拆分另一包装盒主体物

(18)孤立显示并添加棋盘格材质,如图 7-67 所示。

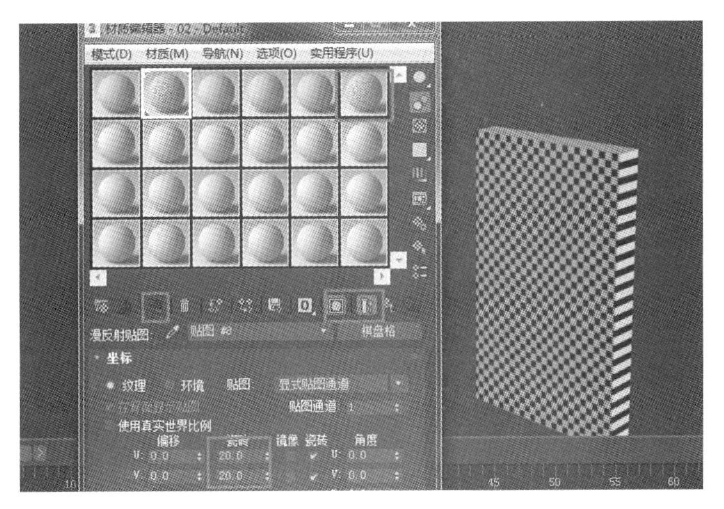

图 7-67　添加棋盘格材质

(19)添加“UVW 展开”修改器,并拍平重置剥,如图 7-68 所示。

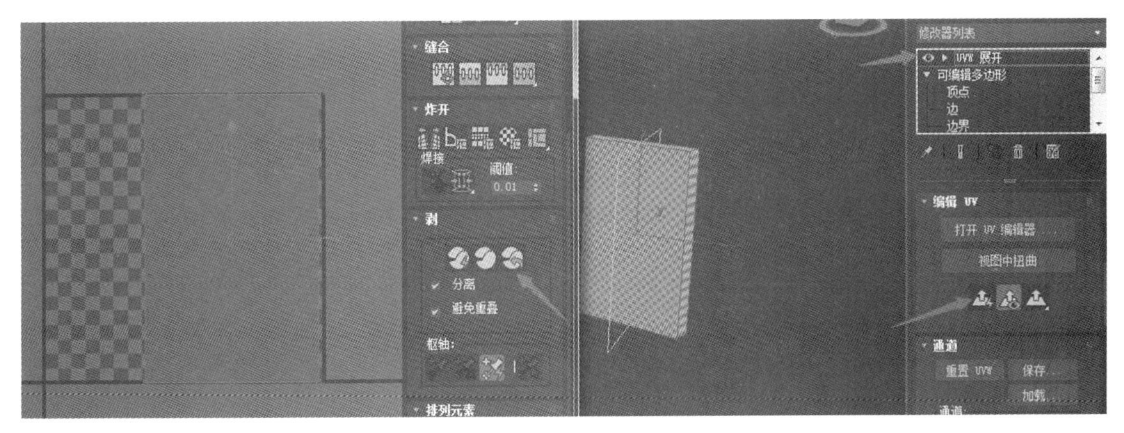

图 7-68　拍平重置剥

(20)在边层级,进行边线选择,并单击“炸开”按钮,如图 7-69 所示。

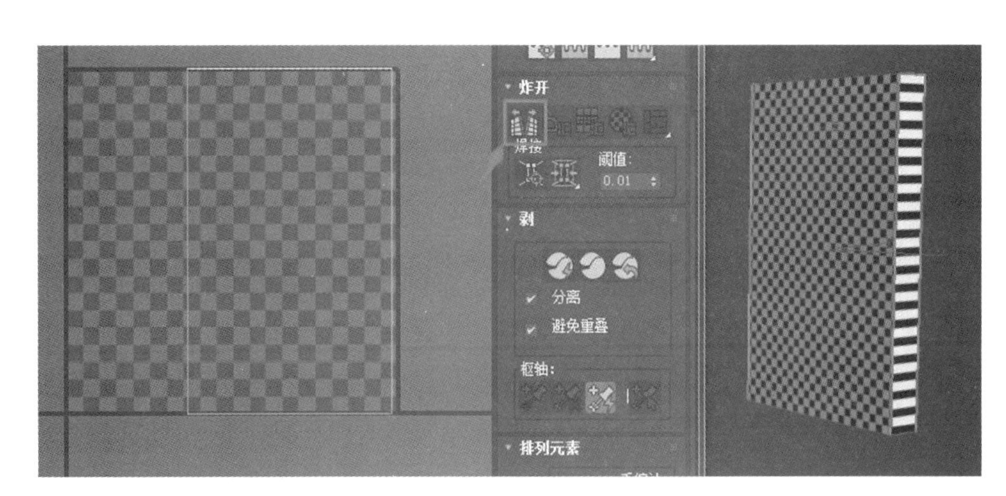

图 7-69　炸开边线

(21)单击“快速剥”按钮,如图 7-70 所示。

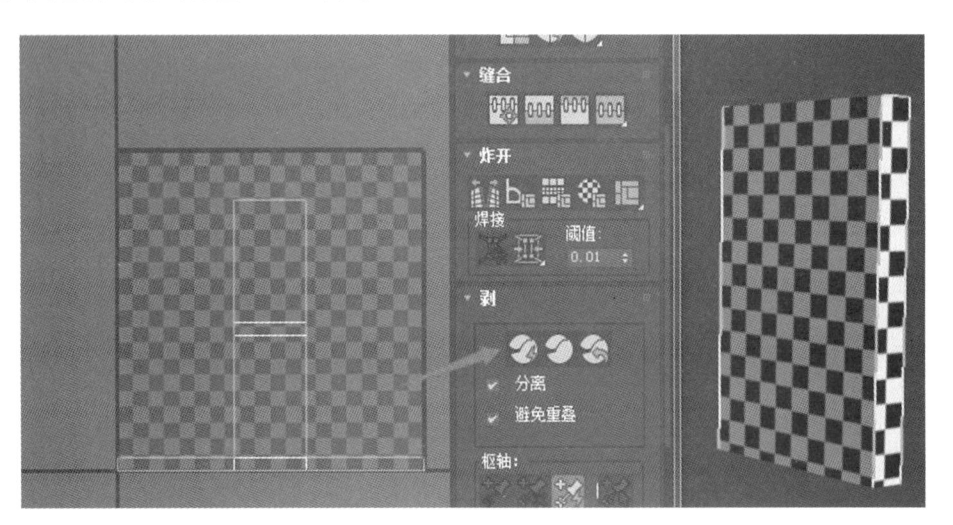

图 7-70　快速剥

(22)排列元素,并用棋盘格命令检验展 UV 情况,完成 UV 展开操作,如图 7-71 所示。

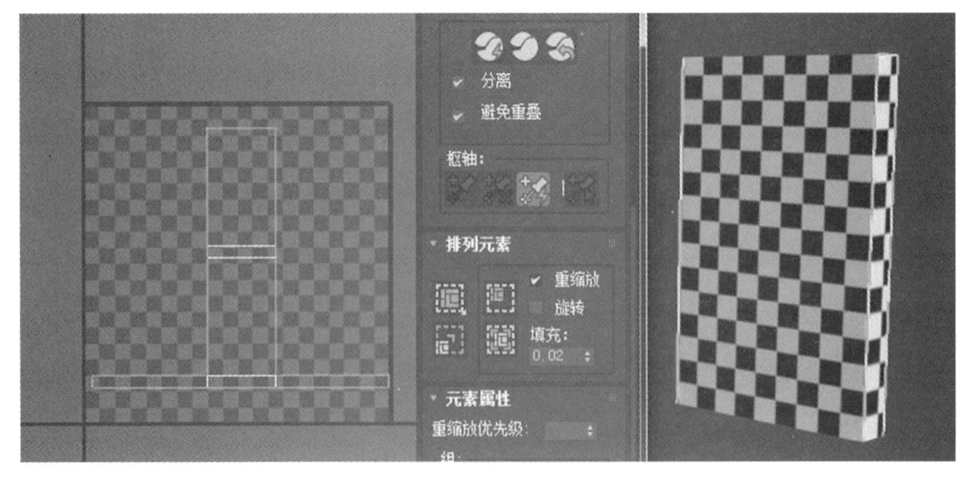

图 7-71　完成 UV 展开操作

任务 4
包装盒的灯光材质添加

任务目的

通过对包装盒添加灯光材质，掌握包装盒的灯光布置方法，掌握为包装盒架设摄影机的方法，掌握包装盒中多维/子对象材质的添加方法，掌握包装盒的整体效果制作方法。

操作步骤如下：

(1)在顶视图中绘制一个平面，尺寸为 600 mm×1200 mm，如图 7-72 所示。

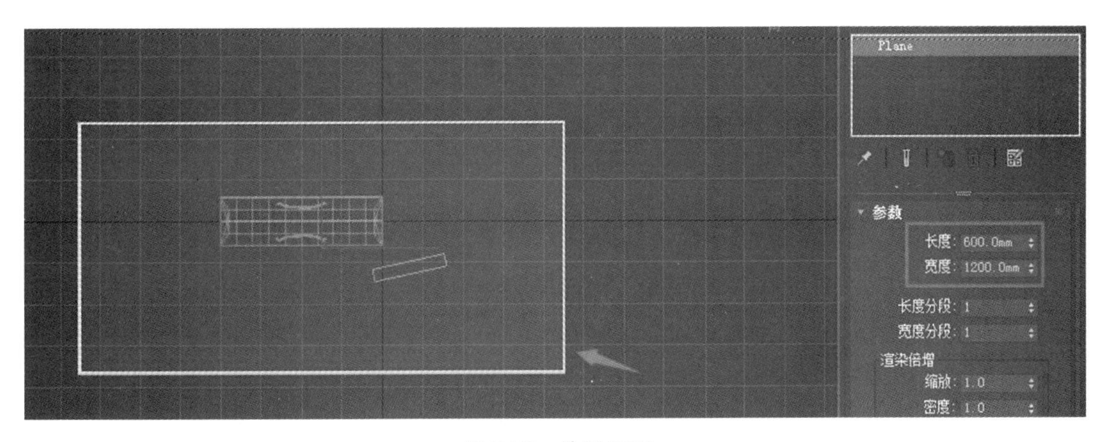

图 7-72　绘制平面

(2)使平面对齐盒子的底面，如图 7-73 所示。

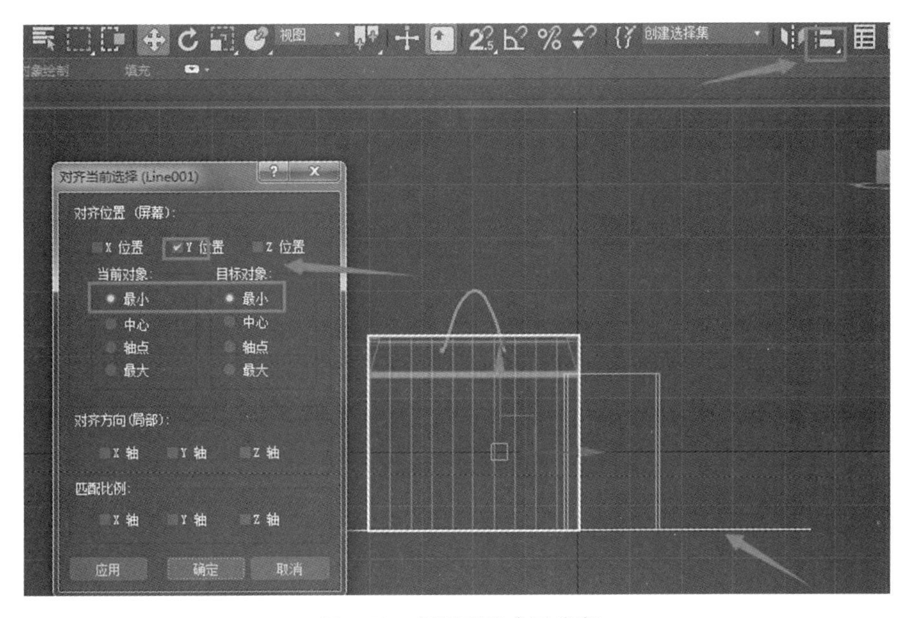

图 7-73　平面对齐盒子底部

(3)在前视图中,绘制另一个平面,尺寸为 800 mm×1200 mm,如图 7-74 所示。

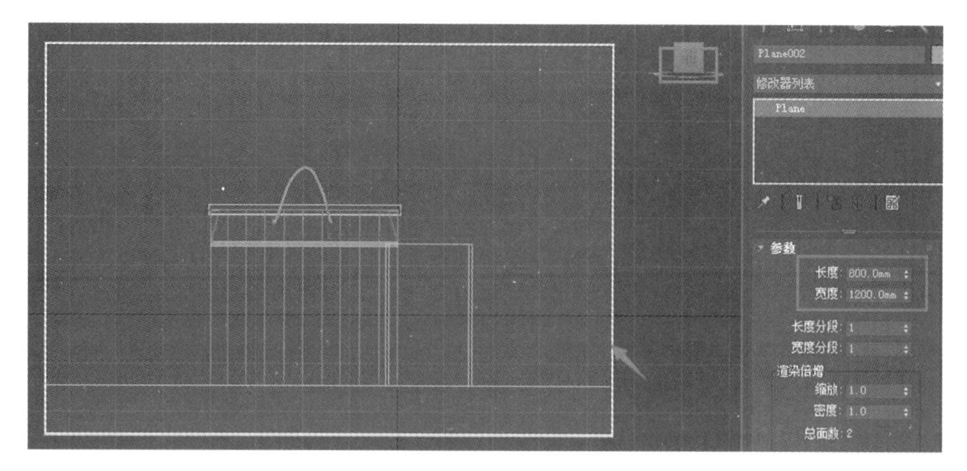

图 7-74　绘制平面

(4)使平面对齐盒子底部,如图 7-75 所示。

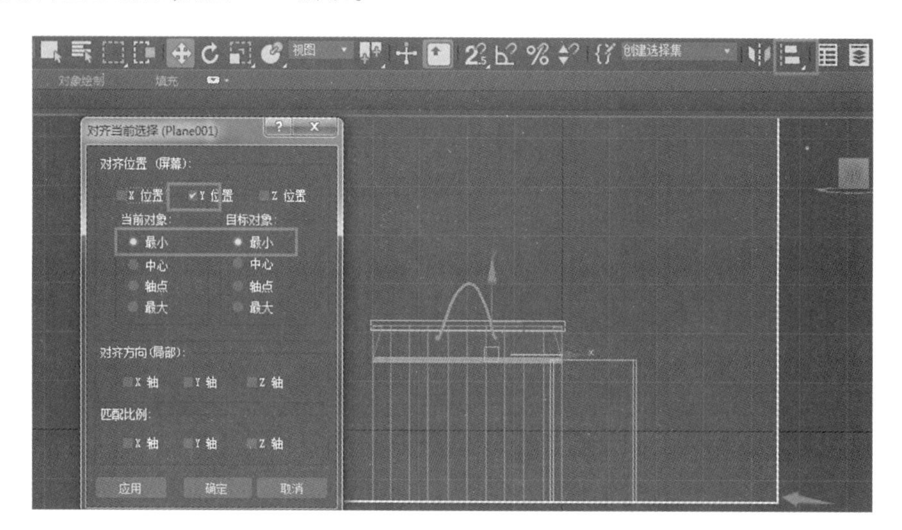

图 7-75　平面对齐盒子底部

(5)在左视图中,对两个平面进行对齐,如图 7-76 所示。

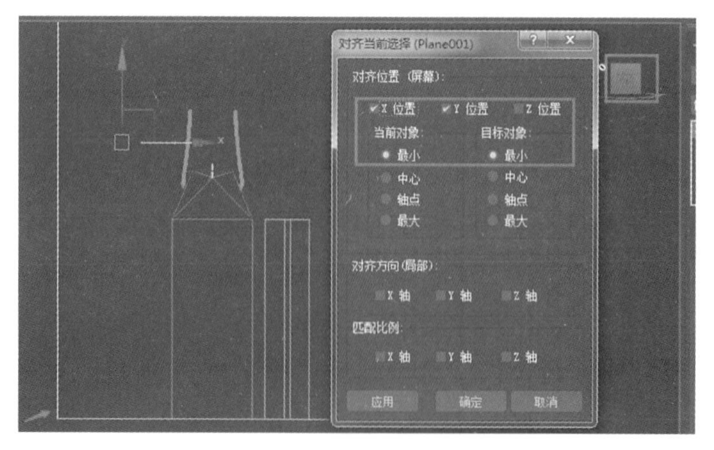

图 7-76　两个平面对齐

(6)把大包装盒转换为可编辑多边形,如图 7-77 所示。

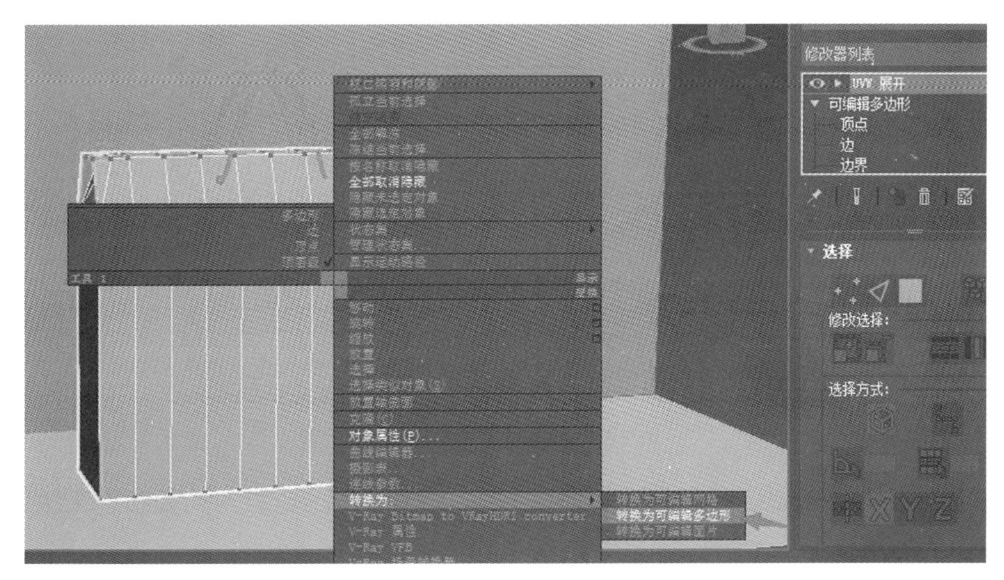

图 7-77 转换为可编辑多边形

(7)在多边形层级,选中大包装盒前面的面,并把 ID 设置为 1,包装盒后面的面 ID 设置为 2,如图 7-78 所示。

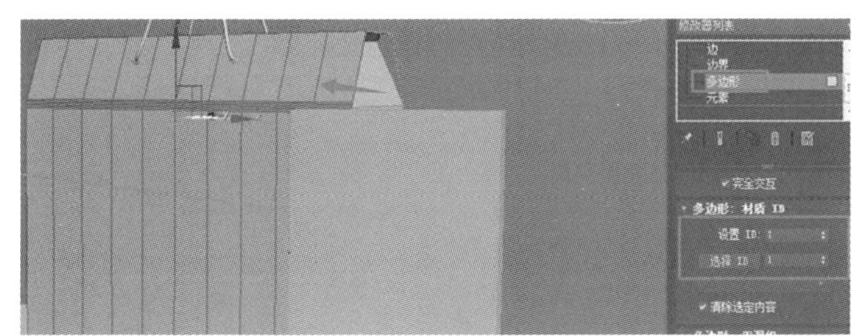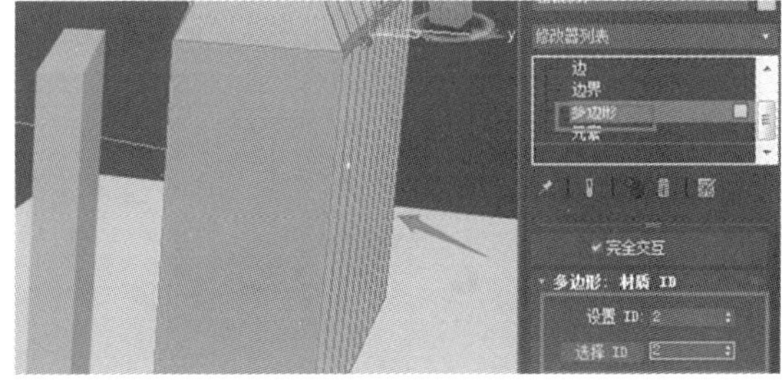

图 7-78 设置 ID

(8)按“Ctrl+I”键进行反选,其他的多边形 ID 设置为 3,如图 7-79 所示。

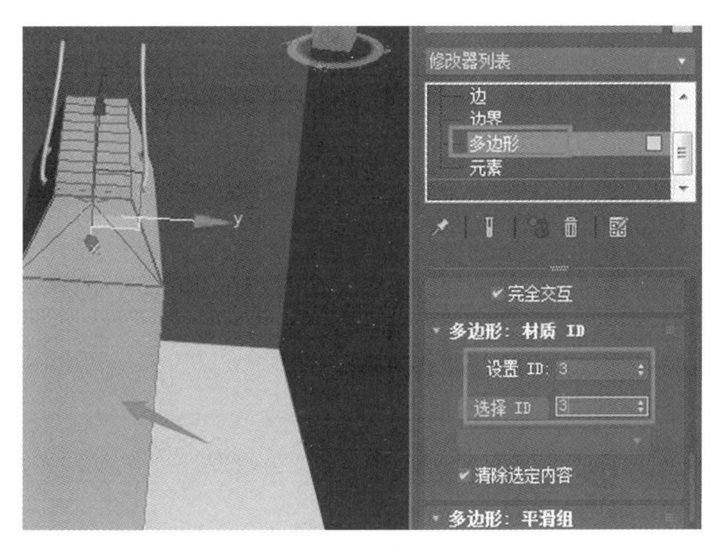

图 7-79 设置其他多边形 ID

(9)将小包装盒转换为可编辑多边形,如图 7-80 所示。

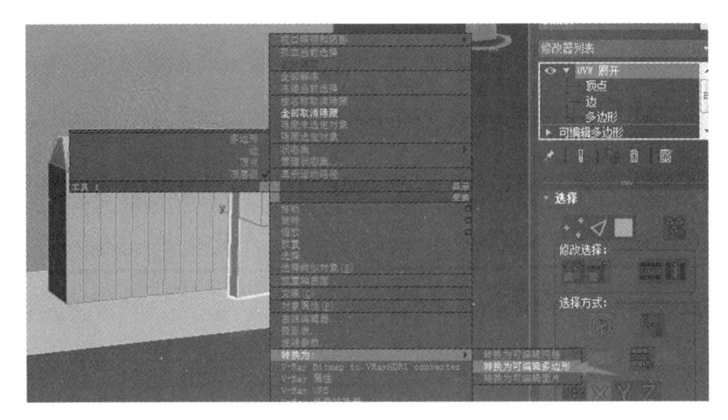

图 7-80　转换为可编辑多边形

(10)在多边形层级,设置小包装盒的前面的面 ID 为 1,后面的面 ID 设置为 2,如图 7-81 所示。

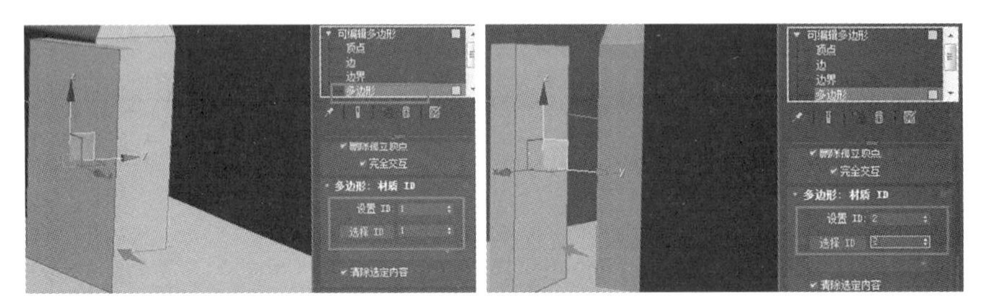

图 7-81　设置小包装盒前后两个面的 ID

(11)按"Ctrl+I"键进行反选,其他面 ID 设置为 3,如图 7-82 所示。

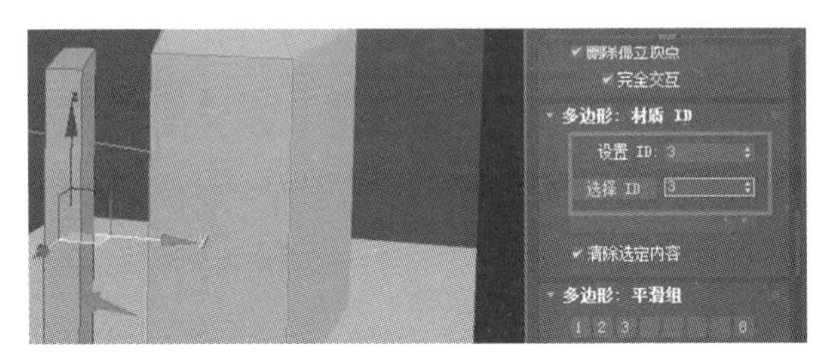

图 7-82　设置 ID

(12)在顶视图中,创建目标摄影机,如图 7-83 所示。

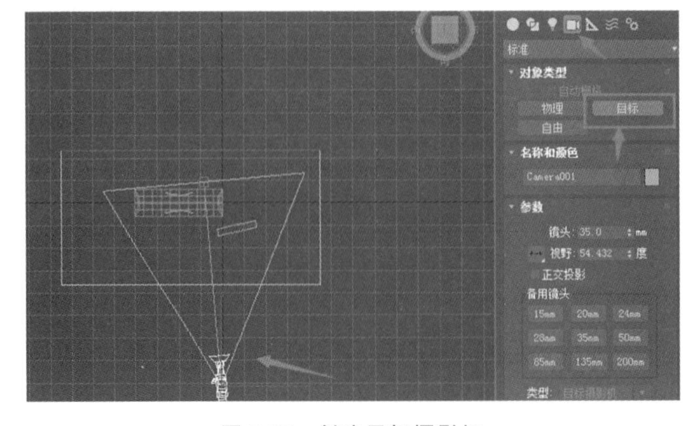

图 7-83　创建目标摄影机

(13)在左视图中，调整摄影机的方向与位置，如图 7-84 所示。

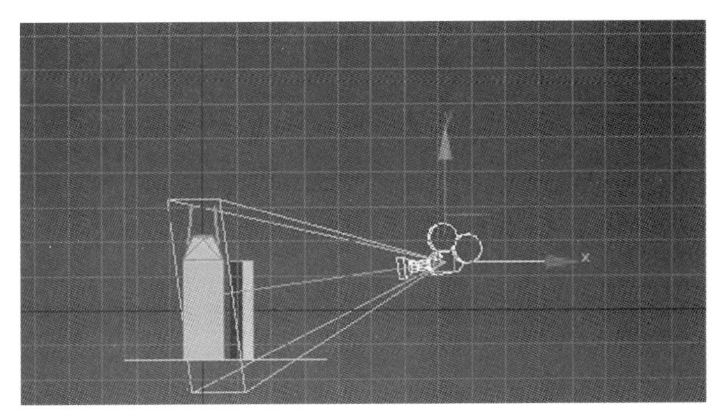

图 7-84　调整摄影机的方向与位置

(14)查看摄影机窗口显示效果，如图 7-85 所示。

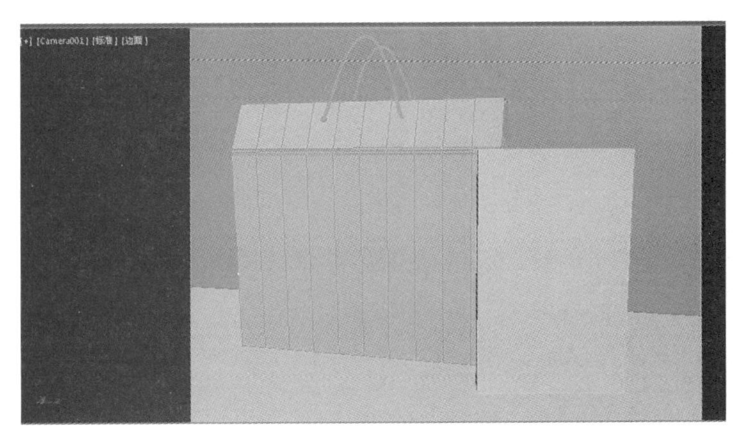

图 7-85　摄影机窗口显示效果

(15)在顶视图中，创建 VRay 灯光，类型为平面灯，如图 7-86 所示。

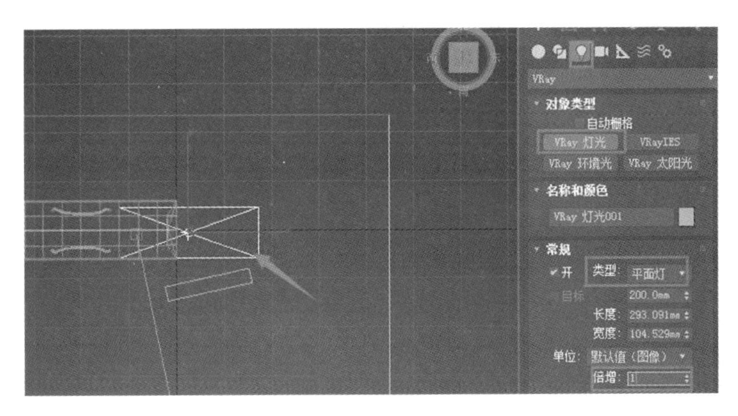

图 7-86　创建平面灯

(16)同样，在左视图中，创建 VRay 灯光，如图 7-87 所示。

(17)调整灯光位置和灯光参数，如图 7-88 所示。

(18)在透视图中，选中大包装盒，按 M 键打开材质编辑器，选中一个材质球，单击 Standard 按钮，从跳出的菜单里选择“多维/子对象”，如图 7-89 所示。

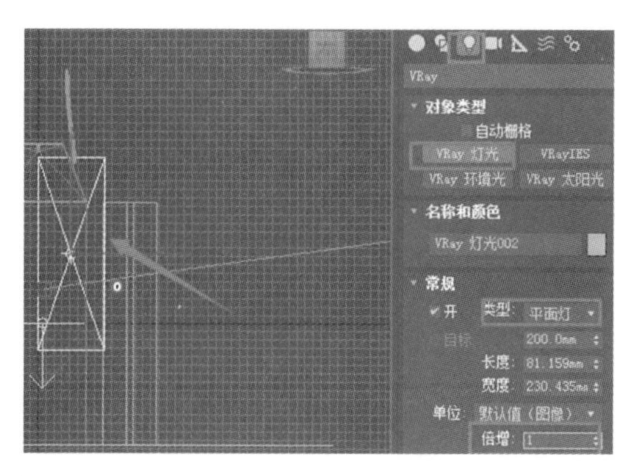

图 7-87　在左视图中创建平面灯

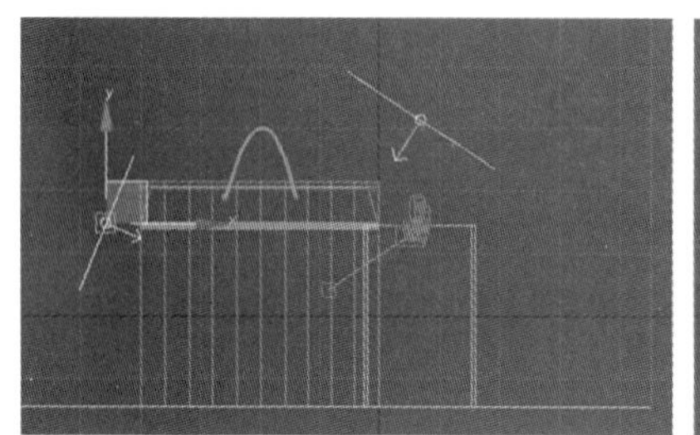
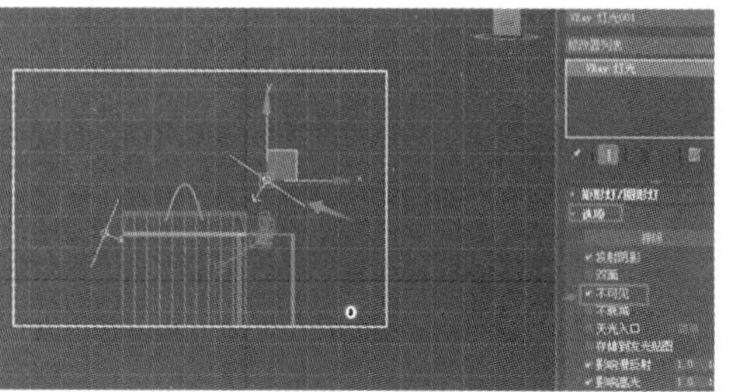

图 7-88　调整灯光位置和参数

图 7-89　选择材质类型

(19)设置材质数量为 3，并且将材质 1 选择为 VRayMtl，如图 7-90 所示。

图 7-90　添加 VRayMtl 材质

(20)在“漫反射”选项里添加位图，材质赋予包装盒并显示出来，调整材质参数，如图 7-91 所示。

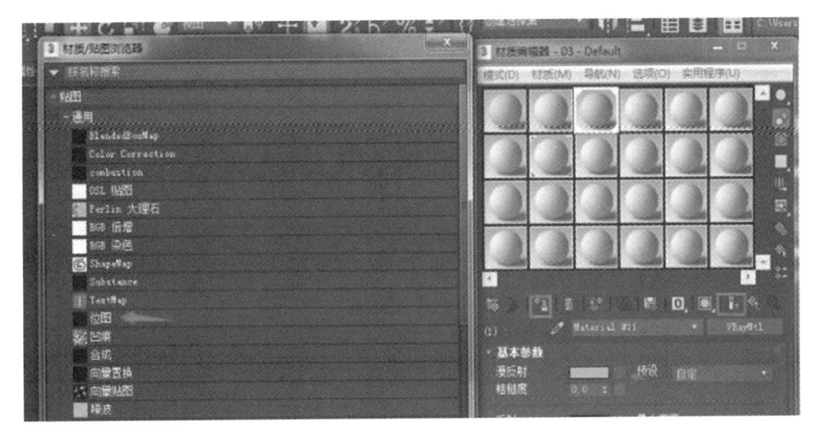

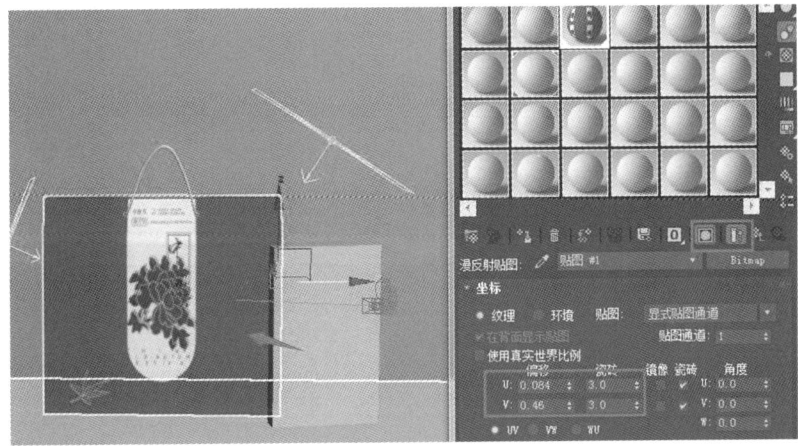

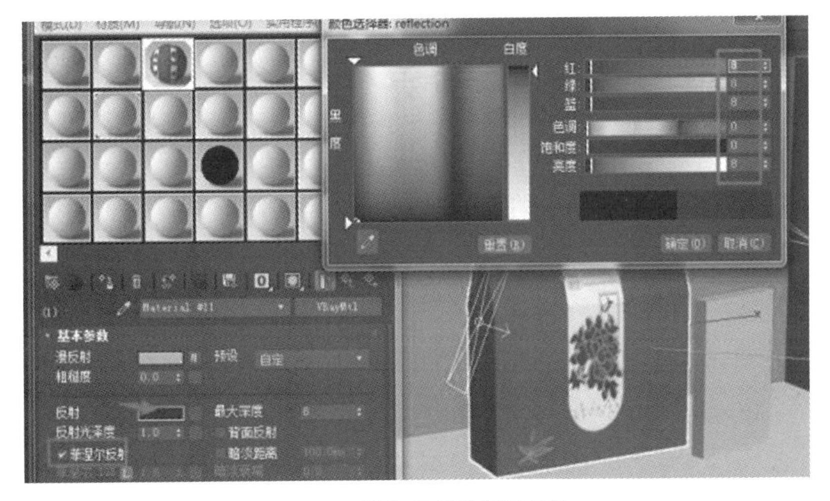

图 7-91　添加位图并调整参数

(21)同样,对材质 2 添加贴图,如图 7-92 所示。

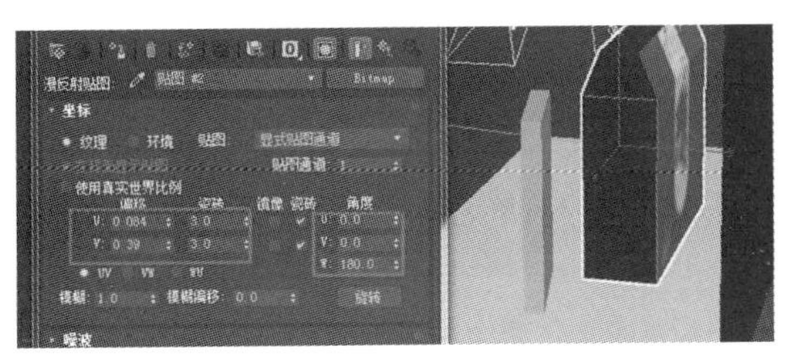

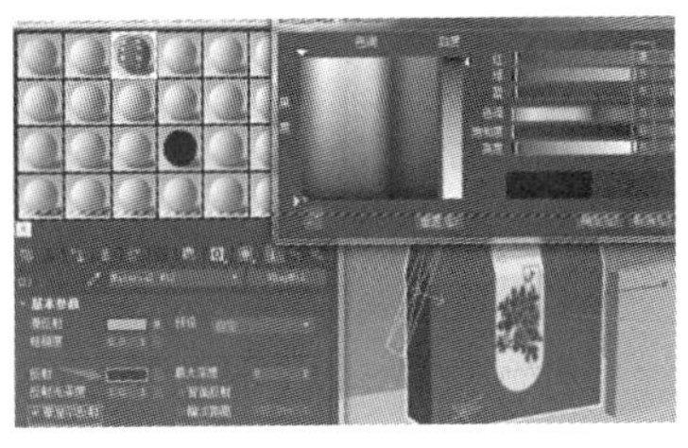

图 7-92　添加材质 2 贴图

(22)对材质 3 添加贴图,并调整参数,添加一点反光,如图 7-93 所示。

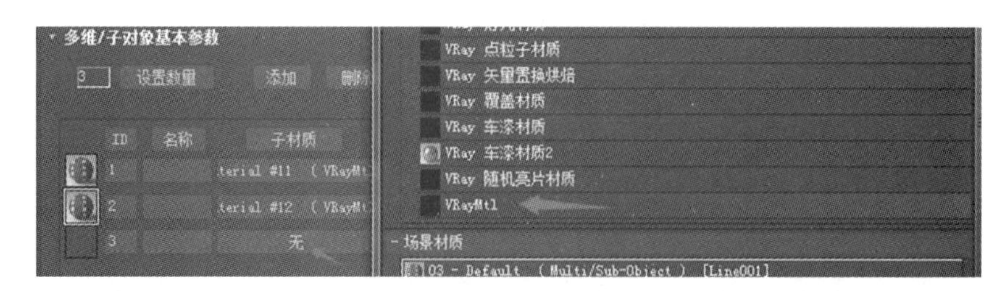

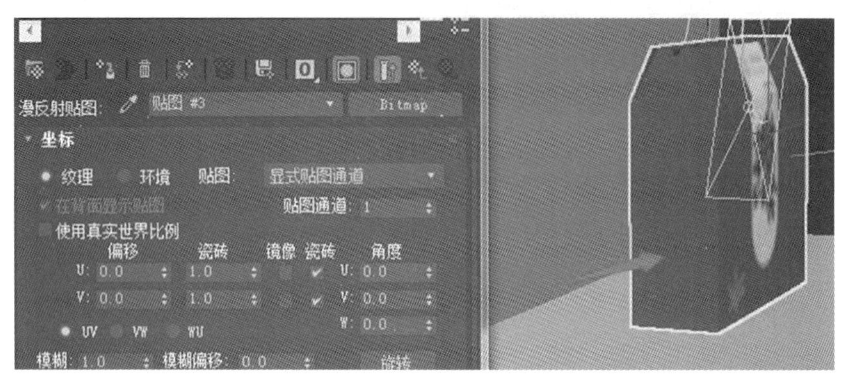

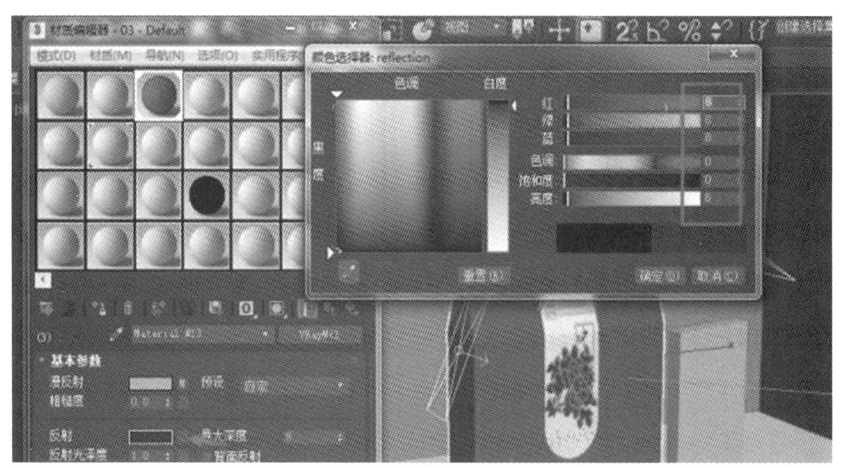

图 7-93　添加材质 3 贴图并调整参数

(23)同样,为小包装盒添加材质 1 贴图,如图 7-94 所示。

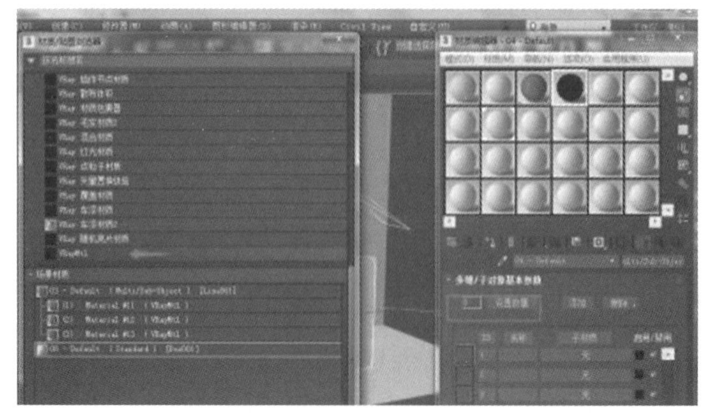

图 7-94　为小包装盒添加材质 1 贴图

续图 7-94

(24)添加材质 2 贴图,如图 7-95 所示。

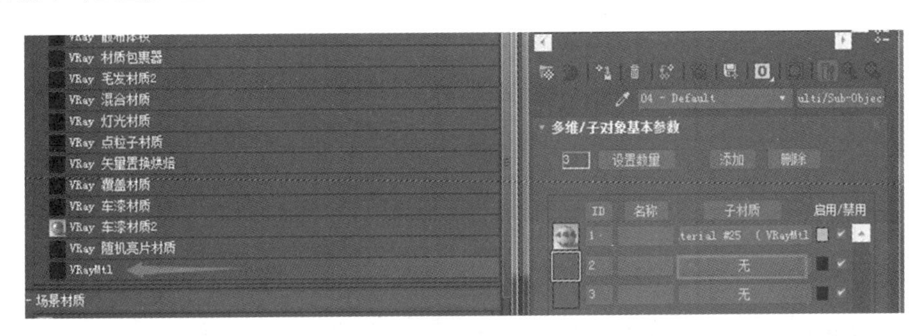

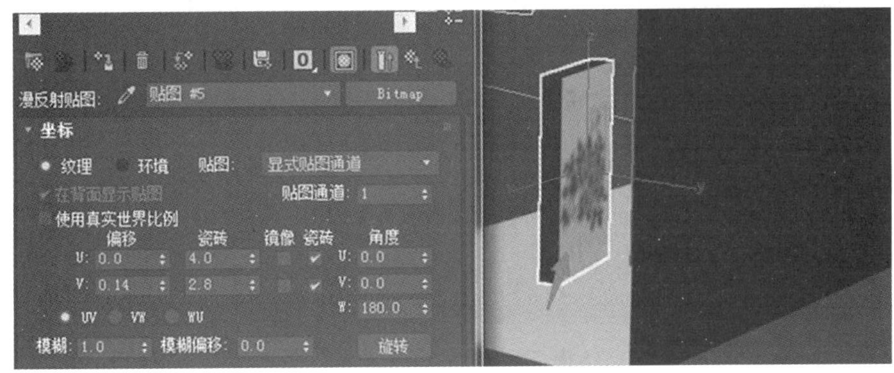

图 7-95 添加材质 2 贴图

(25)添加小包装盒的材质 3 贴图,如图 7-96 所示。

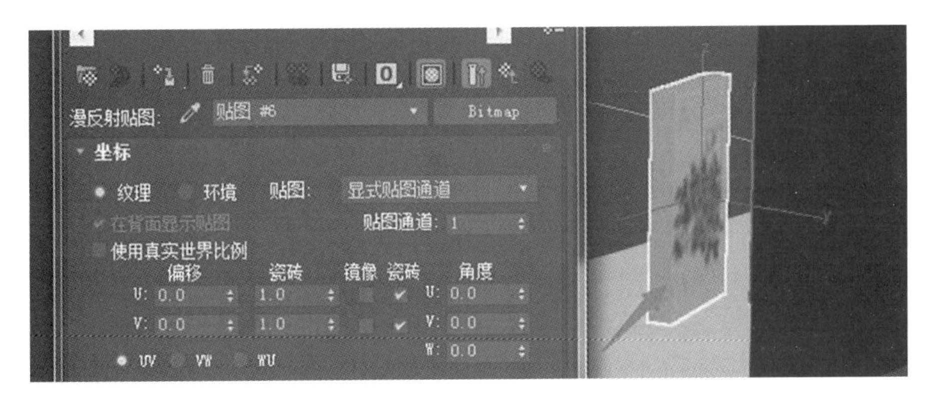

图 7-96 添加材质 3 贴图

(26)添加背景材质,如图 7-97 所示。

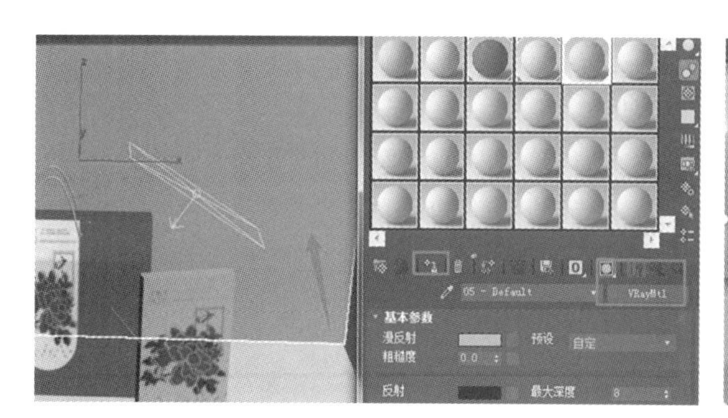

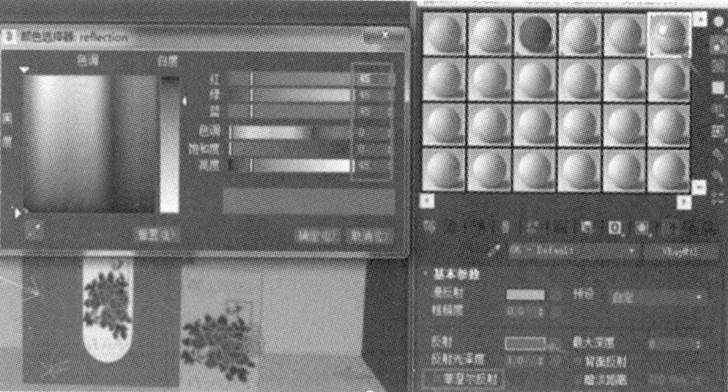

图 7-97　添加背景材质

(27)查看渲染效果,如图 7-98 所示。

图 7-98　查看渲染效果

(28)光线太暗,调整灯光参数,完成最终效果图,如图 7-99、图 7-100 所示。

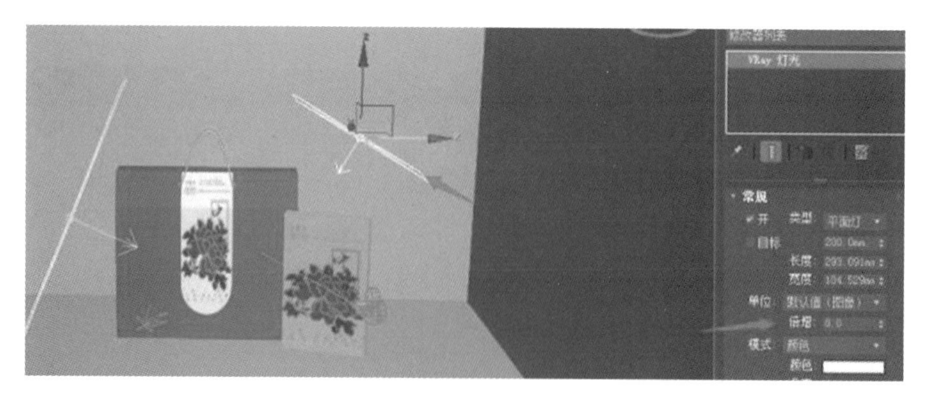

图 7-99　调整灯光参数

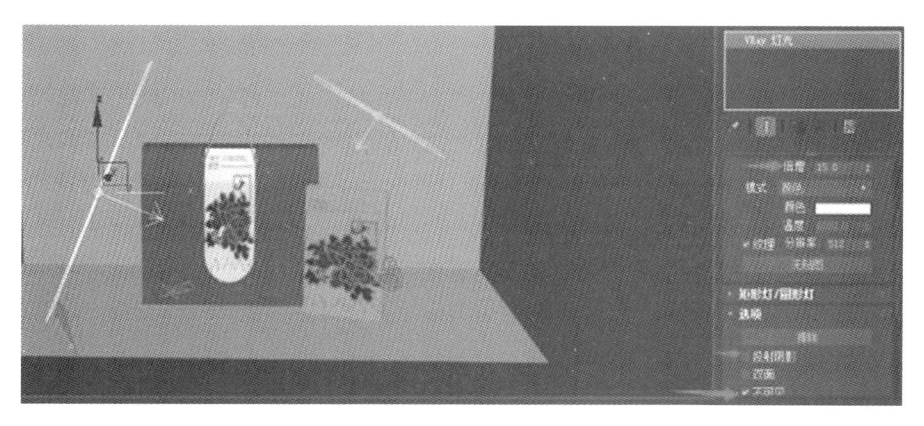

续图 7-99

图 7-100　最终效果图

参考文献
References

[1] 高传雨,满昌勇,李奇. 3ds Max 2011 基础与应用高级案例教程[M]. 北京:航空工业出版社,2015.
[2] 张媛媛. 3ds Max/VRay/Photoshop 室内设计完全学习手册[M]. 北京:中国铁道出版社,2014.